Future Propulsion Systems and Energy Sources in Sustainable Aviation

未来可持续航空推进系统及能源

（美）赛义德·法罗基（Saeed Farokhi）　著

刘汉儒　王掩刚　回彦年　译

西北工业大学出版社

西　安

陕西省版权局著作权合同登记号：25-2024-257

图书在版编目(CIP)数据

未来可持续航空推进系统及能源 /（美）赛义德·法罗基（Saeed Farokhi）著；刘汉儒，王掩刚，回彦年译. — 西安：西北工业大学出版社，2024.5
ISBN 978-7-5612-9296-9

Ⅰ.①未… Ⅱ.①赛… ②刘… ③王… ④回… Ⅲ.①航空航天器-推进系统-研究 Ⅳ.①V43

中国国家版本馆 CIP 数据核字(2024)第 100689 号

WEILAI KECHIXU HANGKONG TUIJIN XITONG JI NENGYUAN

未 来 可 持 续 航 空 推 进 系 统 及 能 源

（美）赛义德·法罗基(Saeed Farokhi) 著

刘汉儒 王掩刚 回彦年 译

责任编辑：朱晓娟	策划编辑：杨 军	
责任校对：曹 江	装帧设计：高永斌 郭 伟	

出版发行：西北工业大学出版社
通信地址：西安市友谊西路 127 号　　邮编：710072
电　　话：(029)88491757，88493844
网　　址：www.nwpup.com
印 刷 者：西安五星印刷有限公司
开　　本：787 mm×1 092 mm　　1/16
印　　张：22.5
字　　数：562 千字
版　　次：2024 年 5 月第 1 版　　2024 年 5 月第 1 次印刷
书　　号：ISBN 978-7-5612-9296-9
定　　价：168.00 元

如有印装问题请与出版社联系调换

译 者 序

　　气候变化和节能降碳是可持续航空发展的主要驱动力,可持续航空也是"双碳"(碳达峰和碳中和)目标下未来航空发展的必然趋势,对推进系统具有革命性意义。在可持续航空推进这一新兴领域,国内目前尚无系统性研究成果。本书是国外系统性研究成果的代表性著作。其作者美国堪萨斯大学航空航天系赛义德·法罗基(Saeed Farokhi)教授是航空推进和计算流体力学领域的国际著名学者,其早期出版的 *Aircraft Propulsion* 已是飞机推进系统领域的经典著作。本书是赛义德教授在深刻理解飞机推进系统的前提下,对未来航空推进系统和能源可持续发展的阐述,涉及新型推进系统、飞发(飞机与发动机)融合构型、可持续燃料、未来新技术、环境影响等内容,也提出了很多有价值的研究方向。

　　本书是一本综合性学术著作,主要内容有:①对飞机推进系统和飞机空气动力学的关键内容回顾;②航空对环境影响的深刻分析;③对未来可持续航空燃料和能源进行介绍;④分析作为可持续航空可行路径的推进系统和能源方面的新技术。

　　本书的特点在于全面论述可持续航空中推进系统背后的科学问题和工程技术,深刻审视航空运输对环境的影响,涵盖替代燃料和混合电推进动力技术,讨论跨声速、超声速和高超声速飞行器的先进推进技术,并且深入分析推进系统集成化对飞机设计的影响。

　　本书由西北工业大学刘汉儒教授、王掩刚教授和中国商飞北京民用技术研究中心回彦年研究员共同翻译。笔者希望本书能够为国内从事可持续绿色航空动力以及能源领域相关研究与技术工作的同行提供参考和借鉴。本书也可作为高等学校航空航天、能源动力和机械工程专业高年级本科生和研究生学习以及探索未来可持续航空推进系统的参考资料。

　　可持续航空推进系统和能源方面的新技术涉及学科知识范围广,因译者学识有限,书中翻译的不当之处在所难免,恳请广大读者不吝指正。

译 者

2023 年 11 月

序　言

从广义上讲,可持续航空意味着环境友好的航空运输。这也意味着,目前的航空运输方式既不可持续也不环保。燃烧化石燃料的涡轮喷气发动机会产生温室气体以及氮氧化物等污染物,这些污染物会导致地球温度升高,即所谓的全球变暖。因此,美国国家航空航天局(NASA)和欧洲航空研究咨询委员会(ACARE)与航空航天工业和学术界合作,以寻求替代解决方案,来取代当前的商业航空运输技术。解决方案必然是系统驱动,包括推进系统和动力系统、机身和系统集成、空中交通管理(ATM)和运营。可持续航空的推进和动力部件的解决方案包括以下方面:

(1)先进核心机超高涵道比(UHB)涡扇发动机燃油消耗的降低;

(2)开放式转子架构;

(3)来自可再生资源的替代燃料;

(4)混合电推进系统;

(5)带有超导电动机/发电机、电力传输、能量存储和低温热管理系统的电推进(EP)系统;

(6)通过下一代紧凑聚变反应堆技术实现核能推进。

对于机身和系统集成部件,通过以下方式实现可持续航空:

(1)高升阻比(L/D)飞机构型,比如,翼身混合(HWB)飞机;

(2)通过分布式推进(DP)实现完全的机身和推进系统集成;

(3)边界层吸入(BLI)推进系统及集成;

(4)其他减阻概念,比如,混合层流控制(HLFC)、可折叠高展弦比机翼或流体激励器。

当考虑飞行导航和运营时,可持续航空的路线图在美国联邦航空管理局(FAA)的愿景中描述为"NextGen"计划。其目标是开发和实施清洁、安静、高效的运营程序,具体内容包括:

(1)先进的 ATM 功能;

(2)门到门和地面作业程序。

正如对高度集成系统所期望的那样,它需要推进系统和动力系统、机身结构及 ATM 和运营这 3 个领域协作来实现为商业航空设定的高环境目标。推进系统和动力系统以及机身结构的先进概念为可持续航空目标贡献了 35%～45%,而 ATM 和运营占了 15%～20%。

另一个令人担忧的航空问题是噪声污染。机场周边社区居民对飞机起飞和着陆、地面运行以及机场支持车辆和服务造成的噪声污染比较敏感,因此社会对这方面有着严格要求。可持续航空中的降噪策略主要集中于 8 个方面:

(1)通过 BLI 推进系统降低机身噪声;

(2)起落架、襟翼和缝翼在着陆-起飞(LTO)过程的降噪;

(3)通过更低压比设计和更高涵道比发动机降低风扇噪声;

(4)通过低排气速度、V 形边缘喷口以及其他方式增强排气气流混合和通过机身遮蔽来降低排气噪声;

(5)通过起飞和着陆时的功率管理和陡峭的飞行航迹角的设计来降噪;

(6)通过风扇出口管道中的后掠导叶的先进设计、先进的隔声声衬和流路优化来降低发动机噪声;

(7)通过登机门和地面支持操作来降低发动机噪声;

(8)通过机场交通管理来降噪。

本书阐述了可持续航空概念及其后续有前景的技术,旨在为航空航天行业的学生和工程师提供学习资源。为了达到实用性和独立性,本书首先回顾了飞机推进系统(第 1 章),然后回顾了飞机空气动力学(第 2 章)。这两章奠定了推进系统和流体流动的理论、术语体系和科学基础。接下来的 4 章讨论了可持续航空的本质,即:

第 3 章:航空对环境的影响;

第 4 章:未来可持续航空燃料和能源;

第 5 章:未来有前景的推进系统和能源方面的新技术;

第 6 章:可持续航空之路。

航空对环境影响的介绍侧重于燃烧学、与温室气体有关的辐射物理、氮氧化物和臭氧层的形成、航迹的形成、航空诱导云雾(AIC)和强迫辐射(RF)。空气质量标准和公众健康与安全问题被视为普遍关注的问题。本书更多的讨论聚焦在科学结果和测量上,而不在人为影响对气候或全球变暖的争论上。笔者把那些争论(如果有的话)留给政治家。在本书中,笔者明确了与航空有关的污染的事实,以及作为公民、工程师和科学家,笔者应该如何负责任地通过"设计"手段减少或消除这些污染。鉴于航空运输量的增长,即从 2011 年的 25 亿名乘客到 2050 年的大约 160 亿名乘客,这一责任尤为紧迫。

由于本书名使用了"未来"这个词,所以笔者无法将本书的介绍仅限于目前在商业航线上飞行的飞机,也就是亚声速-跨声速飞机。在更高的速度(即超声速和高超声速)下,笔者简要介绍低声爆超声速飞行技术以及一些有前景的推进系统,用于未来在轨或单级入轨(SSTO)商业运输。

最后,本书介绍的技术正在迅速发展,并不断取得新成就。例如,几乎每月(如果不是每周的话)都会在专业期刊上出现试验测试和飞行测试的报道,因此笔者推荐读者关注这些技术并参考当前的文献。这绝对是一个令人振奋的航空新时代。

缩 略 词 表

A

ACARE	欧洲航空研究咨询委员会
ACTE	自适应柔性尾缘
ADP	空气动力学设计点
AFRL	美国空军研究实验室
AIC	航空诱导云雾
AHEAD	先进混合动力发动机飞机开发团队
AJF	替代航空燃料
AoA	攻角
APU	辅助动力装置
AR	展弦比
ASME	美国机械工程师协会
ASTM	美国测试与材料学会
ATM	空中交通管理
ATP	先进涡轮螺旋桨发动机
ATRA	先进技术研究飞机

B

BBSAN	宽带激波相关噪声
BF	航程油量
BLI	边界层吸入
BPF	叶片通过频率
BPR	涵道比
BTL	生物质转化为液体
BWB	翼身融合

C

CAAFI（US）	商业航空替代燃料倡议
CAEP	美国航空环境保护委员会
CC	环量控制
CCD	爬升-巡航-下降
C – D	收敛-扩张
CFC	氯氟烃
CFD	计算流体动力学
CFR	紧凑型聚变反应堆
CJ	查普曼-乔伊特
CLEEN	持续降低排放、能源和噪声
CNEL	社区噪声等效水平
CNG	压缩天然气
CO	一氧化碳
CROR	对转开式转子
CTL	煤制油

D

DLR	德国宇航局
DNL	昼夜平均声级（24 h）
DOC	直接运营成本
DOE	美国能源部
DOF	自由度
DOT	美国运输部
DP	分布式推进
D – T	氘氚

E

EBF	外吹式襟翼
ECS	环境控制系统
EEA	欧洲环境署
EIS	投入使用
EP	电推进
EPA	美国环境保护署
EPNL	有效感知噪声级
ERA	环境友好航空

ESTOL	极短距起降
ETOPS	双发延程运行
eVTOL	电动垂直起降

F

FAA	美国联邦航空管理局
FAR	美国联邦航空条例
FPR	风扇压比
FRL	燃料成熟度
FT（synthesis）	费-托（合成）（一种化学工艺）
FTL	费-托液化

G

GA	通用航空
GAO	美国审计总署
GED	重力能量密度
GHG	温室气体
GREET	温室气体、返航规率排放及运输中的能源使用
GRC	格伦研究中心
GT	燃气涡轮发动机
GTF	齿轮传动涡扇发动机
GTL	气制油

H

HEFA	加氢处理的酯类和脂肪酸
HEPS	混合电推进系统
HFC	氢氟烃
HHV	高热值
HLFC	混合层流控制
HPC	高压压气机
HPT	高压涡轮
HRD	加氢处理的可再生柴油
HRJ	加氢处理的可再生燃料
HSCT	高速民用运输
HTS	高温超导
HVO	加氢植物油

| HWB | 翼身混合 |

I

IBF	内吹式襟翼
ICAO	国际民用航空组织
IFR	仪表飞行规则
IFSD	空中停车
IPC	中间压气机
IPCC	政府间气候变化专门委员会
ISA	国际标准大气

K

| KPP | 关键性能参数 |

L

LAA	Lighthill 声学类比
LBL	层流边界层
LCA	生命周期评估
LCC	生命周期成本
LDAL	低阻声衬
LE	前缘
LEAPTech	前缘异步螺旋桨技术
LED	前缘装置
LES	大涡模拟
LFC	层流控制
LFG	填埋场气体
LH$_2$	液氢
LHV	低热值
LM	洛克希德·马丁公司
LNG	液化天然气
LO$_x$	液态氧
LPC	低压压气机
LPT	低压涡轮
LRC	远程巡航
LST	线性稳定性理论
LTO	着陆-起飞

LUC	土地用途变化

M

MCFC	熔融碳酸盐燃料电池
MDO	多学科设计优化
MFCC	多功能燃料电池
MIL – STD	军用标准
MIT	麻省理工学院
MNE	混合喷管喷射器
MTF	中间串列风扇
MTOGW	最大起飞总重

N

NAAQS	美国国家环境空气质量标准
NACA	美国国家航空咨询委员会
NASA	美国国家航空航天局
NEF	噪声暴露预测
NLF	自然层流
NOAA	美国国家海洋和大气管理局
NO_x	氮氧化物
NPR	喷管压比
NPF	净推力
NPSS	推进系统数值模拟工具
NREL	美国国家可再生能源实验室

O

OEW	运行空重
OPR	总压比
OSHA	美国职业安全与健康管理局

P

PARTNER	航空运输减排降噪伙伴关系
PDE	脉冲爆震发动机
PDR	脉冲爆震冲压发动机
PDRE	脉冲爆震火箭发动机
PEM	质子交换膜

PFC	全氟化碳
PM	可吸入颗粒物
PPM	百万分之一
PR	压比
PT	动力涡轮
PV	光伏

R

RBCC	火箭基组循环
RCEP	英国皇家环境保护委员会
RF	强迫辐射
RTO	连续起飞

S

SABRE	组合吸气式火箭发动机
SAE	汽车工程师学会
SAF	可持续航空燃料
SBJ	超声速公务机
SC	超临界
SC	超导
SCEPTOR	可扩展融合电推进技术与运行研究
SESAR	单一欧洲天空 ATM 研究
SEL	声音暴露水平
SFC	比耗油率
SLFC	超声速层流控制
SMR	甲烷重整制氢
SN	烟度
SOA	先进的技术
SOFC	固体氧化物燃料电池
SPL	声压级
SSL	标准海平面
SSTO	单级入轨
STJ	糖制燃料
STOL	短距起降
SUGAR	亚声速超绿色飞机研究
SWAFEA (Europe)	航空替代燃料和能源的可持续发展之路（欧洲）

T

TBL	湍流边界层
TE	尾缘
TEA	技术经济分析
TET	涡轮入口温度
TeDP	涡轮电分布式推进
TF	涡扇
TJ	涡喷
TME	总任务能量
TOC	爬升顶点
TOGW	起飞总重
TP	涡轮螺旋桨
TRJ	涡轮冲压
TRL	技术成熟度
TS	Tollmien – Schlichting（一种波的类型）
TSFC	单位推力耗油率；比推力耗油率
TTR	总温比值
TTW	油箱到尾迹，即燃料在油箱中燃烧或使用到形成飞机尾迹的过程
TTW	油箱到机轮，即所装载的燃料被使用到形成动力的过程

U

UAM	城市空中交通
UDF	无涵道风扇
UHB	超高涵道比
UHC	未燃烧的碳氢化合物
USAF	美国空军
USB	上表面吹气
UTC	联合技术公司
UV	紫外线

V

VB	涡破碎
VCE	变循环发动机
VED	体积能量密度
VOC	挥发性有机化合物

VTOL   垂直起降

W

WTT   油井到油箱,一次能源从被开采到变为飞机燃料的过程

WTW   油井到机轮,一次能源从被开采到变为飞机动力的过程

Z

ZLL   零升力线

目　　录

第1章 飞机推进系统回顾

1.1 引 言

本章对飞机燃气涡轮发动机（GT）推进系统进行简要回顾。其中，大多数内容是高等学校本科推进系统教学的基础，因此在介绍先进推进概念之前，本章可以作为复习内容。笔者编写的《飞机推进（第二版）》提供了本章的大部分内容。

1.2 工质气动热力学

在燃气涡轮发动机中，工作流体被视为理想气体，通常是空气，其表现为连续体而不是单个分子。气体的密度 ρ 是一种基于连续介质定义的流体性质。与气体的压力、密度和绝对温度相关的理想气体定律可以严格地从气体动力学理论中推导出来。此处无须证明：

$$p = \rho R T \tag{1.1}$$

式中：R 为气体常数，与气体的相对分子质量 M 成反比，即

$$R = \frac{\bar{R}}{M} \tag{1.2a}$$

式中：$\bar{R}$ 是在两个单位制下表示的通用气体常数，即

$$\bar{R} = 8\ 314\ \frac{\text{J}}{\text{kmol} \cdot \text{K}} \tag{1.2b}$$

或

$$\bar{R} = 49\ 700\ \frac{\text{ft}^{①} \cdot \text{lbf}^{②}}{\text{slug}^{③} \cdot \text{mol} \cdot °\text{R}^{④}} \tag{1.2c}$$

理想气体在恒定压力和体积下的比热容的热力学关系为

$$\mathrm{d}h = c_p \mathrm{d}T \tag{1.3}$$

---

① 1 ft = 0.304 8 m。
② 1 lbf = 4.45 N。
③ 1 slug = 14.593 904 kg。
④ 1 °R = 1 K × 1.8。

$$de = c_V dT \qquad (1.4)$$

在飞机发动机中,恒定压力和体积下的比热容通常仅是气体温度的函数:

$$\left. \begin{aligned} c_p &= c_p(T) \\ c_V &= c_V(T) \end{aligned} \right\} \qquad (1.5)$$

这种气体被称为热完全气体。有一个简化的假设,即恒定比热,对较小温度范围内气体行为的有效近似。在这种情况下,有

$$\left. \begin{aligned} c_p &= 常数 \\ c_V &= 常数 \end{aligned} \right\} \qquad (1.6)$$

这种气体被称为量热完全气体。

热力学第一定律是固定质量 m 系统的能量守恒定律:

$$\delta q = de + \delta w \qquad (1.7)$$

其中,从周围传递到系统的热量被认为是正的,并且在单位质量表示为 δq,单位为能量/质量的单位,比如 J/kg。气体对周围环境做功定义为正,单位质量气体对应量为 δw。与系统的净能量相互作用导致系统的能量变化,在单位质量上称为 de。热力学第一定律的这 3 项具有单位质量能量的维度,比如 J/kg。流体单元热和功交换用 δ 表示,而不是如 de 所示的精确微分 d。这反映了功和热量与路径有关的特性。热力学第一定律在封闭循环中的应用在工程中非常重要,代表了循环过程中热量和功交换之间的平衡,即

$$\oint \delta q = \oint \delta w \qquad (1.8)$$

此外,对于绝热过程($\delta q = 0$),没有机械功交换($\delta w = 0$)系统的能量保持恒定,即 $e_1 = e_2 = $ 常数。笔者将结合飞机发动机进气系统和排气系统研究中的控制体积方法来阐述这一原则。

热力学第二定律引入了绝对温标和一种新的热力学参数,即熵。事实上,这表明不可能存在与单一热源交换热量并连续做功的热机(第二类永动机)。它需要一个低温热源来吸收热机排出的热量。在这个意义上,热力学第二定律区分了热和功。它断言,所有的机械功都可以转换成系统能量,而不是所有传递到系统的热量都可以连续地转换成系统能量。热力学第二定律的一个推论将新的热力学参数——熵 s 和绝对温度 T 整合到一个被称为克劳修斯不等式的关系中,有

$$Tds \geqslant \delta q \qquad (1.9)$$

其中,等号适用于可逆过程。不可逆性与摩擦损失、黏性耗散和出现的激波超声速流密切相关。流体中的压力做可逆功,黏性应力导致系统的能量耗散(转化为热量)。因此,单位质量系统所做的可逆功就是压力所做的功,即

$$\delta w_{rev} = pdv \qquad (1.10)$$

式中:v 是比体积,是流体密度 ρ 的倒数。热力学第一定律和热力学第二定律的组合被称为吉布斯方程,它将流体性质、熵与其他热力学性质联系起来,即

$$Tds = de + pdv \qquad (1.11)$$

虽然似乎已经将可逆形式的热和功代入热力学第一定律,获得吉布斯方程,但它也适用于不可逆过程(Farokhi,2014)。将导出的热力学性质称为焓 h,写作

$$h = e + pv \qquad (1.12)$$

这个衍生物性,即 h,结合了两种形式的流体能,即内能(或热能)和所谓的流动功 pv,或压力功。其他形式的能量,如动能和势能,仍不计入焓 h。将通过 1.2.7 节中被称为总焓的新参数来解释其他形式的能量。

对式(1.12)取微分,并将其代入吉布斯方程,得

$$T\mathrm{d}s = \mathrm{d}h - v\mathrm{d}p \qquad (1.13)$$

对式(1.13)用比定压热容表示焓,并将式(1.13)等号的两边同时除以温度 T,得

$$\mathrm{d}s = c_p \frac{\mathrm{d}T}{T} - \frac{v}{T}\mathrm{d}p = c_p \frac{\mathrm{d}T}{T} - R\frac{\mathrm{d}p}{p} \qquad (1.14)$$

在式(1.14)的最后一项中引入了理想气体定律。现在可以在理想气体中对状态 1 和状态 2 之间的方程进行积分,得

$$s_2 - s_1 = \Delta s = \int_1^2 c_p \frac{\mathrm{d}T}{T} - R\ln\frac{p_2}{p_1} \qquad (1.15)$$

热量理想气体的假设(即 $c_p = $ 常数)使得我们能够对式(1.15)等号右侧的第一项进行积分:

$$\Delta s = c_p \ln\frac{T_2}{T_1} - R\ln\frac{p_2}{p_1} \qquad (1.16)$$

否则,需要使用下列热力函数,定义为

$$\int_1^2 c_p \frac{\mathrm{d}T}{T} = \varphi_2 - \varphi_1 \qquad (1.17)$$

从焓的定义出发,用理想气体定律中的等价形式 RT 来代替流动功 pv,然后对方程取微分得

$$\mathrm{d}h = c_p\mathrm{d}T = \mathrm{d}e + R\mathrm{d}T = c_V\mathrm{d}T + R\mathrm{d}T \qquad (1.18)$$

除以温差 $\mathrm{d}T$,得

$$c_p = c_V + R \qquad (1.19a)$$

或

$$\frac{c_p}{R} = \frac{c_V}{R} + 1 \qquad (1.19b)$$

这是气体常数和比定压热容、比定容热容的关系。比热比被赋予了一个特殊的符号,因为它在可压缩流动分析中频繁出现,即

$$\gamma = \frac{c_p}{c_V} = \frac{c_V + R}{c_V} = 1 + \frac{1}{c_V/R} \qquad (1.20)$$

用比热比 γ 和 R 将 c_p 和 c_V 表示为

$$\left. \begin{array}{l} c_p = \dfrac{\gamma}{\gamma-1}R \\[2mm] c_V = \dfrac{1}{\gamma-1}R \end{array} \right\} \qquad (1.21)$$

比热比与气体的自由度 n 有关，即

$$\gamma = \frac{n+2}{n} \tag{1.22}$$

分子的自由度由分子所具有的能量状态之和表示。例如，原子或分子具有 3 个空间方向的动能。如果它们也旋转，那么它们具有和旋转相关的动能。在分子中，原子可以相互振动，然后产生振动动能以及分子间作用力势能。最后，原子或分子中的电子由其自身能级（动能和势能）来描述，这取决于它们在原子核周围的位置。随着气体温度的升高，连续的高能态被激发，因此，自由度增加。一种单原子气体，可以视作圆球模型，至少有 3 个自由度，代表 3 个空间方向的平移运动。因此，对于单原子气体，在常温下，比热比为

$$\gamma = \frac{5}{3} \approx 1.667（常温下的单原子气体） \tag{1.23}$$

单原子气体由于其转动惯量可以忽略不计，因此围绕原子轴的旋转能量可以忽略不计。单原子气体不会有振动动能，这是因为至少需要两个原子才能产生振动。在较高的温度下，气体的电子能态受到影响，最终导致气体的电离。

对于可以模拟成哑铃状的双原子气体，在常温条件下有 5 个自由度，其中 3 个处于平移运动，2 个处于旋转运动，沿哑铃分子轴线方向的第 3 个旋转运动可以忽略不计。因此，对于双原子气体，例如（接近室温的）氢气、氮气等，比热比为

$$\gamma = \frac{7}{5} \approx 1.4（常温下的双原子气体） \tag{1.24a}$$

在高温下，分子振动和电子激发增加了自由度，从而降低了 γ。例如，在约 600 K（即典型 HPC，GT 发动机环境）中的振动模式被激发。在振动模式被激发下的条件，双原子气体的自由度比最初增加了 1，即变成 5 + 1 = 6。因此，双原子气体在高温下的比热比为

$$\gamma = \frac{8}{6} \approx 1.33（高温下的双原子气体） \tag{1.24b}$$

振动模式表示对应于振动动能和与分子间作用力相关的势能的两种能量状态。当完全激发时，双原子气体（如空气）中的振动模式增加了 2 个自由度，即变为 7。因此，比热比变为

$$\gamma = \frac{9}{7} \approx 1.29（更高温下的双原子气体） \tag{1.24c}$$

例如，空气在 2 000 K 时，其平动、旋转和振动模式被完全激发出来。这个温度等级描述了燃烧室、涡轮或加力燃烧室的环境。结构比双原子气体更复杂的气体具有更高的自由度，因此它们的比热比小于 1.4。图 1.1（来自 Anderson，2003）显示了双原子气体从 0 K 到 2 000 K 的变化。在 3～600 K 范围内几乎恒定的比热比代表了双原子气体（如 $\gamma = 1.4$ 的空气）的量热完全气体的行为。注意，在接近 0 K 时，$c_V/R \rightarrow 3/2$，因此，双原子气体停止旋转，表现得像单原子气体，即它表现出与单原子气体相同的自由度，即 $n = 3$，$\gamma = 5/3$。

常温下，干燥空气的组成通常近似为两种双原子气体的混合物，即 21% 体积的 O_2 和 79% 体积的 N_2。但是，此描述只适用于湿度为零的条件。水蒸气，即 $H_2O(g)$，是一种有 3 个原子的气体，存在于潮湿的空气中，随后，混合物的性质，相对分子质量，c_p，c_V，γ 都发生了变化。此外，空气在高温下可能解离形成氧原子和氮原子以及其他产物，如 O，OH^-，NO_2，N_2O 等。

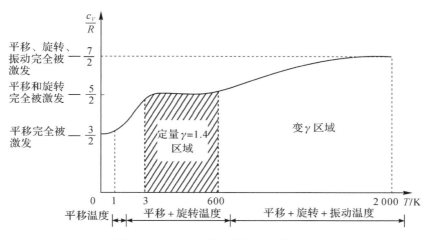

图 1.1　双原子气体比热与温度的关系

资料来源：Anderson，2003。

1.2.1　等熵过程和等熵流动

对于可逆绝热过程，熵保持恒定，因此称为等熵过程。吉布斯方程通过等熵指数来关联压力比和温度比，即

$$\frac{p_2}{p_1} = \left(\frac{T_2}{T_1}\right)^{\frac{c_p}{R}} = \left(\frac{T_2}{T_1}\right)^{\frac{\gamma}{\gamma-1}} \text{（理想气体）} \tag{1.25}$$

现在，用式(1.25)中的压力比和密度比代替温度比并简化指数，使用理想气体定律，得

$$\frac{p_2}{p_1} = \left(\frac{\rho_2}{\rho_1}\right)^{\gamma} \text{（理想气体）} \tag{1.26}$$

1.2.2　质量守恒

在牛顿力学中的一个伟大的守恒定律就是质量守恒。其积分形式源自基本流体/推进书籍（参见 Farokhi，2014），在此给出以供参考：

$$\iiint\limits_{\text{C.V.}} \frac{\partial \rho}{\partial t}\mathrm{d}V + \oiint\limits_{\text{C.S.}} \rho \boldsymbol{V} \cdot \hat{\boldsymbol{n}}\mathrm{d}S = 0 \tag{1.27}$$

式中：$\boldsymbol{V}$ 是局部流体速度矢量；$\mathrm{d}V$ 是体积积分中的微元体；$\mathrm{d}S$ 是表面积分中的微元面；$\hat{\boldsymbol{n}}$ 是垂直于控制体表面外法向单位矢量。因此，式(1.27)中的积分在控制体(C. V.)和控制面(C. S.)上完成。第一个积分项表示控制体积内质量随时间累积/流失。对于定常流动（即当 $\partial / \partial t > 0$ 时），第一个积分项为零。第二个积分项表示围绕控制体通过控制面的净质量通量。对于定常流，第二个积分表明进入控制体的质量流量与流出控制体积的相同质量流量平衡。可以将质量守恒定律写成连续性方程，其中，out 为"出口"，in 为"入口"：

$$\dot{m}_{\text{out}} = \dot{m}_{\text{in}} \tag{1.28}$$

对于定常的均匀流，当对控制面的所有入口和所有出口进行求和时，例如在飞机发动机中，有空气和燃料入口以及一个或多个喷管出口，连续性方程可以积分并写成

$$\sum (\rho VA)_{\text{out}} = \sum (\rho VA)_{\text{in}} \tag{1.29}$$

式中 A 为控制面面积。

1.2.3　线动量守恒

牛顿第二运动定律,用矢量形式表示,针对控制体积写成

$$\iiint_{\text{C.V.}} \frac{\partial}{\partial t}(\rho \boldsymbol{V}) \mathrm{d}V + \oiint_{\text{C.S.}} \rho \boldsymbol{V}(\boldsymbol{V} \cdot \hat{\boldsymbol{n}}) \mathrm{d}S = \boldsymbol{F}_{\text{net}} \tag{1.30}$$

式中: $\boldsymbol{F}_{\text{net}}$ 表示作用在流体上的净外力。这些外力分为作用于流体体积的体积力和作用于表面的表面力。体积力包括重力和电磁力等,表面力包括压力和剪切力等。式(1.30)中的第一个积分表示控制体积内的不稳定动量。对于定常流,该积分同样为零。第二个积分表示控制面内/外动量的净通量。假设在控制面入口和出口的边界处均匀流动,可以将动量方程简化为非常有用的工程形式,即

$$(\dot{m}\boldsymbol{V})_{\text{out}} - (\dot{m}\boldsymbol{V})_{\text{in}} = \boldsymbol{F}_{\text{net}} \tag{1.31}$$

由于式(1.31)是一个向量方程,因此其分量满足

$$(\dot{m}V_x)_{\text{out}} - (\dot{m}V_x)_{\text{in}} = F_{\text{net},x} \tag{1.32a}$$

$$(\dot{m}V_y)_{\text{out}} - (\dot{m}V_y)_{\text{in}} = F_{\text{net},y} \tag{1.32b}$$

$$(\dot{m}V_z)_{\text{out}} - (\dot{m}V_z)_{\text{in}} = F_{\text{net},z} \tag{1.32c}$$

在圆柱坐标系 (r,θ,z) 中,可以将动量方程写成

$$(\dot{m}V_r)_{\text{out}} - (\dot{m}V_r)_{\text{in}} = F_{\text{net},r} \tag{1.33a}$$

$$(\dot{m}V_\theta)_{\text{out}} - (\dot{m}V_\theta)_{\text{in}} = F_{\text{net},\theta} \tag{1.33b}$$

$$(\dot{m}V_z)_{\text{out}} - (\dot{m}V_z)_{\text{in}} = F_{\text{net},z} \tag{1.33c}$$

注意,圆柱坐标系最适合涡轮机械环境,因此在燃气涡轮发动机推进系统中尤为重要。

1.2.4　角动量守恒

通过对流体中任意点 O 取牛顿第二运动定律[见式(1.30)]的力矩,得到了关于点 O 的角动量守恒定律(用矢量形式表示),即

$$\iiint_{\text{C.V.}} \frac{\partial}{\partial t}(\rho \boldsymbol{V} x r) \mathrm{d}V + \oiint_{\text{C.S.}} \rho \boldsymbol{V} x r (\boldsymbol{V} \cdot \hat{\boldsymbol{n}}) \mathrm{d}S = \boldsymbol{F}_{\text{net}} x r \tag{1.34}$$

在涡轮机械环境中,流体角动量经历与旋转(转子)和静止(定子)叶片列相互作用的变化。任意点 O 位于涡轮机械的轴上。在圆柱坐标系 (r,θ,z) 中,均匀定常流的角动量方程简化为

$$(\dot{m}r\boldsymbol{V}_\theta)_{\text{out}} - (\dot{m}r\boldsymbol{V}_\theta)_{\text{in}} = r\boldsymbol{F}_{\text{net},\theta} \tag{1.35}$$

更多讨论可以参考本章压气机相关内容。

1.2.5　能量守恒

控制体积的能量守恒定律是热力学第一定律应用于系统的体现。在每单位时间的基础上,得到流体的能量传递速度,即

$$\dot{Q} = \frac{\mathrm{d}E}{\mathrm{d}t} + \dot{W} \tag{1.36}$$

式(1.36)是针对系统的整个质量而言的。能量 E 为内能 e 乘以质量以及系统的动能和势能。内能 e 是热力学第一定律揭示的流体性质。燃气涡轮发动机或大多数其他空气动力学应用中势能的变化量微乎其微，通常被忽略。将能量项 dE/dt 写在式(1.36)中。它是内能 e 在系统体积上的质量积分，并应用莱布尼茨积分规则得到控制体积形式，即

$$\frac{dE}{dt} = \frac{d}{dt}\iiint_{V(t)}\rho\left(e + \frac{V^2}{2}\right)dV = \iiint_{C.V.}\frac{\partial}{\partial t}\left[\rho\left(e + \frac{V^2}{2}\right)\right]dV + \oiint_{C.S.}\rho\left(e + \frac{V^2}{2}\right)\boldsymbol{V}\cdot\hat{\boldsymbol{n}}dS \quad (1.37)$$

式(1.37)等号右侧第一个积分的作用是控制体积内的能量随时间的变化率，对于定常流，该变化率为零。第二个积分表示穿过控制表面边界的净能量流(即能量速度)。外界向控制体积的热传递速度和控制体积内的气体在周围对机械能量的传递速度是由能量方程[见式(1.36)]中 Q 和 W 项表示的。现在，研究作用在边界上的力对能量传递有何贡献。如前所述，这些表面力是由作用在边界上的压力和剪切力引起的。压力作用于边界并指向内部，即与 $\hat{\boldsymbol{n}}$ 的方向相反，即

$$-p\hat{\boldsymbol{n}}dS \quad (1.38)$$

为了计算力做功的速度，取力和速度向量的标量积，即

$$-p\boldsymbol{V}\cdot\hat{\boldsymbol{n}}dS \quad (1.39)$$

现在，需要通过闭合表面积分，对表面上的压力传递的基本速度求和，即

$$\oiint_{C.S.}-p\boldsymbol{V}\cdot\hat{\boldsymbol{n}}dS \quad (1.40)$$

由于一般规定在第一定律中系统对外做功为正，而式(1.40)表示外界对系统做功，因此需要在能量方程中给该项加上负号。剪切力传递的能量分为以轴切力形式通过控制面的轴功率 $\wp_s$ 以及在控制体边界上的黏性剪切力 $\dot{W}_{\text{vicous-shear}}$，故

$$\dot{W} = \oiint_{C.S.}p\boldsymbol{V}\cdot\hat{\boldsymbol{n}}dS + \wp_s + \dot{W}_{\text{vicous-shear}} \quad (1.41)$$

当将式(1.41)与式(1.37)和式(1.36)相结合时，得出了控制体积能量方程的有用形式，即

$$\iiint_{C.V.}\frac{\partial}{\partial t}\left[\rho\left(e + \frac{V^2}{2}\right)\right]dV + \oiint_{C.S.}\rho\left(e + \frac{V^2}{2}\right)\boldsymbol{V}\cdot\hat{\boldsymbol{n}}dS + \oiint_{C.S.}p\boldsymbol{V}\cdot\hat{\boldsymbol{n}}dS = \dot{Q} - \wp_s - \dot{W}_{\text{vicous-shear}}$$

$$(1.42)$$

式(1.42)左边的闭合表面积分可合并并简化为

$$\iiint_{C.V.}\frac{\partial}{\partial t}\left[\rho\left(e + \frac{V^2}{2}\right)\right]dV + \oiint_{C.S.}\rho\left(e + \frac{V^2}{2} + \frac{p}{\rho}\right)\boldsymbol{V}\cdot\hat{\boldsymbol{n}}dS = \dot{Q} - \wp_s - \dot{W}_{\text{vicous-shear}} \quad (1.43)$$

可以用焓 h 代替式(1.43)中的内能和流动功项，并将焓和动能之和定义为总焓或滞止焓，从而得

$$\iiint_{C.V.}\frac{\partial}{\partial t}\left[\rho\left(e + \frac{V^2}{2}\right)\right]dV + \oiint_{C.S.}\rho h_t\boldsymbol{V}\cdot\hat{\boldsymbol{n}}dS = \dot{Q} - \wp_s - \dot{W}_{\text{vicous-shear}} \quad (1.44)$$

式中：总焓或滞止焓 h_t 定义为

$$h_t = h + \frac{V^2}{2} \quad (1.45)$$

在定常流中，包含时间导数的体积积分趋于零。式(1.44)等号左侧的第二个积分表示通

过控制体积的流体功率净通量。式(1.44)等号右侧的项是外部能量相互作用项,作为通过控制体积的能量流的驱动因素。在绝热流中,穿过控制体的热流量为零。在没有轴功的情况下,如在喷气发动机的入口和喷管中,式(1.44)等号右侧的第二项为零。通过黏性剪切力传递的热量流量在固体边界上为零(因为固体壁上的速度服从无滑移边界条件),在入口和出口平面上非零。然而,与流体中的净能量流相比,该项对入口和出口平面的贡献较小,因此被忽略。

控制体积的能量方程的积分形式,假设入口和出口上均匀流动,为快速工程计算提供实用的解决方案:

$$\sum (\dot{m}h_\mathrm{t})_\mathrm{out} - \sum (\dot{m}h_\mathrm{t})_\mathrm{in} = \dot{Q} - \wp_\mathrm{s} \tag{1.46}$$

式(1.46)中的总和说明了一般控制体积的多个入口和出口。在绝热且不涉及轴功的流动中,能量方程简化为

$$\sum (\dot{m}h_\mathrm{t})_\mathrm{out} = \sum (\dot{m}h_\mathrm{t})_\mathrm{in} \tag{1.47}$$

对于单个入口和单个出口,能量方程甚至可以进一步简化,因为质量流量也在式(1.47)中抵消,从而得

$$h_\mathrm{t-exit} = h_\mathrm{t-inlet} \tag{1.48}$$

对于不涉及轴功率的绝热流(如入口和喷管或激波),总焓或滞止焓保持恒定。

1.2.6 声速和马赫数

声波是在介质中传播的无穷小的压力波。声波的传播是可逆和绝热的,因此是等熵的。由于声音是通过流体分子的碰撞传播的,所以液体中的声速比气体中的声速大。对于气体,声速 a 与压力 p、密度 ρ 有关:

$$a^2 = \frac{\mathrm{d}p}{\mathrm{d}\rho} = \left(\frac{\delta p}{\delta \rho}\right)_\mathrm{s} \tag{1.49}$$

在理想气体中,式(1.49)可写成

$$a = \sqrt{\frac{\gamma p}{\rho}} = \sqrt{\gamma R T} = \sqrt{(\gamma - 1)c_p T} \tag{1.50}$$

声速是一个当地参数,它取决于气体的局部绝对温度。声速的值随气体温度变化而变化,因此当气体加速(或膨胀)时声速会下降,当气体减速(或压缩)时声速就会增大。在标准海平面条件下,空气中的声速约为 340 m/s 或 1 100 ft/s。由于不同的相对分子质量,因此气体的种类也影响到声速的值。可以通过以下气体常数 R 的替代来观察这种行为

$$a = \sqrt{\gamma R T} = \sqrt{\gamma \frac{\bar{R}}{M} T} \tag{1.51}$$

相对分子质量为 2 的轻气体,如氢气(H_2),会使声波传播得比重气体(如平均相对分子质量为 29 的空气)更快。如果将这些相对分子质量代入式(1.51),注意到声音在气态氢中传播的速度几乎是空气的 4 倍,由于氢气(H_2)和空气(N_2 和 O_2 的混合物)都是双原子气体,因此在相同温度下,两种气体的比热比 γ 保持(几乎)相同。

局部气体速度 V 与声速之比称为马赫数 Ma:

$$Ma = \frac{V}{a} \tag{1.52}$$

马赫数通常被用来衡量气体的压缩性。

1.2.7　滞止状态

将气体的滞止状态定义为在没有任何外部功的情况下,使气体可逆绝热减速到静止的状态。因此,滞止状态是等熵达到的。这种状态也称为气体的总状态。本书中滞止状态的符号用下标 t 表示总数,如总压力为 p_t,总温度为 T_t,总密度为 ρ_t。由于滞止状态是等熵得到的,因此气体的静态熵和总熵保持不变,即 $s_t = s$。根据滞止状态的定义,气体的总能量在减速或加速过程中不会改变。因此,滞止焓 h_t 的形式为

$$h_t = h + \frac{V^2}{2} \tag{1.53}$$

这是在本章前面定义的。假设量热完全气体,可以通过除以 c_p 来简化总焓关系[见式(1.53)],从而得到总温度的表达式:

$$T_t = T + \frac{V^2}{2c_p} \text{(理想气体)} \tag{1.54}$$

式(1.54)在将局部静态温度和气体速度转换为当地滞止温度时非常有用。为了使式(1.54)无量纲化,将等号两边除以静态温度,即

$$\frac{T_t}{T} = 1 + \frac{V^2}{2c_p T} \tag{1.55}$$

式(1.55)右侧动能项的分母与当地声速 a 的二次方成比例,简化为

$$\frac{T_t}{T} = 1 + \left(\frac{\gamma-1}{2}\right)\frac{V^2}{a^2} = 1 + \left(\frac{\gamma-1}{2}\right)Ma^2 \tag{1.56}$$

根据式(1.56),(量热完全)气体的滞止与静态温度之比是局部马赫数的唯一函数。根据先前基于吉布斯热力学方程推导的压力与温度之比的等熵关系,将滞止与静态压力之比与当地马赫数联系起来:

$$\frac{p_t}{p} = \left(\frac{T_t}{T}\right)^{\frac{\gamma}{\gamma-1}} = \left[1 + \left(\frac{\gamma-1}{2}\right)Ma^2\right]^{\frac{\gamma}{\gamma-1}} \tag{1.57}$$

根据下式,滞止密度也高于静态密度:

$$\frac{\rho_t}{\rho} = \left(\frac{p_t}{p}\right)^{\frac{1}{\gamma}} = \left[1 + \left(\frac{\gamma-1}{2}\right)Ma^2\right]^{\frac{1}{\gamma-1}} \tag{1.58}$$

1.3　推力和耗油率

飞机发动机设计用于产生推力 F(有时用于垂直起降/STC 飞机的升力,例如联合攻击战斗机 F - 35 的升力风扇)。在吸气式发动机中,空气的质量流量 $\dot{m}_0$ 和燃料的质量流量 $\dot{m}_f$ 是产生推力的原因。在液体火箭发动机中,空气被机载氧化剂 $\dot{m}_{ox}$ 替代,然后与机载燃料 $\dot{m}_f$ 反应产生推力。图 1.2 是带加力燃烧室的双转子涡轮喷气发动机(TJ - AB)的示意图。空气通过进气道或入口系统引入,其中 0 截面处表示未扰动飞行状态,该截面位于进气道(或整流罩)唇缘,2 截面位于进气系统的出口,对应于压气机(或风扇)的入口。2—3 截面表示的压缩过程分为低压压气机(LPC)转子压缩和高压压气机(HPC)转子压缩过程。LPC

的出口由 2.5 截面指定,HPC 的出口为 3 截面。HPC 设计为以比 LPC 转子更高的轴转速运行。压缩气体在 3 截面处进入主燃烧器,并与燃料一起燃烧,在 4 截面处产生高温、高压气体,进入高压涡轮(HPT)气流。通过 HPT 和低压涡轮(LPT)的流量膨胀分别为 HPC 和 LPC 产生蒸汽动力提供轴功。在 5 截面和 7 截面之间为加力燃烧室,在该加力燃烧室中,额外的燃料在排气喷管中膨胀之前与涡轮排出流一起燃烧。8 截面位于喷管的喉部,9 截面表示喷管出口。

为了推导发动机推力的表达式,最方便的方法是描述发动机周围的控制体积,并将动量原理应用于穿过控制体积边界的流体。从描述控制体积的各种选择中,可以选择与发动机喷管共用同一出口平面且其入口远离发动机入口的一种,以避免受到短舱唇缘的干扰。这些选择是为了推导方便。

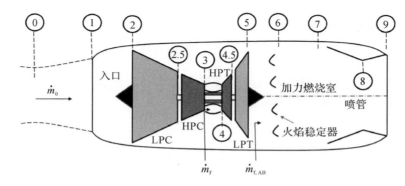

图 1.2　带有加力燃烧室(TJ - AB)的涡轮喷气发动机界面编号

对于控制体积的侧面,可以选择没有流体穿过侧面的流面,也可以选择具有类似几何形状但流体流动穿过侧面的恒定面积长方体。图 1.3 描述了一个箱形的控制体积,其横截面积为 A。

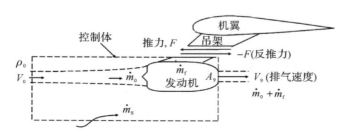

图 1.3　吸气式发动机的示意图

注:进入发动机的空气流量为 m_0,通过侧面的流量为 m_s,燃料流量为 m_f。

必要时,包围发动机的控制体可将用于给机身传递发动机推力的吊架切割。推力 F 及其反作用力如图 1.3 所示。可以假设控制体积的侧面不受机舱周围流场的影响,即侧面上的静压分布几乎与环境静压 p_0 相同。同样,可以假设出口平面压力也为环境压力 p_0,但喷射排气平面除外,即使用 p_9 可能更优。

将连续性应用于定常均匀流的控制体积,给出

$$\rho_0 V_0 A + \dot{m}_s + \dot{m}_f = (\dot{m}_0 + \dot{m}_f) + \rho_0 V_0 (A - A_9) \tag{1.59}$$

简化为

$$\dot{m}_{\mathrm{s}} = \dot{m}_0 - \rho_0 V_0 A_9 \tag{1.60}$$

假设定常均匀流，控制体积上的 x 方向由动量平衡得出，即

$$\sum (\dot{m}V_x)_{\mathrm{out}} - \sum (\dot{m}V_x)_{\mathrm{in}} = \sum (F_x)_{\mathrm{fluid}} \tag{1.61}$$

式（1.61）表明，流体进出控制体的动量（时间变化率）之差等于沿 x 方向在边界和箱内作用在流体上的净力：

$$\sum (\dot{m}V_x)_{\mathrm{out}} = (\dot{m}_0 + \dot{m}_{\mathrm{f}})V_9 + [\rho_0 V_0 (A - A_9)]V_0 \tag{1.62}$$

$$\sum (\dot{m}V_x)_{\mathrm{in}} = (\rho_0 V_0)V_0 + \dot{m}_{\mathrm{s}} V_0 \tag{1.63}$$

$$\sum (F_x)_{\mathrm{fluid}} = -(F_x)_{\mathrm{fluid}} - (p_9 - p_0)A_9 \tag{1.64}$$

将式（1.62）～式（1.64）代入式（1.61），并根据式（1.60）计算 m_{s}，得

$$(\dot{m}_0 + \dot{m}_{\mathrm{f}})V_9 + [\rho_0 V_0 (A - A_9)]V_0 - (\rho_0 V_0)V_0 - \dot{m}_{\mathrm{s}} V_0 = -(F_x)_{\mathrm{fluid}} - (p_9 - p_0)A_9 \tag{1.65}$$

简化为

$$(\dot{m}_0 + \dot{m}_{\mathrm{f}})V_9 - \dot{m}_0 V_0 = -(F_x)_{\mathrm{fluid}} - (p_9 - p_0)A_9 \tag{1.66}$$

现在，通过牛顿力学的作用与反作用力原理知道流体在发动机上施加的轴向力大小相等且方向相反，即

$$-(F_x)_{\mathrm{fluid}} = (F_x)_{\mathrm{pylon}} = (F_x)_{\mathrm{engine}} \tag{1.67}$$

因此，将发动机的轴向力称为"推力"，或者简称 F，可以得到发动机推力的以下表达式：

$$F = (\dot{m}_0 + \dot{m}_{\mathrm{f}})V_9 - \dot{m}_0 V_0 - (p_9 - p_0)A_9 \tag{1.68}$$

推力的这个表达式被称为净非安装推力，在 F 上加上下标 n，表示"净"推力，因此，式（1.68）的推力表达式通常写为

$$(F_{\mathrm{n}})_{\mathrm{uninstalled}} = (\dot{m}_0 + \dot{m}_{\mathrm{f}})V_9 - \dot{m}_0 V_0 - (p_9 - p_0)A_9 \tag{1.69}$$

首先注意到式（1.69）等号右侧由两个动量项和压力面积项组成。第一动量项是通过喷管的排气动量，对发动机推力有积极贡献。第二个动量项是入口动量，它对发动机推力有负面影响，实际上它代表阻力项。这种阻力称为冲压阻力。它通常被赋予 D_{ram} 或 D_{η} 的符号，并表示为

$$D_{\mathrm{ram}} = \dot{m}_0 V_0 \tag{1.70}$$

式（1.69）中的最后一项是压力面积项，其作用于喷管出口平面，即面积 A_9，仅当环境和排气射流之间的压力不平衡时，才会对发动机推力产生影响。正如在空气动力学研究中的那样，具有亚声速射流的喷管始终将气体膨胀至与环境条件相同的静压，而声速或超声速排气射流的出口平面内的静压可能与环境静压不同。根据静压不匹配，将喷管流量分类如下：

（1）如果 $p_9 < p_0$，那么喷管过膨胀。

这只能发生在超声速射流中（即在面积比大于完全膨胀所需的收敛-扩张喷管中）。

（2）如果 $p_9 = p_0$，那么喷管完全膨胀。

这适用于所有亚声速射流，有时适用于声速或超声速射流（即具有"适当"的喷管面积比）。

（3）如果 $p_9 > p_0$，那么喷管欠膨胀。

这只能发生在声速或超声速射流中(即喷管面积比不足)。

检查式(1.69)对发动机净推力(非安装推力)的各种贡献,注意到推力是喷管贡献(动量和压力面积项)和入口贡献(动量 t)之间的差值,喷管对推力的贡献称为总推力,并用符号 F_g 表示:

$$F_g = (\dot{m}_0 + \dot{m}_f)V_9 + (p_9 - p_0)A_9 \tag{1.71}$$

如前所述,入口贡献为负,称为冲压阻力 D_{ram}:

$$(F_n)_{uninstalled} = F_g - D_{ram} \tag{1.72}$$

可以将式(1.72)中的结果推广到具有多流道的飞机发动机中,例如具有单独排气的涡轮风扇发动机。这项任务非常简单,计算了所有排气喷管产生的所有总推力,并减去所有进气道产生的所有冲压阻力,得到发动机非安装推力,即

$$\sum (F_n)_{uninstalled} = \sum (F_g)_{nozzles} - \sum (D_{ram})_{inlets} \tag{1.73}$$

式(1.73)是排气流动量和入口动量与喷管出口平面处的压力推力和发动机的净非安装推力之间的平衡。在涡轮风扇发动机中,捕获的气流通常分为燃烧发生的核心流和风扇流。所谓的涵道气流通过风扇压缩,然后通过风扇排气喷管排出。这种类型的布置(即涵道结构)导致发动机的整体效率更高,燃料消耗更低。发动机示意图如图1.4所示。

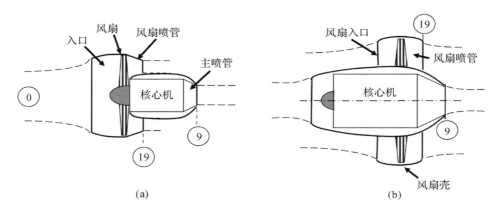

图1.4　分开排气涡轮风扇发动机示意图
(a)前置风扇结构;(b)后置风扇结构

在本例中,入口由一股气流组成,排气流被分成一个主喷管和一个风扇喷管,可以很容易地根据动量原理写出发动机产生的非安装推力,即

$$(F_n)_{uninstalled} = \dot{m}_9 V_9 + \dot{m}_{19} V_{19} + (p_9 - p_0)A_9 + (p_{19} - p_0)A_{19} - \dot{m}_0 V_0 \tag{1.74}$$

式(1.74)等号右侧前4项说明了2个喷管的动量和压力推力(即所谓的总推力),最后1项表示入口冲压阻力。

1.3.1　起飞推力

起飞时,推力计算中通常忽略空气速度 V_0("飞行"速度),因此忽略了冲压阻力对发动机推力的影响:

$$F_{takeoff} \approx F_g = (\dot{m}_0 + \dot{m}_f)V_9 + (p_9 - p_0)A_9 \tag{1.75}$$

对于完全膨胀的喷管,压力推力项消失,即

$$F_{\text{takeoff}} \approx (\dot{m}_0 + \dot{m}_{\text{f}})V_9 \approx \dot{m}_0 V_9 \tag{1.76}$$

因此,起飞推力与捕获的气流成正比。

1.3.2 安装推力

已安装推力和非安装推力,指的是发动机传递给飞机的实际推进力和发动机产生的推力(如果发动机没有外部损失的话)。因此,对于安装的推力,需要考虑推力的安装损失,如机舱表面摩擦力和压力阻力,这些损失将包含在推进侧的阻力分解中。另外,其影响机翼空气动力学的吊架和发动机安装。在吊挂式短舱中,机翼安装的构型,即通过改变其净阻力极曲线特征,导致"干扰"阻力,这在飞机的阻力极曲线中得到了解释。在推进研究中,通常集中于发动机的"内部"性能,即非安装的特性而不是安装的性能,因为发动机安装的外部阻力不仅取决于发动机机舱的几何结构,还取决于发动机机身一体化。因此,准确的安装阻力计算需要在不同的飞行马赫数和发动机油门设置下进行 CFD(计算流体力学)分析和风洞测试。其最简单的形式,可以根据以下公式关联已安装和非安装的推力:

$$F_{\text{installed}} = F_{\text{uninstalled}} - D_{\text{nacelle}} \tag{1.77}$$

在选择控制体积时,如图 1.3 所示,对施加在控制体积后表面上的出口边界条件进行了某些假设。对压力边界条件和速度边界条件进行假设。关于压力边界条件,规定了施加在出口平面上的飞行静压 p_0,喷管出口区域 A_9 除外。因此,考虑了一个欠膨胀或过膨胀的喷管。关于出口平面上的速度边界条件,除了规定喷管出口射流速度 V_9 外,还规定了飞行速度 V_0。实际上,控制体的后表面必然位于机舱和吊架的下游,因此位于机舱和吊架产生的尾迹的中间。这意味着尾流中会出现动量损失,静压几乎等于自由流压力。

通过吊架传递给飞机的力不是在早期推导中所称的非安装推力,而是安装推力和吊架阻力。但动量损失和尾流压力不平衡的积分正好等于机舱和吊架阻力的贡献,即

$$D_{\text{nacelle}} + D_{\text{pylon}} = \iint \rho V(V_0 - V) \, \mathrm{d}A + \iint (p_0 - p) \, \mathrm{d}A \tag{1.78}$$

其中表面积分在机舱和吊架下游的出口平面上进行。

进一步分解式(1.78),将安装效果分为

$$F_{\text{uninstalled}} - D_{\text{nacelle}} - D_{\text{pylon}} = (\dot{m}_0 + \dot{m}_{\text{f}})V_9 - \dot{m}_0 V_0 - (p_9 - p_0)A_9 -$$

$$\iint \rho V(V_0 - V) \, \mathrm{d}A - \iint (p_0 - p) \, \mathrm{d}A \tag{1.79}$$

在用式(1.79)等号左侧的阻力项抵消右边的积分后,重新获得了式(1.69),这是之前针对非安装推力导出的,即

$$(F_{\text{n}})_{\text{uninstalled}} = (\dot{m}_0 + \dot{m}_{\text{f}})V_9 - \dot{m}_0 V_0 - (p_9 - p_0)A_9$$

捕获流管上的压力积分称为入口附加阻力:

$$D_{\text{add}} = \oiint_0^1 (p - p_0) \, \mathrm{d}A_{\text{n}} \tag{1.80}$$

式中:$\mathrm{d}A_{\text{n}}$ 是垂直于流动方向的流动横截面积的元素。对于亚声速进气道,附加阻力在很大程度上由整流罩唇缘推力平衡,其差值称为溢流阻力。图 1.5 显示了钝形整流罩唇缘附近的气流和合力的示意图。一般来说,对于亚声速进气道的圆形整流罩唇缘,溢流阻力相当

小,只有超声速、尖锐唇口进气道的溢流阻力才显著。机舱摩擦阻力也有助于外力以及尾部的后端压力阻力,这可以写成 6 个因素的总和:

$$\sum (F_{x\text{-external}})_{\text{control-surface}} = D_{\text{spillage}} + \iint_{M-9}(p-p_0)\mathrm{d}A_n + \iint_{1-9}\tau_w\mathrm{d}A_n +$$

$$(\text{I}) \qquad\qquad (\text{II}) \qquad\qquad (\text{III})$$

$$D_{\text{pylon}} - F_{x,\text{fluid}} - (p_9-p_0)A_9 \qquad\qquad (1.81)$$

$$(\text{IV}) \qquad (\text{V}) \qquad\qquad (\text{VI})$$

式(1.81)等号右侧的第一项,即(Ⅰ),是前面讨论的溢流阻力,第二项(Ⅱ)是机舱后端或尾部压力阻力,第三项(Ⅲ)是机舱黏性阻力,第四项(Ⅳ)是吊架阻力,第五项(Ⅴ)是对安装推力和作用在流体上的吊架阻力的反作用力,第六项(Ⅵ)是由于不完全的喷管膨胀而产生的压力推力。总结如下:

第Ⅰ+Ⅱ+Ⅲ项是推进系统安装阻力损失。

第Ⅳ项是在飞机阻力极坐标中计算的。

第Ⅴ和Ⅵ与Ⅰ~Ⅳ结合,产生非安装推力。

图 1.6(改编自 Letter,1977)显示了对吸气式喷气发动机净安装推力的各种贡献。

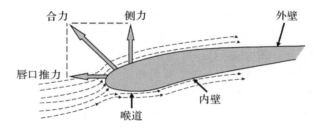

图 1.5　钝形整流罩唇口附近的流动细节展示了唇口推力分量和侧向力

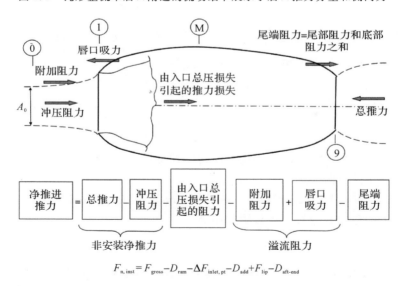

$$F_{n,\text{inst}} = F_{\text{gross}} - D_{\text{ram}} - \Delta F_{\text{inlet,pt}} - D_{\text{add}} + F_{\text{lip}} - D_{\text{aft-end}}$$

图 1.6　根据发动机短舱的内部和外部参数定义安装净推力

资料来源:Letter,1977。

1.3.3　吸气式发动机性能参数

发动机推力、空气和燃料的质量流量、发动机上的动能产生率或机械功率/轴输出、发动机干重以及其他参数组合在一起,形成一系列重要的性能参数,称为推进系统的性能参数。

1.3.3.1　比推力

进气系统的尺寸是确定空气流率 m_0 的设计参数。因此,燃油泵负责设置发动机 m_f 中的燃油流率。因此,在大型发动机中产生推力时,发动机尺寸似乎是一个可缩放的参数。缩放喷气发动机的唯一例外是"微型发动机",其中部件损失不可缩放。一般来说,推力所产生的质量流量与通过发动机的流体流率的质量流量成正比。然后,将每单位质量流量的推力作为候选推进系统的性能指标进行研究是合乎逻辑的。对于吸气式发动机,推力与空气质量流量之比称为比推力,并被视为发动机性能参数:

> 吸气式发动机性能参数♯1:$\dfrac{F}{\dot{m}_0}$"比推力"
>
> 公制单位为 N・s/kg,英制单位为 lbf・s/lbm[①]

在循环分析中,总是希望比推力达到最大,即以最小的气流速度产生推力,或以最小的发动机锋面产生相同的推力。然而,在亚声速巡航马赫数的情况下,发动机锋面阻力远没有超声速飞行时的大。因此,商用运输机(例如 B777 或 A340)中的比推力作为一个性能参数,在亚声速下,非常大的涵道比涡轮风扇发动机实现了较低的燃油消耗。如前所述,比推力是一个以单位质量流量为单位的量纲量。比推力的一种无量纲形式,可用于绘图和发动机比较,见下式(根据 Kerrebrock,1992):

$$\text{无量纲比推力} = \frac{F}{\dot{m}_0 a_0} \tag{1.82}$$

式中:a_0 是作为参考速度的环境声速。

1.3.3.2　比油耗和比冲

以最小燃料消耗产生推力的能力是另一个参数,被认为是发动机的性能参数。在商业领域,例如航空公司,比油耗可能是发动机最重要的参数。毕竟,在燃油上花费的钱是运营航空公司的主要支出。然而,读者很快就会意识到可靠性和可维护性这两个不曾提及的参数,这些参数直接影响商用发动机的运行成本,因此,它们至少与发动机的燃油消耗量同等重要,甚至更重要。在军事领域,发动机燃油消耗参数在其他飞机性能参数(如隐身性、敏捷性、机动性和生存性)中起着第二重要的作用。对于吸气式发动机,产生的每单位推力的燃料流率称为比推力耗油率(TSFC)或比耗油率(即 SFC),定义为:

> 吸气式发动机性能参数♯2:$\dfrac{\dot{m}_f}{F}$"比推力耗油率"
>
> TSFC,公制单位为 kg/(h・N),英制单位为 lbm/(h・lbf)

循环分析中希望该参数(即 TSFC)达到最小,即以最小的燃料消耗产生推力。这个参

---

① 　1 lbm ≈ 0.454 kg。

数也是无量纲数。另外,对于火箭来说,氧化剂和燃料都是发动机产生推力的"支出"的一部分,因此氧化剂的流速 $\dot{m}_{ox}$ 也需要考虑在内。

推进剂一词用来表示液体推进剂火箭发动机或固体推进剂火箭发动机中氧化剂和燃料的组合。通常将火箭的相应性能参数定义为每单位推进剂质量流量的推力。该参数称为比冲 I_s,即

$$I_s = \frac{F}{\dot{m}_p g_0} \tag{1.83}$$

此时

$$\dot{m}_p = \dot{m}_f + \dot{m}_{ox} \tag{1.84}$$

式中: g_0 是地球表面的重力加速度,即 $9.8\ m/s^2$ 或 $32.2\ ft/s^2$。式(1.83)分母中 $\dot{m}_p g_0$ 是基于地球重力或单位时间力的推进剂的质量流量。因此,特定脉冲的维度是"$N/(N \cdot s^{-1})$",这简化为"s"。然后,所有推进器、火箭和吸气式发动机都可以用一个统一的性能参数进行比较,即它们的比冲。比冲的另一个好处是,在 21 世纪,无论分析中使用的测量单位是公制还是大西洋两岸的英制,比冲在两个系统中都以"s"为单位,当试图利用可重复使用的火箭基组合循环(RBCC)动力装置来推进各种单级入轨(SSTO)飞行器时,作为一个统一的性能参数的这一点更加合理。研究先进的推进概念,其中任务需要多模式推进装置,如空气导管火箭、冲压式喷气发动机和超声速燃烧冲压式喷气机,所有这些都组合成一个"组件",比冲的使用变得更加明显。总之,发动机循环设计的一个重要目标是最大化比冲,即以发动机中最少的燃料或推进剂消耗量产生推力的能力。

空气助燃式发动机的比冲: $\dfrac{F}{\dot{m}_f g_0}$ (s)

火箭的比冲: $\dfrac{F}{\dot{m}_p g_0}$ (s)

1.4 热效率和推进效率

1.4.1 热效率

发动机将燃料中内在的热能 $\wp_{thermal}$ 转换为工作介质的净动能增益的能力称为发动机热效率 η_{th}:

$$\eta_{th} = \frac{\Delta K\dot{E}}{\wp_{thermal}} = \frac{\dot{m}_9 \dfrac{V_9^2}{2} - \dot{m}_0 \dfrac{V_0^2}{2}}{\dot{m}_f Q_R} = \frac{(\dot{m}_0 + \dot{m}_f)V_9^2 - \dot{m}_0 V_0^2}{2\dot{m}_f Q_R} \tag{1.85}$$

式中: $\dot{m}$ 表示对应于 0 截面和 9 截面的质量流量;下标 f 表示燃料; Q_R 表示燃料热值。 Q_R 的单位是燃料每单位质量的能量(例如 $kJ \cdot kg^{-1}$ 或 BTU[①] $\cdot lbm^{-1}$),并作为燃料性质列出。

---

① 1 BTU $\approx 1\ 055.056\ J$。

式(1.85)比较了发动机的机械能输出与发动机的热能输入。图 1.7 以图形方式描述了空气助燃式发动机中的能源。发动机中产生的热能实际上并没有"损失",正如它在热废气射流中所显示的那样,而是"浪费"了这些能量,无法将其转化为有用的能量。了解(即量化)发动机中的这种无用效率很重要。

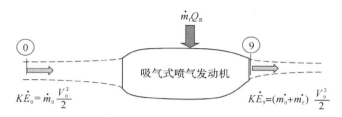

图 1.7　热功率输入(通过燃料)和发动机产生的机械功率(输出)

式(1.85)定义了热效率,它只是"净机械能输出"与"热能输入"的比率,正如在热力学中所学的那样。

为了降低废气温度,可以在高压热气流中放置一个额外的涡轮,并产生轴功率。例如,这种轴功率可用于驱动螺旋桨、风扇或直升机旋翼。从燃烧气体中提取热能并为喷气发动机中的风扇提供动力的附加涡轮级的概念应用在了涡轮风扇发动机上。这些发动机的机械输出通过额外的轴功率得到增强。因此,产生轴功率的循环的热效率可以写成

$$\eta_{th} = \frac{\Delta K\dot{E}}{\wp_{thermal}} = \frac{\wp_{shaft} + \Delta K\dot{E}}{\dot{m}_f Q_R} \qquad (1.86)$$

飞机燃气涡轮发动机的示意图如图 1.8 所示,该发动机被配置为产生轴功率。在图 1.8(a)中,动力涡轮向螺旋桨提供轴功率,而在图 1.8(b)中,动力涡轮向直升机主旋翼提供轴功率。

图 1.8 中燃气发生器指的是压气机、燃烧器和涡轮组合,即燃气涡轮发动机的基本组成部分。在涡轮螺旋桨发动机和涡轮轴发动机中,发动机的机械输出由轴功率控制。

在这种循环的热效率定义中,动能增加率被忽略,即

$$\eta_{th} = \frac{\wp_s}{\dot{m}_f Q_R} \qquad (1.87)$$

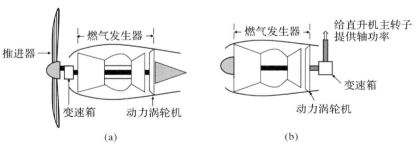

图 1.8　压气机,涡轮结构形式放置在燃气涡轮发动机排气中的动力涡轮的示意图
(a)燃气涡轮发动机,其具有向螺旋桨(涡轮螺旋桨)提供轴动力的动力涡轮;
(b)为直升机旋翼提供轴动力的动力涡轮

在涡轮螺旋桨发动机和涡轮轴发动机中除了轴动力涡轮外,还可以通过在废气流中放置热交换器来降低废气温度,以便在燃烧之前预热压气机空气。当废气流加热较冷的压气机气体时,热废气射流被冷却,并且需要较少的燃料来实现期望的涡轮入口温度(TET)。该方案称为回热循环,如图1.9所示。

图1.8和图1.9所示的所有循环在排气喷管中产生的废热较少。因此,它们比在没有额外的轴功率或热交换器的情况下具有更高的热效率。

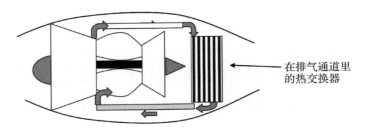

图1.9 压气机,涡轮结构形式采用回热方案的燃气涡轮发动机示意图

在两个温度极限之间运行的热机所能达到的最高热效率是在这些温度之间运行的卡诺循环。图1.10显示了 $T-s$ 图上的卡诺循环。

如图1.10所示,在 $T_1 = 0$ K 下的散热和加热到无限温度($T_2 \to \infty$)都是不可能的。因此,受到理想卡诺热效率最大值的热力学约束,即最高温度为航空燃油进行化学计量燃烧的峰值温度2 500 K,最低温度为标准环境温度288 K,效率为88%。20世纪30年代,这通常代表燃气涡轮发动机的布雷顿循环的热效率比相应的卡诺循环的热效率低得多。

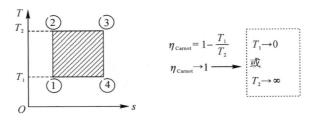

图1.10 $T-s$ 图上的卡诺循环

1.4.2 推进效率

发动机净机械输出转化为推力的部分称为推进效率。对于完全膨胀的喷管和推力功率,发动机 $\Delta K\dot{E}$ 的净机械输出为 $F \cdot V_0$,因此,将预测效率定义为其比率:

$$\eta_{\mathrm{p}} = \frac{F \cdot V_0}{\Delta K\dot{E}} \tag{1.88}$$

图1.11显示了发动机产生的机械功和传递给飞机的推进功,以帮助读者记住推进效率的定义。

尽管式(1.88)中 $F \cdot V_0$ 表示的推力功率基于安装推力,但为简单起见,通常将其视为非安装推力功率,以突出一个非常重要的有关推进效率的结果。现在,将完全膨胀的喷气式飞

机的非安装推力代入上述定义,得

$$\eta_p \approx \frac{\left[(\dot{m}_0 + \dot{m}_f)V_9 - \dot{m}_0 V_0\right]V_0}{(\dot{m}_0 + \dot{m}_f)\dfrac{V_9^2}{2} - \dot{m}_0 \dfrac{V_0^2}{2}} \tag{1.89}$$

由于燃料流量只是空气流量的一小部分(2%～3%),所以相对于气流流率可以忽略不计,因此式(1.89)可以简化为

$$\eta_p \approx \frac{(V_9 - V_0)V_0}{\dfrac{1}{2}(V_9^2 - V_0^2)} = \frac{2V_0}{V_9 + V_0} = \frac{2}{1 + \dfrac{V_9}{V_0}} \tag{1.90}$$

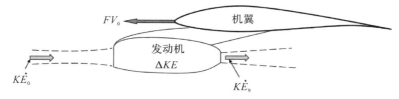

图 1.11　飞机发动机装置,显示发动机产生的机械动力和传递给飞机的推力示意图

作为喷气发动机推进效率的近似表达式的式(1.90)是根据单个参数(即喷气与飞行速度比 $\dfrac{V_9}{V_0}$)计算的。进一步注意到,100%的推进效率(在推导中给出的近似范围内)在数学上是可能的,并且将通过排气速度与飞行速度(即 V_9 与 V_0)一样快的发动机实现。推力产生要求 $V_9 > V_0$。为了在给定燃料流量下实现燃气涡轮发动机的小速度增量,需要进一步获得燃烧气体中的热能,并将其转换为额外的轴功率。反过来,提供给风扇(或螺旋桨)的轴功率会影响二次流或涵道流中较大的空气质量流量,从而产生所需的推力。

将涡轮螺旋桨发动机的推进效率定义为机械功率的一部分,该部分转换为总推力(即螺旋桨和发动机喷管推力之和)功率,即

$$\eta_p = \frac{F \cdot V_0}{\wp_s + \Delta \dot{KE}} \approx \frac{F \cdot V_0}{\wp_s} \text{(涡轮螺旋桨发动机)} \tag{1.91}$$

同样,该定义将推进输出 $F \cdot V_0$ 与飞机发动机中的机械功率输入(轴和喷射动能的变化)进行比较。传递到螺旋桨的轴功率的一部分转化为螺旋桨推力,称为螺旋桨效率 η_{pr},有

$$\eta_{pr} = \frac{F_{prop} \cdot V_0}{\wp_{s,prop}} \tag{1.92}$$

与动力涡轮相比,由于螺旋桨直径较大,有必要降低其转速,以避免严重的叶尖激波损失。因此,动力涡轮转速在减速齿轮箱中被机械地降低,一小部分轴功率在齿轮箱中损失,这被称为齿轮箱效率,即

$$\eta_{gb} = \frac{\wp_{s,prop}}{\wp_{s,turbine}} \tag{1.93}$$

1.4.3　发动机总效率对飞机航程和续航力影响

发动机热效率和推进效率的乘积称为总效率,有

$$\eta_0 = \eta_{th} \cdot \eta_p = \frac{\Delta \dot{KE}}{\dot{m}_f Q_R} \frac{F \cdot V_0}{\Delta \dot{KE}} = \frac{F \cdot V_0}{\dot{m}_f Q_R} \tag{1.94}$$

因此,飞机发动机的总效率是燃料热功率的一部分,该部分转化为飞机的推力。这又是一个有用产出与投入的比值在效率定义上的体现。在通常早于飞机推进层次的飞机性能课程中,发动机总体效率是通过 Breguet 航程公式与飞机航程联系起来的。Breguet 航程公式的推导对研究来说是基本的,而且非常简单,在这里重复以对其进行回顾。以速度 V_0 巡航的水平飞行飞机(见图 1.12)所受到的阻力完全与发动机安装推力平衡,即

$$F_{\text{engine}} = D_{\text{aircraft}} \tag{1.95}$$

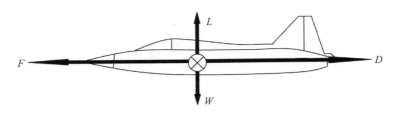

图 1.12　处于非加速平飞状态的飞机

图 1.12 显示出推力和阻力以及升力和重力之间的平衡。飞机升力 L 也由飞机重力平衡,以保持水平飞行,即

$$L = W \tag{1.96}$$

可以将式(1.95)乘以飞行速度 V_0,然后通过发动机总效率的定义来替换产生的推力功率 $F \cdot V_0$,由 η_0,$\dot{m}_f$,Q_R 得

$$F \cdot V_0 = \eta_0 \dot{m}_f Q_R = D \cdot V_0 \tag{1.97}$$

现在,将式(1.97)等号右侧项除以升力 L,将式(1.97)的中间项除以飞机重力(与升力相同),得

$$\frac{\eta_0 \dot{m}_f Q_R}{W} = \frac{D}{L} \cdot V_0 \tag{1.98}$$

注意到燃料流率,即飞机损失质量的速度(因此为负号),$\dot{m}_f = -\dfrac{1}{g_0} \dfrac{dW}{dt}$,可以用式(1.98)替换该表达式,并重新排列以得

$$-\frac{\eta_0 Q_R}{g_0} \frac{dW}{W} = \frac{D}{L} \cdot V_0 dt = \frac{dR}{L/D} \tag{1.99}$$

式中:g_0 是地球的重力加速度;$V_0 dt$ 被解释为飞行器基本距离 dR,这是飞行器以速度 V_0 飞行时在时间 dt 内所行驶的距离。现在,可以通过假设巡航期间恒定的升阻比和恒定的发动机总效率来对式(1.99)进行积分,从而得出 Breguet 航程公式:

$$R = \eta_0 \frac{Q_R}{g_0} \frac{L}{D} \ln \frac{W_i}{W_f} \tag{1.100}$$

式中:W_i 是飞机初始重力;W_f 是飞机最终重力(注意,初始重力比最终重力多出飞行中燃烧的燃料重力)。如前所述,式(1.100)被称为 Breguet 航程公式,其显示了空气动力学效率(L/D)和总体推进效率 η_0,影响飞机航程。该方程的简单归功于对非加速水平飞行、恒定升阻比和发动机总效率的假设。还要注意,Breguet 航程公式中没有考虑起飞和着陆距离形成的航程部分。发动机总效率和范围的直接比例由 Breguet 航程公式证

明,即

$$飞机航程\ R \propto \eta_0$$

通过用推力功率与燃料中的热功率比值代替航程计算方程中的发动机总效率,得

$$R = \frac{F_n V_0}{\dot{m}_f Q_R} \frac{Q_R}{g_0} \frac{L}{D} \ln \frac{W_i}{W_f} \tag{1.101}$$

可以用飞行马赫数和声速的乘积来表示飞行速度。此外,还可以用 TSFC 代替燃料流率与发动机净推力之比,从而得

$$R = \left(Ma_0 \frac{L}{D}\right) \frac{a_0/g_0}{\text{TSFC}} \ln \frac{W_i}{W_f} \tag{1.102}$$

这种飞机航程表示的结果是(MaL/D)的出现。飞机航程(R)优化的空气动力学性能参数,称为航程系数或巡航效率,有

$$R \propto Ma_0 \frac{L}{D} \tag{1.103}$$

$$R \propto \frac{1}{\text{TSFC}} \tag{1.104}$$

通过使用比当前喷气式航空燃料(如氢)更高能的燃料,将能够减少单位推力燃油消耗率,或者可以看到燃料能量含量对下式的影响:

$$R \propto Q_R \tag{1.105}$$

等效地,可以寻求发动机总效率或特定燃料消耗对飞机续航的影响,就我们的目的而言,这是飞机航程与飞行速度的比率:

$$飞机续航力 = \frac{R}{V_0} = \frac{\eta_0}{V_0} \frac{Q_R}{g_0} \frac{L}{D} \ln \frac{W_i}{W_f} \tag{1.106}$$

这再次指出了发动机整体效率对飞机性能参数(如耐久性)的重要性。就 TSFC 而言,有

$$飞机续航力 = \left(\frac{L}{D}\right) \frac{1/g_0}{\text{TSFC}} \ln \frac{W_i}{W_f} \tag{1.107}$$

发动机单位推力燃油消耗率出现在分母中,与发动机对航程方程的影响一样,空气动力学性能指标是空气动力学效率 L/D,而不是飞机耐久性预期的 MaL/D。

$$飞机续航力 \propto \frac{1}{\text{TSFC}} \tag{1.108}$$

$$飞机续航力 \propto \frac{L}{D} \tag{1.109}$$

1.5　燃气发生器

飞机燃气涡轮发动机的核心是燃气发生器。它由 3 个主要部件组成:一个压气机、一个燃烧室(有时称为燃烧器)和一个涡轮。燃气发生器示意图和不同截面如图1.13所示。定义燃气发生器物理特性的参数见表1.1。

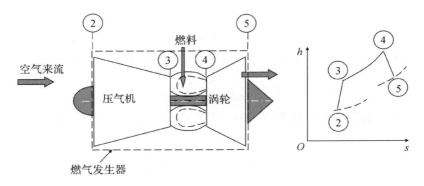

图 1.13 压气机，涡轮结构形式燃气发生器示意图

表 1.1 燃气发生器中的参数

参数	参数类型
压气机压比 $\pi_c = \dfrac{p_{t3}}{p_{t2}}$	["设计"参数]
压气机空气质量流量 $\dot{m}_0$	["尺寸"参数]
燃烧室燃料质量流量 $\dot{m}_f$ 或涡轮入口温度 T_{t4}	["温度极限"参数]
燃油低热值 Q_R	["理想燃油能量"参数]
部件效率	["不可逆性"或损耗参数]

　　压气机总压比 π_c 是一个设计参数。在进行航空发动机设计时需要对压气机级进行选型，选择压气机级的级数和形式。总压比与飞行马赫数有很强的函数关系，或者将其称为冲压压比。根据经验，飞行马赫数越大，循环有效运行所需的压气机压比越小。事实上，在超声速马赫数较大时，即 $Ma_0 \geqslant 3$，吸气式发动机甚至不需要任何机械压缩，即完全不需要压气机。这种发动机以冲压压缩原理工作，称为冲压发动机。将在稍后的分析中将提及这一点。

　　压气机空气质量流量是主要决定发动机流通面直径的一个气动参数。飞机起飞总质量是最常确定发动机尺寸的主要参数。其他有助于确定发动机尺寸的参数、发动机爬升率要求、跨声速加速度和加力燃烧室的使用许可，以及其他任务限制参数。燃烧器燃料流率是燃料能量释放率参数，可由 TET，T_{t_4} 代替。这两个参数都确定了发动机的热极限特性，这决定了设计阶段发动机热端部件（即涡轮和喷管）采用的材料和冷却技术。燃料热值或反应热 Q_R 表示（理想）燃料能量密度，即每单位质量燃料的热能。最后，需要组件效率来描述每个组件的损失程度，即热力学表述的"不可逆程度"。

1.6　发动机部件

1.6.1　进气道

　　进气道的基本功能是以正确的马赫数（Ma_2）和正确的质量（即低畸变）将空气输送到风扇/压气机。亚声速压气机的轴向马赫数设计为 $Ma_2 = 0.5 \sim 0.6$。因此，如果飞行马赫数高于 0.5 或 0.6[包括所有商用(固定翼)运输机和军用(固定翼)飞机],那么需要进气道有效地给空气减速。因此,进气道的主要功能是扩压或减速气流,因此也称为扩压器。流动减速伴随着静压升高,或被称为流体动力学中的逆压力梯度。

作为流体力学的首要原则之一,处于低能量和动量不足区域的边界层,面对不利的压力梯度环境,往往会产生分离。因此,进气道设计者面临的挑战之一是防止进气道边界层分离。可以通过调整进气道的几何形状以避免快速扩压或可能通过可变几何形状的入口设计来实现这一点。现在,显而易见的是,如果进气道必须将马赫数为 2 或 3 的气流减速至压气机入口马赫数为 0.5,那么进气道设计者面临的挑战就比以马赫数 0.8 或 0.9 飞行的飞机更大。

图 1.14 显示了进气道中空气的热力学状态,其中状态 0 对应飞行或自由流状态,而 2 位于进气道的出口,对应燃气涡轮发动机中风扇/压气机入口和冲压发动机中燃烧室入口。

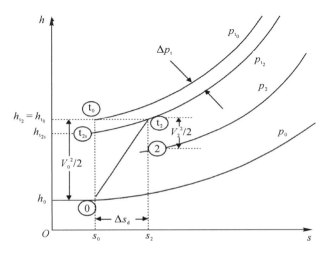

图 1.14　实际和理想条件下飞机发动机进气道流量的焓熵($h-s$)图

进气道的不可逆性源于黏性效应和超声速气流中的激波。假设实际流量是绝热的,因此,进气道的总焓保持恒定,总压力损失。

$$\frac{p_{t_2}}{p_{t_0}} = \mathrm{e}^{-\frac{s_2-s_1}{R}} = \mathrm{e}^{-\frac{\Delta s}{R}} \tag{1.110}$$

$\dfrac{p_{t_2}}{p_{t_0}}$ 是进气道总压比(通常称为进气道总压恢复系数),可以将进气道绝热效率 η_d 定义为

$$\eta_d = \frac{h_{t_{2s}} - h_0}{h_{t_2} - h_0} = \frac{(V^2/2)_{\mathrm{ideal}}}{V_0^2/2} \tag{1.111}$$

将分子和分母同时除以 h_0,得

$$\eta_d = \frac{\dfrac{h_{t_{2s}}}{h_0} - 1}{\dfrac{h_{t_2}}{h_0} - 1} = \frac{\dfrac{T_{t_{2s}}}{T_0} - 1}{\dfrac{h_{t_0}}{h_0} - 1} = \frac{\left(\dfrac{p_{t_{2s}}}{p_0}\right)^{\frac{\gamma-1}{\gamma}} - 1}{\dfrac{\gamma-1}{2}Ma_0^2} \tag{1.112}$$

其中使用了状态(t_{2s})和(0)之间的等熵关系。注意,式(1.112)中唯一未知的是 $p_{t_{2s}}$,对于

给定的飞行高度 p_0、飞行马赫数 Ma_0 和进气道绝热效率 η_d，可以分离未知项 $p_{t_{2s}}$，并写出以下表达式：

$$\frac{p_{t_{2s}}}{p_0} = \left(1 + \eta_d \frac{\gamma-1}{2} Ma_0^2\right)^{\frac{\gamma-1}{\gamma}} \qquad (1.113)$$

值得注意的是，式(1.113)恢复了 100% 有效进气道的等熵关系，或 $\eta_d = 1.0$。描述进气道性能的另一个参数或性能参数是压气机入口与（总）飞行条件之间的总压比。这称为 π_d，通常称为进气道总压力恢复系数，有

$$\pi_d = \frac{p_{t_2}}{p_{t_0}} \qquad (1.114)$$

正如预期的那样，一个入口的两个性能参数，即 η_d 或 π_d 并不相互独立，可以从式(1.113)等号左侧推导出 η_d 和 π_d 之间的关系：

$$\frac{p_{t_2}}{p_0} = \frac{p_{t_2}}{p_{t_0}} \frac{p_{t_0}}{p_0} = \left(1 + \eta_d \frac{\gamma-1}{2} Ma_0^2\right)^{\frac{\gamma-1}{\gamma}} \qquad (1.115a)$$

$$\pi_d = \frac{\left(1 + \eta_d \dfrac{\gamma-1}{2} Ma_0^2\right)^{\frac{\gamma-1}{\gamma}}}{\dfrac{p_{t_2}}{p_0}} = \left[\frac{1 + \eta_d \dfrac{\gamma-1}{2} Ma_0^2}{1 + \dfrac{\gamma-1}{2} Ma_0^2}\right]^{\frac{\gamma-1}{\gamma}} \qquad (1.115b)$$

因此，式(1.115b)将进气道总压力恢复系数 π_d 与任何飞行马赫数 Ma_0 下的进气道绝热效率 η_d 联系起来。注意到，在式(1.115b)中，如预期的那样，$\eta_d \to 1$ 也是 $\pi_d \to 1$。图 1.14 还显示了静态 2，它与总状态 t_2 具有相同的熵，并且与 t_2 的差值是 s_0 处的动能，即 $V_2^2/2$。

1.6.2 喷管

飞机发动机排气系统的主要功能是有效地加速气体。在推进中最重要的喷管参数是总推力 F_g。先前推导的总推力表达式为

$$F_g = \dot{m}_9 V_9 + (p_9 - 9_0) A_9 \qquad (1.116)$$

式(1.116)等号右侧的第一项称为动量推力，第二项称为压力推力。值得注意的是，喷管产生的"特征"通常由红外辐射、热羽流、烟雾和噪声组成。这是除了总推力的主要推进要求之外，隐身飞机排气系统的关键设计特征。

当流体在喷管中加速时，静压下降，因此在喷管中产生顺压梯度环境。这与存在逆压梯度环境的扩张气流形成对比。因此，边界层大体上在喷管中表现良好，处理起来比进气道更方便。亚声速出口马赫数，即 $Ma_9 < 1$，喷管膨胀过程将继续至环境压力 p_0。这一重要结果意味着在亚声速气流中，射流内外的静压相同。事实上，在亚声速气流中不存在压力突变，这与激波和膨胀波系会导致静压不连续的超声速流形成对比。在图 1.15 中描绘了一个收敛喷管，其排气流（即射流）在静止状态(0)的环境气体中出现。喷管的外形被称为后体，它影响排气系统的安装性能。喷管装置的外部空气动力学属于推进系统集成研究，通常不涉及内部性能的讨论，即循环分析。然而，需要意识到的是，对内部流道优化的决定，例如喷管出口与喉部面积比，可能会对安装性能产生不利影响，这可能会抵消由于内部优化而产生的收益。

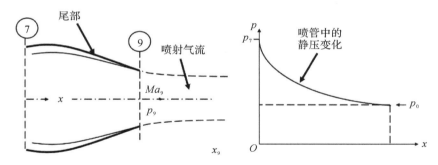

图 1.15　亚声速喷管及其静压分布示意图

在空气动力学中了解到,收敛喷管会导致亚声速气流中的气流加速至最大马赫数 1,这只能在喷管的最小面积,即出口处达到。因此规定,对于所有亚声速射流,即 $Ma_9 < 1$,排气流和环境流体中存在静压平衡,即 $p_9 = p_0$。将其视为喷管流中的准则 1。

准则 1:若 $Ma_{jet} < 1$,则 $p_{jet} = p_{ambient}$。

上述规则中的"jet"一词不容易让读者感到困惑,因为它与从喷管流出的气流有关。在这种情况下,Ma_{jet} 与 Ma_9 相同,$p_{ambient}$ 与 p_0 相同。声速和超声速射流不仅完全有可能膨胀到环境静压,而且也是理想的,这种喷管气流称为完全膨胀。实际上,如果喷管流体完全膨胀,喷管总推力可以最大化。(笔者在这里陈述了这一原则,但没有证据,笔者将在接下来的章节中再次讨论并证明这一原则。)由此得到了喷管流动的准则 2。

准则 2:若 $p_{jet} = p_{ambient}$,则喷管完全膨胀,结果为 $F_{g,max}$。

这里,准则仅限于喷管出口与环境静压之间的静压匹配,而不是喷管内部的完全发展。由于边界层中的黏性耗散以及激波,因此真实的喷管气流经历了总压力损失,但它有可能将气体完全膨胀到环境条件。记住空气动力学中的可压缩管道流,出口压力是喷管面积比 A_{exit}/A_{throat} 的直接函数,在本书的符号中,它变为 A_9/A_8,以及喷管落压比(NPR)。回顾 NPR 的定义:

$$\mathrm{NPR} = \frac{p_{t_7}}{p_0} \qquad (1.117)$$

下面将证明 NPR 的临界值,当 $\mathrm{NPR} \geqslant (\mathrm{NPR})_{critical}$ 时,该临界值将导致喷管喉部的壅塞状态,即 $Ma_8 = 1.0$。将其视为收敛或收敛-扩张喷管空气动力学中的准则 3。该准则不适用于收敛-扩张喷管变为亚声速扩压器的扩张段。

准则 3:若 $\mathrm{NPR} \geqslant (\mathrm{NPR})_{critical}$,则喷管喉部速度的值是声速的值(即壅塞),$Ma_8 = 1.0$。

图 1.16 显示了收敛-扩张超声速喷管的示意图。

喷管喉部在约为喷管总压力 50% 的静压下堵塞,即 $p_{throat} = \frac{1}{2} p_{t_7}$。这一事实为喷管流动提供了一个重要的经验法则,这一点绝对值得记住。将此作为准则 4 来考虑。

准则 4:若 $\dfrac{p_{t_7}}{p_0} \geqslant 2$,则喷管喉部会被壅塞,$Ma_8 = 1.0$。

静压沿喷管轴线分布的两种可能方案如图 1.16 所示。一种是喷管喉部下游的亚声速方案,另一种是喉部下游的超声速流动方案。亚声速解决方案显然是高背压条件(即 X_0)

的结果,在扩张段中导致流动减速。因此,管道的扩张部分实际上是一个扩压器,而不是喷管。超声速方案是低背压的结果,因此气流继续膨胀(即加速)超过喉部,在出口处达到超声速。还要注意,图1.16中只显示了一个完全膨胀的喷管流,作为喷管流的超声速分支。对于图1.16中所示的两个压力之间的环境压力存在大量的激波,其存在形式为唇缘处的斜激波或喷管内部的正激波。

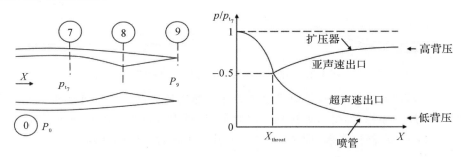

图 1.16　堵塞状态的收扩喷管及其轴向静压分布

为了检查喷管将气体膨胀至出口(静态)压力 p_9 的效率,创建了一个焓熵图,这与进气道焓熵图类似。在入口研究中,采用了环境静态条件 0,并将其压缩为总进气出口条件 t_2。但是,由于喷管可能被视为扩压器的反向流动(反之亦然),在总状态 t_7 下取喷管入口气体,并将其膨胀至出口静止状态,该过程如图1.17所示。连接气体总状态 t_7 和出口静态 9 的实线示出了实际的喷管膨胀过程。由于实际的喷管流量可能仍然被视为绝热的,因此总焓 h_t 在喷管中保持恒定,即

$$h_{t_7} = h_{t_9} \tag{1.118}$$

理想的出口状态 9s 从总状态 t_7 等熵地达到相同的出口压力 p_9,如图1.17所示。在 $h-s$ 图中,总焓和静焓状态之间在纵坐标上的差异表示气体的动能 $V^2/2$,如图1.17所示。由于喷管中的摩擦和激波损失,因此气流将遭受总压力损失,即

$$p_{t_9} < p_{t_7} \tag{1.119}$$

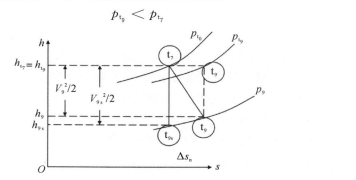

图 1.17　喷管流动膨胀的焓熵($h-s$)图

如图1.17所示,将喷管的总压比定义为

$$\pi_{\mathrm{n}} = \frac{p_{t_9}}{p_{t_7}} \tag{1.120}$$

绝热喷管中的熵增为

$$\frac{\Delta s_{\mathrm{n}}}{R} = -\ln\pi_{\mathrm{n}} \tag{1.121}$$

与进气道绝热效率非常相似的喷管绝热效率 η_{n} 为

$$\eta_{\mathrm{n}} = \frac{h_{\mathrm{t}_7} - h_9}{h_{\mathrm{t}_7} - h_{9\mathrm{s}}} = \frac{V_9^2/2}{V_{9\mathrm{s}}^2/2} \tag{1.122}$$

当用物理术语来解释上述定义时,即在实际喷管中实现的理想喷管出口动能 $V_{9\mathrm{s}}^2/2$ 的分数称为喷管绝热效率。喷管中总压力的损失表现为动能的损失。因此,处理喷管动能损失的绝热效率 η_{n} 与喷管总压比 π_{n} 相关:

$$\eta_{\mathrm{n}} = \frac{1 - \dfrac{h_9}{h_{\mathrm{t}_7}}}{1 - \dfrac{h_{9\mathrm{s}}}{h_{\mathrm{t}_7}}} = \frac{1 - \dfrac{h_9}{h_{\mathrm{t}_7}}}{1 - \left(\dfrac{p_9}{p_{\mathrm{t}_7}}\right)^{\frac{\gamma-1}{\gamma}}} = \frac{1 - \left(\dfrac{p_9}{p_{\mathrm{t}_9}}\right)^{\frac{\gamma-1}{\gamma}}}{1 - \left(\dfrac{p_9}{p_{\mathrm{t}_7}}\right)^{\frac{\gamma-1}{\gamma}}} \tag{1.123}$$

值得注意的是,随着喷管出口总压力 p_{t_9} 接近喷管入口总压力 p_{t_7} 的值,喷管绝热效率将接近 1。可以将式(1.123)视为有一个未知数 p_{t_9} 的方程。因此,对于给定的喷管出口静压 p_9 和喷管入口总压力 p_{t_7},喷管绝热效率 η_{n} 可归结为得到喷管出口总压力 p_{t} 的问题。现在,如果将式(1.123)右侧的分子和分母乘以 $(p_{\mathrm{t}_7}/p_9)^{\frac{\gamma-1}{\gamma}}$,就可以将喷管中两个性能参数关联起来,即

$$\eta_{\mathrm{n}} = \frac{\left(\dfrac{p_{\mathrm{t}_7}}{p_9}\right)^{\frac{\gamma-1}{\gamma}} - \pi_{\mathrm{n}}^{-\frac{\gamma-1}{\gamma}}}{\left(\dfrac{p_{\mathrm{t}_7}}{p_9}\right)^{\frac{\gamma-1}{\gamma}} - 1} \tag{1.124}$$

式(1.124)中有 3 个参数:两个性能参数 η_{n} 和 π_{n},以及喷管入口总压力与喷管出口静压的比值 p_{t_7}/p_9。最后一个参数是已知的量,正如从上游部件分析(在涡轮喷气发动机中,是涡轮,$p_{\mathrm{t}_7} = p_{\mathrm{t}_5}$)和喷管出口压力 p_9 得知的那样,它是喷管面积比 A_9/A_8 的直接函数。为了用 NPR 表示式(1.124),可以将 p_{t_7}/p_9 写成

$$\frac{p_{\mathrm{t}_7}}{p_9} = \frac{p_{\mathrm{t}_7}}{p_0}\frac{p_0}{p_9} = \mathrm{NPR} \cdot \left(\frac{p_0}{p_9}\right) \tag{1.125}$$

将式(1.125)代入式(1.124)中,得

$$\eta_{\mathrm{n}} = \frac{\left[\mathrm{NPR} \cdot \left(\dfrac{p_0}{p_9}\right)\right]^{\frac{\gamma-1}{\gamma}} - \pi_{\mathrm{n}}^{-\frac{\gamma-1}{\gamma}}}{\left[\mathrm{NPR} \cdot \left(\dfrac{p_0}{p_9}\right)\right]^{\frac{\gamma-1}{\gamma}} - 1} \tag{1.126}$$

式(1.126)的曲线如图 1.18 所示,适用于完全膨胀的喷管,即 $p_9 = p_0$。

在式(1.126)中,随着喷管总压比接近 1,喷管绝热效率将接近 1。参数 p_9/p_0 表示喷管出口静压和环境静压之间不匹配的度量。对于 $p_9 > p_0$,气流被认为是欠膨胀。对于 $p_9 < p_0$,气流定义为过膨胀。在欠膨胀的情况下,该面积比的喷管不足以将气体膨胀至所需的环境静压。在过膨胀的喷管流动情况下,喷管面积比太大,无法实现完全膨胀。如前所述,完全膨胀的喷管将满足 $p_9 = p_0$。因此,式(1.126)进一步简化为

$$\eta_{\mathrm{n}} = \frac{(\mathrm{NPR})^{\frac{\gamma-1}{\gamma}} - \pi_{\mathrm{n}}^{-\frac{\gamma-1}{\gamma}}}{(\mathrm{NPR})^{\frac{\gamma-1}{\gamma}} - 1} \tag{1.127}$$

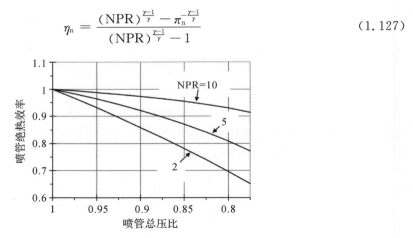

图 1.18　喷管的两个性能品质参数与 NPR（$\gamma=1.33$）的函数曲线

对于完全膨胀的喷管,在 $h-s$ 图上显示喷管膨胀的 3 种情况,即不完全膨胀、过膨胀和完全膨胀的情况(见图 1.19)是有指导意义的。

在图 1.19 中,所有喷管膨胀都被描述为具有相关熵增的不可逆过程。因此,完全膨胀不应被误认为是完美(等熵)流。

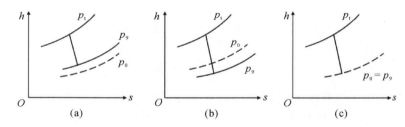

图 1.19　3 种可能的喷管膨胀的焓熵（$h-s$）图
（a）不完全膨胀；（b）过膨胀；（c）完全膨胀

总之,可得:

(1)喷管的主要功能是有效地加速气体。

(2)总推力参数 F_{g} 表示喷管对推力产生的贡献。

(3)当喷管完全膨胀时,总推力达到最大值,$p_9 = p_0$。

(4)实际喷管流动仍可视为绝热流动。

(5)在喉部产生马赫数为 1(即壅塞状态)的 NPR 称为临界喷管压比。根据经验,此时的 NPR 约为 2。

(6)有两个效率参数可以量化喷管中的损失或不可逆程度,它们是相关的。

(7)喷管损失表现为总压力损失。

(8)所有亚声速排气流的 $p_{\mathrm{jet}} = p_{\mathrm{ambientr}}$。

(9)完全的喷管膨胀意味着喷管出口(静态)压力和入口压力相等。

(10)不完全的喷管膨胀是由喷管面积率和飞行高度之间的不匹配造成的。

(11)不完全膨胀是由小于必要的喷管面积比引起的,导致 $p_9 > p_0$。

(12)过膨胀是由大于必要的喷管面积比引起的,导致 $p_9 < p_0$。

1.6.3　压气机

燃气发生器中的热力学过程始于压气机中空气的机械压缩。由于压气机排气中含有较高能量的气体,即压缩空气,因此需要外部动力才能运行。如图 1.20 所示,在运行中的燃气涡轮发动机中,动力通过轴从涡轮输送到压气机。可使用其他外部动力源来起动发动机,这些外部动力源包括电动机、空气涡轮和液压起动器。压气机中的空气流动被认为是一个基本上绝热的过程,这表明发动机内部的空气和外部的环境空气之间只发生了微不足道的热传递。因此,即使在实际的压气机分析中,仍将流动视为绝热过程。

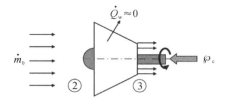

图 1.20　压气机结构形式动力传输过程

一个能够在物理层更加支持压缩过程绝热假设的是:核实压气机内的能量传递源。输送到压气机中的介质的功率由一排或多排旋转叶片(称为转子)提供这些叶片连接到一个或多个旋转轴(通常称为线轴)上。每一个改变介质旋转(或涡流)的转子叶片都会受到一个反扭矩,作为其自身对流体作用的反应。如果将转子扭矩表示为 T,那么转子以角速度(ω)旋转传递给介质的功率遵循牛顿力学,即

$$\wp = \tau \cdot \omega \tag{1.128}$$

典型的轴流式压气机包含数百个转子还有静子叶片(分几个级组装),这些叶片根据式(1.128)与介质相互作用。因此,典型的现代压气机中的机械能量传递速度通常以兆瓦(MW)为单位,并且比通过压气机壁的热传递速度大几个数量级。象征性地,可以将其表述为

$$\wp_c \gg \dot{Q}_w \tag{1.129}$$

然而,作为一个真实的过程,通过边界层作用在介质上的壁面摩擦以及通过压气机叶片的相对超声速气流引起的激波的存在将使压气机内部的热力过程不可逆。压气机中不可逆性的度量可以通过某种形式的压气机效率来进行热力学定义。压气机效率定义有两种方法:

(1)利用压气机绝热效率 η_c。

(2)利用压气机多变效率 e_c。

为了定义压气机绝热效率 η_c,在 h-s 图上描绘了一个"真实"的压缩过程,如图 1.21 所示,并将其与理想的,即等熵过程进行比较。状态 t_2 表示压气机进口处气体的总(或滞止)状态,通常由 p_{t_2} 和 T_{t_2} 表示。压气机中实际流量将遵循从 t_2 到 t_3 的实线,从而在该过程中经历熵增 Δs_c。气体的实际总状态由图 1.21 中的 t_3 表示。比例 p_{t_3} / p_{t_2} 被称为压气机压比,写为 π_c。压气机总温度比用缩写表示 $\tau_c = T_{t_3} / T_{t_2}$。由于状态 t_3 是压气机出口处气体的实际状态,并且不是通过等熵过程实现的,因此不能在两者之间给出等熵关系式,即

$$\tau_c \neq \pi_c^{\frac{\gamma-1}{\gamma}} \tag{1.130}$$

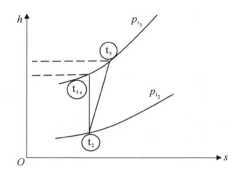

图 1.21　实际和理想压缩过程的焓熵（$h-s$）图

从图 1.21 中可以看出,实际 τ_c 高于理想值,即等熵 τ_c,由末端状态 $T_{t_{3s}}$ 表示。在实际的压缩过程中,这一情况有助于进行修正。压气机绝热效率是理想过程所需功与压气机实际消耗功的比值,即

$$\eta_n = \frac{h_{t_{3s}} - h_{t_2}}{h_{t_3} - h_{t_2}} = \frac{\Delta h_{t,\text{isentropic}}}{\Delta h_{t,\text{actual}}} \tag{1.131}$$

式(1.131)中的分子是理想压气机中每单位质量流量的功率,分母是实际压气机中每单位质量流量的功率。将式(1.131)的分子和分母除以 h_{t_2},得

$$\eta_c = \frac{T_{t_{3s}}/T_{t_2} - 1}{T_{t_3}/T_{t_2} - 1} \tag{1.132}$$

由于热力学状态 t_{3s} 和 t_2 处于相同的等熵上,因此温度和压比通过等熵公式进行关联

$$\frac{T_{t_{3s}}}{T_{t_2}} = \left(\frac{p_{t_{3s}}}{p_{t_2}}\right)^{\frac{\gamma-1}{\gamma}} = \left(\frac{p_{t_3}}{p_{t_2}}\right)^{\frac{\gamma-1}{\gamma}} = \pi_c^{\frac{\gamma-1}{\gamma}} \tag{1.133}$$

因此,压气机绝热效率可用压气机压力和温度比表示为

$$\eta_c = \frac{\pi_c^{\frac{\gamma-1}{\gamma}} - 1}{\tau_c - 1} \tag{1.134}$$

式(1.134)包含 3 个参数—— η_c,π_c,τ_c。它可用于计算给定的压气机压比和绝热效率。由于压气机压比和效率通常是已知的(π_c 是设计参数,η_c 是假设效率),因此式(1.134)中唯一未知的是 τ_c。

压气机的第二个效率参数是多变效率 e_c。可以预期,压气机绝热效率和多变效率是相关的。压气机多变效率的定义为

$$e_c = \frac{dh_{t_s}}{dh_t} \tag{1.135}$$

对比压气机绝热效率的定义,使用差值(Δh_t)和微分(dh_t)的多变效率是很有用的。可以得出,多变效率实际上是小压比压气机的绝热效率。因此,压气机多变效率也称为小级效率。根据热力学第一定律和热力学第二定律,得

$$T_t ds = dh_t - \frac{dp_t}{p_t} \tag{1.136}$$

对于等熵过程,即 $ds = 0$,$dh_t = dh_{t_s}$,有

$$dh_{t_s} = \frac{dp_t}{p_t} \tag{1.137}$$

如果将式(1.135)代入式(1.137),用理想气体定律中的压力和温度代替密度,得

$$e_c = \frac{\dfrac{\mathrm{d}p_t}{p_t}}{\dfrac{\mathrm{d}h_t}{RT_t}} = \frac{\dfrac{\mathrm{d}p_t}{p_t}}{\dfrac{c_p \mathrm{d}T_t}{RT_t}} = \frac{\dfrac{\mathrm{d}p_t}{p_t}}{\dfrac{\gamma}{\gamma-1}\dfrac{\mathrm{d}T_t}{T_t}} \tag{1.138}$$

$$\frac{\mathrm{d}p_t}{p_t} = \frac{\gamma e_c}{\gamma-1}\frac{\mathrm{d}T_t}{T_t} \tag{1.139}$$

其现在可以集成在压气机的入口和出口之间以产生:

$$\frac{p_{t_3}}{p_{t_2}} = \pi_c = \left(\frac{T_{t_3}}{T_{t_2}}\right)^{\frac{\gamma e_c}{\gamma-1}} = (\tau_c)^{\frac{\gamma e_c}{\gamma-1}} \tag{1.140}$$

为了用压气机压比和多变效率表示压气机总温度比,式(1.140)可改写为

$$\tau_c = (\pi_c)^{\frac{\gamma-1}{\gamma e_c}} \tag{1.141}$$

上述指数分母中 e_c [见式(1.141)]的存在导致 π_c 的指数大于其等熵指数(即 $\dfrac{\gamma-1}{\gamma}$),因此

$$\tau_{c,\text{real}} > \tau_{c,\text{isentropic}} \tag{1.142a}$$

或

$$T_{t_3} > T_{t_{3s}} \tag{1.142b}$$

实际 T_t 高于等熵 T_t (以实现相同的压气机压比)的物理理由是,克服实际过程中的不可逆性(摩擦、激波)所损失的功转化为热量,因此,由于耗散,在实际机器中达到更高的出口 T_t 。另外,对于给定的压气机压比 π_c ,理想压气机比实际压气机消耗更少的功率(如前文所述,系数为 η_c)。同样,耗散机制的缺乏,导致了功的损失,这被认为是可逆流动机器运行所需功率较少的原因。

将两种类型的压气机效率描述(e_c 和 η_c)关联为

$$\eta_c = \frac{\pi_c^{\frac{\gamma-1}{\gamma}}-1}{\tau_c-1} = \frac{\pi_c^{\frac{\gamma-1}{\gamma}}-1}{\pi_c^{\frac{\gamma-1}{\gamma e_c}}-1} \tag{1.143}$$

式(1.143)表示的曲线如图 1.22 所示。

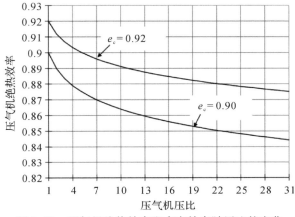

图 1.22　压气机绝热效率和多变效率随压比的变化

压气机绝热效率 η_c 是压气机压比的函数,而多变效率与之无关。因此,在循环分析中,通常假设多变效率 e_c 是压气机(和涡轮)的优值,然后可以在发动机非设计点分析中保持 e_c 不变。现代压气机中多变效率的典型值范围为 $90\% \sim 92\%$。

总之,可得:

(1)实际压气机流量可被认为是绝热的,即 $\dot{Q}_{compressor} \approx 0$。

(2)在压气机中,由于轴向流体传递的能量比通过机匣发生的任何散热量高几个数量级,因此忽略了散热量。

(3)壁边界层中的黏性耗散和激波解释了压气机中的源不可逆性。

(4)两个性能参数(绝热压缩效率 η_c 和多变或小级效率 e_c)描述了压气机效率。

(5)两个压气机效率相互关联,即 $\eta_c = \eta_c(\pi_c, e_c)$。

(6)压气机多变效率与压气机压比无关。

(7)压气机绝热效率是 π_c 的函数,并随着压比的增大而减小。

(8)为了实现压气机的高压比,需要多级和多轴配置。

(9)在燃气涡轮发动机中,压气机功率来自涡轮轴传递。

1.6.4 燃烧室

在燃烧室中,空气与燃料混合,随后发生放热化学反应,导致热量释放。可以认为,理想的燃烧室是一个可逆加热器,这意味着燃烧非常缓慢, $Ma_b = 0$,燃烧室壁面没有摩擦。在这种情况下,燃烧室总压力保持恒定。

真实的燃烧室中,由于壁面摩擦、湍流混合和有限马赫数下的化学反应,总压力下降,即

$$\pi_b = \frac{p_{t_4}}{p_{t_3}} < 1 \text{(真实燃烧室)} \tag{1.144}$$

$$\pi_b = 1 \text{(理想燃烧室)} \tag{1.145}$$

Kerrebrock(1992)根据燃烧室中气体的平均马赫数 Ma_b 给出了 π_b 的近似表达式,如下:

$$\pi_b \approx 1 - \varepsilon \frac{\gamma}{2} Ma_b^2 \ (1 < \varepsilon < 2) \tag{1.146}$$

然后,燃烧室中的总压力损失与燃烧器内气体的平均动态压力成比例,即 $\propto \varepsilon \frac{\gamma}{2} Ma_b^2$,其中比例系数为 ε。假设气体的平均马赫数为 0.2,并且 $\varepsilon = 0.2$,得到 $\pi_b \approx 0.95$(取 $\gamma \approx 1.33$)。虽然该公式指出了缓燃过程中总压损失的特性,但很明显,它对超声速燃烧流体 γ 并不适用。燃烧室及其主要部件示意图如图 1.23 所示。

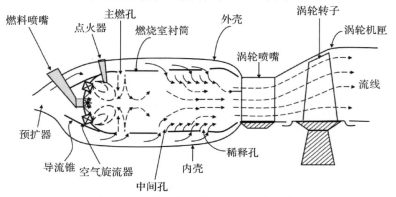

图 1.23　燃烧室及其主要部件示意图

此时,对燃烧室部件的初步讨论是有用的。进口扩展段将压气机出口气流减速至马赫数 0.2~0.3。低速流将在燃烧室中提供有效的燃烧环境。通过空气旋流器实现与主燃区中燃料的混合优化。这样就形成了一个再循环区,该再循环区在主燃区中提高了燃烧的稳定性(即通过增加停留时间)。为了在主燃区创造一个富油区以维持燃烧,大部分空气被转移到穹顶状结构周围。绕过主燃区的气流将主要作为冷却流通过一系列冷却和稀释孔(见图 1.23)进入燃烧室。燃料-空气混合物通过位于穹顶状结构的点火器在主燃区被点燃。

为了进行循环分析,只需分析燃烧室气流进出口情况。因此,不会在循环分析阶段考虑燃烧过程的细节,例如雾化蒸发、混合、化学反应和稀释。在本章中,也不考虑污染物的形成和减少污染物的方法。图 1.24 所示为燃烧室的框图,用于循环分析。

图 1.24(a)(b)分别是施加到燃烧室的稳态质量和能量平衡,即

$$\dot{m}_4 = \dot{m}_0 + \dot{m}_f = \dot{m}_0(1 + f) \tag{1.147}$$

式中:f 是油气比,$f = \dfrac{\dot{m}_f}{\dot{m}_0}$。

图 1.24(b)中的能量平衡为

$$\dot{m}_0 h_{t_3} + \dot{m}_f Q_R \eta_b = (\dot{m}_0 + \dot{m}_f) h_{t_4} = \dot{m}_0(1 + f) h_{t_4} \tag{1.148}$$

燃料的性能表征为其每单位质量的内能,即燃料中固有的能够在化学反应中释放的热能的量。该参数为反应热,符号为 Q_R。该参数的单位为能量/质量,公制单位为 kJ/kg,英制单位为 BTU/lbm。在实际的燃烧室中,主要由于体积限制,无法实现 Q_R 全部释放。可以实现的比例称为燃烧室效率 η_b。因此

$$\eta_b = \frac{Q_{R,\text{Actual}}}{Q_{R,\text{Ideal}}} \tag{1.149}$$

在循环分析中使用的典型碳氢燃料(如 Jet - A)的理想反应热或热值为

$$Q_R \approx 430\,00 \text{ kJ/kg} \tag{1.150a}$$

或

$$Q_R \approx 18\,600 \text{ BTU/lbm} \tag{1.150b}$$

然而,最具能量的燃料(单位质量下)是氢,其每单位质量释放的能量大约是典型碳氢化合物燃料的 3 倍,即

$$Q_R \approx 127\,500 \text{ kJ/kg} \tag{1.150c}$$

或

$$Q_R \approx 55\,400 \text{ BTU/ lbm} \tag{1.150d}$$

然而,氢等燃料存在一些缺点。氢的低相对分子质量使其成为最轻的燃料,即使是液氢(LH_2),其密度比约为典型碳氢燃料(如 Jet - A)的 1/10。这意味着,LH_2 的体积需求相对非常大。因此,氢气的体积效率(能量/体积)是所有燃料中最低的。另外,液态氢是低温的,这意味着沸点温度非常低,即环境压力下的 −423 ℉[①]或 20 K。由于氢的低温特性需要考虑隔热燃料箱、燃料管线、阀门和与之关联的燃料质量损失。因此,由于空间/

---

① 　1 ℉≈−17.222 ℃。

体积限制和燃料系统要求,目前的商业航空使用化石燃料(如 Jet - A)代替氢气。在高超声速空气助燃式推进和火箭中,LH₂一直是一种可选燃料,因为它的低温特性可以用于飞行器的再生冷却。

典型地,在现代燃气涡轮发动机中,燃烧室效率可高达 98%～99%。在循环分析中,需要对每个部件的损失参数进行假设,燃烧室中的损失参数为:$\pi_b < 1$ 和 $\eta_b < 1$。真实和理想的燃烧过程可以在 $T-s$ 图上描述,本节将使用该图进行循环分析。图 1.24 显示了 $T-s$ 图上的燃烧室热力学过程。

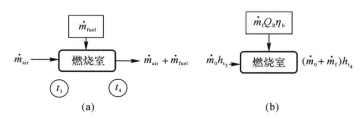

图 1.24　$T-s$ 图上的燃烧室热力学过程
(a)质量平衡;(b)能量平衡

图 1.24 中在燃烧室入口和出口绘制的等压线 p_{t_3} 和 p_{t_4} 清楚地显示了燃烧室中的总压降 $\Delta p_{t,\text{burner}}$。最高温度极限 T_{t_4} 取决于冷却技术水平、材料选择和涡轮中使用的热保护涂层。T_{t_4} 的最高温度为 3 200～3 600 °R 或 1 775～2 000 K。

另一个燃烧室参数是燃烧室的温升 ΔT_t,如图 1.25 所示。发动机(燃料)的热功率与整个燃烧室的温升成正比,即约等于 $\dot{m}_0 c_p (\Delta T_t)_{\text{burner}}$。

在燃烧室上应用能量平衡将产生油气比 f,作为唯一未知参数。为了推导油气比的表达式,将式(1.148)除以空气质量流量 $\dot{m}_0$,得

$$h_{t_3} + f Q_R \eta_b = (1+f) h_{t_4} \tag{1.151}$$

未知参数 f 可以被隔离并表示为

$$f = \frac{h_{t_4} - h_{t_3}}{Q_R \eta_b - h_{t_4}} \tag{1.152}$$

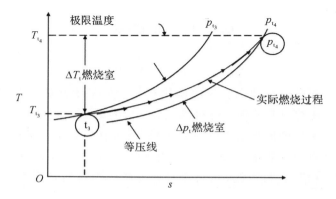

图 1.25　燃烧室中的实际流动过程(注意流过燃烧室的总压力损失 Δp_t)

已知燃料特性 Q_R，假设燃烧室效率 η_b，并具有规定的涡轮入口温度 T_{t_4}，式(1.152)的分母是完全已知的。压气机出口温度 T_{t_3} 由压气机压比、效率和入口条件确定,如压气机部分所述,这使得式(1.152)的分子也是完全已知的。因此,将能量平衡应用于燃烧器从而得到油气比参数 f。通常用无量纲参数表示式(1.152),将分子和分母中的每个项同时除以飞行静态焓 h_0,得

$$f = \frac{\dfrac{h_{t_4}}{h_0} - \dfrac{h_{t_3}}{h_0}}{\dfrac{Q_R \eta_b}{h_0} - \dfrac{h_{t_4}}{h_0}} = \frac{\tau_\lambda - \tau_r \tau_c}{\dfrac{Q_R \eta_b}{h_0} - \tau_\lambda} \tag{1.153}$$

其中,可认为 $\tau_r \tau_c h_{t_3}/h_0$,$\tau_\lambda$ 等于循环热极限参数 h_t/h_0。

总之,可得:

(1)燃料可以通过热值 Q_R（每单位质量的最大可释放热能）来表征。

(2)燃烧室特征参数是其效率 η_b 和总压比 π_b。

(3)在有限马赫数下燃烧、壁面摩擦损失和湍流混合损失被确定为燃烧室中不可逆性的来源,即损失。

(4)油气比压气比 f 和燃烧室出口温度 T_{t_4} 是控制发动机推力的设计参数。

(5)通过燃烧室能量平衡方程可以确定参数 f 或 T_{t_4}。

1.6.5　涡轮

离开燃烧室的高压和高温气体进入涡轮。涡轮可以被认为是一个节流部件,因为在一侧是高压气体,而在另一侧是排气喷管或排气尾管的低压气体。燃气涡轮发动机中的第一个阀,即节流点,位于涡轮处。超声速飞机排气喷管的喉部是发动机的第二个也是最后一个节流截面。因此,涡轮(和排气喷管)中的流动过程涉及显著的(静态)压降,与之相对应的是(静态)温降,这被称为流动膨胀过程。流动膨胀为压气机提供必要的动力,为飞机提供推进动力。涡轮通过一根公共轴(见图 1.26)与压气机相连,该轴为压气机提供轴动力。在进行类比时,可以将燃气涡轮发动机的膨胀过程视为间歇燃烧发动机的动力冲程的对应过程。然而,在涡轮中,功率传输是连续的。

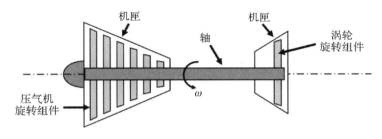

图 1.26　燃气发生器中同轴的压气机和涡轮（ω 是轴角速度,单位为 rad·s^{-1}或 r/min）

由于燃烧室出口气流的高温,例如 1 600~2 000 K,因此需要冷却涡轮的第一级,即 HPT。冷却介质是压气机的引气,可以从不同的压气机级引出,例如在 LPC 和 HPC 中间

级和/或在压气机出口处。然而,通常在初步循环分析中分析未冷却的涡轮,然后分析涡轮和排气喷管中冷却效果的循环。其他冷却介质,如水,已用于地面燃气涡轮发动机发电厂。然而,在飞机的质量设计中,携带额外的水来冷却涡轮叶片是不可行的。使用发动机低温燃料(如氢气或甲烷)作为冷却剂来冷却发动机和飞机部件的冷却解决方案被称为再生冷却,已在液体火箭发动机中证明其有效性。

无冷却涡轮中的真实流动过程涉及不可逆性,如边界层中的摩擦损失、叶尖间隙流动和跨声速涡轮级中的激波损失。黏性导致的损失,即边界层分离、再附着和叶尖涡流,集中在端壁附近。因此在涡轮流动优化中,应特别注意端壁区域。真实涡轮流中不可逆性的另一个来源与冷却损失有关。冷却液通常从叶片附件(至轮毂或外壳)注入叶片,为叶片提供内部对流冷却,通常为叶片提供外部气膜冷却。与冷却气流和热气体相关的湍流混合是(涡轮级)冷却损失的主要机制。

未冷却涡轮流的热力学过程可在 $h-s$ 图中显示(见图1.27)。涡轮中的实际膨胀过程由连接总状态(或滞止状态)t_4 和 t_5 的实线表示(见图1.25)。等熵到达的出口状态 t_{5s} 表示涡轮在相同背压 p_{t_5} 下的理想无损失流膨胀。图1.27中焓标度上的涡轮入口总工况和出口总工况之间的焓差代表了做功潜力(即理想值)和涡轮产生的实际功率。这两个焓差的比值称为涡轮绝热效率 η_t,即

$$\wp_{t,\text{actual}} = \dot{m}_t (h_{t_4} - h_{t_5}) = \dot{m}_t \Delta h_{t,\text{actual}} \tag{1.154}$$

$$\wp_{t,\text{ideal}} = \dot{m}_t (h_{t_4} - h_{t_{5s}}) = \dot{m}_t \Delta h_{t,\text{isentropic}} \tag{1.155}$$

$$\eta_t = \frac{h_{t_4} - h_{t_5}}{h_{t_4} - h_{t_{5s}}} = \frac{\Delta h_{t,\text{actual}}}{\Delta h_{t,\text{isentropic}}} \tag{1.156}$$

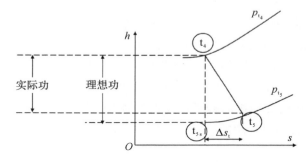

图1.27 未冷却涡轮中的膨胀过程(注意流过整个涡轮的熵增 Δs_t)

在式(1.154)和式(1.155)中,涡轮质量流量被确定为 $\dot{m}_t$,这说明了从燃烧室出来并通过涡轮膨胀的空气和燃料质量流量,即

$$\dot{m}_t = \dot{m}_0 + \dot{m}_f = \dot{m}_0 (1 + f) \tag{1.157}$$

式(1.156)中的分子是真实无冷却涡轮中产生的实际功率,分母是可逆和绝热涡轮中可能产生的理想功率。将式(1.156)的分子和分母同时除以 h_{t_4},得

$$\eta_t = \frac{1 - T_{t_5}/T_{t_4}}{1 - T_{t_{5s}}/T_{t_4}} \tag{1.158}$$

由于 t_{5s} 和 t_4 状态下熵相等,因此温度和压比通过等熵公式进行关联,即

$$\frac{T_{t_{5s}}}{T_{t_4}} = \left(\frac{p_{t_{5s}}}{p_{t_4}}\right)^{\frac{\gamma-1}{\gamma}} = \left(\frac{p_{t_5}}{p_{t_4}}\right)^{\frac{\gamma-1}{\gamma}} = \pi_t^{\frac{\gamma-1}{\gamma}} \tag{1.159}$$

因此,涡轮绝热效率可以用涡轮总压力和温度比表示为

$$\eta_t = \frac{1-\tau_t}{1-\pi_t^{\frac{\gamma-1}{\gamma}}} \tag{1.160}$$

也可以定义涡轮的"小"级效率,正如在压气机中将其称为涡轮多变效率等。一个小的膨胀过程就表示一级,可以用式(1.156)中的增量步长(d)替换有限增值(即 Δ):

$$e_t = \frac{dh_t}{dh_{t_s}} = \frac{dh_t}{\dfrac{dp_t}{\rho_t}} \tag{1.161}$$

将恒定压力下以温度和比热表示的焓为 $dh_t = c_p dT_t$,这适用于理想气体,并简化与压气机部分类似的式(1.161),得

$$\tau_t = \pi_t^{\frac{(\gamma-1)e_t}{\gamma}} \tag{1.162a}$$

或

$$\pi_t = \tau_t^{\frac{\gamma}{(\gamma-1)e_t}} \tag{1.162b}$$

$$\tau_t = T_{t_5}/T_{t_4} \tag{1.163}$$

$$\pi_t = p_{t_5}/p_{t_4} \tag{1.164}$$

注意到,在式(1.162)中,在 e_t 接近 1 的极限下,即等熵膨胀,将恢复温度和压比之间的等熵关系,正如预期的那样。将式(1.159)中的 π_t 替换为其等效表达式[见式(1.162)],得出了两种涡轮效率(e_t 和 η_t)之间的关系,即

$$\eta_t = \frac{1-\tau_t}{1-\tau_t^{1/e_t}} \tag{1.165}$$

式(1.165)如图 1.28 所示。对于 90% 的级效率,即 $e_t = 0.90$,涡轮绝热效率 η_t 随涡轮膨胀参数的倒数 $1/\tau_t$ 而增长。

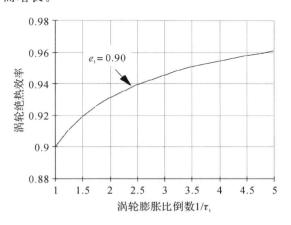

图 1.28　涡轮绝热效率与涡轮膨胀比的倒数 $1/\tau_t$ 的关系

通过涡轮、压气机和燃气发生器上的其他轴功率消耗(如发电机)之间的功率平衡,建立整个涡轮的温度比参数 τ_t。首先以最简单的形式考虑涡轮和压气机之间的功率平衡,然后

增加其他参数进行能量守恒分析。理想情况下,压气机吸收所有涡轮轴功率,即

$$\mathscr{P}_{\mathrm{t}} = \mathscr{P}_{\mathrm{c}} \tag{1.166a}$$

$$\dot{m}_0(1+f)(h_{\mathrm{t}_4} - h_{\mathrm{t}_5}) = \dot{m}_0(h_{\mathrm{t}_3} - h_{\mathrm{t}_2}) \tag{1.166b}$$

将其简化为以下无量纲形式,即

$$(1+f)\tau_\lambda(1-\tau_\mathrm{t}) = \tau_\mathrm{r}(\tau_\mathrm{c}-1) \tag{1.166c}$$

上述方程中唯一未知的是 τ_t,因为所有其他参数要么来自上游部件,例如燃烧室将提供 f,压气机产生 τ_c 等,要么是设计参数,例如 τ_λ 或 τ_r。因此,涡轮膨胀参数 τ_t 为

$$\tau_\mathrm{t} = 1 - \frac{\tau_\mathrm{r}(\tau_\mathrm{c}-1)}{(1+f)\tau_\lambda} \tag{1.166d}$$

接下来,考虑在安装轴与径向轴承间存在的水力(摩擦阻力)损失这一实际问题,并为涡轮和压气机的旋转组件提供运行条件下的动态稳定性。因此,涡轮功率输出的一小部分通过轴承中的黏性损失消耗,即

$$\mathscr{P}_{\mathrm{t}} = \mathscr{P}_{\mathrm{c}} + \Delta\mathscr{P}_{\mathrm{bearings}} \tag{1.167}$$

式中:$\Delta\mathscr{P}_{\mathrm{bearings}}$ 为轴承造成的功率损失。此外,飞机的飞行控制系统和其他飞机子系统需要电力,这需要接入涡轮轴功率。因此,压气机和涡轮之间的功率平衡应考虑到电功率提取,这是与燃气发生器一起使用的,即

$$\mathscr{P}_{\mathrm{t}} = \mathscr{P}_{\mathrm{c}} + \Delta\mathscr{P}_{\mathrm{bearings}} + \Delta\mathscr{P}_{\mathrm{electricgenerator}} \tag{1.168a}$$

$$\mathscr{P}_{\mathrm{c}} = \mathscr{P}_{\mathrm{t}} - \Delta\mathscr{P}_{\mathrm{bearings}} - \Delta\mathscr{P}_{\mathrm{electricgenerator}} \tag{1.168b}$$

在简单的循环分析中,通常将所有功率耗散和功率提取项汇总为单个机械效率参数 η_m,该参数乘以涡轮轴功率,以导出压气机轴功率,即

$$\mathscr{P}_{\mathrm{c}} = \eta_\mathrm{m} \mathscr{P}_{\mathrm{t}} \tag{1.169}$$

式中:假设 η_m 为机械效率参数,例如 $\eta_\mathrm{m} = 0.995$。

上述内容推导过程如图 1.29 所示。

假设未冷却涡轮是绝热的,则

$$\mathscr{P}_{\mathrm{t}} = \dot{m}_0(1+f)(h_{\mathrm{t}_4} - h_{\mathrm{t}_5})$$

$$\pi_\mathrm{t} = \frac{p_{\mathrm{t}_5}}{p_{\mathrm{t}_4}}$$

$$\tau_\mathrm{t} = \frac{T_{\mathrm{t}_5}}{T_{\mathrm{t}_4}}$$

$$\mathscr{P}_{\mathrm{c}} = \eta_\mathrm{m} \mathscr{P}_{\mathrm{t}}$$

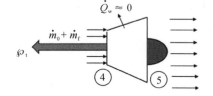

图 1.29　涡轮结构形式推导过程

为了冷却高压涡轮级,需要从不同压缩级抽取少量压缩空气。发动机冷却本质上是一个压力驱动过程,这需要冷却气流的压力调节以实现高冷却效率。例如,为了冷却涡轮中的第一级涡轮导向器和第一级转子,需要抽取压气机出口空气,这是因为它具有合适的压力。压气机的早期阶段尚未形成克服涡轮高压端下游压力所需的压力。为了冷却中压涡轮需要从中压压气机中抽取压缩空气。因此,涡轮中冷却气流和热气之间的压力匹配问题是真实而重要的。失配的后果是涡轮叶片中的冷却流量不足,甚至可能有热气逆流进入冷却通道,或者需要对冷却气流进行过度节流和相关的循环损失。图 1.30 显示了涡轮叶片机匣冷却示意图。

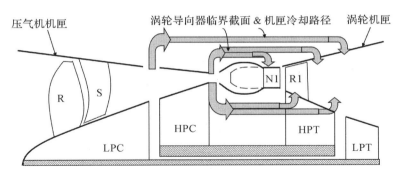

图 1.30 涡轮叶片机匣冷却示意图

注:LPC—低压压气机;HPC—高压压气机;HPT—高压涡轮;LPT—低压涡轮;R—转子;S—静子;N—喷管。

可以通过假设每级叶片冷却气流在叶栅排出口处流出,即后缘排出,来大大简化冷却涡轮级的热力学过程。简化过程如下:首先考虑在叶片后缘排尽给定叶栅中使用的全部冷却气流,然后对冷热掺混过程应用守恒定律。这种方法可以避免分析可能分布于带气膜冷却叶栅吸力面和压力面间的不连续性冷热气体混合。将能量方程应用于冷却气流热气混合过程将导致热气的混合温度较低。因此,热气体流在与冷却剂混合后将经历降低的熵状态。然后被热气加热的冷却气流将经历熵增。图 1.31 中的 $h-s$ 图描述了带有两个冷却级的涡轮,然后是未冷却的低压涡轮的膨胀过程。每个叶片排出口处的混合过程被认为会导致熵减小,冷却路径被大致描绘为一个几乎恒定的压力过程。相反,冷却剂流将从叶片经过加热过程,然后与涡轮中的热气混合。冷却剂的热力学状态如图 1.31 所示。

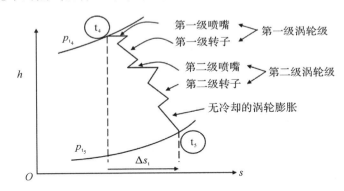

图 1.31 带有两个冷却涡轮级以及一个无冷却低压涡轮的焓熵($h-s$)图

注:Δs_t 和温降表示叶片排出口与冷却剂混合。

高温气流的 $h-s$ 图(见图 1.31)显示了第一级和第二级涡轮喷管的恒定 h_t 过程。恒定总焓表示没有机械能交换的绝热过程。这两个标准在无冷却涡轮喷管中得到满足,该喷管是静止的,因此不会与流体交换机械能。由于摩擦和激波损失,因此整个喷管的总压降如图 1.31 所示。冷却过程导致热气体和冷气体混合物的总温度较低,由于两股气流的湍流混合而导致总压降。该过程如图 1.32 所示。整个转子的总焓降与转子叶片排产生的轴功率成比例。轴功率可写成

$$\wp_{\text{rotor}} = \tau_{\text{rotor}}\omega = \dot{m}_{\text{rotor}}\Delta h_t \tag{1.170}$$

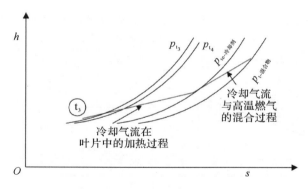

图 1.32　冷却气流中的 $h-s$ 图

注：前一部分为在叶片冷却流道中的流动，后一部分为与高温燃气的混合。

转子扭矩 τ 和转子角速度 ω 的乘积就是轴功率。图 1.32 中涉及转子熵增的过程显示了流经转子的不可逆性。同样，转子被叶栅冷却剂冷却后的流量膨胀。为了确定冷却剂和热气混合后的热力状态，将应用前面提到的守恒原理。应用于具有 $h_{t,g}$ 总焓的 $\dot{m}_c$ 质量流量的冷却剂流与具有 $\dot{m}_g$ 的总焓的热气流混合的能量守恒定律：

$$\dot{m}_c h_{t,c} + \dot{m}_g h_{t,g} = (\dot{m}_c + \dot{m}_g) h_{t,\text{mixed-out}} \tag{1.171}$$

其中唯一未知量是冷却剂热气混合物的混合焓态 $h_{t,\text{mixed-out}}$，在无量纲形式中，式（1.171）为

$$\frac{h_{t,\text{mixed-out}}}{h_{t,g}} = \frac{1 + \dfrac{\dot{m}_c}{\dot{m}_g} \dfrac{h_{t,c}}{h_{t,g}}}{1 + \dfrac{\dot{m}_c}{\dot{m}_g}} \approx \left(1 - \frac{\dot{m}_c}{\dot{m}_g}\right) \left(1 + \frac{\dot{m}_c}{\dot{m}_g} \frac{h_{t,c}}{h_{t,g}}\right) \tag{1.172}$$

在式（1.172）中，出现了两个控制热和冷混合物能量的无量纲参数：

（1）$\dfrac{\dot{m}_c}{\dot{m}_g}$ 冷却剂质量分数（通常约为 10%）。

（2）$\dfrac{h_{t,c}}{h_{t,g}}$ 冷热总焓比（通常约为 0.5）。

还使用了式（1.172）中的数学近似，以二元展开的形式为

$$\frac{1}{1+\varepsilon} \approx 1 - \varepsilon \tag{1.173}$$

式中：$\varepsilon \ll 1$，系列中最大的忽略项是 $O(\varepsilon^2)$。

冷却剂流由于摩擦损失而在叶片的冷却通道中经历总压降，并且由于与热气体的湍流混合而产生总压降。冷却剂流的 $h-s$ 图如图 1.32 所示。

总之，可得：

（1）涡轮中的流体膨胀产生压气机和其他推进系统，如发电机所需的轴功率。

（2）涡轮有两个性能参数（即 η_t 和 e_t），衡量涡轮的不可逆程度，它们是相关的。

（3）无冷却涡轮中的气体膨胀被视为绝热。

（4）在相对超声速通道中，叶片和外壳上的摩擦损失以及任何激波损失是无冷却涡轮不可逆性的来源。

（5）冷却剂和热气之间的湍流混合损失是冷却涡轮不可逆性的另一来源。

（6）TET（T_{t_4}）是一个设计参数，用于设定涡轮材料和冷却要求的阶段。

（7）涡轮、压气机和其他已知功率排放之间的功率平衡确定了涡轮膨胀比 τ_t。

（8）高压涡轮的冷却通过压气机排气实现，该排气通过转子中的叶根和涡轮喷管的外壳喷射。

（9）在发动机的大部分工作范围内，涡轮喷管会壅塞（即喉部马赫数为 1）并起到节流作用，因此是发动机的第一个节流阀。

1.7　涡轮喷气发动机性能评价

涡轮喷气发动机性的能参数为：

（1）比推力 $F/\dot{m}$。

（2）单位推力耗油率 TSFC，或比冲 I_s。

（3）热效率、推进效率和总体效率。

计算飞机发动机性能参数的方法是逐个通过发动机部件步进，直到计算出目标参数，即：

（1）油气比 f。

（2）排气速度 V_9。

一旦确定了这些未知量，即 V_0, f, V_9，作为飞机发动机的性能指标，比推力可以写成

$$\frac{F_n}{\dot{m}_0} = (1+f)V_9 - V_0 + \frac{(p_9 - p_0)A_9}{\dot{m}_0} \tag{1.174}$$

空气质量流量与排气质量流量仅相差一个因子 $(1+f)$，即

$$\dot{m}_0 = \frac{\dot{m}_9}{1+f} = \frac{\varrho_9 A_9 V_9}{1+f} = \frac{p_9 A_9 V_9}{RT_9(1+f)} \tag{1.175}$$

将式（1.175）代入式（1.174），得

$$\frac{F_n}{\dot{m}_0} = (1+f)V_9 - V_0 + \frac{(p_9 - p_0)A_9}{\dfrac{p_9 A_9 V_9}{RT_9(1+f)}} = (1+f)V_9 - V_0 + \frac{RT_9(1+f)}{V_9}\left(1 - \frac{p_0}{p_9}\right)$$

$$\tag{1.176a}$$

注意，已经计算了式（1.176a）等号右侧的所有项，即 f, V_9, V_0, T_9。因此

$$\frac{F_n}{\dot{m}_0} = (1+f)V_9 - V_0 + \frac{RT_9(1+f)}{V_9}\left(1 - \frac{p_0}{p_9}\right) \tag{1.176b}$$

对吸气式发动机的比推力的主要贡献来自式（1.176b）中等号右侧的前两项，即动量贡献。如果喷管完全膨胀，那么等号右侧的最后一项趋于零，即 $p_9 = p_0$。否则，与动量推力相比，它的贡献很小。

在式（1.176b）等号右侧的最后一项的分子和分母中插入 γ，并将 $\gamma R T_9$ 看作 a_9^2，以更简洁的形式改写上述方程：

$$\frac{F_n}{\dot{m}_0} = (1+f)V_9\left[1 + \frac{1}{\gamma Ma_9^2}\left(1 - \frac{p_0}{p_9}\right)\right] - V_0 \tag{1.176c}$$

涡轮喷气发动机的单位推力油耗定义为

$$\text{TSFC} = \frac{\dot{m}_\text{f}}{F_\text{n}} = \frac{f}{F_\text{n}/\dot{m}_0} \tag{1.177}$$

已经计算了油气比和比推力,对它们按式(1.177)中所示进行组合,以计算发动机的燃料效率参数或性能参数。

可以根据 TSFC 重新计算发动机的总体效率:

$$\eta_0 = \frac{(F_\text{n}/\dot{m}_0)V_0}{fQ_\text{R}} = \frac{V_0/Q_\text{R}}{\text{TSFC}} \tag{1.178a}$$

发动机总效率和单位推力燃料消耗率之间的反比,即比燃料消耗越低,发动机总效率越高,见式(1.178a),即

$$\eta_0 \propto \frac{1}{\text{TSFC}} \tag{1.178b}$$

在结束涡轮喷气发动机部分时,最好在 $T\text{-}s$ 图上显示真实循环,如图 1.33 所示。

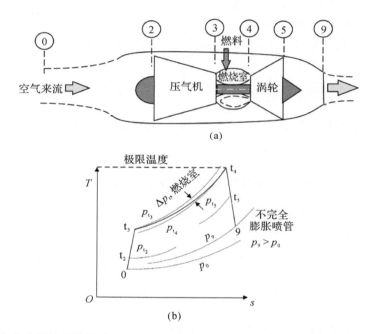

图 1.33　压气机和涡轮的结构形式具有部件损失和喷管不完全膨胀的涡轮喷气发动机的 $T\text{-}s$ 图
(a)涡轮喷气发动机;(b)涡轮喷气发动机的热力学循环

1.8　带加力燃烧室涡轮喷气发动机

1.8.1　简介

加力燃烧室用于增大航空发动机的推力,因为其简单、有效,所以这种解决方案通常用于军用飞机。值得注意的是,加力燃烧室有可能使飞机燃气涡轮发动机产生的推力增加近

一倍,而在此过程中,发动机燃料消耗率将增加 4 倍以上。图 1.34 显示了加力涡轮喷气发动机(AB‐TJ)的示意图。编号 7 和 8 分别表示加力燃烧室出口和喷管喉部。加力涡轮喷气发动机(或涡扇发动机)的合适喷管几何结构是具有收敛‐扩张几何结构的超声速喷管,即在扩张型面之前具有明确定义的喉部的喷管。喉部马赫数为 1,在广泛的工作条件下,这被称为壅塞喉部。加力燃烧室工作导致气体温度升高,气体密度应随温度升高而降低。因此,为了在喷管喉部声速条件下容纳较低密度气体并满足连续性方程,需要扩大喉部区域。这被称为排气系统的可变几何喷管需求。此处改写了理想气体定常流动的连续性方程,证明了可变几何、收敛‐扩张(C‐D)喷管中喷管喉部开口要求的范围:

$$\dot{m} = \sqrt{\frac{\gamma}{R}} \frac{p_t}{\sqrt{T_t}} A \cdot Ma \cdot \left(\frac{1}{1 + \frac{\gamma - 1}{2} Ma^2} \right)^{\frac{\gamma+1}{2(\gamma-1)}} \tag{1.179}$$

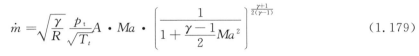

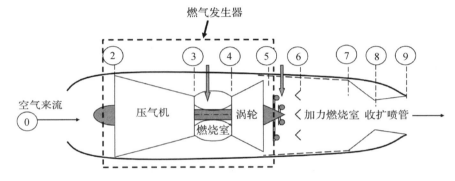

图 1.34 压气机和涡轮的结构形式加力涡轮喷气发动机(AB‐TJ)示意图

观察式(1.179)中的各种项,由于加力燃烧室工作的影响,质量流量稍微增加了 $\dot{m}_{f\text{-AB}}$ 的量,这是在加力燃烧室关闭状态下气体流量的一小部分,占 3%～4%。总压力 p_t 随着加力燃烧室的工作而下降,但这也是一个很小的百分比,占 5%～8%,喷管喉部马赫数将保持为 1。因此,除气体性质变化外,式(1.179)等号右侧的最后一个括号将因加力燃烧室工作而保持不变。现在,再次忽略气体性质 γ 和 R 的微小变化,它们实际上是气体温度的函数,式(1.179)中二次方根下的第一项应保持不变。这带来了加力燃烧室工作时喷管喉部面积增大的主要驱动因素,即气体总温度 T_t。随着加力燃烧室的工作,增加 T_t 的结果是产生较低密度的气体,这需要在声速下的喷管喉部具有较大的面积,以适应较低密度下的质量流量。因此,喷管喉部面积与喷管喉部气体总温度的二次方根成正比,即

$$\frac{A_{8,\text{AB-ON}}}{A_{8,\text{AB-OFF}}} \approx \sqrt{\frac{T_{t_8,\text{AB-ON}}}{T_{t_8,\text{AB-OFF}}}} \tag{1.180}$$

如图 1.34 和图 1.35 所示,加力燃烧室由一个进口扩压段、一个喷油管、一个稳定燃烧的火焰稳定器、一些冷却装置和一个筛网阻尼器组成。进口扩压段使气体减速,以允许在加力燃烧室中进行更高效的燃烧。在主燃烧室的入口处发现了类似的预扩压器。喷油管常由一个或多个环组成,其具有围绕环周向分布的不同燃料喷射头。V 形火焰稳定器环在其湍流尾流中形成了一个燃料‐空气混合物再循环区域,这有助于建立稳定的火焰锋面。还有一个穿孔衬管,它有两个功能:其一,它用作冷却管道,保护外壳免受热燃烧气体的影响;其二,

它用作消声管,可以抑制由于燃烧不稳定而产生的高频噪声,即尖锐声。

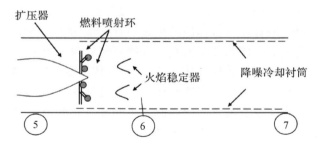

图 1.35　加力燃烧室各节面示意图

加力燃烧室被认为是具有隔热壁的绝热管道,与燃烧引起的 AB 中的能量释放相比,它基本上忽略了通过壳体的微量传热,即

$$_5(\dot{Q}_{\text{wall}})_7 \cong 0 \tag{1.181}$$

图 1.34 显示了加力涡轮喷气发动机的基本组成部分是燃气发生器。

分析加力涡轮喷气发动机的性能需要额外的参数(简单的涡轮喷气发动机除外)。

这些与加力燃烧室的物理特性有关,例如加力燃烧室中使用的燃料类型(通常与主燃烧室中的燃料相同)、加力燃烧室燃料泵的燃料流量或加力燃烧室的出口总温度、加力燃烧室效率和加力燃烧室总压力损失。

表 1.2 所示为加力燃烧室的新参数。

表 1.2　加力燃烧室的新参数

参数	参数含义
$Q_{\text{R,AB}}$	加力燃烧室中燃料的(理想)热值
$\dot{m}_{\text{f,AB}}$ 或 T_{t_7} 或 $\tau_{\lambda\text{-AB}} = \dfrac{c_{p\text{AB}} T_{t_4}}{c_{pc} T_0}$	燃油流量或出口温度或 $\tau_{\lambda\text{-AB}}$
$\eta_{\text{AB}} = \dfrac{(Q_{\text{R,AB}})_{\text{actual}}}{(Q_{\text{R,AB}})_{\text{ideal}}}$	加力燃烧效率(<1)
$\pi_{\text{AB}} = \dfrac{p_{t_7}}{p_{t_5}}$	加力燃烧室的总压比(<1)

1.8.2　分析

理想加力涡轮喷气发动机的无量纲 $T-s$ 图如图 1.36 所示。值得注意的是,τ 参数在非时间-温度轴上的出现。此外,注意到,从飞行静态 0 到涡轮出口(即 t_5)的热力学过程不受加力燃烧室的影响。尽管图 1.36 中的 $T-s$ 图描绘了理想的加力涡轮喷气发动机,但实际的发动机加力燃烧室也不会对上游部件产生反作用。将继续使用推进算法来建立整个发动机的滞止特性,正如在涡轮喷气发动机部分中所使用的那样。上述规定表明,加力燃烧室的运行不会影响上游部件,这将使得分析保持不变,直到 t_5。对各点进行分析,并在 t_7 结束。

为了能够对加力燃烧室进行分析,需要知道或估计加力燃烧室有限体积范围内的总压力损失及其热释放效率。它们分别是 π_{AB} 和 η_{AB}。到目前为止,通过总压力和热释放能力消耗的加力燃烧室损失与主燃烧室相同。然而,与主燃烧室不同,加力燃烧室可以工作也可以不工作,这对加力燃烧室的总压力损失特性有很大影响。很明显,预计加力燃烧室的工作总压力损失大于加力燃烧室关闭时的总压力损失。人们可能会认为,这是燃烧损失和火焰稳定器壁上的摩擦损失综合导致的,这些损失加起来就是加力燃烧工作中的总压力损失。因此,通过以下方式区分 $\pi_{AB\text{-}ON}$ 和 $\pi_{AB\text{-}OFF}$:

$$\pi_{AB\text{-}OFF} > \pi_{AB\text{-}ON} \tag{1.182}$$

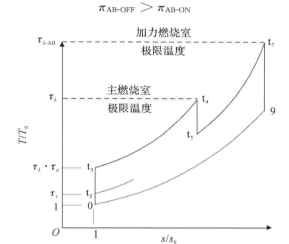

图 1.36　理想加力涡轮喷气发动机的无量纲 $T\text{-}s$ 图

通过加力燃烧室进行能量平衡,以确定加力燃烧室油气比 f_{AB}:

$$(\dot{m}_0 + \dot{m}_f + \dot{m}_{f,AB})h_{t_7} - (\dot{m}_0 + \dot{m}_f)h_{t_5} = \dot{m}_{f,AB}Q_{R,AB}\eta_{AB} \tag{1.183}$$

将两侧同时除以空气质量流量 $\dot{m}_0$,得

$$(1 + f + f_{AB})h_{t_7} - (1 + f)h_{t_5} = f_{AB}Q_{R,AB}\eta_{AB} \tag{1.184}$$

现在可以隔离 f_{AB} 了:

$$f_{AB} = \frac{(1+f)(h_{t_7} - h_{t_5})}{Q_{R,AB}\eta_{AB} - h_{t_7}} \approx \frac{(1+f)(T_{t_7} - T_{t_5})}{\dfrac{Q_{R,AB}\eta_{AB}}{c_{p,AB}} - T_{t_7}} \tag{1.185}$$

式中:$c_{p,AB}$ 表示加力燃烧室中恒定压力下(即温度 T_{t_5} 和 T_{t_7} 之间)的平均比热容。

式(1.185)中唯一未知的是加力燃烧室的油气比,这是因为已经计算了所有上游参数,例如 f、T_{t_7} 值,加力燃烧室燃料热值、效率以及出口温度均已规定。加力燃烧室出口处的总压力 p_{t_7} 为

$$p_{t_7} = \pi_{AB}p_{t_5} \tag{1.186}$$

由于质量流量、总压力和温度的变化,因此加力燃烧室的工作会改变喷管的入口条件。通过式(1.185)计算加力燃烧室中燃料的质量流量,通过式(1.186)计算总压力,加力燃烧室出口处的总温度构成另一个热极限,这是一般规定。因此,喷管的分析保持不变,但由于加力燃烧室的工作,喷管入口值产生变化。

涡轮喷气发动机部分前面给出的循环热效率和推进效率的基本定义也与加力涡轮喷气

发动机相同,即

$$\eta_{th} = \frac{\Delta K\dot{E}}{\wp_{thermal}} = \frac{\Delta K\dot{E}}{\dot{m}_f Q_R + \dot{m}_{f,AB} Q_{R,AB}} \tag{1.187a}$$

$$\eta_{th} = \frac{(\dot{m}_0 + \dot{m}_f + \dot{m}_{f,AB}) \frac{V_9^2}{2} - \dot{m}_0 \frac{V_0^2}{2}}{\dot{m}_f Q_R + \dot{m}_{f,AB} Q_{R,AB}} \tag{1.187b}$$

$$\eta_p = \frac{F \cdot V_0}{\Delta K\dot{E}} \tag{1.188a}$$

$$\eta_p = \frac{(F_n/\dot{m}_0) V_0}{(1 + f + f_{AB}) \frac{V_9^2}{2} - \frac{V_0^2}{2}} \tag{1.188b}$$

根据以下公式,可以对涡轮喷气发动机的喷管总压比使用链式法则:

$$\pi_n = \left\{ \left(\pi_t \pi_b \pi_c \pi_d \pi_r \frac{p_0}{p_9} \right)^{\frac{\gamma-1}{\gamma}} - \eta_n \left[\left(\pi_t \pi_b \pi_c \pi_d \pi_r \frac{p_0}{p_9} \right)^{\frac{\gamma-1}{\gamma}} - 1 \right] \right\}^{\frac{-\gamma}{\gamma-1}} \tag{1.189}$$

通过在总压力链中插入 π_{AB},得

$$\pi_n = \left\{ \left(\pi_{AB} \pi_t \pi_b \pi_c \pi_d \pi_r \frac{p_0}{p_9} \right)^{\frac{\gamma-1}{\gamma}} - \eta_n \left[\left(\pi_{AB} \pi_t \pi_b \pi_c \pi_d \pi_r \frac{p_0}{p_9} \right)^{\frac{\gamma-1}{\gamma}} - 1 \right] \right\}^{\frac{-\gamma}{\gamma-1}} \tag{1.190}$$

喷管出口马赫数变为

$$Ma_9 = \sqrt{\frac{2}{\gamma-1} \left[\left(\pi_n \pi_{AB} \pi_t \pi_b \pi_c \pi_d \pi_r \frac{p_0}{p_9} \right)^{\frac{\gamma-1}{\gamma}} - 1 \right]} \tag{1.191}$$

喷管出口速度为

$$V_9 = a_0 Ma_9 \sqrt{\frac{\tau_{\lambda,AB}}{1 + \frac{\gamma-1}{2} Ma_9^2}} \tag{1.192}$$

加力涡轮喷气发动机的比推力为

$$\frac{F_n}{\dot{m}_0} = (1 + f + f_{AB}) V_9 \left[1 + \frac{1 - \frac{p_0}{p_9}}{\gamma Ma_9^2} \right] - V_0 \tag{1.193}$$

加力涡轮喷气发动机的 TSFC 定义为

$$TSFC = \frac{\dot{m}_f + \dot{m}_{f,AB}}{F_n} = \frac{f + f_{AB}}{F_n/\dot{m}_0} \tag{1.194}$$

1.9 涡扇发动机

1.9.1 简介

涡扇发动机由一个基本的燃气发生器、动力涡轮和风扇构成,动力涡轮将利用排气流热能为风扇提供轴功率。涡轮级上的多负载需求导致多了这种轴布向,称为线轴。风扇级和低压级可由连接到低压涡轮的轴驱动。高压压气机由高压涡级驱动。对于低压转子和高压

转子,两个轴的转速分别为 N_1 和 N_2。当考虑涡轮风扇发动机时,另外两个新参数进入了燃气涡轮发动机词汇表。其中,第一个是涵道比,第二个是风扇压比。风扇涵道中的流量与燃气发生器(即核心机)的流量之比称为涵道比 α。风扇压比是风扇出口处的总压力与风扇入口处的总压之比。其符号为 π_f,即

$$\alpha = \dot{m}_{\text{fanbypass}}/\dot{m}_{\text{core}} \tag{1.195}$$

$$\pi_f = p_{t_{13}}/p_{t_2} \tag{1.196}$$

涡扇发动机的原理来自能量分配,空气质量流量越大,由发动机推动的速度增量越小,从而在低速飞行时获利。正如前面所分析,穿过发动机的速度增量越小,推进效率就越高。这一原理与马赫数无关。然而,对于超声速飞行,大涵道比涡轮风扇发动机的安装阻力变得过大,因此,小迎风面积发动机更适合高速飞行。风扇排气流可与主流分离,然后称为分别排气涡轮风扇发动机。图 1.37 所示为双轴分别排气(分别排气简称分排)涡轮风扇发动机的示意图。注意,燃气发生器仍然是这台发动机的核心。

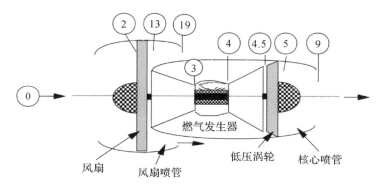

图 1.37　压气机和涡轮的结构形式双轴分排涡扇发动机示意图

可以延伸风扇外涵道,并在进入公用喷管之前将风扇流和核心流混合。长涵道涡轮风扇发动机的质量损失需要根据在排气喷管之前的混合器中混合冷流和热流的推力增强潜力进行评估。该配置的示意图如图 1.38 所示。

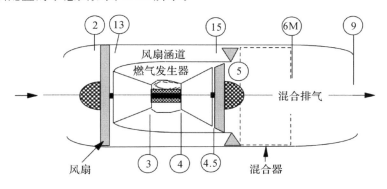

图 1.38　压气机和涡轮的结构形式混排涡扇发动机示意图

1.9.2　分别排气涡扇发动机分析

将在涡轮喷气发动机分析中展发的推进算法应用于涡扇发动机时,首先要分析的就是

风扇部件。与压气机一样,风扇的特点是其压比和效率。图 1.39 展示了 $h-s$ 图上风扇压缩的热力学过程。

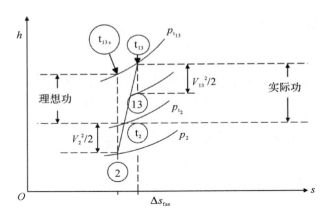

图 1.39　(绝热)风扇中流动过程的焓熵($h-s$)图

风扇绝热效率定义为

$$\eta_{\mathrm{f}} = \frac{h_{\mathrm{t}_{13\mathrm{s}}} - h_{\mathrm{t}_2}}{h_{\mathrm{t}_{13}} - h_{\mathrm{t}_2}} = \frac{\Delta h_{\mathrm{t,isentropic}}}{\Delta h_{\mathrm{t,actual}}} = \frac{\text{理想功率}}{\text{实际功率}} \tag{1.197}$$

将式(1.197)的分子和分母同时除以 h_{t_2},得

$$\eta_{\mathrm{f}} = \frac{T_{\mathrm{t}_{13\mathrm{s}}}/T_{\mathrm{t}_2} - 1}{T_{\mathrm{t}_{13}}/T_{\mathrm{t}_2} - 1} = \frac{\pi_{\mathrm{f}}^{\frac{\gamma-1}{\gamma}} - 1}{\tau_{\mathrm{f}} - 1} \tag{1.198}$$

通过绝热效率得到风扇压比和温度比,即

$$\tau_{\mathrm{f}} = 1 + \frac{1}{\eta_{\mathrm{f}}}(\pi_{\mathrm{f}}^{\frac{\gamma-1}{\gamma}} - 1) \tag{1.199}$$

$$\pi_{\mathrm{f}} = [1 + \eta_{\mathrm{f}}(\tau_{\mathrm{f}} - 1)]^{\frac{\gamma}{\gamma-1}} \tag{1.200}$$

对风扇、压气机和涡轮建立能量守恒定律,得

$$\eta_{\mathrm{m}} \dot{m}_0 (1 + f)(h_{\mathrm{t}_4} - h_{\mathrm{t}_5}) = \dot{m}_0 (h_{\mathrm{t}_3} - h_{\mathrm{t}_2}) + \alpha \dot{m}_0 (h_{\mathrm{t}_{13}} - h_{\mathrm{t}_2}) \tag{1.201}$$

注意,涡扇发动机中的质量流量如下:

(1) $\dot{m}_0$:通过核心机的空气质量流量。

(2) $\alpha \dot{m}_0$:通过风扇涵道的空气质量流量。

(3) $(1 + \alpha)\dot{m}_0$:通过入口的空气质量流量(随后分为核心机和风扇涵道流率)。

(4) $\dot{m}_{\mathrm{f}}$:主燃烧器中的燃料流率和油气比,如预期一样定义为 $\dfrac{\dot{m}_{\mathrm{f}}}{\dot{m}_0}$。

如图 1.40 所示,功率平衡方程[见式(1.201)]中,主流质量流量 $\dot{m}_0$ 被抵消,如果将两侧同时除以飞行静态焓 h_0,使方程无量纲化,那么

$$\eta_{\mathrm{m}}(1 + f)\frac{h_{\mathrm{t}_4}}{h_0}(1 - \tau_{\mathrm{t}}) = \frac{h_{\mathrm{t}_2}}{h_0}[(\tau_{\mathrm{c}} - 1) + \alpha(\tau_{\mathrm{f}} - 1)] \tag{1.202}$$

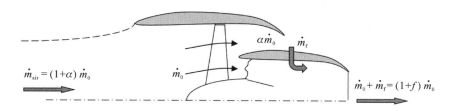

图 1.40 分开排气涡轮风扇发动机中各质量流量的定义

将涡轮入口的总焓与飞行静态焓之比确定为 τ_λ，将比值 h_{t_2}/h_0 确定为 τ_r，然后根据已知的量来分离 τ_t，即

$$\tau_t = 1 - \frac{\tau_r\left[(\tau_c - 1) + \alpha(\tau_f - 1)\right]}{\eta_m(1 + f)\tau_\lambda} \tag{1.203}$$

在式（1.203）等号右侧的所有参数，要么直接指定，例如 α，η_m 或 τ_λ，要么根据给定的发动机设计参数计算。涡轮风扇发动机中油气比的表达方式与涡轮喷气发动机中油气比相同，即

$$f = \frac{\tau_\lambda - \tau_r\tau_c}{\dfrac{Q_R\eta_b}{h_0} - \tau_\lambda} \tag{1.204}$$

使用式（1.204）时唯一需要注意的一点是，燃料流率与涡轮风扇发动机核心机的质量流量有关，而不是通过进气道（部分通过风扇）的整个质量流量。

注意，完全如预期的那样，涡轮膨胀参数 τ_t 是风扇涵道比和压气机压比的函数。然而，在某些条件下，例如，增大风扇压比或发动机涵道比，可能会导致涡轮负膨胀。为了看到这一点，将（1.203）分解为其有理成分，即

$$\tau_t = 1 - \frac{\tau_r(\tau_c - 1)}{\eta_m(1 + f)\tau_\lambda} - \frac{\tau_r\alpha(\tau_f - 1)}{\eta_m(1 + f)\tau_\lambda} = 1 - A - B \tag{1.205}$$

式中：A 和 B 是式（1.205）等号右侧的第二项和第三项。进一步重新排列式（1.204）得

$$1 - \tau_t = A + B \tag{1.206}$$

式（1.206）等号左侧出现的 $1 - \tau_t$ 项是涡轮功率输出的无量纲表达式：

$$1 - \tau_t = \frac{T_{t_4} - T_{t_5}}{T_{t_4}} = \frac{\wp_t}{\dot{m}_t C_{pt} T_{t_4}} \tag{1.207}$$

变量 A 表示涡轮喷气发动机分析中为压气机提供动力所需的涡轮膨胀功。因此，A 的值与涵道比和压比无关。式（1.205）中的最后一项，即 B 项，表示运行风扇所需的气体的额外涡轮膨胀功。现在，这一项可以说明式（1.206）物理上没有意义，即导致负值 τ_t。进一步注意到，飞机燃气涡轮发动机的最大膨胀是在涡轮出口压力等于环境压力的情况下产生的，即 $p_{t_5} = p_0$。假设涡轮下游没有排气扩散（在排气喷管处）。因此，不仅不可能出现负值，而且基于超出环境压力的膨胀，也不可能出现 $1 - \tau_t > \dfrac{\wp_{t,man}}{\dot{m}_t C_{pt} T_{t_4}}$ 的现象，如图 1.41 所示。

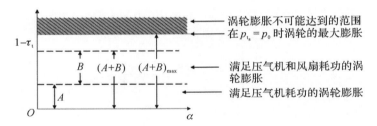

图 1.41 涡轮膨胀可能性(包括不可能的范围)

在风扇压比方面,展示了 TF 发动机所能达到的 α_{max},如图 1.42 所示。

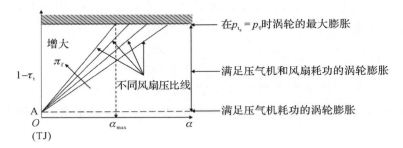

图 1.42 涡轮功率参数 $1-\tau_t$ 随风扇涵道和压比的变化

如果将在涡轮喷气发动机部分学到的动量原理应用于两个单独的气流,写出两个喷管的总推力,并扣除通过入口的整个冲压阻力,那么能很好地回答涡轮风扇发动机中产生的推力问题了,即

$$F_n = \dot{m}_0(1+f)V_9 + \alpha\dot{m}_0 V_{19} - (1+\alpha)\dot{m}_0 V_0 + (p_9 - p_0)A_9 + (p_{19} - p_0)A_{19} \tag{1.208}$$

式(1.208)等号右侧的项先是两个喷管的动量推力,然后是冲压阻力,最后是主喷管和风扇喷管的压力推力。涡轮风扇发动机的比推力是净(非安装)推力除以通过入口的整个气流速度,即比推力为

$$\frac{F_n}{(1+\alpha)\dot{m}_0} = \frac{1+f}{1+\alpha}V_9 + \frac{\alpha}{1+\alpha}V_{19} - V_0 + \frac{(p_9 - p_0)A_9}{(1+\alpha)\dot{m}_0} + \frac{(p_{19} - p_0)A_{19}}{(1+\alpha)\dot{m}_0} \tag{1.209}$$

可以看出,与涵道比为零的涡轮喷气发动机相比,涡扇发动机的比推力减小[见式(1.209)等号右侧的分母中的 $1+\alpha$],是因为需要吸入更多的空气以在外涵道中产生推力。因此,与产生相同推力的涡轮喷气发动机相比,涡轮风扇发动机具有较低比推力,即大的涵道比发动机必然具有更大的迎风面积。现在知道,更大的迎风面积将导致更大尺寸的机舱和更高的安装阻力。因此,对涡扇发动机中高推进效率和高装置阻力这两个特点就必须要进行权衡。一般结论是,对于亚声速、跨声速应用,涡轮风扇发动机装置的外部阻力损失明显小于发动机推进效率提高所带来的收益。因此,对于在亚声速、跨声速巡航民用运输中,开发更高的涵道比发动机以减少燃料燃烧,并可能在低压转子上使用齿轮箱以更好地匹配涡轮效率,这一趋势已经出现并将继续。后掠机翼的离地间隙对涵道比/发动机包络线(尤其是低翼商用飞机)构成主要限制。当飞行马赫数增大到超声速状态时,最佳涵道比随之减小。对于完全膨胀的主喷管和风扇喷管,式(1.209)简化为

$$\frac{F_n}{(1+\alpha)\dot{m}_0} = \frac{1+f}{1+\alpha}V_9 + \frac{\alpha}{1+\alpha}V_{19} - V_0 \tag{1.210}$$

将比油耗的定义应用于涡扇发动机,得

$$\text{TSFC} = \frac{\dot{m}_f}{F_n} = \frac{f}{F_n/\dot{m}_0} = \frac{f/(1+\alpha)}{F_n/(1+\alpha)\dot{m}_0} \tag{1.211}$$

1.9.3　涡扇发动机热效率

理想的循环热效率 η_{th} 不受燃气发生器中增加一级风扇或将风扇排气在喷管中膨胀的影响。其原因是用于压缩风扇中的气体的能量与动力涡轮输出的能量平衡。因此涵道管道中的净能量交换来自风扇入口和风扇喷管的平衡。完全膨胀的喷管将恢复进口扩压器的动能交换,因此涡轮风扇发动机的理想热效率不受影响。对于理想的风扇入口和喷管,可以在图 1.43 所示的 T - s 图中看到这一点。

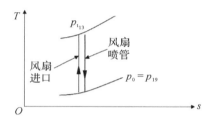

图 1.43　(风扇)进气压缩及随后喷管膨胀过程的 T - s 图

因此,理想涡轮风扇发动机的热效率与具有相同总循环、压比的涡轮喷气发动机相同,即

$$\eta_{th} = 1 - \frac{1}{\tau_r \tau_c} = 1 - \frac{1}{\left(1 + \dfrac{\gamma-1}{2}Ma_0^2\right)\pi_c^{\frac{\gamma-1}{\gamma}}} \tag{1.212}$$

对于真实的,即非理想的涡扇发动机,由热效率的定义得

$$
\begin{aligned}
\eta_{th} &= \frac{\Delta \dot{KE}}{\dot{m}_f Q_R} = \frac{\alpha\dot{m}_0 \dfrac{V_{19}^2}{2} + (1+f)\dot{m}_0 \dfrac{V_9^2}{2} - (1+\alpha)\dot{m}_0 \dfrac{V_0^2}{2}}{\dot{m}_f Q_R} \\
&= \frac{\alpha V_{19}^2 + (1+f)V_9^2 - (1+\alpha)V_0^2}{2fQ_R} = \frac{(1+f)V_9^2 - V_0^2}{2fQ_R} + \alpha \frac{V_{19}^2 - V_0^2}{2fQ_R}
\end{aligned}
\tag{1.213a}
$$

式(1.213a)等号右侧将涵道比、两个排气速度、油气比、燃料热值和燃烧效率确定为涡轮风扇发动机中影响发动机热效率的参数。然而,对于具有给定涵道比和燃料类型的涡扇发动机的设计点分析,典型的未知因素是两个喷管排气速度和燃烧室油气比。从式(1.213a)等号右侧的中最后一个等式注意到,所有涵道对发动机循环热效率的贡献都集中在最后一项,而核心贡献在第一项中。理想情况下,由于风扇的能量消耗,式(1.213a)等号右侧的第一项表示核心机中动能必将减少,第二项表示外涵道中流体动能的增加。因此,理想情况下,涡轮风扇发动机的热效率不受涵道气流流量的影响。

式(1.213a)适用于具有完全膨胀喷管的涡扇发动机。如果排气喷管没有完全膨胀,必须使用有效排气速度 V_{19eff},而不是实际出口速度 V_{19} 和 V_9。将喷管有效排气速度定义为

$$V_{19eff} = \frac{F_{g\text{-fan}}}{\dot{m}_{19}} \tag{1.213b}$$

$$V_{9\text{eff}} = \frac{F_{\text{g-core}}}{\dot{m}_9} \tag{1.213c}$$

1.9.4 涡扇发动机推进效率

与这种发动机的热效率相比,涡扇发动机的推进效率是发动机涵道比的函数。从推进效率的定义可知

$$\eta_{\text{p}} = \frac{F_{\text{n}}V_0}{\Delta K \dot{E}} = \frac{[(1+f)V_9 + \alpha V_{19} - (1+\alpha)V_0 + (p_9-p_0)A_9 + (p_{19}-p_0)A_{19}]V_0}{\alpha \dfrac{V_{19\text{eff}}^2}{2} + (1+f)\dfrac{V_{9\text{eff}}^2}{2} - (1+\alpha)\dfrac{V_0^2}{2}} \tag{1.214}$$

假设喷管完全膨胀,$f \ll 1$,则式(1.214)简化为

$$\eta_{\text{p}} \approx \frac{2V_0[V_9 + \alpha V_{19} - (1+\alpha)V_0]}{V_9^2 + \alpha V_{19}^2 - (1+\alpha)V_0^2} \tag{1.215}$$

将式(1.215)的分子和分母同时除以 V_0^2,得

$$\eta_{\text{p}} \approx \frac{2\left[\left(\dfrac{V_9}{V_0}\right) + \alpha\left(\dfrac{V_{19}}{V_0}\right) - (1+\alpha)\right]}{\left(\dfrac{V_9}{V_0}\right)^2 + \alpha\left(\dfrac{V_{19}}{V_0}\right)^2 - (1+\alpha)} \tag{1.216}$$

在涡扇发动机中,推进效率似乎受到 3 个参数的影响[见式(1.216)],即涵道比 α、主喷射速度与飞行速度比 V_9/V_0 和风扇喷射速度与飞行速度比 V_{19}/V_0。如果风扇喷管速度和主喷管速度相等,式(1.216)简化为

$$\eta_{\text{p}} \approx 2/(1 + V_9/V_0) \tag{1.217}$$

式(1.217)的值取决于涵道比 α。然而,涵道比的影响隐含在式(1.217)分母的排气速度的降低中。如前所述,如果喷管没有完全膨胀,必须使用有效排气速度而不是"实际"速度。

[例 1.1]

为了对涵道比对具有收敛喷管的分流涡轮风扇发动机的热效率、推进效率和总效率的影响进行研究,使用以下参数进行了设计点循环分析:

(1)循环总压比(OPR): $p_{t_3}/p_0 \approx 61$。

(2)巡航高度:12 km($p_0 = 19.19$ kPa,$T_0 = 216$ K)。

(3)巡航马赫数:0.80。

(4)风扇压比: $p_{t_{13}}/p_{t_2} = 1.6$。

(5)压气机压比(包括内风扇): $p_{t_{13}}/p_{t_2} = 40$。

(6)涡轮入口温度(TET):2 000 K,对于现在所用的燃料来说(LHV 为 43.3 MJ/kg),这是巡航状态下较高的温度值。

(7)组件效率:$\pi_{\text{d}} = 0.995$,$e_{\text{f}} = 0.90$,$e_{\text{c}} = 0.90$,$\pi_{\text{f}_{\text{n}}} = 0.98$,$\pi_{\text{b}} = 0.95$,$\eta_{\text{b}} = 0.99$,$e_{\text{t}} = 0.85$,$\eta_{\text{m}} = 0.99$,$\pi_{\text{n}} = 0.98$。

(8)气体热性质:$\gamma_{\text{c}} = 1.4$,$c_{pc} = 1\,004$ J/(kg·K),$\gamma_{\text{t}} = 1.33$,$c_{pt} = 1\,156$ J/(kg·K)。

(9)涵道比(BPR)范围:5~17。

图 1.44(a)所示为涵道比对内涵(有效)排气速度和风扇喷管(有效)排气速度的影响。

风扇喷管(有效)排气速度保持恒定,因为它与涵道比无关。然而,内涵(有效)排气速度随着涵道比的增大而减小。在能量基础上,当向更大的风扇提供更多的轴功率时,从核心流中排出能量。涡轮风扇发动机的热效率、推进效率和总效率如图 1.44(b)所示。推进效率随着BPR($\eta_{p,max}=76\%$)不断提高,而热效率几乎保持不变(45%),这是因为本例中的总循环压比保持不变。

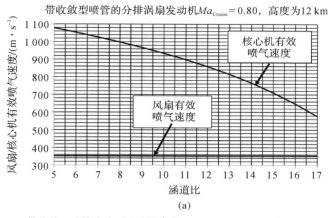

(a)

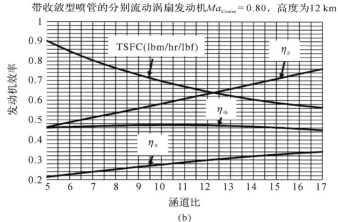

(b)

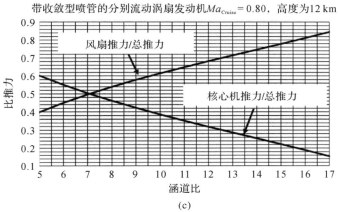

(c)

图 1.44　涵道比对推力和燃料燃烧的影响

整体发动机效率随着涵道比与推进效率的协调而提高。

随着 BPR 的增大，TSFC 下降了近 40%。最后，在图 1.44(c)中，绘制了风机和内涵提供的总推力占比(BPR)作的函数图。随着 BPR 从 5 增加到 17，风扇的推力贡献占比从近 40%稳步增加到 84%。核心机失去推力，因为从核心机中排出能量并将其提供给风扇。因此，核心机提供的推力占比从近 60%下降到约 15%。

基于这个简单的例子，可以推断出工业在实现燃料燃烧改进方面所追求的方向，即向更高的 BPR(即超高 BPR 或 UHB)推进。通过对 OPR 或 TET 进行类似的参数研究，注意到工业在这些参数中必须遵循的方向，即推动更高的 OPR 和更高的 TET。还有一些没有研究的参数，例如使用可再生燃料代替化石燃料、气体电力混合推进，最后是电力推进。

注意到，峰值总效率仍然为 34%。燃气涡轮发动机推进器的这个例子，$\eta_{0,\max}$ 为 0.34，其含义是，燃料($\dot{m}_f Q_R$)投入燃烧室的热功率的约 66%没有转化为推力($F_n V_0$)。这种浪费的能量表现为来自内涵的(热)排气射流中的热量。对于最佳情况，即 BPR=17，计算了内涵和风扇喷管出口温度之间的差异：

内涵(主喷管)出口温度：$T_8 \approx 840$ K，$T_{t_8} \approx 978$ K。

风扇喷管出口温度：$T_{18} \approx 236$ K，$T_{t_8} \approx 283$ K。

射流速度(BPR=17)是可比的，并在此列出以供参考。

内涵排气射流速度：$V_8 \approx 566$ m/s，$V_{18,\text{eff}} \approx 577$ m/s。

风扇喷管排气射流速度：$V_{18} \approx 308$ m/s，$V_{18,\text{eff}} \approx 353$ m/s。

注意到，这种涡轮风扇发动机的整体效率低并不是由其部件效率低造成的，而是由于布雷顿循环的热效率限制。以最大 BPR(在本例中为 17)运行同一台发动机，并假设整个发动机都有理想的部件，获得 $\eta_{0,\max}$($\approx$38%)。绘制 TF 循环的 h-s 图具有指导意义。图 1.45 显示了 BPR 分别为 5 和 17 的布雷顿循环。注意两个循环($\alpha=5$ 和 17)中的核心机喷管欠膨胀。$\alpha=17$ 的涡轮产生更大的功率，因此，其出口温度低于 BPR=5.0 的情况。BPR 的推进效率提高了约 64%，整体效率提高了约 60%。

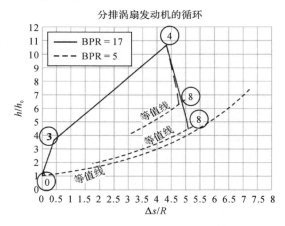

图 1.45　涵道比对涡轮风扇热力学循环的影响

1.9.5　超高涵道比齿轮传动涡扇发动机

有一种新的涡轮风扇发动机,称为超高涵道比(UHB)涡轮风扇发动机,有望降低燃油消耗(与国际航空发动机 V2500 相比,基准值降低了近 16%),降低噪声(与 FAA 第 4 阶段飞机噪声标准相比,降低了 20 dB),并减少了污染物/排放。该级别的典型涵道比从 12 开始。与 20 世纪 80 年代和 90 年代开发的先进涡轮螺旋桨发动机(ATPs)(也称为推进风扇或无导管风扇)进行比较,它们的涵道比为 35～70(GE - UDF 的涵道比是 35,普惠/AGT 的涵道比则是 70)。因此,2010 年的 UHB 涡轮风扇发动机介于涵道比在 6～8 范围内的当前常规涡轮风扇和 35～70 的 ATP 之间。已经了解到,在亚声速飞机中,涡轮风扇发动机的推进效率随着涵道比的增大而提高。导出了单位推力燃料消耗率的表达式(见 Farokhi,2014),该表达式与推进效率 η_p 成反比,即

$$\mathrm{TSFC} = \frac{V_0/Q_\mathrm{R}}{\eta_\mathrm{p}\,\eta_\mathrm{th}} \tag{1.218}$$

因此,UHB 的发展主要着眼于推进效率的提高,以减少燃料消耗,并提供其他有吸引力的功能(例如减少噪声和污染)。航空业和商业货运业务/运输商受燃油消耗绩效影响最大,因为燃油消耗绩效占其直接运营成本(DOC)的大部分。因此,只要能够创新方式以应对与 UHB 发动机相关的技术挑战,就有理由提高涵道比。开发/实施高效大涵道比涡轮风扇发动机的实际问题在于大直径风扇和非常小的发动机核心直径之间的操作差异,即 LPT 和中压压气机(IPC)的直径比风扇小得多,但由相同的轴(即低压转子)驱动。

为了提高风扇、IPC 和 LPT 的效率,需要一个合适的(即质量轻的、可靠的)风扇驱动齿轮系统。

UHB 涡轮风扇在飞机上的安装问题主要是:①机翼/机身一体化、间隙/蒙皮、风扇直径限制;②跨声速机舱阻力要求采用自然层流或混合层流(即具有边界层吸力)的"细线"机舱设计;③机舱质量问题,要求使用先进的复合材料;④创新的风扇反向器设计和集成到机舱中。普惠公司和 NASA(美国国家航空航天局)密切合作,开发符合 UHB 要求的齿轮传动涡轮风扇发动机(GTF)技术。首个 GTF 投入服务的 PW1000G 系列是在 2013 年。该发动机采用了获得专利的轻型"浮动变速箱"系统,将风扇与 IPC 和 LPT 分开。其传动比为 3:1(详见 Duong,McCune,Dobek,2009)。

通过复合风扇机舱设计实现了短舱质量的减轻。GTF 发动机中低压转子的示意图如图 1.46 所示。

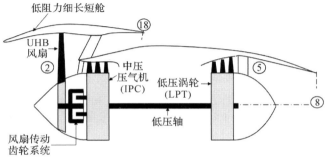

图 1.46　带有齿轮驱动系统的 UHB 风扇中的低压轴示意图

为了了解典型 UHB 发动机的循环参数,例如其风扇低压比和其单位推力油耗性能,给示出一个例题。

[例 1.2]

GTF 用于具有单级低压比风扇的 UHB 发动机。发动机设计点处于标准海平面静态条件,根据 $Ma_0 = 0$,$p_0 = 101$ kPa,$T_0 = 288$ K,$\gamma_c = 1.4$,$c_{pc} = 1\ 004$ J/(kg·K) 和发动机在设计点的尺寸适合 600 kg/s 的空气质量流量(入口)。

假设设计点处的入口具有 $\pi_d = 0.995$ 的总压力恢复。

设计点的风机涵道比为 $\alpha = 12$,其设计压比为 $\pi_f = 1.36$(与 1.6 风机压比相比,这被认为较低),其多变效率 $e_f = 0.90$。减速齿轮箱的特点是其效率,即通过齿轮箱的动力传动比,即

$$\eta_{gb} = \frac{(\wp_{gearbox})_{out}}{(\wp_{gearbox})_{in}} \tag{1.219}$$

假设 $\eta_{gb} = 0.998$。核心压气机压比(即不包括内部风扇部分)为 $p_{t_3}/p_{t_{13}} = 22$,效率多变,$e_c = 0.90$。注意,包括内风扇部分的总压气机(总)压比为 $p_{t_3}/p_{t_2} = 29.92$。

起飞时的燃烧室的特征是:

$T_{t_4} = 1\ 600$ K,$Q_R = 42\ 800$ kJ/kg(燃油加热值较低),$\eta_b = 0.99$,$\pi_b = 0.96$,该涡轮的多变效率为 $e_t = 0.85$,动力传输(或机械)效率为 $\eta_m = 0.975$。热端部件中的气体可以取 $\gamma_t = 1.33$ 和 $c_{pt} = 1\ 156$ J/(kg·K)。

风扇和核心喷管均为收敛性设计,采用 $\pi_{fn} = 0.985$ 和 $\pi_{cn} = 0.990$。

在这个例子中,通过处理两个"冷"和"热"区域的气体性质来简化分析。

计算:

(1)发动机内每个工作区域的总压力和温度。

(2)燃烧器的燃料流量,单位为 kg/s 和 lbm/s。

(3)传递到变速箱的轴功率,单位为 MW 和 hp[①]。

(4)传递到风扇的轴功率,单位为 MW 和 hp。

(5)风扇喷管出口马赫数 Ma_{18}。

(6)核心喷管出口马赫数 Ma_8。

(7)风扇喷管总推力 F_{gf},单位为 kN 和 lbf(1 lbf≈4.45 N)。

(8)核心喷管总推力 F_{gc},单位为 kN 和 lbf。

(9)推力特定燃料消耗量 TSFC,单位为 mg/s/N 和 lbm/(h·lbf)。

如果齿轮箱质量与轴马力成正比,且遵循以下齿轮箱质量密度规则——齿轮箱质量密度=0.008 lbm/hp,那么对齿轮箱质量进行估计。

求解:

$Ma_0 = 0$,$p_{t_0} = p_0 = 101$ kPa 和 $T_{t_0} = T_0 = 288$ K。总温度为入口保持恒定(绝热流),$T_{t_2} = 288$ K。进口总压力因摩擦而损失,导致损失 $p_{t_2} = \pi_d p_{t_0} = 100.5$ kPa。

根据风机总压比,得到 1—3 截面的总压力为 $p_{t_3} = \pi_f p_{t_2} = 136.7$ kPa。由 $\tau_c = \pi_c^{\frac{\gamma-1}{\gamma_e c}}$ 得到 $T_{t_{13}} = 317.5$ K。为了向风扇喷管出口前进,使用风扇喷管总压比得到 $p_{t_{18}} = p_{t_{13}} \pi_{f_n} =$

---

① 1 hp≈745.700 W。

134.6kPa。由于风扇喷管流量是绝热的,总温度保持不变,因此,$T_{t_{18}} = T_{t_{13}} = 317.5$ K。

计算了风扇的 $NPR p_{t_0}/p_0$,以防出现喷管壅塞时的临界 NPR。在这个问题中,$NPR_{fn} = 1.353$,远低于临界值(约 2)。故得出结论:收敛风扇喷管的出口畅通且为亚声速。还得出结论:喷管出口的静压力与环境压力相同。其中,$p_{18} = p_0 = 101$ kPa,来源于 p_{18} 和 $p_{t_{18}}$ 计算出它产生的 Ma_{18}(为 0.654)。从 $T_{t_{18}}$ 和 M_{18} 开始,计算 $T_{18} = 292.5$ K,具有相应的声速,$a_{18} = 342.7$ m/s,风扇喷管出口速度为 $V_{18} = Ma_{18}a_{18} = 224.2$ m/s。由于喷管是完全膨胀,$V_{18,eff} = V_{18} = 224.2$ m/s。因此,风机喷管的总推力为

$$F_{gf} = \alpha \dot{m}_0 V_{18} = 124.16 \text{ kN(或 } 27\,913 \text{ lbf)}$$

现在来做核心机计算。压气机 OPR,包括风机内部部分,是风机与核心机压比的乘积,即 $\pi_c = \pi_f \pi_{core} = 29.92$(这是循环压比)。基于 π_c 和 p_{t_2},得到 $p_{t_3} = 3\,006.8$ kPa。根据压气机的多向效率,计算了压气机总温度比 $\tau_c = 2.941\,4$。因此,压气机出口总温度为 $T_{t_3} = 847$ K。燃烧器出口总温度为 T,起飞时的给定设计值 $T_{t_4} = 1\,600$ K,通过整个燃烧器的能量平衡方程,计算出油气比 $f = 0.024\,7$。从整个燃烧器的总压比和 π_b 得到了出口总压,即 $p_{t_4} = 2\,886.5$ kPa。涡轮轴动力传递至核心压气机和风扇齿轮箱。变速箱提供的输入功率乘以变速箱的效率。通过能量平衡方程来计算风扇功率,得

$$\wp_f = (1 + \alpha)\dot{m}_0 c_{pc}(T_{t_{13}} - T_{t_2}) = 600 \frac{\text{kg}}{\text{s}}\left(1\,004 \frac{\text{J}}{\text{kg} \cdot \text{K}}\right) \times (317.5 - 288)\text{K}$$
$$= 17.789 \text{ MW(或 } 2\,3859 \text{ hp)}$$

输送到变速箱的功率是 $\wp_{gb-in} = \dfrac{\wp_f}{\eta_{gb}} = 17.825$ MW(或 23\,907 hp)。

核心压气机轴功率通过整个核心压气机的功率平衡计算:

$$\wp_{core} = \dot{m}_0 c_{pc}(T_{t3} - T_{t_{13}}) = 46.15 \frac{\text{kg}}{\text{s}}\left(1\,004 \frac{\text{J}}{\text{kg} \cdot \text{K}}\right) \times (847 - 317.5)\text{ K} = 24.54 \text{ MW}$$

所产生的涡轮轴功率为

$$\wp_t = \frac{\wp_f + \wp_{core}}{\eta_m} = 43.452 \text{ MW}$$

因此,根据功率平衡计算出的涡轮出口总温度为:$T_{t_5} = 805.2$ K。根据涡轮的多变效率,计算出 $\pi_t = 0.038\,5$,因此 $p_{t_5} = 111.2$ kPa。核心机喷管出口总压是 π_{cn} 和 p_{t_5} 乘积;因此,$p_{t_8} = 110.14$ kPa。绝热喷管的总温度保持不变。因此,$T_{t_8} = T_{t_5} = 805.2$ K。

核心机喷管压比 $NPR_{core-nozzle} = 1.10$,远低于 $NPR \approx 2$。因此,核心机喷管出口是亚声速的,它是完全扩展的,$p_8 = p_0 = 101$ kPa,由 p_{t_8} 和 p_8 计算得到 $Ma_8 = 0.363$。在核心的计算中,使用了热气体的性质。根据 T_{t_5} 和 Ma_8 计算出 $T_8 = 788$ K,因此称之为 $a_8 = 548.3$ m/s 和 $V_s = 199$ m/s。核心喷管总推力为

$$F_{gc} = (1 + f)\dot{m}_0 V_8 = 9.411 \text{ kN(或 } 2\,116 \text{ lbf)}$$

因此,风扇与核心机推力比为 $27\,913/2\,116 = 13.2$。

发动机推力是两个总推力的和(因为没有冲压阻力起飞),为 $F_{total} = 133.6$ kN(或 30\,000 lbf)。

单位推力耗油率 TSFC $= 8.519$ mg/(s·N),等于 0.3lbm/(h·lbf),比传统涡扇发动机低 20%[涵道化为 6,TSFC 约为 0.367 lbm/(h·lbf)]。

当计算比冲量时，$I_s \approx 12\,000$ s，这是巨大起飞性能的另一个指标，更符合涡轮螺旋桨飞机。

齿轮箱的质量与通过此相关性传递到齿轮箱的功率成正比：0.008 lbm/hp（根据 Ian Hallinell 2013 年的建议）。因此，由于进入齿轮箱的功率计算为 23 907 hp，因此齿轮箱的质量估计为 191 lbm 或 86.6 kg，这作为一个 30 000 lbm 推力级发动机的关键部件是无关紧要的。

在这个例子中，使用一个简单的气体模型（即作为冷的或热的）进行了一维循环分析。涡轮是无冷却的，但指定了一个较低的涡轮效率，以部分抵消冷却的影响。

此外，没有像常在燃气涡轮发动机中做的一样去利用其他辅助轴功。然而，更精确的发动机模拟器（参见 Bachim Kurzke 2017 年的 GasTurb）可用于需求更高精度的气体精确建模冷却排气和功率提取。在简单分析中，证明了 TSFC 降低了 20%，而在实际发动机测试中，与基准型国际航空发动机 V2500 相比，TSFC 降低了 16%。关于 GTF 的更多信息可以在普惠网站 Asbury 和 Yetter(2000)上找到，这可以参考反推装置，Guynn 等人(2013)已经给出了单通道运输机的先进周期。CFM 网站提供了其他现代涡扇发动机的性能参数。

由 Kurzke 和 Halhivell(2018)出版的一本关于燃气涡轮发动机性能建模的新书，强烈推荐给推进和电力行业的学生和实践工程师。

1.9.6 带加力燃烧室的混排涡扇发动机分析

图 1.47 中的混合排气涡扇发动机的示意图显示了该发动机的各截面部分，并确定了一个新的部件，即混合器。发动机核心机排放高温气体进入混合器，而风扇管道注入冷空气到混合器。在两条气流混合后，气体将在 6M 截面达到"混合"状态。那么，这两条气流的压力情况如何呢？在两条气流之间的静压问题上，当它们进入混合器时，依赖对应用于具有尖锐后缘的机翼的库塔后缘条件的理解。这一理论可在空气动力学中得知。

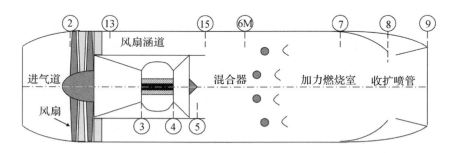

图 1.47　压气机，涡轮的结构形式带混合器和加力燃烧室的长涵道涡扇发动机

简单来说，库塔条件要求连续性静压(尖)后缘，即 $p_{upper} = p_{lower}$，从物理角度出发，在翼型后两股混合气流，或风扇涵道和发动机核心流，不能支持静态压力跳跃。因此有

$$p_{15} = p_5 \qquad\qquad (1.220)$$

可以思考式(1.220)，这是因为物理上静压是在核心机和风扇涵道之间联通的，这是一个物理原理。因此，风扇压比和风扇质量流量基本上由发动机背压决定。其中，风扇的两个

参数,即它的压比和涵道比在这种结构中不是相互独立的。在这里,只能规定一个参数,而另外一个参数由背压条件确定。

1.9.6.1　混合器

本书采用质量、动能和能量守恒定律来分析一个恒定面积混合器。此外,混合气体定律建立了在混合器出口的混合气体推动关系。图 1.48 显示了一个恒面积混合器,其中混合性质 $c_{p_{6M}}$ 和 $c_{V_{6M}}$ 是质量平均值,γ_{6M} 是两者的比值。

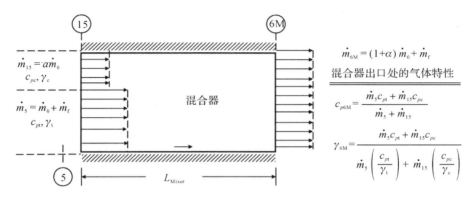

图 1.48　混合器控制体显示不均匀进口速度和混合排气速度

混合前后气体的热力学状态如图 1.49 所示。物理混合过程发生在剪切层中,在这里冷热涡旋结构互相穿插混合(在宏观尺度上)。

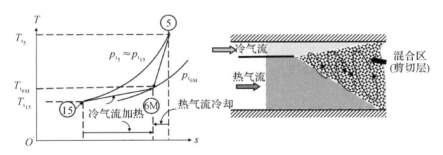

图 1.49　在 $T\text{-}s$ 图和物理域上不同温度流的混合

将能量守恒定律应用在绝缘混合器中,可得

$$\dot{m}_5 h_{t_5} + \dot{m}_{15} h_{t_{15}} = \dot{m}_{6M} h_{t_{6M}} \tag{1.221}$$

假设混合器的入口条件已知,上述等式中唯一未知量是混合气体总焓值,即

$$h_{t_{6M}} = \frac{(1+f)h_{t_5} + \alpha h_{t_{15}}}{1+\alpha+f} \tag{1.222}$$

在上述方程中引入无量纲参数:

$$h_{t_{6M}} = h_0 \frac{(1+f)\tau_t\tau_\lambda + \alpha\tau_r\tau_f}{1+\alpha+f} \tag{1.223}$$

为了得到混合压力,在混合器的出口,应用在流向(即 x 方向)的动量守恒,如图 1.46 所示。x 方向动量的一个简单表达式仅适用于稳态均匀流体,应用于混合器的控制体中,

可得

$$\dot{m}_{6M}V_{6M} - (\dot{m}_5 V_5 + \dot{m}_{15}V_{15}) = \sum F_x \tag{1.224}$$

式(1.224)等号右侧是在 x 方向上作用在控制体上的所有外力的总和。外力包括

$$\sum F_x = p_5 A_5 + p_{15}A_{15} - p_{6M}A_{6M} - \int \tau_w \mathrm{d}A_{\text{wetted}} \tag{1.225}$$

式(1.225)等号右侧最后一项是作用在混合器壁面上的摩擦阻力。还注意到,根据库塔条件,在混合器入口内外涵道的静压是相等的:

$$p_5 = p_{15} \tag{1.226}$$

由恒定面积的混合器得

$$A_{6M} = A_5 + A_{15} \tag{1.227}$$

将式(1.226)和式(1.227)代入式(1.224),得

$$(\dot{m}_{6M}V_{6M} + p_{6M}A_{6M}) - (\dot{m}_5 V_5 + p_5 A_5) - (\dot{m}_{15}V_{15} + p_{15}A_{15}) = -D_f \tag{1.228}$$

式(1.228)等号左侧的各项为不同截面处的比冲。给定一个符号 I,对应的截面,下标分别为 6M、5 和 15。注意到,流出混合器的流体比冲略小于进入混合器的流体比冲之和,这种差异或损失是混合器壁上的摩擦阻力造成的。因此,如果假设在混合器中是无摩擦的流动,就会得出比冲守恒的结论,即

$$I_{6M} = I_5 + I_{15} \tag{1.229}$$

利用混合器壁边界层摩擦损失为零的假设进行分析,以推导未知的混合器出口条件的封闭解。然后,加入一个由摩擦引起的修正因子来表示总压上的黏性流动损失。

当用来流马赫数表示比冲函数 I 时,得到了一个非常简单的形式:

$$I = \dot{m}V + pA = A(\rho V^2 + p) = A\left(\frac{\rho V^2}{p} + 1\right) = Ap(1 + \gamma Ma^2) \tag{1.230}$$

在上述推导中,使用了声速方程,$a^2 = \gamma p/\rho$。现在,根据比冲的表达式,以及来流马赫数和压力面积项,把式(1.228)改写为

$$p_{6M}A_{6M}(1 + \gamma_{6M}Ma_{6M}{}^2) - p_5 A_5(1 + \gamma_5 Ma_5{}^2) - p_{15}A_{15}(1 + \gamma_c Ma_{15}{}^2) = 0 \tag{1.231}$$

将式(1.231)两边同时除以 A_5,得

$$p_{6M}(1 + \gamma_{6M}Ma_{6M}{}^2)(1 + A_{15}/A_5) - p_5(1 + \gamma_5 Ma_5{}^2) + (A_{15}/A_5)(1 + \gamma_c Ma_{15}{}^2) = 0 \tag{1.232}$$

式(1.232)中有两个未知数,即 p_{6M} 和 Ma_{6M},则连续性方程用压力和马赫数表示为

$$\dot{m} = \rho AV = AVp/RT = \frac{\gamma pAMa}{\sqrt{\gamma RT}} = \frac{\gamma pAMa}{\sqrt{\gamma RT_t}}\sqrt{1 + \frac{\gamma - 1}{2}Ma^2} \tag{1.233}$$

因此,将连续性方程应用于混合器,得到式(1.234)和比冲方程[见式(1.232)],组成的两个方程,含有两个未知数 p_{6M} 和 Ma_{6M}:

$$\frac{p_{6M}M_{6M}\sqrt{1 + (\gamma_{6M} - 1)Ma_{6M}{}^2/2}}{\sqrt{\gamma_{6M} - R_{6M}T_{t_{6M}}}}(1 + A_{15}/A_5) =$$

$$\frac{p_5 Ma_5\sqrt{1 + (\gamma_t - 1)Ma_5{}^2/2}}{\sqrt{\gamma_t R_t T_{t_5}}} + \frac{p_{15}Ma_{15}\sqrt{1 + (\gamma_c - 1)Ma_{15}{}^2/2}}{\sqrt{\gamma_c R_c T_{t_{15}}}}(A_{15}/A_5) \tag{1.234}$$

通过求解这两个方程,可以将其简化为关于 $Ma_{6M}{}^2$ 的二次方程。

1.9.6.2　混排涡扇循环分析

现在利用循环分析中的推进算法对混合排气式涡扇发动机进行循环分析。

先确定必需的参数。

(1)飞行状况:飞行马赫数(或速度)、飞行高度下的静温静压,即 Ma_0(或 V_0)、T_0 和 p_0,以及空气特性(γ、c_p、湿度水平),在这种情况下,将空气视为干燥的。

进气道:进口绝热效率或其总压恢复参数,即 η_d 或 π_d,只需要一个性能系数。

风扇:风扇的压比 $\pi_f = (p_{t_{13}}/p_{t_2})$,或风扇涵道比 α,及其多变效率 e_f 或绝热效率 η_f。

压气机:压气机的总压比,$\pi_c = (p_{t_{13}}/p_{t_3})$,即循环 OPR 及其多变效率 e_c 或绝热效率 η_c。

燃烧室:燃烧室的总压比 π_b、燃烧效率 η_b、燃料热值 Q_R 和涡轮进口温度 T_{t_4} 或燃气比 f。

涡轮:涡轮的多变效率 e_t、绝热效率 η_t、机械效率 η_m、出口马赫数 Ma_5,以及关于核心机和风扇管道在其合并边界处的压力匹配条件的额外假设,通常为 $p_{t5} = p_{t15}$ 或 $p_5 = p_{15}$

混合器:需要一个黏性损失参数来解释混合器壁摩擦对整个混合器总压力损失的影响,即 $\pi_{M,f}$。

加力燃烧室:加力燃烧器的效率 η_{AB}、最高温度 T_{t_7}(或 f_{AB})、加力燃烧总压比 π_{AB},以及在加力燃烧室燃料的热值 $Q_{R,AB}$。

尾喷管:喷管的绝热效率 η_n、总压力损失参数 π_n、喷管出口压力 p_9,或可以指定喷管的(出口一喉部)面积比,用 A_9/A_8 代替出口压力。

1.9.6.3　求解方法

先计算整个发动机的总温和总压分布。遵循一条流线穿过核心机,一条流线穿过风扇的原则。一旦沿着流线路径建立了每次相互作用后的总流体特性,就有了核心和风扇流的一维信息。然后,用库塔条件将进入混合器前的气流联立,并在排放喷管或加力燃烧室之前达到气体的混合状态。将这些步骤总结如下:

(1)0 截面。

$$
\left.
\begin{aligned}
p_{t_0} &= p_0 \left(1 + \frac{\gamma_c - 1}{2} Ma_0{}^2\right)^{\frac{\gamma_c}{\gamma_c-1}} \\
\pi_r &= \left(1 + \frac{\gamma_c - 1}{2} Ma_0{}^2\right)^{\frac{\gamma_c}{\gamma_c-1}}
\end{aligned}
\right\}
\tag{1.235}
$$

$$
\left.
\begin{aligned}
T_{t_0} &= T_0 \left(1 + \frac{\gamma_c - 1}{2} Ma_0{}^2\right) \\
\tau_r &= \left(1 + \frac{\gamma_c - 1}{2} Ma_0{}^2\right) \\
a_0 &= \sqrt{\gamma_c R_c T_0} \\
V_0 &= a_0 Ma_0
\end{aligned}
\right\}
\tag{1.236}
$$

(2)2 截面。

$$
p_{t_2} = \pi_d p_{t_0}
\tag{1.237a}
$$

或用绝热效率表示为

$$
\left.
\begin{aligned}
p_{t_2} &= p_0 \left(1 + \eta_d \frac{\gamma_c - 1}{2} Ma_0{}^2\right)^{\frac{\gamma_c}{\gamma_c - 1}} \\
T_{t_2} &= T_{t_0}
\end{aligned}
\right\}
\tag{1.237b}
$$

沿着进入核心机的流线,继续到 3 截面。

(3)3 截面。

$$
\left.
\begin{aligned}
p_{t_3} &= p_{t_2} \pi_c \\
T_{t_3} &= T_{t_2} \pi_c^{\frac{\gamma - 1}{\gamma_c}} \\
\tau_c &= \pi_c^{\frac{\gamma_c - 1}{\gamma_c e_c}}
\end{aligned}
\right\}
\tag{1.238}
$$

(4)4 截面。

$$
p_{t_4} = p_{t_3} \pi_b
$$

T_{t_4} 可以由发动机最高温度明确给出,或者可以根据油气比 f 计算:

$$
h_{t_4} = c_{pt} T_{t_4} = \frac{1}{1 + f}(h_{t_3} + f Q_R \eta_b)
$$

如果只有 T_{t_4} 为指定的,也可计算燃烧室的油气比,即

$$
\left.
\begin{aligned}
f &= \frac{h_{t_4} - h_{t_3}}{Q_R \eta_b - h_{t_4}} = \frac{\tau_\lambda - \tau_r(\tau_c - 1)}{\dfrac{Q_R \eta_b}{h_0} - \tau_\lambda} \\
\tau_\lambda &= \frac{h_{t_4}}{h_0}
\end{aligned}
\right\}
\tag{1.239}
$$

在推进 5 截面之前,遵循一条通过风扇的流线前进。

(5)13 截面。

$$
\left.
\begin{aligned}
p_{t_{13}} &= p_{t_2} \pi_f \\
T_{t_{13}} &= T_{t_2} \pi_f^{\frac{\gamma_c - 1}{\gamma_c e_f}} \\
\tau_f &= \pi_f^{\frac{\gamma_c - 1}{\gamma_c e_f}}
\end{aligned}
\right\}
\tag{1.240}
$$

(6)15 截面。

假设风扇管道是有摩擦但绝热的,用一个总压比 π_{fd} 参数来描述它的摩擦作用:

$$
p_{t_{15}} = p_{t_{13}} \pi_{fd}
\tag{1.241}
$$

其中,π_{fd} 被给定。此外,在风扇管中的绝热流假设给出:

$$
T_{t_{15}} = T_{t_{13}} \text{(对于热理想气体,} h_{t_{15}} = h_{t_{13}} \text{)或 } \tau_{fd} = 1
$$

通过一个有代表性的核心流线来继续穿过涡轮。

(7)5 截面。

涡轮和压缩系统(风扇和压气机)之间的功率平衡值为

$$
\eta_m (1 + f)(h_{t_4} - h_{t_5}) = (h_{t_3} - h_{t_2}) + \alpha(h_{t_{13}} - h_{t_2})
\tag{1.242}
$$

注意到,在式(1.242)中有两个未知数,即涵道比 α 和涡轮出口(总)焓 h_{t_5},用上面的方程除以飞行静态焓 h_0,得到无量纲功率平衡方程:

$$
\eta_m (1 + f) \tau_\lambda (1 - \tau_t) = \tau_r(\tau_c - 1) + \alpha \tau_r(\tau_f - 1)
\tag{1.243}
$$

式(1.243)中仍然有两个未知参数——涵道比和涡轮膨胀比 τ_t，可以做一个合理的假设，即因为库塔条件下的静态压力相等，风扇涵道和涡轮出口的总压力几乎相等，因为库塔条件下的静态压力相等，可以选择两个流道中的马赫数(即总体设计参数)，得

$$p_{t_5} \approx p_{t_{15}} \tag{1.244}$$

这将使涡轮压比与风扇压比联系起来：

$$\frac{p_{t_5}}{p_{t_2}} = \pi_t \pi_b \pi_c = \frac{p_{t_{15}}}{p_{t_2}} = \pi_{fd} \pi_f \tag{1.245}$$

因此，涡轮总压比可以用循环的所有已知参数表示为

$$\pi_t = \frac{\pi_{fd} \pi_f}{\pi_b \pi_c} \tag{1.246}$$

涡轮温度膨胀比 τ_t 可能通过多变效率与 π_t 耦合，即

$$\tau_t = \pi_t^{\frac{\gamma_t - 1}{\gamma_t} e_t} = \left(\frac{\pi_{fd} \pi_f}{\pi_b \pi_c} \right)^{\frac{\gamma_t - 1}{\gamma_t} e_t} \tag{1.247}$$

现在看到，在式(1.243)风扇与压气机的平衡方程中，只有一个未知数，那就是涵道比 α，该参数可表示为

$$\alpha = \frac{\eta_m (1 + f) \tau_\lambda (1 - \tau_t) - \tau_r (\tau_c - 1)}{\tau_r (\tau_f - 1)} \tag{1.248}$$

对设计工况进行分析时，假设涡轮和风扇出口总压相等是合理的。这使得能够计算涡轮压比，从而计算温度比，还可以利用能量平衡方程计算出涵道比。

(8)6M 截面。

从绝热混合器的能量平衡方程中，得

$$h_{t_{6M}} = h_0 \frac{(1 + f) \tau_t \tau_\lambda + \alpha \tau_f \tau_r}{1 + \alpha + f} \tag{1.249}$$

式(1.249)中的所有参数要么是设计/极限参数的形式给出的，要么是前面步骤计算所得的，从而能够对燃气涡轮进行推进计算。计算在风扇涵道出口的来流马赫数 Ma_{15}，用涡轮出口马赫数 Ma_5 表示：

$$p_{t_{15}} = p_{t_{15}} \left(1 + \frac{\gamma_c - 1}{2} Ma_{15}{}^2 \right)^{\frac{\gamma_c}{\gamma_c - 1}} = p_5 \left(1 + \frac{\gamma_t - 1}{2} Ma_5{}^2 \right)^{\frac{\gamma_t}{\gamma_t - 1}} \tag{1.250}$$

式(1.250)变为零解，$Ma_{15} = Ma_5$，γ_c 和 γ_t 不同：

$$Ma_{15}{}^2 = \frac{2}{\gamma_c - 1} \left\{ \left[\left(1 + \frac{\gamma_t - 1}{2} Ma_5{}^2 \right)^{\frac{\gamma_t}{\gamma_t - 1}} \right]^{\frac{\gamma_c - 1}{\gamma_c}} - 1 \right\} \tag{1.251}$$

使用质量流量表达式，得

$$\dot{m}_{15} = \frac{\gamma_c p_{15} A_{15} Ma_{15}}{a_{15}} = \alpha \dot{m}_0 \tag{1.252}$$

$$\dot{m}_5 = \frac{\gamma_t p_5 A_5 M_5}{a_5} = (1 + f) \dot{m}_0 \tag{1.253}$$

如果取式(1.252)和式(1.253)的比值，并注意静压是相同的(由库塔条件可知)，得到一个未知面积比的表达式，即

$$\frac{A_{15}}{A_5} = \frac{\alpha}{1+f}\left(\frac{\gamma_t}{\gamma_c}\right)\frac{a_{15}}{a_5}\frac{Ma_5}{Ma_{15}} \tag{1.254}$$

到目前为止，建立了混合器的混合总焓 $h_{t_{6M}}$ 和所有上游参数，如 Ma_{15} 和面积比 A_{15}/A_5。在混合器分析中，据式(1.232)和式(1.234)推导出了两个方程和两个未知数：

$$p_{6M}(1+\gamma_{6M}M_{6M}^2)(1+A_{15}/A_5) - p_5(1+\gamma_t Ma_5^2) + (A_{15}/A_5)(1+\gamma_c Ma_{15}^2) = 0 \tag{1.255}$$

$$\frac{\gamma_{6M}p_{6M}M_{6M}\sqrt{1+(\gamma_{6M}-1)M_{6M}^2/2}}{\sqrt{(\gamma_{6M}-1)c_{p_{6M}}T_{t_{6M}}}}(1+A_{15}/A_5) = \frac{\gamma_t p_5 Ma_5}{a_5} + \frac{\gamma_c p_{15} Ma_{15}}{a_{15}}(A_{15}/A_5) \tag{1.256}$$

通过对式(1.255)两边同时除以 p_5 进行无量纲化处理，并将其改写为以下形式：

$$\frac{p_{6M}}{p_5}(1+\gamma_{6M}Ma_{6M}^2) = \left[(1+\gamma_t Ma_5^2) + (A_{15}/A_5)(1+\gamma_c Ma_{15}^2)\right]/(1+A_{15}/A_5) = C_1 \tag{1.257}$$

式(1.257)的右边是已知的，将其简记为 C_1。现在，可以分离式(1.256)中相同的未知数，得

$$\frac{p_{6M}}{p_5}\left[M_{6M}\sqrt{1+(\gamma_{6M}-1)Ma_{6M}^2/2}\right] =$$

$$\left[\left(\frac{\gamma_t}{\gamma_{6M}}\right)\frac{Ma_5}{a_5} + \left(\frac{\gamma_c}{\gamma_{6M}}\right)\frac{Ma_{15}(A_{15}/A_5)}{a_{15}}\right]\sqrt{\frac{(\gamma_{6M}-1)c_{p_{6M}}T_{t_{6M}}}{(1+A_{15}/A_5)}} = C_2 \tag{1.258}$$

同样，等式(1.258)右边已知，并标记为 C_2。通过将式(1.257)除以式(1.258)，消除了混合器的静压比，得到了 Ma_{6M}：

$$\frac{1+\gamma_{6M}Ma_{6M}^2}{Ma_{6M}\sqrt{1+(\gamma_{6M}-1)Ma_{6M}^2/2}} = \frac{C_1}{C_2} = \sqrt{C} \tag{1.259}$$

将等式的两边交叉相乘并取二次方，得到如下关于 Ma_{6M}^2 的二次方程：

$$\left[1+(\gamma_{6M}-1)Ma_{6M}^2\right]^2 = CMa_{6M}^2\left[1+(\gamma_{6M}-1)Ma_{6M}^2/2\right] \tag{1.260}$$

$$\gamma_{6M}^2 - C(\gamma_{6M}-1)/2Ma_{6M}^4 + (2\gamma_{6M}-C)M_{6M}^2 + 1 = 0 \tag{1.261}$$

$$Ma_{6M}^2 = \frac{C-2\gamma_{6M} - \sqrt{(C-2\gamma_{6M})^2 - 4\left[\gamma_{6M}^2 - C(\gamma_{6M}-1)/2\right]}}{2\gamma_{6M}^2 - C(\gamma_{6M}-1)} \tag{1.262}$$

式中：C 在式(1.259)中定义，可用先前建立的参数 C_1 和 C_2 表示。混合器静压比为

$$\frac{p_{6M}}{p_5} = \frac{C_1}{1+\gamma_{6M}Ma_{6M}^2} \tag{1.263}$$

理想的(即无黏性的)混合器总压比是 $p_{t_{6M}}/p_{t_5}$，可由式(1.263)的静压比和马赫数来表示：

$$\pi_{M_i} = \frac{p_{t_{6M}}}{p_{t_5}} = \frac{p_{6M}}{p_5}\frac{\left[1+(\gamma_{6M}-1)Ma_{6M}^2/2\right]^{\frac{\gamma_{6M}}{\gamma_{6M}-1}}}{\left[1+(\gamma_t-1)Ma_5^2/2\right]^{\frac{\gamma_t}{\gamma_t-1}}} \tag{1.264}$$

通过混合器的实际总压比还应考虑混合器壁摩擦损失，可表示为理想总压比和乘积因子的形式：

$$\pi_M = \pi_{M_i}\pi_{M_f} \tag{1.265}$$

式中:需要指定或假设摩擦损失参数 π_{M_f}。

(9)7 截面。

将能量方程应用于加力燃烧室,可得到加力燃烧室内用已知参数表示的燃气比如下:

$$(\dot{m}_{6M} + \dot{m}_{fAB})h_{t_7} - \dot{m}_{6M}h_{t_{6M}} = \dot{m}_{fAB}Q_{R,AB}\eta_{AB} \tag{1.266}$$

$$f_{AB} = \frac{\dot{m}_{fAB}}{\dot{m}_{6M}} = \frac{h_{t7} - h_{t6M}}{Q_{R,AB}\eta_{AB} - h_{t7}} = \frac{\tau_{\lambda AB} - h_{t_{6M}}/h_0}{\dfrac{Q_{R,AB}\eta_{AB}}{h_0} - \tau_{\lambda AB}} \tag{1.267}$$

加力燃烧室出口的总压力通过压力损失参数可得,即

$$p_{t_7} = p_{t_{6M}}\pi_{AB} \tag{1.268}$$

请注意,需要两个加力燃烧室总压损失参数:一个用于加力燃烧室工作时,另一个用于加力燃烧器关闭时,即 $\pi_{AB\text{-on}}$ 和 $\pi_{AB\text{-off}}$,期望 $\pi_{AB\text{-on}} < \pi_{AB\text{-off}}$。

(10)9 截面。

对于 C - D 喷管中的绝热流动和恒定的气体特性,有

$$T_{t_9} = T_{t_7} \tag{1.269}$$

喷管出口总压 p_{t_9} 可用喷管总压比参数表示,如下:

$$p_{t_9} = p_{t_7}\pi_n \tag{1.270}$$

或者对于绝热喷管的效率(η_n),有

$$\eta_n = \left[\left(\frac{p_{t_7}}{p_9}\right)^{\frac{\gamma_{AB}-1}{\gamma_{AB}}} - \pi_n^{\frac{\gamma_{AB}-1}{\gamma_{AB}}}\right] \bigg/ \left[\left(\frac{p_{t_7}}{p_9}\right)^{\frac{\gamma_{AB}-1}{\gamma_{AB}}} - 1\right] \tag{1.271}$$

现在,通过计算喷管出口总压和循环分析中给定的静压,建立喷管出口马赫数:

$$Ma_9^2 = \frac{2}{\gamma_{AB}-1}\left[\left(\frac{p_{t_7}}{p_9}\right)^{\frac{\gamma_{AB}-1}{\gamma_{AB}}} - 1\right] \tag{1.272}$$

由出口马赫数和总温度求出的出口声速为

$$a_9^2 = \frac{\gamma_{AB}R_{AB}T_{t_9}}{1 + (\gamma_{AB}-1)Ma_9^2/2} \tag{1.273}$$

喷管出口速度为 Ma_9 和 a_9 的乘积:

$$V_9 = Ma_9 a_9 \tag{1.274}$$

[**例 1.3**]

本例计算了混合流 TF 发动机在 $p_0 = 10$ kPa, $T_0 = 223$ K 的海拔高度下,干空气的特征为 $\gamma_c = 1.4, c_{pc} = 1\,004$ J/(kg·K) 时马赫数为 2.0 时巡航的性能。风扇压比选择 $\pi_f = 2.0$,压气机压比(包括内涵风扇)在 6～16 之间变化(用于参数研究)。主燃烧室设置在 $T_{t4} = 1\,600$ K,加力燃烧室为 $T_{t7} = 2\,000$ K。涡轮出口(轴向)马赫数,Ma_5 设置为 0.50。主燃烧室和加力燃烧室的燃料 LHV(低热值)为 43 MJ/kg,喷管出口压力为 $p_9/p_0 = 3.8$。假设组件效率和损失为:$\pi_d = 0.90$, $\pi_{fd} = 0.99$, $\pi_b = 0.95$, $\pi_{AB} = 0.92$, $\pi_n = 0.95$, $e_f = e_c = 0.90$, $e_t = 0.80$, $\eta_b = 0.99$, $\eta_m = 0.98$, $\Pi_{Mf} = 0.98$。设涡轮和加力燃烧室中的气体特性分别为:$\gamma_t = 1.33$, $c_{pt} = 1\,156$ J/(kg·K) 和 $\gamma_{AB} = 1.30$, $c_{p_{AB}} = 1\,243$ J/(kg·K)。

图 1.50(a)显示了混合排气涡扇发动机效率随压气机压比的变化。推进效率保持不变

（接近 62%），而热效率显示出峰值（$\eta_{th} \approx 49.4\%$，最佳 OPR≈ 11.0）。请注意，发动机整体效率峰值仍然很低，即 $\eta_{0,\max} \approx 31\%$。

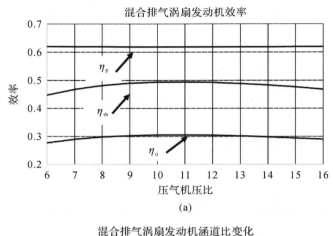

(a)

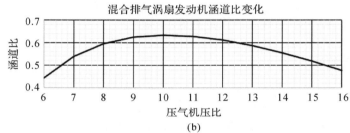

(b)

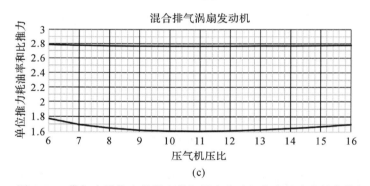

(c)

图 1.50　带加力燃烧室的混合排气涡扇发动机在巡航中的性能特征

在图 1.50(b)中，注意到发动机涵道比在 $0.44\sim0.63$ 之间变化。发动机燃油燃烧参数〔TSFC 单位为 lbm/(h·lbf)〕和比推力如图 1.50(c)所示。当压气机压比为 11，即该发动机在该马赫数和高度下的最佳 π_c 时，单位燃油消耗率达到最小，$\text{TSFC}_{\min} \approx 1.61$ lbm/(h·lbf)。比推力以无量纲形式表示为 $F_n/(1+\alpha)\dot{m}_0 a_0$。且与压气机压比（$\approx 2.77$）呈近似恒定关系。

混合排气涡扇发动机的整体效率低是由于热机的热效率限制，如布雷顿循环。与分别排气涡扇发动机（例 1.1）相比，该发动机具有稍高的热效率，即 50:45，这是由于该发动机在马赫数为 2 飞行时的冲压压缩 π_r 更高。产生的 OPR 循环相对于例 1.1 中为 86:61。

1.10 涡轮螺旋桨发动机

1.10.1 简介

为了建造一台涡轮螺旋桨发动机,需要从燃气发生器开始。燃气发生器中的涡轮为压气机提供轴功。然而,涡轮出口的气体仍然是高能量的(即高 p_t 和 T_t),像涡扇发动机一样能产生轴动力。如果这部分轴功可以被"动力"或"自由"涡轮利用,就可以将其传递给螺旋桨。该构型的示意图如图 1.51 所示。

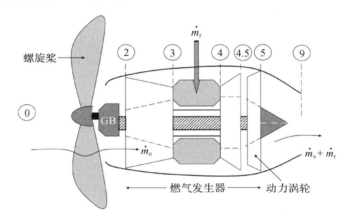

图 1.51　压气机,涡轮的结构形式标明截面编号的涡轮螺旋桨发动机示意图

与涡扇发动机相比,涡桨发动机的吸引力在于它能够提供非常大的涵道比,可能在 $30\sim100$ 之间。较大的涵道比必然会减小推进器的排气速度,从而使发动机获得更高的推进效率。然而,高推进效率是有代价的。旋转螺旋桨尖端马赫数的限制,例如小于 1.3,导致先进涡轮螺旋桨的巡航马赫数为 $0.7\sim0.8$,常规涡轮螺旋桨巡航马赫数为 $0.4\sim0.6$。涡扇发动机的巡航马赫数没有这个限制。此外,大直径的螺旋桨通常需要一个减速器。

1.10.2 涡桨发动机循环分析

1.10.2.1 新参数

下面确定通过在燃气涡轮发动机中增加螺旋桨而引入的新参数。从动力分配以及它的推力产生能力(即螺旋桨推力对整体推力的贡献,其中包括核心机推力)的角度来研究涡轮螺旋桨发动机。

从能量的角度来看,低压涡轮给齿轮箱提供动力,这在一定程度上减少了齿轮传动装置的摩擦损失,然后将剩余的动力传递给螺旋桨。将轴功率通过齿轮箱部分传递,称为齿轮箱效率,η_{gb} 定义为

$$\eta_{gb} = \wp_{prop}/\wp_{LPT} \tag{1.275}$$

式中：ζ_{prop}是提供给螺旋桨的能量；$\wp_{LPT}$是由动力涡轮提供给齿轮箱的轴功率。同时，将在螺旋桨推力功率中转换的螺旋桨轴功率的比例定义为螺旋桨效率：

$$\eta_{prop} = F_{prop}V_0 / \wp_{prop} \tag{1.276}$$

认识到，螺旋桨和发动机核心机都会产生推力：

$$F_{total} = F_{prop} + F_{core} \tag{1.277}$$

发动机核心机对总推力的贡献，称为核心机推力。采用熟悉的形式，即喷管总推力减去冲压阻力的形式，则发动机核心推力为

$$F_{core} = (\dot{m}_0 + \dot{m}_f)V_9 - \dot{m}_0 V_0 + (p_9 - p_0)A_9 \tag{1.278}$$

涡轮螺旋桨发动机喷管的压力推力贡献，即式(1.278)中的最后一项，由于排气耗尽，通常为0，即 $p_9 = p_0$，因此，对于所有实际情况，涡轮螺旋桨发动机的核心机产生的推力完全基于发动机排气和进气之间的动量平衡，即

$$F_{core} \cong (\dot{m}_0 + \dot{m}_f)V_9 - \dot{m}_0 V_0 \tag{1.279}$$

1.10.2.2 设计工况分析

为了估计涡轮螺旋桨发动机的性能，需要以下一组输入参数。下文的计算从飞行状态到喷管出口依次进行，总结每个组件的输入参数。在本节中，将再次对涡桨发动机进行推进运算。

（1）0 截面。

飞行马赫数（Ma_0）、环境压力和温度（p_0 和 T_0），以及空气特性（γ 和 R），都需要来表征飞行环境。可以根据输入计算出飞行总压和温度（p_{t_0} 和 T_{t_0}），飞行高度下的声速（a_0）和飞行速度（V_0）。

（2）2 截面。

在发动机表面，需要确定总压力和总温度（p_{t2} 和 T_{t2}），从进口绝热流动假设得出结论：

$$T_{t_2} = T_{t_0}$$

需要定义一个进口总压比参数（π_d），或绝热扩散效率（η_d）。这就建立了 p_{t_2}，类似于之前的循环分析：

$$p_{t_2} = \pi_d p_{t_0}$$

（3）3 截面。

为了继续推进发动机，需要知道压气机的压比（π_c）（也被视为设计选择），以及压气机多变效率（e_c）。这使得可以用多元指数，即根据压气机总压比来计算压气机总温比，有

$$\tau_c = \pi_c^{\frac{\gamma_c - 1}{\gamma_c e_c}}$$

现在，压气机排气总压和总温（p_{t_3} 和 T_{t_3}）确定。

（4）4 截面：

为了确定燃烧室出口条件，需要知道损失参数（π_b 和 η_b）以及极限温度（T_{t_4}）。燃料类型及其能量含量［称为燃料的热值（Q_R）］，需要被指定。同样，通过燃烧室的能量平衡得到燃气比（f）。通过损失参数（π_b）得到出口总压力（p_{t_4}）。

（5）4.5 截面。

对于上游涡轮,或所谓的高压涡轮(HPT),需要知道机械效率 η_{mHPT}(这是一种动力传输效率)和涡轮多变效率 e_{tHPT}(用来测量涡轮的内部效率)。压气机和高压涡轮之间的功率平衡为

$$\eta_{mHPT}(1+f)(h_{t_5}-h_{t_{4.5}})=h_{t_3}-h_{t_2} \tag{1.280a}$$

$$h_{t_{4.5}}=h_{t_4}-\frac{h_{t_3}-h_{t_2}}{\eta_{mHPT}(1+f)} \tag{1.280b}$$

得到式(1.280)中唯一未知的值,即 $h_{t_{4.5}}$。4.5 截面处的总压与涡轮总温比相关:

$$\frac{p_{t_{4.5}}}{p_{t_4}}=\left(\frac{T_{t_{4.5}}}{T_{t_4}}\right)^{\frac{\gamma_t}{(\gamma_t-1)e_{tHPT}}} \tag{1.281}$$

$$\pi_{HPT}=\tau_{HPT}^{\frac{\gamma_t}{(\gamma_t-1)e_{tHPT}}} \tag{1.282}$$

（6）5 截面和 9 截面。

由于动力涡轮驱动负载,即螺旋桨,需要指定涡轮膨胀比匹配该负载。在这个意义上,认为螺旋桨是循环的外部载荷,因此可以看作是"涡轮螺旋桨分析的输入参数"。它的目的是把这个部位和下面的部位(即 9 截面)放在一起处理,这是因为两者都负责推力的产生。另一个对于 5 截面和 9 截面下游的 4.5 截面的功率分区是由设计者决定的,在螺旋桨和排气喷气之间。$T-s$(见图 1.52)图很好地说明了这一原理。在 $T-s$ 图中中显示了实际膨胀过程和理想膨胀过程。将使用这个图来定义组件特性以及功率分配选择。例如将低压涡轮(LPT)绝热效率定义为

$$\eta_{LPT}=\frac{h_{t_{4.5}}-h_{t_5}}{h_{t_{4.5}}-h_{t_{5s}}}=\frac{h_{t_{4.5}}(1-\tau_{LPT})}{h_{t_{4.5}}(1-\pi_{LPT}^{\frac{\gamma_t-1}{\gamma_t}})}=\frac{1-\tau_{LPT}}{1-\pi_{LPT}^{\frac{\gamma_t-1}{\gamma_t}}} \tag{1.283}$$

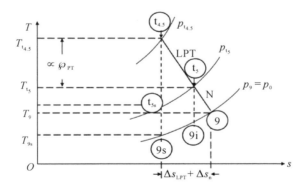

图 1.52　涡桨发动机中自由涡轮和喷管膨胀过程的热力学状态

同时,也可以定义喷管的绝热效率(η_n):

$$\eta_n=\frac{h_{t_5}-h_9}{h_{t_{5s}}-h_{9s}} \tag{1.284}$$

注意到,上述关于喷管绝热效率的定义与之前的假设定义略有不同:

$$h_{t_5}-h_{9i}\approx h_{t_{5s}}-h_{9s} \tag{1.285}$$

但是考虑到喷管的轻微膨胀,因此接近平行的等压线被认为是合理的。

在 4.5 截面,每单位质量流量可获得的总理想功率为

$$\frac{\wp}{\dot{m}_0(1+f)} = h_{t_{4.5}} - h_{9s} = h_{t_{4.5}}\left[1 - \left(\frac{p_9}{p_{t_{4.5}}}\right)^{\frac{\gamma_t-1}{\gamma_t}}\right] = \wp_{i,\text{total}}/\dot{m}_9 \qquad (1.286)$$

检查式(1.286)等号右侧,注意到右边的所有项都是已知的,因此,总理想功率是可以推导出的。现在,假设自由涡轮和喷管之间的功率分配分别是 α 和 $1-\alpha$,如图 1.53 所示。

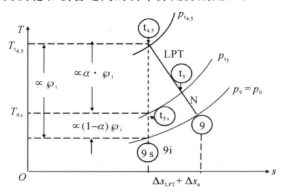

图 1.53　涡轮螺旋桨发动机功率分配 α 的定义

可以将功率分配定义为

$$\alpha = \frac{h_{t_{4.5}} - h_{t_{5s}}}{h_{t_{4.5}} - h_{9s}} = \frac{\dfrac{\wp_{\text{LPT}}/\dot{m}_9}{\eta_{\text{LPT}}}}{\wp_{i,\text{total}}/\dot{m}_9} \qquad (1.287)$$

给定 α 下的低压涡轮(LPT)功率方程:

$$\wp_{\text{LPT}} = \dot{m}_9 \eta_{\text{LPT}} \alpha h_{t_{4.5}}\left[1 - \left(\frac{p_9}{p_{t_{4.5}}}\right)^{\frac{\gamma_t-1}{\gamma_t}}\right] = \dot{m}_9(h_{t_{4.5}} - h_{t_5}) \qquad (1.288)$$

低压涡轮(LPT)的这个表达式可以通过齿轮箱和螺旋桨效率应用于螺旋桨,从而得到螺旋桨产生的推力功率,即

$$F_{\text{prop}} V_0 = \eta_{\text{prop}} \eta_{\text{gb}} \eta_{\text{mLPT}} \wp_{\text{LPT}} = \dot{m}_0(1+f)\left[\alpha \eta_{\text{PT}} \eta_{\text{mLPT}} \eta_{\text{gb}} \eta_{\text{prop}}\right] h_{t_{4.5}}\left[1 - \left(\frac{p_9}{p_{t_{4.5}}}\right)^{\frac{\gamma_t-1}{\gamma_t}}\right]$$
$$(1.289)$$

注意到,式(1.289)等号右侧项(RHS)的每单位质量流量是已知的。现在,检查喷管的推力。喷管出口单位质量的动能为

$$V_9^2/2 \cong \eta_{\text{H}}(h_{t_{5s}} - h_{9s}) = \eta_{\text{H}}(1-\alpha)\wp_{i,\text{total}}/\dot{m}_9 = (1-\alpha)\eta_n h_{t_{4.5}}\left[1 - \left(\frac{p_9}{p_{t_{4.5}}}\right)^{\frac{\gamma_t-1}{\gamma_t}}\right]$$
$$(1.290)$$

因此,排气速度可由功率分配参数 α 和在燃气发生器(即 4.5 截面)后的总理想功率近似得

$$V_9 \approx \sqrt{2(1-\alpha)\eta_n h_{t_{4.5}}\left[1 - \left(\frac{p_9}{p_{t_{4.5}}}\right)^{\frac{\gamma_t-1}{\gamma_t}}\right]} \qquad (1.291)$$

现在,涡轮螺旋桨飞机的单位空气质量流量推力(通过核心机)可以用螺旋桨推力表示,核心机推力用式(1.291)合并为排气速度,即

$$\frac{F_{\text{total}}}{\dot{m}_0} = (1+f)V_9 - V_0 + \frac{(1+f)\left[\alpha\eta_{\text{LPT}}\,\eta_{\text{mLPT}}\,\eta_{\text{gb}}\,\eta_{\text{prop}}\right]h_{t_{4.5}}\left[1-\left(\dfrac{p_9}{p_{t_{4.5}}}\right)^{\frac{\gamma_t-1}{\gamma_t}}\right]}{V_0}$$

$$(1.292)$$

涡轮螺旋桨发动机的燃油效率通常用发动机产生单位推力燃料消耗率来表示：

$$\text{PSFC} = \frac{\dot{m}_f}{\wp_{\text{prop}} + \wp_{\text{core}}} = \frac{f}{\dfrac{\wp_{\text{prop}}}{\dot{m}_0} + \dfrac{\wp_{\text{core}}}{\dot{m}_0}} \tag{1.293}$$

$$\wp_{\text{prop}} = \eta_{\text{gb}}\,\eta_{\text{mLPT}}\,\wp_{\text{LPT}} = \dot{m}_0(1+f)\eta_{\text{gb}}\,\eta_{\text{mLPT}}\,\eta_{\text{LPT}}\,\alpha h_{t_{4.5}}\left[1-\left(\frac{p_9}{p_{t_{4.5}}}\right)^{\frac{\gamma_t-1}{\gamma_t}}\right] \tag{1.294}$$

$$\wp_{\text{core}} = \frac{\dot{m}_0}{2}\left[(1+f)V_9^{\,2} - V_0^{\,2}\right] \tag{1.295}$$

用于完全膨胀的喷管，否则用 $V_{9\text{eff}}$。

可以将涡轮螺旋桨发动机的热效率定义为

$$\eta_{\text{th}} = \frac{\wp_{\text{prop}} + \wp_{\text{core}}}{\dot{m}_f Q_R} = \frac{\dfrac{\wp_{\text{prop}}}{\dot{m}_0} + \dfrac{\wp_{\text{core}}}{\dot{m}_0}}{f Q_R} \tag{1.296}$$

推进效率（η_p）可定义为

$$\eta_p = \frac{F_{\text{total}} V_0}{\wp_{\text{prop}} + \wp_{\text{core}}} = \frac{\dfrac{F_{\text{total}}}{\dot{m}_0} V_0}{\dfrac{\wp_{\text{prop}}}{\dot{m}_0} + \dfrac{\wp_{\text{core}}}{\dot{m}_0}} \tag{1.297}$$

其中上述效率定义中的所有项都在前面的步骤中计算过，总体效率同样是热效率和推进效率的乘积。

1.10.2.3　螺旋桨和喷气的功率优化分配

对于给定的燃油流量、飞行速度、压气机压比和所有内部部件效率，可能会问一个非常重要的问题，即"在什么功率分配（α）下，总推力会最大？"。这是一个简单的数学题。首先需要的是用所有独立的参数来表示总的推力，即 f，V_0，π_c 等。然后对 α 求导，令导数等于零。从该方程中，得到满足该方程的 α 的解。使用式（1.292），得

$$\frac{F_{\text{total}}}{\dot{m}_0} = (1+f)V_9 - V_0 + \frac{(1+f)(\alpha\eta_{\text{LPT}}\,\eta_{\text{mLPT}}\,\eta_{\text{gb}}\,\eta_{\text{prop}})h_{t_{4.5}}\left[1-\left(\dfrac{p_9}{p_{t_{4.5}}}\right)^{\frac{\gamma_t-1}{\gamma_t}}\right]}{V_0}$$

将排气速度（V_9）用式（1.291）表示：

$$V_9 \approx \sqrt{2(1-\alpha)\eta_n h_{t_{4.5}}\left[1-\left(\frac{p_9}{p_{t_{4.5}}}\right)^{\frac{\gamma_t-1}{\gamma_t}}\right]}$$

注意到上述方程中括号内的项，即

$$1-\left(\frac{p_9}{p_{t_{4.5}}}\right)^{\frac{\gamma_t-1}{\gamma_t}} = 1-\left(\frac{p_9}{p_0}\frac{p_0}{p_{t_0}}\frac{p_{t_0}}{p_{t_2}}\frac{p_{t_2}}{p_{t_3}}\frac{p_{t_3}}{p_{t_4}}\frac{p_{t_4}}{p_{t_5}}\right)^{\frac{\gamma_t-1}{\gamma_t}} = 1-\left[\frac{p_9}{p_0}\,(\pi_r\pi_d\pi_c\pi_b\pi_{\text{HPT}})^{-1}\right]^{\frac{\gamma_t-1}{\gamma_t}}$$

$$(1.298)$$

这是一个常数。再检查 4.5 截面处的总焓（$h_{t_{4.5}}$）：

$$h_{t_{4.5}} = \frac{h_{t_{4.5}}}{h_{t_4}} \frac{h_{t_4}}{h_0} h_0 = \tau_{HPT} \tau_\lambda h_0 \tag{1.299}$$

这也是一个常数。因此，发动机推力（发动机喷管内的每单位质量流量）的表达式本质上是由一系列常数和功率分配参数组成的，α 采用以下简化形式：

$$\frac{F_{total}}{(1+f)\dot{m}_0} = C_1\sqrt{1-\alpha} + C_2\alpha + C_3 \tag{1.300}$$

式中：C_1，C_2 和 C_3 都是常数。将上面的函数对 α 求导，并设导数为零，即

$$\frac{d}{d\alpha}\left[\frac{F_{total}}{(1+f)\dot{m}_0}\right] = \frac{-C_1}{2\sqrt{1-\alpha}} + C_2 = 0 \tag{1.301}$$

这就得到功率分配参数 α 的解，使涡轮螺旋桨发动机总推力最大化。因此，可以将 α 的这个特殊值称为最优 α（α_{opt}），即

$$\alpha_{opt} = 1 - \left(\frac{C_1}{2C_2}\right)^2 \tag{1.302}$$

现在，通过对常数 C_1 和 C_2 的代换和简化，可以得

$$\alpha_{opt} = 1 - \frac{\eta_n}{(\eta_{PT}\,\eta_{mLPT}\,\eta_{gb}\,\eta_{prop})^2} \frac{\gamma_c - 1}{2} \frac{Ma_0^{\,2}}{\tau_{HPT}\tau_\lambda\left[1 - \left(\frac{p_9/p_0}{\pi_r\pi_d\pi_c\pi_b\pi_{HPT}}\right)^{\frac{\gamma_t-1}{\gamma_t}}\right]} \tag{1.303}$$

螺旋桨和喷气之间的最佳功率分配的表达式如预期那样涉及所有部件和传输（功率）效率。然而，假设所有的效率都是 100%，并进一步假设排气喷管是完全膨胀的，即 $p_9 = p_0$。由最佳能量分配的表达式可以得到什么？继续简化得

$$\alpha_{opt_{ideal}} = 1 - \frac{\dfrac{\gamma_c - 1}{1}Ma_0^{\,2}}{\tau_{HPT}\tau_\lambda - \dfrac{\tau_\lambda}{\tau_r\tau_c}} \tag{1.304}$$

根据压气机与高压涡轮之间的功率平衡，得

$$\tau_r(\tau_c - 1) = (1+f)\tau_\lambda(1 - \tau_{HPT}) \approx \tau_\lambda(1 - \tau_{HPT}) \tag{1.305}$$

简化为

$$\tau_\lambda\tau_{HPT} \cong \tau_\lambda - \tau_r(\tau_c - 1) \tag{1.306}$$

将式（1.306）代入理想涡轮螺旋桨发动机的最佳功率分配式［见式（1.304）］中，得

$$\alpha_{opt_{ideal}} = 1 - \frac{\dfrac{\gamma_c - 1}{1}Ma_0^{\,2}}{\tau_\lambda - \tau_r(\tau_c - 1) - \dfrac{\tau_\lambda}{\tau_r\tau_c}} = 1 - \frac{\tau_r - 1}{\tau_\lambda - \tau_r(\tau_c - 1) - \dfrac{\tau_\lambda}{\tau_r\tau_c}} \tag{1.307}$$

在起飞和低速爬升/下降（$\tau_r \to 1$）条件下，最优功率分配接近 1，符合预期。螺旋桨是在低速时最有效的推进器，因为它获得了最高的推进效率。随着飞行马赫数的增大，功率分配项 α 将小于 1。

［例 1.4］

对于涡轮螺旋桨飞机，在 12 km（标准）高度选择 $Ma=0.6$ 巡航。压气机压比为 $\pi_c = 30$，涡轮入口温度 TET$=1\,600$ K。为了检验排气流中功率排放的影响，改变了功率分配

参数，α 在 $0.78 \sim 0.98$ 之间。选择了巡航时的螺旋桨效率为 $\eta_{prop} = 0.80$，燃料 LHV 为 43 MJ/kg，组件效率和损失参数为：$\pi_d = 0.98$，$\pi_b = 0.96$，$e_c = 0.92$，$e_{tHPT} = 0.82$，$\eta_{tLPT} = 0.88$，$\eta_n = 0.96$，$\eta_{mHPT} = 0.99$，$\eta_{mLHV} = 0.99$，$\eta_b = 0.99$，喷管完全膨胀，$p_9 / p_0 = 1.0$。假设气体的性质为：$\gamma_c = 1.4$，$c_{pc} = 1\,004$ J/(kg·K) 和 $\gamma_t = 1.33$，$c_{pt} = 1\,156$ J/(kg·K)。

图 1.54(a) 显示，推进效率随着有利于螺旋桨的功率分配而增加，直到达到 0.94 的峰值，而热效率则保持在 0.43 时几乎不变。峰值总体效率略好于 TF，但在 35% 时表现不佳。

图 1.54(b) 显示，TP 燃料燃烧持续改善，直到在 α 为 0.94，功率分配停止。当在 $\alpha \geqslant 0.97$ 的水平上排出废气时，核心机开始产生净阻力，而不是推力，这是因为喷管排气速度下降到了飞行速度以下。

核心机推力占总推力的百分比表现为 α 的能量流失。在 $\alpha \geqslant 0.97$ 时，核心机停止产生推力，如图 1.54(c) 所示。

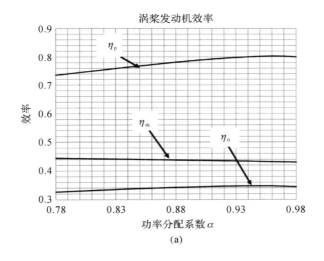

(a)

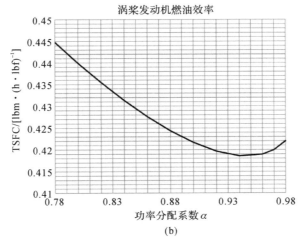

(b)

图 1.54　巡航状态下涡桨发动机性能随功率分配系数的变化

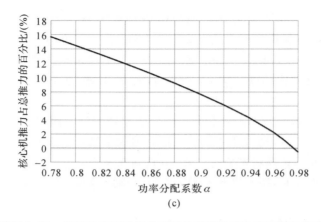

续图 1.54　巡航状态下涡桨发动机性能随功率分配系数的变化

1.10.2.4　先进螺旋桨:桨扇

传统螺旋桨其尖端在超声速流动和失速下工作时失去产生推力的能力,也称为压缩损失。美国普惠公司、通用航空公司和 NASA 在 20 世纪 70 年代和 80 年代合作开发了先进的涡轮螺旋桨发动机技术(Hager 和 Vrabel,1988)。这些发动机代表开转子结构,有时被称为桨扇。而 GE 公司的无齿轮直接驱动 ATP 被称为无涵道风扇(UDF)。先进的螺旋桨工作相对超声速尖端马赫数($Ma_T \approx 1.1 \sim 1.15$)没有失速。随着先进螺旋桨相对尖端马赫数能力的提高;巡航飞行马赫数 Ma_T 增加到为 $0.8 \sim 0.85$。在协同和反向旋转螺旋桨组和推进与牵引配置中开发了几种配置并进行了飞行测试。先进的螺旋桨很薄(具有3%~5%的厚度与弦长比),并且在尖端大角度后掠(在 $30° \sim 40°$ 之间),以提高在高相对马赫数下的尖端效率。这类似于基于掠角和厚度来减少跨声速飞机机翼上的有效马赫数。在风扇的气动弹性稳定性约束下,最大的尖端后掠导致先进螺旋桨产生 $30° \sim 40°$ 的角度。在 Vos 和 Farokhi(2015)在现代跨声速空气动力学教科书中详细介绍了掠动和气动弹性的主题,可以查阅、参考。图 1.55 显示了在 NASA 测试的第一代 ATP(来自 NASA SP - 495,1988)。

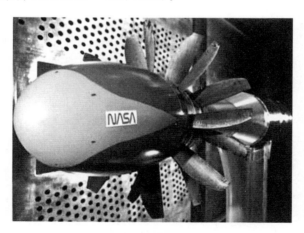

图 1.55　NASA - Lewis(现为 Glenn)风洞中的无涵道对转风扇(UDF)模型

资料来源:NASA。

ATP 动力飞机的关键设计领域是：

（1）ATP 集成问题，例如牵引器与推进器、机翼与后机身。

（2）风扇叶片气动结构设计，以实现最大的气动效率和动态稳定性。

（3）风扇驱动/行距控制。

（4）叶片保持系统。

（5）叶片排出条件。

（6）短舱罩系统设计。

（7）叶轮面积确定，防止叶片根堵塞（牵引器配置）。

1.11　高速吸气式发动机

冲压发动机在飞行马赫数大于 4 时提供最高（燃料）比冲，如图 1.56 所示。然而，它们不产生静态推力。对常规即亚声速燃烧，冲压发动机的分析与其他空气喷气发动机，如涡轮喷气发动机［见 Kerrebrock（1992）或 Hill 和 Peterson（1992）］相同。传统冲压喷气发动机的典型流动路径如图 1.57 所示。

冲压发动机循环的及其理想热效率如图 1.58 所示。超声速-高超声速流中的冲压压缩包括导致气体温度升高和马赫数减少的激波压缩。在传统的冲压发动机中，进气道存在正常的激波，将气流转变为亚声速状态。传统冲压发动机的典型燃烧室马赫数为 0.2~0.3。燃烧室出口温度 T_{t_4} 可达到 2 000~2 500 K 的化学计量水平。

计算常规冲压机性能的方程见表 1.3 和表 1.4。这些表中的方程是按顺序列出的。

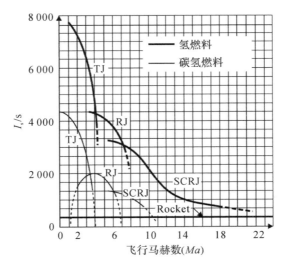

图 1.56　和典型化学能火箭的比冲随飞行马赫数的近似变化

注：TJ—涡喷发动机；RJ—冲压发动机；SCRJ—超燃冲压发动机。

资料来源：Kerrebrock，1992。

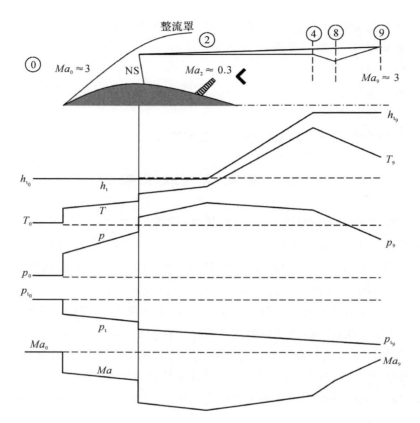

图 1.57　传统冲压发动机的典型流动路径

注:NS 为正激波。

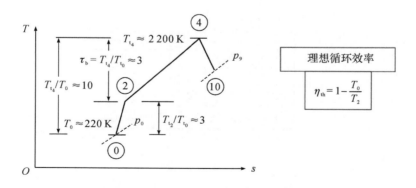

图 1.58　常规(亚声速燃烧)冲压发动机循环及其理想热效率

表 1.3　基于几何参数的冲压发动机方程汇总(热理想气体)

冲压发动机方程	作用
$T_{t_0} = T_0 \left(1 + \dfrac{\gamma - 1}{2} Ma_0{}^2\right) = T_{t_2}$	获得飞行总温度
$p_{t_0} = p_0 \left(1 + \dfrac{\gamma - 1}{2} Ma_0{}^2\right)^{\frac{\gamma}{\gamma-1}}$	获得飞行总压力
$V_0 = Ma_0 a_0 = Ma_0 \sqrt{\gamma R T_0}$	获得飞行速度
$\dfrac{p_{t_2}}{p_0} = \left(1 + \eta_d \dfrac{\gamma-1}{2} Ma^2\right)^{\frac{\gamma}{\gamma-1}}$ 或 $p_{t_2} = \pi_d p_{t_0}$	计算增压器出口处总压
$p_{t_4} = p_{t_2} \pi_b$	获得燃烧室出口总压
$f = \dfrac{h_{t_4} - h_{t_0}}{Q_R \eta_b - h_{t_4}} = \dfrac{T_{t_4} - T_{t_0}}{Q_R \eta_b / c_p - T_{t_4}}$	在燃烧室中获取油气比
$\pi_n = \left\{ \left(\dfrac{p_{t_4}}{p_9}\right)^{\frac{\gamma-1}{\gamma}} - \eta_n \left[\left(\dfrac{p_{t_4}}{p_9}\right)^{\frac{\gamma-1}{\gamma}} - 1\right] \right\}^{\frac{-\gamma}{\gamma-1}}$	获得喷管总压比
$p_{t_9} = p_{t_4} \pi_n$	获得喷管出口处的总压
$Ma_9 = \sqrt{\dfrac{2}{\gamma-1}\left[\left(\dfrac{p_{t_9}}{p_9}\right)^{\frac{\gamma-1}{\gamma}} - 1\right]}$	获得喷管出口马赫数
$T_9 = \dfrac{T_{t_9}}{1 + \dfrac{\gamma-1}{2} Ma_9{}^2}$	获得喷管出口静温
$a_9 = \sqrt{\gamma R T_9}$	获得喷管出口声速
$V_9 = a_9 Ma_9$	获得喷管出口速度
$\dfrac{F_n}{\dot{m}_0} = (1 + f)V_9 \left[1 + \dfrac{1}{\gamma Ma_9{}^2}\left(1 - \dfrac{p_0}{p_9}\right)\right] - V_0$	获得比推力
$\text{TSFC} = \dfrac{\dot{m}_f}{F_n} = \dfrac{f}{F_n / \dot{m}_0}$	获得单位推力油耗
$I_s = 1/(g_0 \cdot \text{TSFC})$	获得燃料比冲量
$\eta_p = \dfrac{2(F_n/\dot{m}_0)V_0}{(1+f)V_9{}^2 - V_0{}^2}$	获得推进效率
$\eta_{th} = \dfrac{(1+f)V_9{}^2 - V_0{}^2}{2 f Q_R \eta_b}$	获得循环热效率
$\eta_0 = \eta_p \eta_{th} = \dfrac{2(F_n/\dot{m}_0)V_0}{2 f Q_R \eta_b} = \dfrac{V_0/(Q_R \eta_b)}{\text{TSFC}}$	获得总效率

注:给定 Ma_0, p_0, T_0(或高度), γ 和 R, η_d 或 π_d, π_b, η_b, Q_R 和 T_{t_4} 或 τ_λ, π_n 或 η_n 和 p_9, 计算 f, $F_n/\dot{m}_0$, TSFC, η_{th}, η_p 和 η_0。

表 1.4　基于无量纲参数的冲压发动机方程汇总(热理想气体)

冲压发动机方程	作用
$\tau_r = 1 + \dfrac{\gamma - 1}{2} Ma_0{}^2$	获得冲压温比
$\pi_r = \left(1 + \dfrac{\gamma - 1}{2} Ma_0{}^2\right)^{\frac{\gamma}{\gamma-1}} = \tau_r{}^{\frac{\gamma}{\gamma-1}}$	获得冲压压比
$\pi_d = \dfrac{p_{t_2}}{p_{t_0}} = \left[\dfrac{1 + \eta_d \dfrac{\gamma - 1}{2} Ma_0{}^2}{1 + \dfrac{\gamma - 1}{2} Ma_0{}^2}\right]^{\frac{\gamma}{\gamma-1}}$	获得进口总压比
$f = \dfrac{\tau_\lambda - \tau_r}{\dfrac{Q_R \eta_b}{c_p T_0} - \tau_\lambda}$	获得油气比
$\pi_n = \left\{\left(\pi_b \pi_d \pi_r \dfrac{p_0}{p_9}\right)^{\frac{\gamma-1}{\gamma}} - \eta_n\left[\left(\pi_b \pi_d \pi_r \dfrac{p_0}{p_9}\right)^{\frac{\gamma-1}{\gamma}} - 1\right]\right\}^{\frac{-\gamma}{\gamma-1}}$	获取喷管压比
$Ma_9 = \sqrt{\dfrac{2}{\gamma - 1}\left[\left(\dfrac{p_{t_9}}{p_9}\right)^{\frac{\gamma-1}{\gamma}} - 1\right]}$	获取喷管出口马赫数
$V_9 = M_9 \sqrt{\gamma R T_0 \dfrac{\tau_\lambda}{1 + \dfrac{\gamma - 1}{2} Ma_9{}^2}} = a_0 Ma_9 \sqrt{\dfrac{\tau_\lambda}{1 + \dfrac{\gamma - 1}{2} Ma_9{}^2}}$	获得排气速度
$\dfrac{F_n}{\dot{m}_0} = (1 + f)V_9\left[1 + \dfrac{1}{\gamma Ma_9{}^2}\left(1 - \dfrac{p_0}{p_9}\right)\right] - V_0$	获得比推力
$\mathrm{TSFC} = \dfrac{\dot{m}_f}{F_n} = \dfrac{f}{F_n/\dot{m}_0}$	获得单位推力油耗
$I_s = 1/(g_0 \cdot \mathrm{TSFC})$	获得燃料比冲量
$\eta_p = \dfrac{2(F_n/\dot{m}_0)V_0}{(1 + f)V_9{}^2 - V_0{}^2}$	获得推进效率
$\eta_{th} = \dfrac{(1 + f)V_9{}^2 - V_0{}^2}{2f Q_R \eta_b}$	获得循环热效率
$\eta_0 = \eta_p \eta_{th} = \dfrac{2(F_n/\dot{m}_0)V_0}{2f Q_R \eta_b} = \dfrac{V_0/(Q_R \eta_b)}{\mathrm{TSFC}}$	获得总效率

注:给定 Ma_0,p_0,T_0(或高度),γ 和 R,η_d 或 π_d,π_b,η_b,Q_R 和 T_{t_4} 或 τ_λ,π_n 或 η_n 和 p_9,计算 f,$F_n/\dot{m}_0$,TSFC,η_{th},η_p 和 η_0。

因此,它们在基于计算机的冲压发动机计算/模拟中很有用。这些方程和涡轮喷气发动机一样,取 $\pi_c=1$ 来模拟冲压喷气发动机。

冲压发动机不能产生静推力,在这些简单的空气喷气发动机(或带燃烧室的管道)产生推力之前,它们需要冲压压缩,即一些向前飞行速度。冲压发动机却会在非常高的冲压压缩下停止产生推力。冲压压缩有两个方面不利于在高速下产生推力:

(1)进气道总压恢复随飞行马赫数的增加呈幂指数规律递减。

(2)进气道上升的气体温度使得 $(\Delta T_t)_{burner}$ 递减甚至为 0。

超声速/高超声速进气道的破坏的罪魁祸首是正激波,这同时也是燃烧室前气体温度上升的原因。因此,如果能消除进口的正激波,就能得到一个超高效的冲压发动机。但是在没有(终端)正激波的超声速进气道中的气流在燃烧室中仍然是超声速的。尽管存在明显的挑战,超燃冲压发动机仍应运而生。尽管超燃冲压发动机的工作马赫数的上限仍然未知。超燃冲压发动机有望成为最高效的空气喷气发动机,即在飞行马赫数超过 6 到亚轨道马赫数(20)时具有最高(燃料)比冲。

超燃冲压发动机比任何其他空气喷气发动机都更需要与飞机一体化。一体化的需要源于在高超声速马赫数下需要一个较长的前机身才能有效地压缩空气。此外,一个长的前机身为发动机提供了最大的捕获区域,A_0 与飞机集成后,可适用于高海拔、高超声速飞行器的大面积比喷管。图 1.59 显示了一种集成在高超声速飞机中的通用超燃冲压发动机。进气道通过斜激波实现内外压缩。进气道内部的一系列斜激波反射形成一个激波串,称为隔离器。从隔离器中产生的气流是超声速的,比如以 $Ma=3.0$ 进入燃烧室。在超声速下实现高效燃烧是一个挑战。

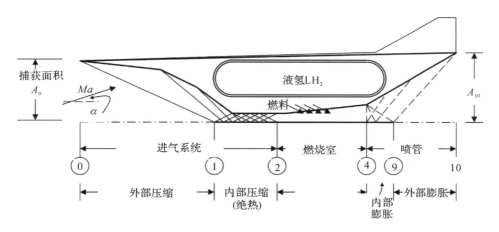

图 1.59　超高声速飞行器中一般的超燃冲压发动机典型结构

燃料喷射、雾化、气化、混合和化学反应的时间必须较短。如果空气以 $Ma=3$ 的速度移动,声速约为 333 m/s,它将在 1 ms 内穿越 1 m。这只是燃烧室中的对流或停留时间尺度的标准。氢能满足以上要求。例如,氢的化学反应时间约为碳氢化合物燃料的1/10。此外,氢气作为液体,此时处于低温状态。因此,它为飞机和发动机结构提供了再生冷却的机会。

超燃冲压发动机内部的高马赫数使整个发动机的气体静温较低,因此可以在燃烧室中释放推进所需的热量。超燃冲压发动机循环的 $h-s$ 图如图 1.60 所示。

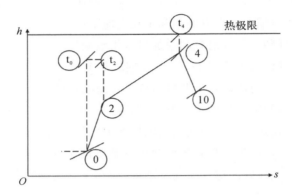

图 1.60　超燃冲压发动机的静止和滞止状态

1.11.1　进气结构分析

超燃冲压发动机的进气道与飞机前体集成,包括多个外激波和内激波。此外,飞行器的攻角 α 也会影响到进气道通过斜激波倾角进行恢复。对于给定的前体形状,可以使用激波膨胀理论来计算波的方向和相关的总压恢复。在缺乏详细的飞机前体几何形状的情况下,或在起步阶段,可以假设采用进气道恢复,或采用 AIA 或 MIL-E-5008B(MIL-STD)等标准。为了方便起见,在这里列出了这些内容:

$$\pi_{\mathrm{d}} = 1 - 0.1 \, (Ma_0 - 1)^{1.5}, \quad 1 < Ma_0 \quad \text{AIA-Standard} \tag{1.308}$$

$$\pi_{\mathrm{d}} = 1 - 0.075 \, (Ma_0 - 1)^{1.35}, \quad 1 < Ma_0 < 5 \quad \text{MIL-E-5008D} \tag{1.309}$$

$$\pi_{\mathrm{d}} = 800/ \, (Ma_0^4 + 935), \quad 5 < Ma_0 \quad \text{MIL-E-5008D} \tag{1.310}$$

1.11.2　超燃燃烧室

虽然超声速燃烧的详细设计和分析超出了本书的范围,此处仍然可以提出适合封闭形式问题解决的全局模型和方法。瑞利流的超声速分支,即无摩擦的、恒定面积的加热管道,是超燃冲压发动机燃烧室的一个可能的(也是最简单的)模型。基于恒定面积管道进行分析并不是一个主要限制,这是因为可以将一个有面积变化的燃烧室划分为一系列有恒定面积的燃烧室。瑞利流在 Farokhi(2014)的第 2 章中有详细介绍,在此不再回顾。然而,可以分析一个保持恒定压力的可变面积燃烧室。从循环分析的角度来看,恒压燃烧有利于提高循环效率,因此进一步考虑。图 1.61 显示了具有换热传输但静压恒定的无摩擦管道。假设气体是热理想气体,流动是稳定的和一维的。燃料质量流量对管道内气体的贡献很小,因此,燃烧被视为通过壁面的传热。问题规定了进口条件和传热速度(或燃料流量或燃气比),并假定在可变面积的管道中静压恒定。分析的目的是计算管道出口的流动条件以及面积 A_4。

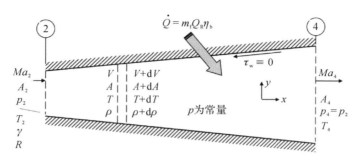

图 1.61　无摩擦恒压燃烧室

将守恒原理应用于流体壁面,如图 1.61 所示。连续性要求为

$$\rho A V = (\rho + \mathrm{d}\rho)(V + \mathrm{d}V)(A + \mathrm{d}A) \left.\right\}$$
$$\frac{\mathrm{d}V}{V} + \frac{\mathrm{d}\rho}{\rho} + \frac{\mathrm{d}A}{A} = 0 \qquad (1.311)$$

根据动量平衡,得

$$\dot{m}(V + \mathrm{d}V) - \dot{m}V = pA - p(A + \mathrm{d}A) + p\mathrm{d}A = 0 \left.\right\}$$
$$\mathrm{d}V = 0 \qquad (1.312)$$

式(1.312)表示恒速流,即

$$V_4 = V_2 \qquad (1.313)$$

因此,连续性等式[见式(1.311)]要求 $pA =$ 常数,或者面积与密度成反比。

根据管道能量平衡得

$$h_{t_4} - h_{t_2} = \frac{\dot{Q}}{\dot{m}} = q = fQ_R\eta_b \qquad (1.314a)$$

由于速度恒定,动能(单位质量)保持不变,故

$$h_{t_4} - h_{t_2} = h_4 - h_2 \qquad (1.314b)$$

$$T_4 = T_2 + \frac{q}{c_p} = T_2 + \frac{fQ_R\eta_b}{c_p} \qquad (1.135)$$

式(1.315)等号右侧是已知的(作为问题的输入),然后建立出口静温 T_4。由于静压恒定,可以计算出口密度 ρ_4。同样,面积比为密度比的倒数,即

$$A_4 = A_2 (\rho_2/\rho_4) \qquad (1.316)$$

这就建立了出口流动区域。由出口静温计算出口声速和马赫数($V =$ 常数)。

可以计算一个壅塞管道出口的临界热通量 q^*(或临界油气比 f),式(1.315)可写成

$$\frac{T_4}{T_2} = 1 + \frac{q}{c_p T_2} \qquad (1.317)$$

另外,马赫数比(Ma_4/Ma_2)与声速比有关:

$$\frac{Ma_4}{Ma_2} = \frac{V_4 a_2}{V_2 a_4} = \sqrt{\frac{T_2}{T_4}} = \frac{1}{\sqrt{1 + \frac{q}{c_p T_2}}} \qquad (1.318)$$

塞塞出口时,$Ma_4 = 1$,因此,管道进口流动条件下临界热流 q^* 表示为

$$\frac{q^*}{c_p T_2} = Ma_2{}^2 - 1 \qquad (1.319\mathrm{a})$$

关于油气比,可以用 $f^* Q_R \eta_b$ 表示 q^*,得

$$f^* \approx \frac{c_p T_2}{Q_R \eta_b}(Ma_2{}^2 - 1) \qquad (1.319\mathrm{b})$$

通过计算出口马赫数,可以得到出口总压:

$$p_{t_4} = p_2 \left(1 + \frac{\gamma - 1}{2}Ma_4{}^2\right)^{\frac{\gamma}{\gamma-1}}$$

分析的输入是燃烧效率(η_b)。然而,在超声速流中的燃烧效率并不像传统的低速燃烧室那样可以被很好地建立或理解。无化学反应的超声速剪切层混合效率是超燃冲压发动机燃烧效率的基础。通过剪切层内的旋涡和激波干扰,超声速流与低速流(在此例中是燃料)沿着剪切层混合。这些沿着剪切层或流动方向的相互作用需要空间。

燃烧效率是燃烧室长度的函数,并随着超燃冲压发动机燃烧室距离的不断增长而提升,可以参考 Burrows 和 Kurkov(1973)的一些有关氢在污染空气下的超声速燃烧数据和分析。对于高超声速空气喷气推进的详细讨论,参考 Heiser 等人(1994)的分析。

1.11.3 超燃喷管

高速、高空飞行所需的大面积比促使人们使用飞机的后底盘作为超燃冲压发动机喷管的膨胀斜坡,如图 1.59 所示。对于理想膨胀,可以用一维气体动力学方程近似计算面积比(A_{10}/A_9)。在较低高度的严重过膨胀会导致飞机后底盘出现激波。高超声速喷气喷管分析的复杂因素与火箭喷管分析的复杂因素相似,即喷管中的持续化学反应、流动分离、冷却、流动不稳定等。基于特性法的简单喷管设计是学习气体动力学中的经典方法。然而,强棒的、高精度的计算流体动力学方法用于黏性反应流的直接数值模拟,是研究人员和工业界正在研究的重大工具。

1.12　火箭基吸气式推进

长期以来,火箭与冲压发动机集成一直是克服冲压发动机起飞能力不足的方案。冲压火箭的配置可能类似于图 1.62。富含燃料的固体推进剂火箭提供了起飞推力。进气道关闭,直到飞机的前进速度可以产生冲压燃烧室所需的冲压压缩,以维持稳定的推力。火箭发动机是冲压发动机的燃气发生器,即火箭发动机中富燃料固体推进剂产生的燃烧气体与空气混合,在冲压发动机燃烧室中燃烧产生推力。该方案的变化,如单独的冲压喷气发动机燃料,可用于燃气发生器冲压火箭。至少在初步层面不需要提出新的理论,即已经开发了基本的工具来单独分析和组合分析这两个组件。冲压式火箭配置如图 1.63 所示,其中火箭提供起飞推力。冲压喷气发动机的燃料被喷射到气流中以获得持续的推力。

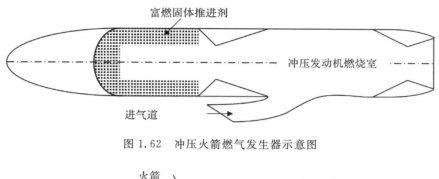

图 1.62　冲压火箭燃气发生器示意图

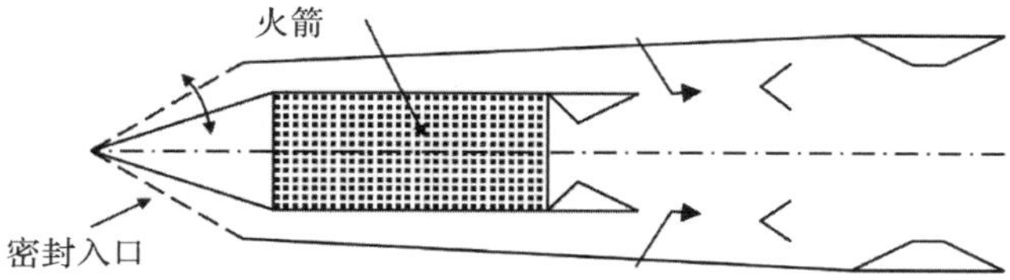

图 1.63　冲压式火箭布局

　　放置在管道中的火箭将吸入空气,并通过混合冷热气体提高其推力水平。这就是喷射器原理。由于推进是基于火箭并借助于通过进气道的二次空气混合,因此这可以称为空气喷气式火箭。火箭喷管后面的管道是混合器-喷射器,它也可以作为传统或超燃冲压发动机的燃烧室。现在,已经明确地通过了空气喷气和火箭推进的边界,进入了 RBCC 推进的领域(见图 1.64)。这是对未来高超声速飞行从起飞到入轨的一个很有前途的途径。作为推进工程师、研究人员,这显然是一个令人兴奋的消息。

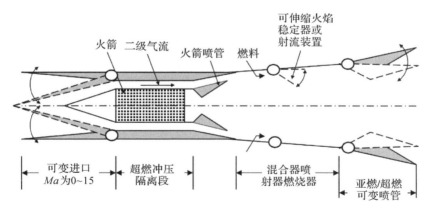

图 1.64　火箭基组合循环(RBCC)推进概念

1.13　本章小结

　　在本章中,回顾了吸气式发动机循环,并建立了基于热力学和守恒定律的性能参数的一维稳态求解方法,包括比推力、比油耗、热效率、推进效率和整体效率。笔者将方法限制在稳定一维流和"设计点"上分析。所研究的气体被认为是理想的,但它的性质是在冷—热—非常热的区域描述的,即冷描述的进气道、风扇、压气机、热描述的涡轮和喷管(如果没有使用加力燃烧室),以及加力燃烧器的气体特性(在潮湿模式和喷管中被用到)。通过引入部件效率,循环分析中包括流体黏度和热导率的影响。了解不同操作条件下的部件效率,对其设计和优化至关重要。在分析中,总是将这些知识,即部件效率视为"给定的",例如基于已发表的数据。本章还介绍了 RBCC 推进系统,并对高超声速喷气推进的前景进行了展望。

本章的重点是循环分析,因此有意将燃烧产生的污染物的讨论安排在本章之外。在 3 个关于分排流 TF 发动机、混排 TF 发动机和 TP 的例子中,计算了循环效率 η_p, η_{th}, η_0。这 3 个例子都揭示了热机的热效率或在应用中,布雷顿循环的固有缺点。最佳热效率约为 50%,结合推进效率产生整体效率时,只能达到整体效率峰值的 35%。这种将燃料-空气燃烧中的热能转化为飞机上的推力动力的低效是热机的致命弱点。还了解到,更高的 BPR,以及更高的 OPR 和 TET,可以提高循环效率,减少燃料燃烧。除了提高效率外,更高的 TET 减小了核心机尺寸。因此,可减轻发动机质量。在近中期(即 2020—2035 年),这些都是飞机推进行业在为可持续航空开发实用的混合动力和电力推进时所探索的方向。Mac-Kay(2009)讨论了可持续能源和能源转换途径/效率,这与相关讨论相关。David MacKay's 的书在强烈推荐的阅读名单上。Gordon 和 McBride(1996)讨论了平衡反应中燃烧气体的组成,对在主燃烧室和加力燃烧室中的讨论进行了补充。Archer 和 Saarlas(1998),Cumpsty(2003),Flack 和 Rycroft (2005),Hess 和 Mumford(1964),Mattingly(1996),Mattingly 等人(2018),Oates(1988),Oates(1985),Oates(1989),Shepherd (1972),El - Sayed (2008),及 Greitzer 等人(2004)的飞机推进教科书和参考文献,建议进一步阅读。关于火箭推进和 SSTO 的概念,可以参考 Sutton 和 Biblarz(2001),Varvill 和 Bond(2003),以及 Huzel 和 Huang(1992)的研究。Rolls - Royce 公司(2015)和普惠公司(1980)已经出版了有价值的参考手册,并被强烈推荐(Anon,2015)。

参 考 文 献

[1] Pratty & Whitney. The aircraft gas turbine engine and its operation. Hartford: Pratt & Whitney Aircraft Group,1980.

[2] Rolls & Royce. The jet engine. New York:Wiley,2015.

[3] ANDERSON J D. Modern compressible flow. New York:McGraw-Hill.,2003.

[4] ARCHER R D, SAARLAS M. An introduction to aerospace propulsion. New York:Prentice Hall,1998.

[5] ASBURY S C, YETTER J A. Static performance of six innovative thrust reverser concepts for subsonic transport applications-summary of the NASA langley innovative thrust reverser test program. Washington, D. C. :National Aeronautics and Space Administration,2000.

[6] BURROWS M C,KURKOV A P. Analytical and experimental study of supersonic combustion of hydrogen in a vitiated airstream. Washington, D. C. :National Aeronautics and Space Administration,1973.

[7]　CUMPSTY N A. Jet propulsion: a simple guide to the aerodynamic and thermodynamic design and performance of jet engines. Cambridge: Cambridge University Press, 2003.

[8]　DUONG L, MCCUNE M, DOBEK L. Method of making integral sun gear coupling: US 7950151. 2011 - 05 - 31.

[9]　EL SAYED A. Aircraft propulsion and gas turbine engines. New York: CRC Press, 2008.

[10]　FAROKHI S. Aircraft propulsion. Chichester: Wiley, 2014.

[11]　FLACK R D, RYCROFT M J. Fundamentals of jet propulsion with applications. Cambridge: Cambridge University Press, 2005.

[12]　GORDON S, MCBRIDE S. NASA reference publication 1311: computer program for calculation of complex chemical equilibrium compositions and applications, vol. 1: analysis. Washington, D. C.: National Aeronautics and Space Administration, 1994.

[13]　GORDON S, MCBRIDE S. NASA reference publication 1311: computer program for calculation of complex chemical equilibrium compositions and applications, vol. 2: user manual and program description. Washington, D. C.: National Aeronautics and Space Administration, 1996.

[14]　GREITZER E M, TANC S, GRAF M B. Internal flow: concepts and applications. Cambridge: Cambridge University Press, 2004.

[15]　GUYNN M D, BERTON J J, TONG M J, et al. Advanced single-aisle transport propulsion design options revisited. 2013 Aviation Technology, Integration, and Operations Conference, August 12 - 14, 2013. Los Angeles: [s. n.], 2013.

[16]　HAGER R D, VRABEL D. Advanced turboprop project. Washington, D. C.: National Aeronautics and Space Administration, 1988.

[17]　HEISER H W, PRATT D T, DALEY D H, et al. Hypersonic air breathing propulsion. Reston: AIAA, Inc. , 1994.

[18]　HESSE W J, MUMFORD N V S. Jet propulsion for aerospace applications. 2nd ed. New York: Pittman Publishing Corporation, 1964.

[19]　HILL P G, PETERSON C R. Mechanics and thermodynamics of propulsion. Reading: Addison Wesley, 1992.

[20]　HUZEL D K, HUANG D H. Design of liquid propellant rocket engines. Reston: AIAA, 1992.

[21]　KERREBROCK J L. Gas turbines and aircraft engines. Cambridges: MIT Press, 1992.

[22]　KURZKE J, HALLIWELL I. Propulsion and power: an exploration of gas turbine performance: modelling. Cham: Springer International Publishing, AG, 2018.

[23]　MACKAY D J C. Sustainable energy without the hot air. Cambridge: UIT Cambridge Ltd, 2009.

[24] MATTINGLY J D. Elements of gas turbine propulsion. New York：McGraw-Hill，1996.

[25] MATTINGLY J D，HEISER WH，PRATT D T，et al. Aircraft engine design. Washington，D. C. ：AIAA，2018.

[26] OATES G C. Aerothermodynamics of aircraft engine components. Washington，D. C. ：AIAA，1985.

[27] OATES G C. Aerothermodynamics of gas turbine and rocket propulsion. Washington，D. C. ：AIAA，1988.

[28] OATES G C. Aircraft propulsion systems technology and design. Washington，D. C. ：AIAA，1989.

[29] SHEPHERD D G. Aerospace propulsion. New York：American Elsevier Publication，1972.

[30] SUTTON G P，BIBLARZ O. Rocket propulsion elements. New York：Wiley，2001.

[31] VARVILL R，BOND A. A comparison of propulsion concepts for SSTO reusable launchers. Journal of British Interplanetary Society，2003(56)：108 - 117.

[32] VOS R，FAROKHI S. Introduction to transonic aerodynamics. Heidelberg：Springer Dordrecht，2015.

第2章 飞机空气动力学回顾

2.1 引 言

本章目的是回顾可压缩流动的知识,因为它们在飞机上的实际应用以及涵盖本科生经典空气动力学主要内容,可作为本书关于可持续航空的未来推进系统和能源主题的补充章节。根据需要,本书将避免大部分详细的数学推导步骤,而将重点放在流体力学上。

飞机的气动力和力矩来自机体上的剪切力和压力分布,它们共同形成合力和力矩。气动力在飞行方向上有一个分量,称为阻力。它还有一个垂直于飞行方向的分量,称为升力。气动阻力是一种作用于飞行器上的减速力,需要通过发动机推力来克服或平衡。在水平匀速飞行中,推力和阻力的大小相等。自人类可以飞行之始,飞机减阻一直在空气动力学研究领域占据着特殊的地位,它涉及对底层流动机理和系统设计优化的更深入理解。有趣的是,升力也会导致飞机的阻力,这被称为诱导阻力产生。本章简要回顾飞机空气动力学的基本原理,重点强调阻力,但没有冗长的推导和所采用的相关性的证明,这超出了本书所讨论的范围。

造成气动阻力的主要因素有10个:

(1)基于壁面剪应力产生的摩擦阻力,其来源于流体黏性、无滑移边界条件和边界层的形成。

(2)边界层引起的压差阻力(型阻)导致位移厚度,并可能产生分离或尾流。

(3)升力产生的阻力,或尾迹中尾涡对有限展弦比(AR)机翼产生的诱导阻力。

(4)由马赫数对密度和压力分布的影响而产生的压缩阻力。

(5)由跨声速和超声速下波形成的波阻力,从机体向外辐射能量。

(6)由短舱空气动力特性、进气道和喷管共同造成的推进安装阻力,称为安装阻力。

(7)机翼-吊挂-短舱流动相互作用产生的干扰阻力。

(8)配平阻力,例如由飞机升降舵和/或方向舵为保持稳定飞行而调整偏转引起的阻力。

(9)LTO循环中的起落架和扰流板阻力。

(10)环境引起的阻力,如雨水或颗粒流、结冰,表面粗糙度引起的阻力。

先来看看气动阻力的相关名词。在流动方向上对物体浸润表面的剪切应力积分产生摩擦阻力。在一个封闭物体周围,沿飞行方向累积静压,会产生压差阻力。二维(例如翼型)物体上的摩擦和压差阻力之和称为翼型阻力。诱导阻力是由升力体下游的涡旋尾流引起的,它引起了机翼的下洗流。下洗流可以有效地使机翼上的局部流动平面倾斜,并产生诱导阻力。亚声速流中的压缩阻力是由流体密度变化引起的,影响机体的压力和剪切力分布。一旦飞行马赫数超过一个"临界"值(Ma_{cr}),即 $Ma > Ma_{cr}$,就会在机体上形成马赫波和激波。

这些波相对飞行方向倾斜,并从机体向外辐射能量。对这些机体上的压力分布进行积分后,即使在无黏限制下,也会出现阻力。由于这种阻力源于波的形成,所以这种力被称为波阻力。在跨声速流中,激波与机体上的边界层相互作用,经常导致流动分离,从而使飞机阻力迅速增大。这种现象称为阻力发散。在空气喷气推进系统中,进气道和排气喷管、短舱、开放式转子和螺旋桨以及其他对飞机机翼和机身的干扰来源都会造成和改变飞机的基本阻力。根据其来源,它被称为推进安装阻力。

干涉阻力是机翼、机身和尾翼集成引起的流场变化造成的。通常在飞行器零升阻力中包含干扰阻力,由升力引起的阻力补充来表示飞行器阻力。阻力的另一种形式/来源称为配平阻力。为了在水平、恒定高度飞行或在扰动飞行条件下实现纵向稳定,对控制面(例如升降舵和/或襟翼)的偏转是必需的。由控制面(升降舵和方向舵)发生偏转而达到配平状态所产生的阻力增量就是配平阻力。由于这个问题涉及飞机的稳定性和控制,所以这里不直接讨论,但在此展示由偏转的控制面而引起的气动阻力。

有关飞行中飞机的推力和阻力的其他资料,可以参考 Covert(1985)的著作,而 Hoerner(1965)的经典气动力著作对研究空气动力学的学生来说是一种宝贵的资源。还可参考由 Hoerner 和 Borst(1985)关于流体动力升力(也是经典)的配套书。在诸如 Anderson(2016),Kuethe 和 Chow(2009),Bertin 和 Cummings(2013),Vos 和 Farokhi(2015)等书中可以找到更详细的关于空气动力学的研究。图 2.1 为表现飞机阻力组成部分的树形图。

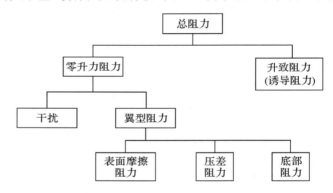

图 2.1　飞机阻力组成部分的树形图

黏性、导热可压缩流中的相似参数和边界条件是研究飞机空气动力学的基础,在讨论边界层之前将简要地进行介绍。

2.2　可压缩流动中的相似参数:飞行条件与风洞条件

利用量纲分析准则和白金汉 Pi 定理,出现了一组控制流体流动动力学的无量纲参数。除了用马赫数 Ma 和比热比 γ 来表征压缩效应外,还用雷诺数 Re 来表征黏性效应,用普朗特数 Pr 来表征流体中的热扩散系数(或热传导)。对相似性参数的讨论和推导可以在流体力学/空气动力学的书籍,如 Anderson(2012,2016)中找到。

在自由流条件下,黏性流体流动中忽略重力影响(即浮力驱动效应)的主要相似准则数为:

(1)$\gamma_{\infty} = \dfrac{c_{p\infty}}{c_{V\infty}}$,气体比热比是一种气体性质,与气体分子的自由度数有关。

（2）$Ma_{\infty} = \dfrac{V_{\infty}}{a_{\infty}}$，马赫数是某处气体速度与当地声速的比值。

（3）$Re_{\infty l} = \dfrac{\rho_{\infty} V_{\infty}}{\mu_{\infty}} l$，基于特征长度 l 的雷诺数，是黏性流动中流体所受的惯性力与黏性力之比。

（4）$Pr_{\infty} = \dfrac{\mu_{\infty} c_{p\infty}}{k_{\infty}}$，普朗特数是一种流体性质，它也是导热流体中动黏滞系数与热扩散系数之比。

注意，忽略了克努森数 Kn，它被定义为气体中的分子平均自由程与流场中特征长度尺度的比值。除非是在稀薄的气体中飞行（即在非常高的高度），其中气体分子的平均自由程与飞行器特征长度具有相同的数量级，否则空气被视为连续体。作为参考，注意到 80 n mile[①] 高度的平均自由路径约为 1 ft（即 128 km 高度的平均自由路径约为 30.5 cm）。因此，克努森数并不影响动态相似性的结果。将飞行条件下与风洞中（尺度模型）的相似参数进行匹配，将两种流称为动态相似流动。其数学含义是，流线的形状相似，且在两种流动中相应点的压力系数也相等。因此，风洞中的缩放模型与飞行之间的无量纲气动力系数和力矩系数是相同的。

然而，这里产生了另一个复杂的问题，在飞行中的边界层转捩点与风洞中的尺度模型不同。在风洞中使用缩尺模型转换带（trip strips）提供了一个有效但粗糙的"修复"转捩不匹配的方式。此外，跨声速，即 $Ma_{\infty}=1$ 时，造成另一种复杂性，即测试段壅塞和来自固体风洞壁的反射波冲击飞机模型并污染测量结果。这些在风洞中的反射波及壅塞，在飞行中都不存在（因为没有壁面来反射波或阻塞气流）。因此，在美国和欧洲有专门的跨声速风洞设施，带有开槽的试验段壁面，以防止壅塞和消除波反射。图 2.2 展示了欧洲跨声速风洞（ETW）的性能包线，即马赫数-弦长雷诺数的关系。

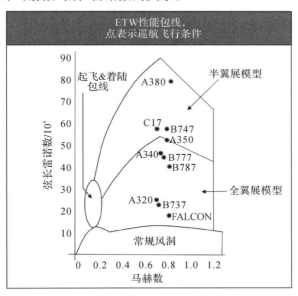

图 2.2　欧洲跨声速风洞（ETW）马赫数-雷诺数包线
资料来源：www.etw.de。

---

① 　1 n mile≈1.609 km。

为了辅助风洞中的雷诺数模拟,使用低温气体(如氮气)。例如,在低温风洞中使用氮气模拟产生的雷诺数比传统的(空气)风洞增加了 5 倍。氮气是一个很好的选择,因为它是一种双原子气体,占空气的 79%(按体积计算)。关于风洞的综合目录由 Penaranda 和 Freda (1985a,b)编译和编辑。这些都是在设施、性能和仪器安装方面的宝贵资源。

Alexander(1991)的亚声速风洞测试手册和 Rae 和 Pope(1984)的经典著作都是很有价值的参考资料。

在高超声速下,飞机会产生强激波和极端的热负荷。强激波下游的气体混合物变得很热并产生反应。这是 O_2 和 N_2 离解发生的地方。地面试验的空气动力模拟面临着新的挑战。为了克服高温效应,研制了模拟高雷诺数和高马赫数流动的低温风洞。最后,在风洞中的缩放模型的静态气动弹性效应,以及飞行中的动态气动弹性效应,如颤振,是重要的课题,但不在本书讨论范围内。由 Anderson(1989)和 Hayes、Probstein(1959)编写的《高超声速空气动力学》被强烈推荐用于高温气体动力学领域。要了解达到高超声速的经验,请阅读 Heppenheimer(2007)的《超声速的历史》。

2.3 连续介质力学中固体壁面的物理边界条件

黏性流动附着在固体壁上,因此在表面上假定为无滑移边界条件。因此,流体速度的 3 个分量(u,v 和 w)在壁面完全消失:在壁面处 $u=v=w=0$(即在固体壁面处所有相对速度分量消失)。无滑移边界条件的一般表述是,流体在壁面上的切向(和法向)速度与壁面上的切向(和法向)速度相同。这使得壁面可以移动,而不一定是静止的。此外,如果壁面是多孔的,那么垂直于壁面的速度分量是有限的(由壁面上的孔隙率指定)。流速剖面在壁面处的斜率与壁面剪应力成正比,即在二维流动中,使用笛卡儿坐标(x,y),以及速度分量(u, v),有

$$(\tau_{yx})_w = \mu \left(\frac{\partial u}{\partial y} + \frac{\partial v}{\partial x}\right)_w \approx \mu \left(\frac{\partial u}{\partial y}\right)_w \tag{2.1}$$

在式(2.1)中使用了牛顿摩擦定律,它适用于牛顿流体。式(2.1)中后一种近似表示通常是可行的,这是因为

$$\frac{\partial v}{\partial x} \ll \frac{\partial u}{\partial y} \tag{2.2}$$

式中:x 方向长度刻度与机体的长度成正比,例如翼长 c,而横向长度刻度即 y,与边界层厚度 δ 成正比,δ 远小于 c。这表明,在平面上,沿边界层的横向梯度比沿边界层的流向梯度要大。只要边界层是薄且附着的,这个结论就是正确的。壁面剪应力处处相等,且与作用于流体(在壁面处)的剪应力相反,如图 2.3 所示。固体壁的热边界条件也受无滑移控制,这表明壁面附近(或与壁面接触)的气体达到壁温 T_w,达到平衡状态。壁面热传导的控制方程为(热传导的傅里叶定律):

$$(q_y)_{wall} = -k \left(\frac{\partial T}{\partial y}\right)_{wall} \tag{2.3}$$

式中:q_y 为 y 方向的热流密度,k 为流体的热导率。图 2.4 显示了热边界层中 y 方向的热传

导傅里叶定律。在这个例子中，$\dfrac{\partial T}{\partial y}$ 是负的，q_y 是正的，符合傅里叶定律。

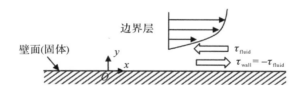

图 2.3　黏性流体中的壁面剪应力对壁面产生摩擦阻力

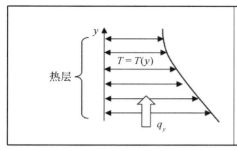

$$q_y = \frac{\dot{Q}_y}{A} = -k\frac{\partial T}{\partial y}$$

热传导的傅里叶定律将任意方向上的热通量与该方向（例如 y 方向）上的温度梯度相关联

图 2.4　黏性流体中的温度分布（在 y 方向上）

当 $q_w = 0$ 时，定义壁面为绝热壁，因此式（2.3）意味着壁面上的温度梯度必须为零。绝热壁面温度 T_{aw} 是传热研究中的一个重要参考参数。如果壁面温度高于绝热壁温，即 $T_w >$ T_{aw}，那么流体加热壁面。如果 $T_w < T_{aw}$，那么流体被壁面冷却。在这两种情况下，传热的方向与温度梯度的方向相反。图 2.5 显示了壁面处的 3 种热边界条件，即壁面加热、冷却或绝热。

本书将在 2.4.1 节讨论在可压缩边界层中的绝热壁面温度 T_{aw}。

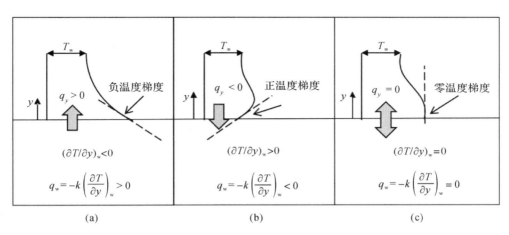

图 2.5　（固体）壁面热边界条件

（a）加热壁面（$T_w > T_{aw}$）；（b）冷却壁面（$T_w < T_{aw}$）；（c）绝热壁面（$T_w = T_{aw}$）

2.4　形状阻力和附加阻力

黏性、压力和诱导阻力最初在不可压缩限制下处理,即 $Ma = 0$。此外,在二维(如翼型)情况下,摩擦阻力和压差阻力的总和结合形成型阻。在三维物体(如飞机)上,摩擦力和压差阻力之和被称为附加阻力。

在具有高雷诺数的流动中,边界层的形成及其在运动机体上的行为是所有黏性气动研究的关键。这些包括型阻和附加阻力。因此,先简要地讨论边界层以供参考。

2.4.1　边界层

在流线型机体非常大的雷诺数的限制下,黏性主导区域被限制在靠近机体的非常薄的一层中,普朗特(1904)称之为 Grentzschicht。Grentzschicht 为德语,译为边界层。

边界层方程基于 Navier-Stokes 方程,通过对黏性效应占主导地位的薄层应用数量级参数。考虑在均匀二维黏性流中的平面。x 方向上的速度 u 作为边界层边缘的速度 U_e,y 方向上的速度 v 很小,x 坐标作为机体的长度,例如翼型的弦长,y 坐标作为边界层厚度 δ。

这种量级研究的结果是,可压边界层的控制方程包括 1 个连续性方程、2 个动量方程和 1 个能量方程条件下得出的。

黏性系数和热传导系数通常称为"μ"和"k",其中 μ 为黏度系数,k 为流体热导率。

在以下情况下,满足稳态、二维连续性方程:

$$\frac{\partial(pu)}{\partial u} + \frac{\partial(pv)}{\partial y} = 0 \tag{2.4}$$

二维稳态时,x 方向上的动量方程:

$$\rho u \frac{\partial u}{\partial u} + \rho v \frac{\partial u}{\partial y} = -\frac{\mathrm{d}p_e}{\mathrm{d}x} + \frac{\partial}{\partial x}\left(\mu \frac{\partial u}{\partial y}\right) \tag{2.5}$$

由 y 方向上的动量方程近似推导出边界层中垂直于壁面的恒压条件,即

$$\frac{\partial p}{\partial y} = 0 \tag{2.6}$$

在没有外部热量和轴功的情况下,稳态二维能量方程变成

$$\rho u \frac{\partial h}{\partial x} + \rho v \frac{\partial h}{\partial y} = \frac{\partial}{\partial y}\left(k \frac{\partial T}{\partial y}\right) + u \frac{\mathrm{d}p_e}{\mathrm{d}x} + \mu \left(\frac{\partial u}{\partial y}\right)^2 \tag{2.7}$$

式中:下标 e 为边界层边缘;h 是焓;ρ 是密度。

2.4.1.1　[例 2.1]　不可压缩层流

不可压缩层里由于在流动中施加不可压缩条件,即 $\rho = $ 常数,因此连续性等式[见式(2.4)]简化为

$$\frac{\partial u}{\partial x} + \frac{\partial v}{\partial y} = 0 \tag{2.8}$$

在边界层内,流体惯性力和黏性力保持平衡。利用式(2.5),得

$$\rho U_e^2 / x \sim \mu U_e / \delta^2 \tag{2.9}$$

这表明,层流边界层厚度 δ 正比于雷诺数的二次方根的倒数:

$$\delta \sim \sqrt{\frac{\mu x}{\rho U_e}} \frac{x}{\sim \sqrt{Re_x}} \tag{2.10a}$$

因此

$$\frac{\delta}{x} \sim \frac{1}{\sqrt{Re_x}} \sim \sqrt{v/U_e x} \tag{2.10b}$$

根据 $u = \dfrac{\partial \Psi}{\partial y}$ 和 $v = -\partial \Psi / \mathrm{d}x$ 定义一个流函数 Ψ,它同样满足(不可压缩)连续性方程。这里,还调用了无量纲速度剖面的自相似性原理 u/U_e,用无量纲横向坐标表示,或者用相似度变量 η 表示,即定义

$$\eta \sim \frac{y}{\delta}$$

得

$$\eta = \frac{y}{\sqrt{\dfrac{\nu x}{U_e}}} \tag{2.11}$$

式中:ν 为运动黏度(μ / ρ)。由(不可压缩)流函数 ψ 的尺度为 $U_e \delta$,得

$$\Psi \sim U_e \delta \sim \frac{U_e x}{\sqrt{\rho U_e x / \mu}} \sim \sqrt{\nu U_e x} \tag{2.12}$$

根据下式,流函数的一般形式可以表示为横向无量纲坐标 η 的未知无量纲函数:

$$\Psi \sim \sqrt{\nu U_e x} F(\eta) \tag{2.13}$$

注意,自相似性假设导致了变量分离,即在 x 和 y 中。在式(2.13)中,$F(\eta)$ 被称为无量纲流函数,ψ 的尺度在 $F(\eta)$ 之前的二次方根中。流向速度 u 为

$$u = \frac{\partial \Psi}{\partial y} = \frac{\partial \Psi}{\partial \eta} \frac{\partial \eta}{\partial y} = U_e F'(\eta) \tag{2.14}$$

速度的横向分量 v(或纵向分量 y)满足

$$v = -\frac{\partial \Psi}{\partial x} = \frac{\partial \Psi}{\partial \eta} \frac{\partial \eta}{\partial x} = \frac{1}{2} \sqrt{\frac{\nu U_e}{x}} (\eta F' - F) \tag{2.15}$$

现在,如果将这些及其导数代入 x 方向的动量方程中,经过一些简化,得到平板层流边界层的 Blasius 方程:

$$FF'' + 2F'' = 0 \tag{2.16}$$

这是 $F(\eta)$ 中的一个三阶非线性常微分方程,或者等价地,无量纲流函数 Ψ,它需要在壁面和/或自由流处指定 F,F' 和 F'' 3 个边界条件。这些是无滑移速度条件,使得 u 和 v 在壁面处等于零,合并速度的值等于距离壁面较远处的自由流值,即

(1)$u = 0$ 在壁面使 $F' = 0$[见式(2.14)]。

(2)$v = 0$ 在壁面使 $F = 0$[见式(2.15)]。

(3)在边界层处 $u = U_e$,因此,$\eta \to \infty$ 时 $F' = 1$。

注意,远离壁面区域,速度与自由外流渐渐平滑地融合。通常,在边界层的边缘,流体达到自由流速度的 99%。当 $\eta \to \infty$[从式(2.14)的 η 导数可得]时,u 在远距离的斜率为零,迫使 F'' 为 0。

Blasius 方程是一个非线性常微分方程(ODE),必须用数值方法求解。由于它被表示为一个边值问题(BVP),因此需要使用所谓的打靶法(或预测-校正法)来将其转换为一个 IVP(初值问题)。通过在 $\eta = 0$ 时的 F'' 估计值,使用四阶精确的龙格-库塔方法来解决离壁面区域的 IVP。然后,检查边界条件在远场的收敛性(即 $F'' = 0$ 和 $\eta \to \infty$ 时 $F' = 1$),使所假设的壁面初始条件 F'' 成立。在收敛时,函数 $F(\eta)$ 和 $F'(\eta)$ 被制成表格,并与速度剖面和壁面剪应力有关。Blasius 边界层方程的数值解见表 2.1。

如前所述,将边界层边缘 δ 定义为任意垂直于壁面的位置,局部速度 $U_e = 0.99U$,其中 U 为自由流速度:

$$\frac{\delta(x)}{x} = \frac{5.0}{\sqrt{Re_x}} \tag{2.17}$$

请注意,在表 2.1 中,在 $\eta = 5$,$F'(\eta)$ 处,即 u/U_e,接近 0.991 5。此外,表面摩擦因数 c_f 与 $F''(\eta = 0)$ 相关:

$$c_f = \frac{\tau_w}{\rho U_e^2 / 2} = \frac{\mu \left(\frac{\partial u}{\partial y} \right)_{y=0}}{\rho U_e^2 / 2} = \frac{2\nu U_e \left[\frac{\partial \left(\frac{u}{U_e} \right)}{\partial \eta} \right]_{\eta=0} \left(\frac{\partial \eta}{\partial y} \right)}{U_e^2} \tag{2.18}$$

根据式(2.11),有

$$\frac{\partial \eta}{\partial y} = \frac{1}{\sqrt{\frac{\nu x}{U_e}}} \tag{2.19}$$

根据式(2.14),将在壁面上速度剖面的斜率与 $F''(0)$ 联系起来,得

$$\left[\frac{\partial \left(\frac{u}{U_e} \right)}{\partial \eta} \right]_{\eta=0} = F''(0) \tag{2.20}$$

将式(2.19)和式(2.20)代入式(2.18),得到局部表面摩擦因数:

$$c_f x = \frac{2F''(0)}{\sqrt{Re_x}} = \frac{0.664}{\sqrt{Re_x}} \tag{2.21}$$

请注意,表 2.1 中的 $F''(0) \cong 0.332$。

表 2.1 零压力梯度平板上不可压缩层流边界层 Blasius 方程的数值解

η	F	F'	F''	η	F	F'	F''	η	F	F'	F''
0	0	0	0.332 06	3.5	1.837 712	0.913 046	0.107 773	7	5.279 272	0.999 927	0.000 22
0.1	0.001 66	0.033 206	0.332 051	3.6	1.929 539	0.923 335	0.098 086	7.1	5.379 265	0.999 946	0.000 169
0.2	0.006 641	0.066 408	0.331 986	3.7	2.022 348	0.932 679	0.088 859	7.2	5.479 261	0.999 961	0.000 129
0.3	0.014 942	0.099 599	0.331 812	3.8	2.116 045	0.941 124	0.080 126	7.3	5.579 257	0.999 972	9.75E-05
0.4	0.026 56	0.132 765	0.331 472	3.9	2.210 544	0.948 721	0.071 911	7.4	5.679 255	0.999 981	7.36E-05
0.5	0.041 493	0.165 887	0.330 914	4	2.305 763	0.955 524	0.064 234	7.5	5.779 254	0.999 987	5.53E-05
0.6	0.059 735	0.198 939	0.330 082	4.1	2.401 624	0.961 586	0.057 103	7.6	5.879 253	0.999 992	4.13E-05
0.7	0.081 278	0.231 892	0.328 925	4.2	2.498 057	0.966 963	0.050 52	7.7	5.979 252	0.999 996	3.07E-05
0.8	0.106 109	0.264 711	0.327 392	4.3	2.594 996	0.971 708	0.044 48	7.8	6.079 252	0.999 998	2.27E-05
0.9	0.134 214	0.297 356	0.325 435	4.4	2.692 38	0.975 876	0.038 972	7.9	6.179 252	1	1.67E-05
1	0.165 573	0.329 783	0.323 01	4.5	2.790 154	0.979 52	0.033 981	8	6.279 252	1.000 002	1.22E-05
1.1	0.200 162	0.361 941	0.320 074	4.6	2.888 268	0.982 689	0.029 484	8.1	6.379 252	1.000 003	8.92E-06
1.2	0.237 95	0.393 779	0.316 592	4.7	2.986 677	0.985 432	0.025 456	8.2	6.479 252	1.000 003	6.47E-06
1.3	0.278 905	0.425 24	0.312 531	4.8	3.085 342	0.987 795	0.021 871	8.3	6.579 253	1.000 004	4.67E-06
1.4	0.322 984	0.456 265	0.307 868	4.9	3.184 225	0.989 82	0.018 698	8.4	6.679 253	1.000 004	3.35E-06
1.5	0.370 142	0.486 793	0.302 583	5	3.283 296	0.991 547	0.015 907	8.5	6.779 253	1.000 005	2.39E-06
1.6	0.420 324	0.516 761	0.296 666	5.1	3.382 526	0.993 013	0.013 465	8.6	6.879 254	1.000 005	1.7E-06

续表

η	F	F'	F''	η	F	F'	F''	η	F	F'	F''
1.7	0.473 473	0.546 105	0.290 114	5.2	3.481 891	0.994 251	0.011 342	8.7	6.979 254	1.000 005	1.2E−06
1.8	0.529 522	0.574 763	0.282 933	5.3	3.581 369	0.995 291	0.009 506	8.8	7.079 255	1.000 005	8.47E−07
1.9	0.588 4.	0.602 671	0.275 138	5.4	3.680 943	0.996 161	0.007 928	8.9	7.179 255	1.000 005	5.93E−07
2	0.650 03	0.629 771	0.266 753	5.5	3.780 597	0.996 884	0.006 579	9	7.279 256	1.000 005	4.13E−07
2.1	0.714 326	0.656 003	0.257 81	5.6	3.880 316	0.997 483	0.005 432	9.1	7.379 256	1.000 005	2.86E−07
2.2	0.781 2	0.681 315	0.248 352	5.7	3.980 09	0.997 976	0.004 463	9.2	7.479 257	1.000 005	1.98E−07
2.3	0.850 556	0.705 658	0.238 427	5.8	4.079 908	0.998 381	0.003 648	9.3	7.579 257	1.000 005	1.36E−07
2.4	0.922 297	0.728 987	0.228 093	5.9	4.179 764	0.998 711	0.002 968	9.4	7.679 258	1.000 005	9.26E−08
2.5	0.996 319	0.751 265	0.217 413	6	4.279 648	0.998 978	0.002 402	9.5	7.779 259	1.000 005	6.29E−08
2.6	1.072 514	0.772 461	0.206 456	6.1	4.379 557	0.999 194	0.001 934	9.6	7.879 259	1.000 005	4.25E−08
2.7	1.150 774	0.792 549	0.195 295	6.2	4.479 486	0.999 368	0.001 55	9.7	7.979 26	1.000 005	2.86E−08
2.8	1.230 987	0.811 515	0.184 007	6.3	4.579 43	0.999 507	0.001 236	9.8	8.079 26	1.000 005	1.92E−08
2.9	1.313 039	0.829 349	0.172 67	6.4	4.679 386	0.999 617	0.000 981	9.9	8.179 26	1.000 005	1.28E−08
3	1.396 819	0.846 05	0.161 361	6.5	4.779 353	0.999 704	0.000 774	10	8.279 261	1.000 005	8.46E−09
3.1	1.482 212	0.861 625	0.150 156	6.6	4.879 327	0.999 773	0.000 608	10.1	8.379 262	1.000 005	5.58E−09
3.2	1.569 107	0.876 087	0.139 128	6.7	4.979 307	0.999 827	0.000 475	10.2	8.479 262	1.000 005	3.66E−09
3.3	1.657 393	0.889 459	0.128 347	6.8	5.079 292	0.999 869	0.000 37	10.3	8.579 263	1.000 005	2.39E−09
3.4	1.746 963	0.901 767	0.117 876	6.9	5.179 28	0.999 902	0.000 286	10.4	8.679 263	1.000 005	1.55E−09

本书还定义了 3 种不同特征的边界层损失厚度，即质量损失或位移厚度 δ^*、动量损失厚度 θ 和（动能）能量损失厚度 δ^{**}：

$$\rho_e U_e \delta^* = \int_0^\infty (\rho_e U_e - \rho u)\,\mathrm{d}y \qquad (2.22a)$$

由式（2.22a）可得可压缩边界层的位移厚度为

$$\delta^* = \int_0^\infty \left(1 - \frac{\rho u}{\rho_e U_e}\right)\mathrm{d}y \qquad (2.22b)$$

假设流体不可压缩，可将位移厚度简化为

$$\delta^* = \int_0^\infty \left(1 - \frac{u}{U_e}\right)\mathrm{d}y \qquad (2.22c)$$

通过定义一个新的无量纲变量 η，可以将无量纲位移厚度 δ^* 表示为

$$\delta^* = \sqrt{\frac{\nu x}{U_e}}\int_0^\infty \left(1 - \frac{u}{U_e}\right)\mathrm{d}\eta$$

$$\eta = \frac{y}{\sqrt{\nu x/U_e}} \qquad (2.22d)$$

$$\frac{\delta^*}{x} = \frac{1}{\sqrt{Re_x}}\int_0^\infty (1 - F')\,\mathrm{d}\eta \qquad (2.22e)$$

边界层中的动量损失厚度 θ 被定义为

$$\rho_e U_e^2 \theta = \int_0^\infty \rho u\,(U_e - u)\,\mathrm{d}y \qquad (2.23a)$$

可以在式（2.23a）中分离出 θ，获得

$$\theta = \int_0^\infty \frac{\rho u}{U_e}\left(1 - \frac{u}{U_e}\right)\mathrm{d}y \qquad (2.23b)$$

根据无量纲坐标 η，动量损失厚度 θ 可写为

$$\theta = \int_0^\infty \frac{u}{\rho_e U_e}\left(1 - \frac{u}{U_e}\right)\mathrm{d}y \qquad (2.23c)$$

$$\theta = \sqrt{\frac{\nu x}{U_e}}\int_0^\infty \frac{u}{U_e}\left(1 - \frac{u}{U_e}\right) \qquad (2.23d)$$

$$\frac{\theta}{x} = \frac{1}{\sqrt{Re_x}}\int_0^\infty F'(1 - F')\,\mathrm{d}\eta \qquad (2.23e)$$

边界层中的动能损失厚度 δ^{**} 基于以下定义：

$$\rho_e U_e^3 \delta^{**} = \int_0^\infty \rho u\,(U_e^2 - u)\,\mathrm{d}y \qquad (2.24a)$$

动能损失厚度 δ^{**} 可以在式（2.24a）中分离出来，为

$$\delta^{**} = \int_0^\infty \frac{\rho u}{\rho_e U_e}\left(1 - \frac{u^2}{U_e^2}\right)\mathrm{d}y \qquad (2.24b)$$

对于不可压缩边界层，即 $\rho = $ 常数，可将式（2.24b）简化为

$$\delta^{**} = \int_0^\infty \frac{u}{U_e}\left(1 - \frac{u^2}{U_e^2}\right)\mathrm{d}y \qquad (2.24c)$$

最后，利用无量纲坐标 η，将平板上不可压缩边界层的能量损失厚度表示为

$$\delta^{**} = \sqrt{\nu x / U_e} \int_0^\infty \frac{u}{U_e}\left(1 - \frac{u^2}{U_e^2}\right)\mathrm{d}\eta \tag{2.24d}$$

$$\frac{\delta^{**}}{x} = \frac{1}{\sqrt{Re_x}} \int_0^\infty F'(1 - F'^2)\mathrm{d}\eta \tag{2.24e}$$

因此,在边界层中通过对式(2.22e)中($1 - F'^2$)积分,得到平板上层流边界层的无量纲位移厚度为

$$\frac{\delta^*(x)}{x} = \frac{1.721}{\sqrt{Re_x}} \tag{2.25}$$

通过对边界层上的 $F'(1 - F'^2)$ 进行积分,计算出 Blasius 边界层的无量纲动量损失厚度为

$$\frac{\theta(x)}{x} = \frac{0.664}{\sqrt{Re_x}} \tag{2.26}$$

类似地,通过对边界层上的 $F'(1 - F'^2)$ 进行积分,计算出层流不可压缩边界层的无量纲能量损失厚度为

$$\frac{\delta^{**}(x)}{x} = \frac{1.044}{\sqrt{Re_x}} \tag{2.27}$$

平板(一侧)的摩擦阻力是沿平板表面的壁面剪应力的积分,即

$$D'_f = \int_0^c \tau_w \mathrm{d}x = \frac{\rho_e U_e^2}{2} \int_0^c c_f \mathrm{d}x \tag{2.28}$$

式中: c_f 为局部表面摩擦因数。定义总摩擦因数 C_f 为局部表面摩擦因数 c_f 的平均值,得

$$C_f = \frac{1}{c} \int_0^c c_f \mathrm{d}x \tag{2.29}$$

通过比较式(2.28)和式(2.29),得出总摩擦因数 C_f 确实是壁面上的无量纲摩擦因数,即

$$C_f = \frac{D'_f}{\frac{1}{2}\rho_e U_e^2 c} \tag{2.30}$$

由于平板上的摩擦阻力可以通过沿壁面的剪应力积分计算,或者等价地通过尾迹中的动量损失计算,所以可以将总摩擦因数 C_f 与平面后缘(TE)处的无量纲动量损失厚度(θ/c)联系起来。图 2.6 为零攻角黏性来流在长度为 c 的平板上的流动,将边界层厚度放大,这将有助于推导。考虑位于板(二维)一侧的控制体 $ABCD$。AC 是板,BD 是边界层外的流线。板与任何流线之间的质量流量保持不变,这就揭示了图 2.6 中高度 AB 和 CD 之间的关系,即

$$\rho_e U_e(AB) = \int_C^D \rho u \, \mathrm{d}y \tag{2.31}$$

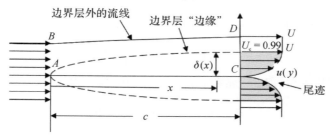

图 2.6　零攻角黏性来流在长度为 c 的平板上的流动

平板出口和入口之间的流体动量变化(时间速度)为

$$\int_C^D \rho u^2 \mathrm{d}y - \rho_e U_e (AB) U_e \tag{2.32}$$

这种动量变化是由作用在流体 x 方向上的合力引起的,即板所感受到的摩擦阻力的负值 $-D_{f'}$。因此,有

$$-D'_f = \int_C^D \rho u^2 \mathrm{d}y - \rho_e U_e (AB) U_e = \int_C^D \rho u^2 \mathrm{d}y - \int_C^D \rho u U_e \mathrm{d}y = \int_C^D \rho u (u - U_e) \mathrm{d}y \tag{2.33}$$

请注意,在推导式(2.33)时,使用了壁面与流线之间的连续性方程,即

$$\rho_e U_e (AB) = \int_C^D \rho u \, \mathrm{d}y \tag{2.34}$$

则总摩擦因数表示为

$$C_f = \frac{D'_f}{\frac{1}{2} \rho_e U_e^2 C} = \frac{2}{c} \int_C^D \frac{\rho u}{\rho_e U_e} \left(1 - \frac{u}{U_e}\right) \mathrm{d}y = \frac{2\theta}{c} \tag{2.35}$$

因此,利用式(2.26)将零压力梯度平板上层流边界层的总摩擦因数和动量损失厚度与平板长度之商联系起来,即

$$C_f = 2 \frac{\theta_c}{c} \cong \frac{1.328}{\sqrt{Re_c}} \tag{2.36}$$

基于 Blasius 解表示零压力梯度平板上层流边界层的速度分布,如图 2.7 所示。由于边界层解的渐近性,在速度达到 100% 自由流值处不存在物理"边缘"。因此,一致认为当地流速为自由来流速度的 99% 时达到了黏性层的"边缘"。这里取 $\eta = 5$ 时达到 99%。

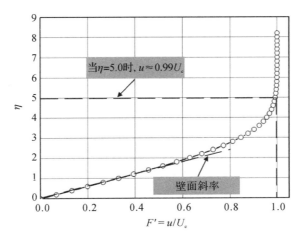

图 2.7　基于 Blasius 解的平板层流边界层速度剖面

表 2.2 是遵循 Blasius 的不可压缩层流边界层特征长度尺度和无量纲摩擦特征的总结。

表 2.2   不可压缩流体零压力梯度平板层流边界层特征长度尺度总结

特征长度尺度	无量纲摩擦特征
$\dfrac{\delta(x)}{x} \cong \dfrac{5.0}{\sqrt{Re_x}}$	局部边界层厚度，$\delta(x) \sim x^{1/2}$
$c_{\mathrm{f}}(x) \cong \dfrac{0.664}{\sqrt{Re_x}}$	局部表面摩擦因数，$c_{\mathrm{f}}(x) \sim x^{1/2}$
$\dfrac{\delta^{*}(x)}{x} \cong \dfrac{1.721}{\sqrt{Re_x}}$	局部位移厚度，$\delta^{*}(x) \sim x^{1/2}$
$\dfrac{\theta(x)}{x} \cong \dfrac{0.664}{\sqrt{Re_x}}$	局部动量损失厚度，$\theta(x) \sim x^{1/2}$
$\dfrac{\delta^{**}(x)}{x} \cong \dfrac{1.044}{\sqrt{Re_x}}$	局部能量损失厚度，$\delta^{**}(x) \sim x^{1/2}$
$C_{\mathrm{f}} \cong \dfrac{1.328}{\sqrt{Re_x}}$	总摩擦因数（平板）

2.4.1.2 [例 2.2] 层流可压缩边界层

飞行马赫数增加，边界层内的黏性耗散变得明显，使流体经历气动加热。在强烈的气动加热条件下，如高超声速飞行器中的结构冷却和热管理问题极其重要并主导着气动设计[Heppenheimer(2007)]。随着边界层内温度的升高，流体密度降低，并且为满足连续性，边界层厚度增加，表面摩擦力随着边界层的加厚而减小。图 2.8 显示了绝热壁的表面摩擦阻力系数随流动马赫数和雷诺数的变化（对数标度）。注意到，无论是在边界层的层流区还是湍流区，总摩擦因数都随着马赫数的增大而减小。若不考虑动能项前的恢复因子 r，平板上的绝热壁温接近自由流滞止温度，即

$$T_{\mathrm{aw}} = T_{\infty} + r\frac{V_{\infty}^2}{2c_{\mathrm{p}}} \tag{2.37}$$

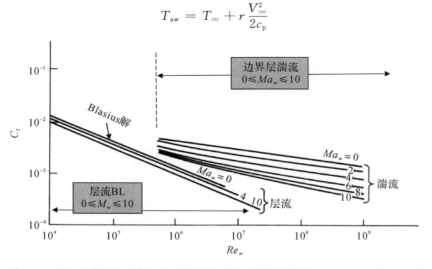

图 2.8   具有绝热壁边界条件的可压缩边界层中的摩擦因数（$\gamma = 1.4$ 且 $Pr = 1.0$）

资料来源：van Driest，1951。

对于平板上的层流边界层,恢复系数为

$$r = \sqrt{Pr} \tag{2.38}$$

由于气体的普朗特数接近 1(例如,空气在较大温度范围内为 0.71),绝热壁温非常接近流动滞止温度。热边界层中的扩散取决于流体普朗特数以及壁面边界条件,例如绝热壁面、冷却/加热壁面或恒温壁面。对流传热遵循牛顿冷却定律,有

$$q = \frac{\dot{Q}}{A} = h(T_w - T_{aw}) \tag{2.39}$$

式中:q 为热通量;A 为面积;h 为对流换热系数;T_w 是壁面温度;T_{aw} 是绝热壁温。式(2.39)括号中部分为传热的驱动机制。式 2.39 中的传热系数 h 是有待通过实验确定的无量纲参数。通过应用表面摩擦和传热之间的雷诺比拟,将称为斯坦顿数的无量纲局部传热系数,与局部表面摩擦因数和普朗特数 Pr 联系起来:

$$St_x = \frac{1}{2} Pr^{-2/3} c_f x \tag{2.40}$$

其中

$$S = \frac{q}{\rho u c_p (T_w - T_{aw})} \tag{2.41}$$

Eckert(1956)提出了一种压缩性对边界层发展影响的工程方法,假设边界层参数 δ/x,C_f 和斯坦顿数 St,与不可压缩边界层形式相同,但流体性质 ρ, μ, c_p, k 在参考温度 T^* 下计算,Eckerts 参考温度取决于实际壁面温度和绝热壁面温度。自由流温度根据

$$T^* = T_\infty + 0.50 T_w - T_\infty + 0.22(T_{aw} - T_\infty) \tag{2.42}$$

计算参考温度 T^* 下的流体密度 ρ^*,应用 Sutherland 空气黏度定律,其将温度 T(单位:K)下的黏度系数与参考值 μ_0(单位:kg/ms)和 T_0(单位:K)的参考值联系起来,从而计算 μ^*:

$$\frac{\mu^*}{\mu_0} \approx \left(\frac{T^*}{T_0}\right)^{3/2} \frac{T_0 + 110 \text{ K}}{T^* + 110 \text{ K}} \tag{2.43}$$

式中:参考黏度 $\mu_0 = 1.789\ 4 \times 10^{-5}$ kg/ms;$T_0 = 288.16$ K。也可以使用气体表中列出的空气特性数据,例如 Keenan,Chao 和 Kaye(1983)。图 2.9 显示了 $p = 1.0$ atm 时干燥空气的黏度系数。

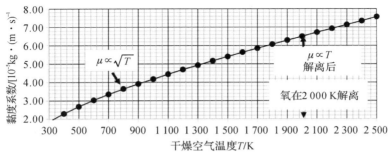

图 2.9　干燥空气的黏度系数(单位:kg/ms)($p = 1$ atm[①])

---

① 　1 atm ≈ 1.01 × 10⁵ Pa。

还需要空气比定压热容 $c_p(T)$ 作为温度的函数。可以使用列表值或图，图 2.10 中的数据取自 Keenan，Chao 和 Kaye(1983)。图 2.11 显示了空气的热导率 k 随温度的变化，数据同样取自 Keenan，Chao 和 Kaye(1983) 的气体物性表。

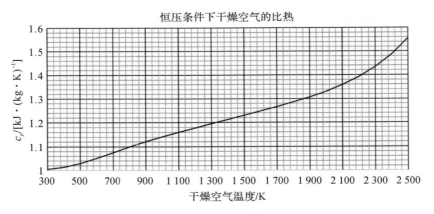

图 2.10　比定压热容 c_p

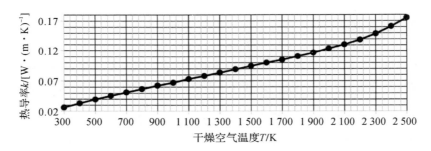

图 2.11　干燥空气的热导率 $k(p=1\ \text{atm})$

普朗特数的定义为 $\mu c_p/k$，可以使用气体表查询 μ，c_p 和 k，图 2.12 绘制了作为气体温度函数的(干)空气普朗特数。在图 2.12 中，在宽幅温度范围内，即在 $700\sim2\,000$ K 之间，干燥空气的普朗特数几乎恒定在 0.71。

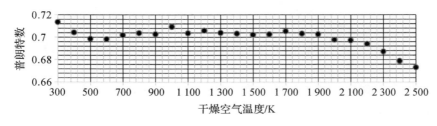

图 2.12　干燥空气的普朗特数($p=1\ \text{atm}$)

因此,Eckert 的参考温度法基于 T^* 产生可压缩边界层参数。表 2.3 总结了可压缩流动中绝热壁面的边界层厚度、局部表面摩擦因数、总摩擦因数和局部斯坦顿数。

表 2.3　压力梯度绝热壁面上可压缩层流边界层参数汇总

可压缩边界层参数	含义
$\delta(x) \cong \dfrac{5.0x}{\sqrt{Re_x^*}}$	可压缩流中的局部边界层厚度
$Re_x^* = \dfrac{\varrho^* u_e x}{\mu^*}$	计算 T^* 时的雷诺数
$c_f^*(x) \cong \dfrac{0.664}{\sqrt{Re_x^*}}$	可压缩流中的局部表面摩擦因数
$C_f^* \cong \dfrac{1.328}{\sqrt{Re_x^*}}$	总摩擦因数
$St^*(x) = \dfrac{1}{2}c_f^* Pr^{*-2/3} = \dfrac{0.332}{\sqrt{Re_x^*}}Pr^{*-2/3}$	T 处计算的斯坦顿数
$Pr^* = \dfrac{\mu^* c_p^*}{k^*}$	计算 T^* 时的普朗特数

2.4.1.3　[例 2.3]　湍流边界层

边界层中黏性底层的强黏性剪切抑制了流体中不稳定波的发展和破碎。通过增厚边界层的黏性扩散,剪切力减小,不再能阻止不稳定波的增长,包括托尔米恩-施利希廷(T - S)波,或凹壁上的格德蒂尔不稳定波或瑞利波(横流不稳定)。图 2.13 显示了对牛顿流体中通过边界层各种状态可能产生湍流路径的理解。它显示了绝热壁的平板上自然过渡到完全湍流状态。这一描述突出了通过缓慢增长的 T - S 波的过渡,符合线性稳定性理论(LST)。然而,过渡路径可能完全绕过线性阶段,并通过非线性过程直接进入湍流状态,例如表面粗糙度、螺旋槽和后向台阶、转捩带等(Malik,1990)。

以随机波动的涡旋为特征的湍流,为流体中分子黏度 μ 以外的动量输运提供了新的载体。由于脉动涡流在流面上(即横向)传输动量和动能,因此流体的行为处于高应力状态,即所谓的表观应力和高导热状态。由于表观应力是由涡流引起的,因此在分子运动黏度 ν 中加上涡流黏度 ε,以表示紊流中的总黏度,即 $\rho(\mu+\varepsilon)$。同样的处理方法适用于热导率,其中涡流热导率 κ 加上分子热导率 k,以表示湍流黏性流体的总热导率,即 $(k+\kappa)$。

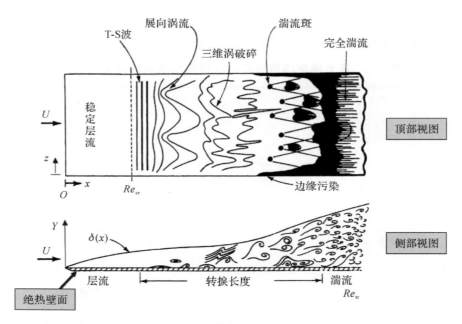

图 2.13　绝热壁面平板上牛顿流体从层流到湍流边界层的自然转捩过程

资料来源：White,2005。

层流和湍流边界层（TBL）中的速度和剪切剖面如图 2.14 所示。涡流黏度的存在导致动量较高的流体向靠近壁面边界层输送。因此,速度剖面在 TBL 中显示出较低的质量亏损。如图 2.14（a）所示,由于壁面处的速度梯度较大,因此 TBL 经历了较高的壁面剪应力。正是 TBL 壁面剪应力的增强使得其能够承受自由流中的不利压力梯度并延迟分离。同样注意到,远离壁面的湍流波动在边界层内产生更高的表面应力,壁面的存在抑制了湍流波动。因此,在湍流外层下方的壁面上有一个层流底层。

图 2.14（b）所示的 TBL 边缘处的时间平均流向速度 U_e 表示湍流的时间依赖性,这在层流情况下是不存在的。因此,湍流中的波动速度用平均速度来描述,即时间平均 $u(t)$ 和波动的均方根,或随机波动的方根误差（rms）值。将三维流动中的波动分量表示为 u',v' 和 w',其乘积的均方根与涡流黏度成比例,即下式显示了笛卡儿坐标中湍流应力（也称为雷诺应力）张量的 9 项：

$$\overline{\tau} = -\rho \begin{bmatrix} \overline{u'^2} & \overline{u'v'} & \overline{u'w'} \\ \overline{v'u'} & \overline{v'^2} & \overline{v'w'} \\ \overline{w'u'} & \overline{w'v'} & \overline{w'^2} \end{bmatrix} \tag{2.44}$$

式（2.44）中的应力张量中的对角项（乘数为 $-\rho$）为湍流法向应力,非对角项为湍流剪切应力。每单位体积的湍流动能与对角线项之和有关,即

$$\mathrm{TKE} = \frac{1}{2}\rho(\overline{u'^2} + \overline{v'^2} + \overline{w'^2}) \tag{2.45}$$

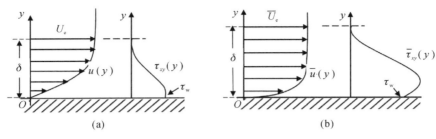

图 2.14　层流和湍流边界层中的速度和平均剪切应力剖面图
(a)层流边界层剖面(速度和剪切应力);(b)湍流边界层剖面(时均速度和剪切应力)

湍流剪切应力与平均剪切流梯度有关,遵循 Boussinesq 假设,例如:

$$-\rho \overline{u'v'} = \rho\varepsilon\left(\frac{\partial \overline{u}}{\partial y}\right) \tag{2.46}$$

湍流应力张量是对称的,即 $\tau_{ij} = \tau_{ji}$。对于 TBL,受边界层厚度、位移厚度和摩擦因数的影响,雷诺数为 $Re^{-1/5}$,与之相比层流边界层状态为 $Re^{-1/2}$。以下 3 式依赖 $Re^{-1/5}$。TBL 中的绝热壁温与自由流中的滞止温度几乎相同,即

$$\frac{\delta(x)}{x} \cong \frac{0.37}{Re_x^{1/5}} \tag{2.47}$$

$$\frac{\delta^*(x)}{x} \cong \frac{0.046}{Re_x^{1/5}} \tag{2.48}$$

$$C_f \cong \frac{0.074}{Re_c^{1/5}} \tag{2.49}$$

$$T_{aw} = T_\infty + r\frac{V_\infty^2}{2c_p} \tag{2.50}$$

除了恢复因子之外。壁面上 TBLs 的恢复因子 r 等于普朗特数的 3 次方根,即

$$r = \sqrt[3]{Pr} \tag{2.51}$$

相应的可压缩边界层与式(2.47)和式(2.49)中的形式相同,不同之处在于雷诺数是在参考温度下计算的,且壁面被视为绝热壁面。有

$$C_f \cong \frac{0.074}{Re_c^{*\,1/5}} \tag{2.52}$$

从层流到湍流情况下的可压缩边界层的斯坦顿数总结在表 2.4 中。在参考温度 T^* 下评估相关性中的所有标记"*"的量。

表 2.4　牛顿流体平板上可压缩边界层的斯坦顿数相关性概述

可压缩边界层中斯坦顿数的关联	
$St_x^* Pr^{*\,2/3} = 0.332 Re^{*-1/2}$, $Re_x < 5 \times 10^5$, 层流 BL,平板	(2.53)
$St_x^* Pr^{*\,2/3} = 0.029\,6 Re^{*-1/5} 5x$, $10^5 < Re_x < 10^7$, 湍流 BL,平板	(2.54)
$St_x^* Pr^{*\,2/3} = 0.185 (\lg Re_x^*)^{-2.584}$, $10^7 < Re_x < 10^9$, 湍流 BL,平板	(2.55)

2.4.1.4 [例 2.4] 转捩

即使对于牛顿流体,实际流动中的转捩也是一个复杂的现象。复杂性源于过渡区的起始和长度等众多因素。不稳定波增长和随后的饱和现象描述了边界层中的自然过渡。

在工程应用中,通常定义临界雷诺数 Re_{cr},它对应于不稳定波(如 T-S 波)中稳定的点。它描述了边界层的状态,边界层在稳定状态和不稳定状态之间经历了一个过渡阶段。在这里,稳定是指不稳定波衰减的流动状态,在不稳定波函数稳定后开始过渡,不稳定状态对应于饱和不稳定波破碎成湍流点,随后发展成完全湍流。表面粗糙度、曲率、振动、自由来流湍流强度和壁面热边界条件都影响转捩的起始和长度。因此,转捩的详细过程/阶段非常复杂,目前仍在进行深入的基础研究。

Morkovin(1969),Schliching 和 Gerstem(2017),Smith(1956)和 Faber(1995)等,概述了转捩和湍流的理论基础,介绍了感受性和稳定性理论的概念。经典 T-S 波不稳定性模型转捩的例子是后掠翼的转捩。在这种情况下,横流不稳定这种固有的无黏不稳定性,是转捩(Grosse 等,2014)的主要机制。在本节中简要地讨论这些问题。

在基本流体中,了解到在实际流动中有十几个因素影响转捩位置及其长度:

(1)离心不稳定性引起的表面曲率,即凹面、凸面或具有复合曲率的三维表面。

(2)表面(相对)粗糙度,即标准粗糙度或环境引起的粗糙度。

(3)自由流湍流强度 $Tu_\infty = 100x\sqrt{\frac{1}{3}(\overline{u'^2}+\overline{v'^2}+\overline{w'^2})}/U_\infty$(对于非各向同性),或者 $Tu_\infty = 100x\sqrt{\overline{u'^2}}/U_\infty$(对于各向同性),这里 $\overline{u'^2}=\overline{v'^2}=\overline{w'^2}$。

(4)壁面传热,例如加热、冷却或绝热壁面,其中壁面冷却稳定了边界层,而加热导致了空气的更早转捩。

(5)二维和三维压力梯度,部分与表面曲率有关,部分由旋转引起,例如涡轮机械中的转子叶片。

(6)边界层抽吸吹气或在壁面上的注入质量,其中抽吸可以稳定边界层并延迟转捩。

(7)多个部件表面的间隙或台阶,例如机翼缝翼、襟翼。

(8)可压缩性影响,比如马赫效应和波形成。

(9)壁面热边界条件下的高超声速高温效应。

(10)自由流振荡,即 $U_\infty(t)$,或者机身振荡,即 $V_{body}(t)$,例如机翼俯仰和俯冲。

(11)符合要求的壁面。

(12)表面活性剂的使用。

基于转捩现象的复杂性,任何关于转捩位置的经验"规则"必然是针对具体案例的一种估计。其中一个规则被称为临界雷诺数规则,该规则规定转捩位置(例如平板的转捩位置)发生在特定的雷诺数范围内。该范围从下限开始到临界雷诺数的上限。例如,平板上的转捩雷诺数规定在以下范围内:

$$Re_{cr} = 3.5\times10^5 \sim 2.8\times10^6 \tag{2.56}$$

例如,在压气机空气动力学中,通常将 $Re=5\times10^5$ 作为基于叶片弦长的临界雷诺数的下限,但要认识到这种简单化方法的局限性。另一种方法用来测试边界层中位移与动量厚

度的比值。该比值称为形状因子 H_{12}:

$$H_{12} = \frac{\delta^*}{\theta} \tag{2.57}$$

　　形状因子与临界雷诺数之间存在相关性。根据 Wazzan 等人(1981)的研究,图 2.15(a)显示了形状因子的近似相关性及其与平板上转捩的关系,图 2.15(b)显示了 NACA 633 - 018 翼型在 $\alpha = 2°$ 时形状因子的变化。从图 2.15 中可以看出,平板和翼型在小攻角下的转捩起始点对应于 H_{12} 为 2.59。然而,转捩结束的位置差异很大,取决于雷诺数、自由流湍流和本节前面列出的其他因素。

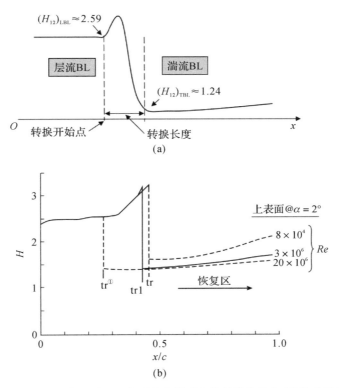

图 2.15　形状因子 H_{12} 在平板和翼型上的转捩的分布(绝热壁面)[1]

(a)平板;(b) NACA 633 - 018 的形状因子变化

资料来源:McMasters 和 Henderson,1979。

　　另一种流行且物理的声学途径建立转捩起始点的方法是基于 LST。LST 由 Smith (1952)在研究中使用,并由 van Ingen (1956)证实。他们证明,具有压力梯度和自由来流湍流的不稳定扰动(即 T - S 波)的放大率与转捩点之间存在一定关系。他们的做法被称为 e^N 方法,其中 N 是最不稳定波幅值与中性不稳定波幅值之比的自然对数。由经验确定的 N 值主要在 8~10 范围内。e^N 方法在多种翼型上的应用参考 Cebeci (1999)的研究。对于实验流量及其 N 值相关性的列表目录,可以参考 Malik (1990)的研究。对转捩的进一步研究

---

① 　tr 表示转换。

超出了本章的范围,故此处不赘述。

2.4.2 翼型的形状阻力

如前所述,形状阻力是翼型上的摩擦阻力和压差(或形状)阻力的总和。图 2.16 显示了平面翼型的定义。翼型的特征长度标度为 a,弦长为 c,最大厚度为 t_{max},最大弧度为 z_{max},前缘半径为 r_{LE}。尾缘的形状往往是尖锐的,或者具有有限的尾缘角,或者是圆角,或者具有有限的 TE 厚度,如图 2.17 所示。

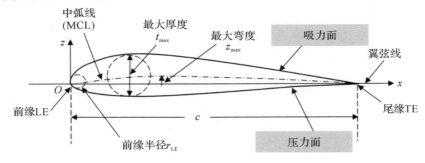

图 2.16　平面翼型的定义示意图

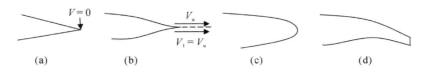

图 2.17　翼型后缘形状和边界条件

(a)有限 TE 尖角;(b)尖点 TE;(c)圆形 TE;(d)有限 TE 厚度

施加在尖锐的后缘翼型的一种称为库塔条件的物理边界条件,说明了后缘静压是连续的。对于有限的 TE 角度[见图 2.17(a)],TE 处的速度为零(即它成为后驻点),而在尖点 TE 处,上、下表面的速度在 TE 处的大小和方向相等。由于薄翼型理论是基于涡流模型的,因此库塔条件要求涡流的强度在 TE 处消失,以保证在 TE 处的静压连续。如图 2.17(c)(d)所示,在圆角 TE 或有限 TE 厚度翼型上没有对应的库塔条件。有限 TE 厚度[见图 2.17(d)]被用于超临界翼型的设计。

翼型的力和力矩定义如图 2.18 所示,其中翼型处于自由来流 V_∞ 以及正攻角(AoA)α 下。单位展长的升力 L' 是由翼型产生的垂直于自由来流方向的力,单位展长的阻力 D' 是在自由来流方向作用于翼型的力,关于点 O 的俯仰力矩在顺时针方向(即在 α 的增大方向上)显示为正。升力和阻力的矢量和被表示为翼型的合力。

对于翼型截面(即二维)升力、阻力和俯仰力矩系数关于 O 均为无量纲参数,在下式中以函数形式定义:

$$c_l = \frac{L'}{q_\infty c} = c_l(Ma_\infty, Re_c, \alpha, \gamma, 翼型) \tag{2.58}$$

$$c_d = \frac{D'}{q_\infty c} = c_d(Ma_\infty, Re_c, \alpha, \gamma, 翼型) \tag{2.59}$$

$$c_{m,O} = \frac{M_O{'}}{q_\infty c} = c_{m,O}(M_\infty, Re_c, \alpha, \gamma, 翼型) \tag{2.60}$$

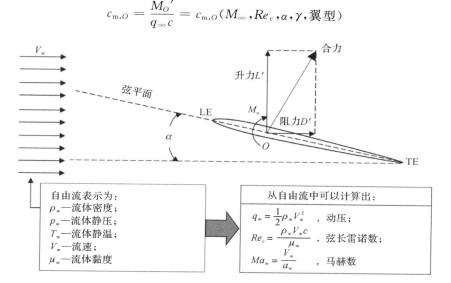

图 2.18　攻角 α 下翼型的力和力矩定义示意图

注意,所有无量纲数,例如 L',表示每单位的展长、力和力矩。空气动力学系数中的马赫数相关性[见式(2.58)～式(2.60)]表示压缩效应。基于弦长的雷诺数表示翼型吸力面和压力面上边界层的状态,这与翼型阻力密切相关。气动力和力矩对攻角和翼型形状的依赖性源于它们对压力分布的影响。除此之外,在高速可压缩边界层中,壁面热边界条件 T_w/T_∞ 和普朗特数也必须考虑在内。因此式(2.58)～式(2.60)右边函数需要修改,包括高速(例如高超声速)流中的 T_w/T_∞ 和 Pr 数。

理论上,无黏、不可压缩流体中薄的弧形翼型的升力系数为

$$c_l = 2\pi(\alpha - \alpha_{L=0}) \tag{2.61}$$

式中:α 是以弧度表示的攻角;$\alpha_{L=0}$ 是以弧度为单位的零升力角;2π 是升力曲线斜率,即 $dc_l/d\alpha$(每弧度)。零升力角是由翼型弯度引起的,对于正弯翼型来说是一个很小的负升角。通常对于普通翼型,它为 $-1°\sim-5°$。图 2.19 给出了弯度翼型的零升力攻角。它被定义为弯曲翼型产生零升力时自由来流相对于弦长的角度。因此对于零升力的最终结果,需要一个负攻角来克服升力的正弯曲效应。

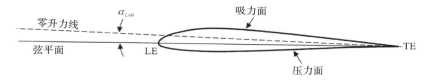

图 2.19　零升力线和 $\alpha_{L=0}$ 的描述

此外,由于翼型失速的根源在于边界层分离,这是一种黏性主导的现象,因此式(2.61)的无黏性理论无法预测失速(或 $c_{l,max}$),以及流体黏度的影响。薄翼型根据下式(失速前)产生升力系数 c_l:

$$c_l = \alpha(\alpha - \alpha_{L=0}) \tag{2.62}$$

式中：α 是每弧度的升力曲线斜率，其略小于理论值，例如 2π。图 2.20 给出了对称弯度翼型的升力系数。注意，翼型升力随攻角（AoA）的变化首先是线性的，然后随着它接近最大升力而变得非线性，最后在失速后表现出强烈的非线性。

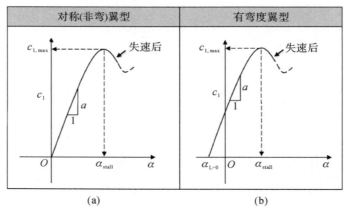

(a)   (b)

图 2.20　高雷诺数薄翼型升力系数的失速前和失速后攻角特性（$Re_c = 6 \times 10^6$）

（升力曲线斜率 $\alpha \leqslant 2\pi$，每弧度）

（a）薄对称翼型的升力系数；（b）弯度翼型的升力系数

无前缘和无后缘（如缝翼和襟翼）的普通翼型的失速攻角范围为 $12° \sim 16°$，它的最大升力系数为 $1.2 \sim 1.6$。如前所述，零升力角介于 $-1° \sim -5°$ 之间。在负攻角的范围内，到负失速攻角，薄翼型表现出线性特征，其中负失速起始于翼型的压力面（见图 2.21）。注意图 2.21 中的 $c_{l,\min}$。

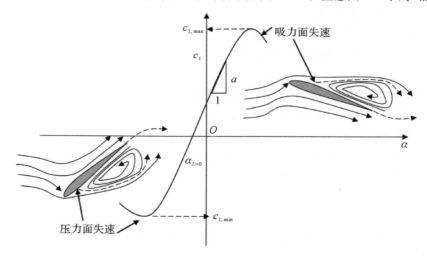

图 2.21　薄翼型在高雷诺数流动中的正负失速特性（$Re_c = 6 \times 10^6$）

在式（2.60）中，将 O 点的俯仰力矩系数的函数表示为机翼攻角以及其他参数的函数。对于一般点 O，该表达式是正确的。然而，在空气动力学理论中，已经证明存在一个气动中心（在翼型弦线上），关于该点的俯仰力矩系数与攻角无关。因此气动中心点的俯仰力矩系数相对攻角的变化消失。对于薄翼型，气动中心理论上位于 $c/4$，即

$$x_{a.c.} = \frac{c}{4} \tag{2.63}$$

因此，c_{max} 独立于攻角。薄翼型计算得出关于气动中心的俯仰力矩为负值，即逆时针方向或攻角减小的方向。图 2.22 定性地显示了失速前和失速后薄翼型气动中心的俯仰力矩系数的变化。在高的弦长雷诺数下，$c/4$ 处的俯仰力矩在 0（对称翼型）～－0.1（弯度翼型）之间变化，例如 $Re_c = 6 \times 10^6$。

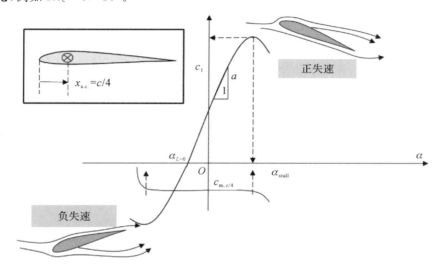

图 2.22　失速前和失速后薄翼型 $c/4$ 处的俯仰力矩系数

结合俯仰力矩，还定义了一个压力中心，它是翼型弦长上俯仰力矩为 0 的地方。对于对称翼型，压力中心和 $c/4$ 处的气动中心位于同一位置。

雷诺数通过边界层（即层流、过渡层和湍流）影响翼型的空气动力学性能。通常，较高的弦雷诺数会产生较高的 $c_{1,max}$，并将失速攻角增大几度。它不会影响升力曲线斜率。雷诺数对 $c_{1,max}$ 和 α_{stall} 的影响如图 2.23 所示。

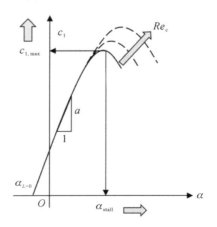

图 2.23　高雷诺数条件弦长雷诺数对升力系数的影响

前缘装置（LED）（如缝翼、前缘下垂和克鲁格襟翼）对翼型升力特性的影响如图 2.24 所示。LED 产生更大的失速攻角,从而产生更大的 $c_{1,\max}$,如图 2.24 所示。

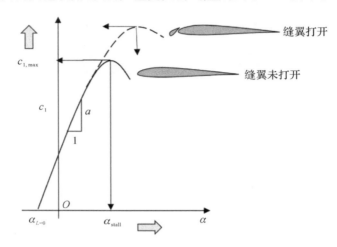

图 2.24 前缘装置(LED)(如缝翼、前缘下垂和克鲁格襟翼)对高雷诺数气流中薄翼型
升力特性的影响($Re_c = 6 \times 10^6$)

后缘装置,例如襟翼,实际上增加了机翼的有效弯度。当激活襟翼时,有效弯角增大,从而零升力角向负方向移动。因此,最大升力系数随着有效弯角的增大而增大。分离襟翼的这些效应(和典型值)如图 2.25 所示。

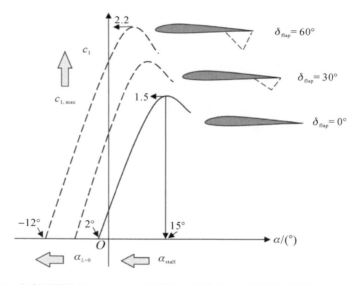

图 2.25 在高雷诺数($Re_c = 6 \times 10^6$)下具有尾缘(分宽)襟翼的薄翼型升力系数特性

翼型剖面阻力系数是翼型几何形状、弦雷诺数、马赫数和攻角的函数。对于任何给定的马赫数和雷诺数,几何形状和攻角确定了翼型上的压力分布。攻角使转捩点前移,从而使翼型上方的湍流边界层范围增大。TBL 可以承受不利的压力梯度从而保持附着,然后在翼型吸力面和压力面处攻角下的附着边界层产生升力。

因此,雷诺数和压力分布在前缘(LE)形成层流区、在翼型面形成转捩长度和湍流区建立了层流区。在小攻角下,压差或形状阻力与摩擦阻力相比较小。当边界层变厚时,压差阻力增加,超过失速时主导的翼型阻力。C_f 与雷诺数和马赫数的关系如图 2.8 所示。在弦长雷诺数为 $10^5 \sim 10^7$ 时,平板(一侧)上的摩擦因数如图 2.26(使用 lg—lg 量表)所示。层流部分是 Blasius 解,湍流分布遵循式(2.48)。注意,层流部分仅延伸至约 2.8×10^6,因此不会延伸至 10^7 级别。

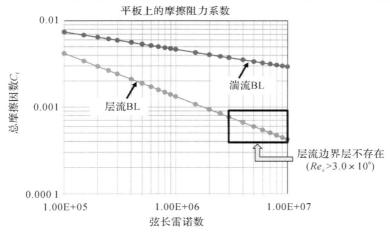

图 2.26 处于不可压缩限制下的平板(单侧)摩擦因数

注:LBL 为层流边界层;TBL 为湍流边界层。

翼型的型面阻力是在风洞中测量的,并在各种翼型数据收录中被广泛公布,例如 Abbott 和 von Doenhoff(1945,1959)。图 2.27 显示了在不同厚度($12\%c \sim 21\%c$)、弯度以及设计升力系数为 0.4 时的 NACA 64 系列的翼型阻力极线(c_l-c_d)。低阻“桶形”特征是由于 64 系列翼型在其设计升力系数处进行了层流边界层设计。当超过设计升力系数时,转捩点突然向上游移动从而产生桶形阻力极线。

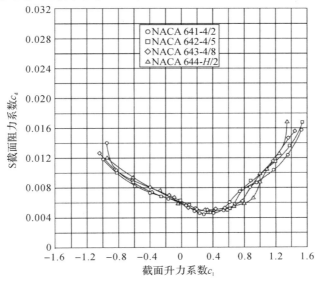

图 2.27 设计升力系数为 0.4,$Re_c = 9 \times 10^6$ 时,不同厚度和弯度的 4 个 NACA 64 系列翼型截面的阻力极线

资料来源:Abbott 和 von Doenhoff,1945。

压力梯度对层流边界层中速度分布的深刻影响如图 2.28 所示。注意,当 $\mathrm{d}p/\mathrm{d}x > 0$ 时,流向方向的逆压梯度在速度分布中产生一个转捩,标志着层流分离的开始。转捩点在图 2.28 中的 $\mathrm{d}p/\mathrm{d}x > 0$ 的曲线上标记为 I。

层流控制(LFC)提供了有效的减阻和实现减阻的设计工具。LFC 的综述建议参考 Joslin(1998)。

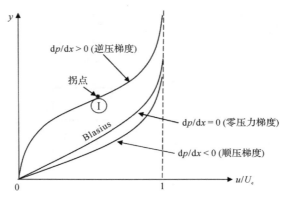

图 2.28　压力梯度对层流边界层中速度分布的影响($\mathrm{d}p/\mathrm{d}x < 0$ 称为顺压梯度)

2.5　升力诱导阻力

2.5.1　经典理论

本节基于普朗特 1922 年的论文介绍经典的有限翼展理论。在升力面(如机翼)的三维流动中,尾流中的尾迹流向涡诱导出一个垂直于机翼的速度,该速度沿负升力方向。这种诱导速度被称为下洗流。图 2.29 所示为均匀来流中展长为 b 的有限长翼展、V_∞ 和诱导的下洗流 $w(y)$。

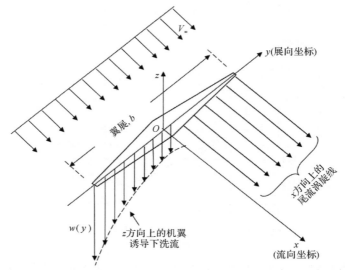

图 2.29　均匀来流中诱导下洗流的有限长翼展及其尾迹(显示为半翼展)

在有限长机翼展中,局部弦长为 $c(y)$,如图 2.30 所示。定义局部弦长沿翼展的积分为机翼平面面积 S,即

$$S = \int_{-b/2}^{b/2} c(y)\mathrm{d}y \tag{2.64}$$

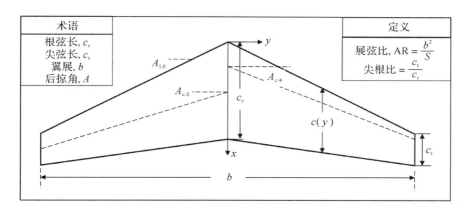

图 2.30　具有后掠角的梯形平面有限长机翼的几何参数

机翼展弦比定义为

$$\mathrm{AR} = \frac{b^2}{S} \tag{2.65}$$

对于梯形机翼,将机翼尖根比定义为

$$尖根比 = \frac{c_t}{c_r} \tag{2.66}$$

图 2.31 所示为有限长翼展向位置处的翼型剖面,下洗流产生诱导攻角,从而使当地风感知到有效的 AoA。

在图 2.31 中,定义了与位于有限机翼展上的机翼相关的 4 个角度:

(1)几何攻角 α 是飞行方向与局部弦长平面之间的角度。具有几何扭转的机翼沿翼展变化,即 $\alpha = \alpha(y)$。

(2)零升力攻角 $\alpha_{L=0}$ 是一个截面特性,因为它取决于截面翼型弯度。因此,一般情况下,$\alpha_{L=0} = \alpha_{L=0}(y)$,称为气动扭转。

(3)诱导攻角 α_i 是飞行方向与当地风速之间的夹角。当地风速方向受到机翼上、下洗流 w 的影响。

(4)有效攻角 α_{eff} 是当地相对风速方向与弦长平面的夹角,即 $\alpha_{\mathrm{eff}} = \alpha - \alpha_i$。

注意,当地相对风速方向受到下洗流影响而倾斜,因此垂直于当地相对风速的当地气动力 $F'(y)$ 也会倾斜。当地气动力可以分解为沿升力和阻力方向(即垂直于飞行方向和飞行方向),由诱导下洗流作用产生的阻力称为诱导阻力或升致力。截面诱导阻力和升力系数通过诱导攻角相联系,即

$$D'_i(y) = L'(y)\tan\alpha_i \cong L'(y)\alpha_i \tag{2.67a}$$

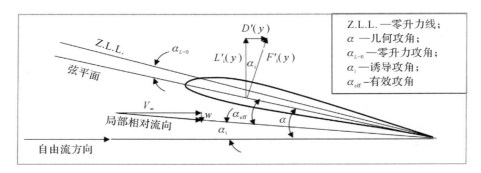

图 2.31　在有限翼展弧形机翼上翼展方向 4 个位置 y 处定义的角度

在式（2.67a）中，由于诱导攻角较小，因此诱导攻角的切线被角度本身（以弧度为单位）代替。

可以定义截面诱导阻力系数 c_{di}，通过将式（2.67a）除以 q_{∞} 和当地弦长 $c(y)$，得

$$c_{\mathrm{di}} = c_1 \alpha_{\mathrm{i}} \tag{2.67b}$$

截面升力系数 $c_1(y)$ 可用有效攻角表示为

$$c_1(y) = \alpha_0(\alpha_{\mathrm{e}} - \alpha_{L=0}) \tag{2.68}$$

式中：α_0 是二维翼型升力曲线的斜率（理论上，对于薄翼型斜率是 2π）。截面升力系数 $L'(y)$ 由截面弦长 $c(y)$ 和动压力 q_{∞} 定义：

$$L'(y) = q_{\infty} c_1(y) c(y) \tag{2.69a}$$

将升力与环量联系起来的库塔-茹可夫斯基定理在截面上仍然有效，截面诱导阻力遵循相同的形式，即

$$L'(y) = \rho_{\infty} V_{\infty} \Gamma(y) \tag{2.69b}$$

$$D'_{\mathrm{i}}(y) = \rho_{\infty} w(y) \Gamma(y) \tag{2.69c}$$

式中：$\Gamma(y)$ 是翼展方向位置处机翼周围的环量。机翼升力是沿翼展的截面升力的积分，即

$$L = \int_{-b/2}^{b/2} L'(y)\,\mathrm{d}y = q_{\infty} \int_{-b/2}^{b/2} c_1(y) c(y)\,\mathrm{d}y \tag{2.70a}$$

对于常数 c_1 沿着翼展，即当 $\alpha_{\mathrm{e}} - \alpha_{L=0} = $ 常数时，沿着翼展对弦长进行积分，从而得到机翼平面面积 S，即

$$L = q_{\infty} c_1 \int_{-b/2}^{b/2} c(y)\,\mathrm{d}y = q_{\infty} c_1 S \tag{2.70b}$$

该方程表明机翼升力系数和截面升力系数相等，即

$$C_L = \frac{L}{q_{\infty} S} = c_1 \tag{2.70c}$$

回到沿翼展常数截面升力的条件，即 $\alpha_{\mathrm{e}} - \alpha_{L=0} = $ 常数时，注意到如果沿翼展诱导攻角恒定，则沿翼展没有几何扭转和气动扭转的机翼将产生相同的升力系数，即 $\alpha_{\mathrm{i}} = $ 常数。普朗特的研究表明，对于具有椭圆载荷的机翼，即椭圆升力或环流分布，有

$$L'(y) = L'_0 \sqrt{1 - \left(\frac{y}{b/2}\right)^2} = \rho_{\infty} V_{\infty} \Gamma \sqrt{1 - \left(\frac{y}{b/2}\right)^2} \tag{2.71}$$

诱导攻角沿机翼翼展方向是恒定的，它与机翼展弦比成反比，与机翼升力系数成正比，即

$$\alpha_{i} = \frac{C_{L}}{\pi \mathrm{AR}} = 常数 \tag{2.72}$$

现在,如果用机翼升力曲线斜率 a 和几何攻角 α 以及 $\alpha_{L=0}$ 来表示机翼升力系数,得

$$C_{L} = a(\alpha - \alpha_{L=0}) = c_{l} = a_{0}(\alpha - \alpha_{i} - \alpha_{L=0}) \tag{2.73a}$$

如果用式(2.73a)中的 α_{i} 代替 E_{q},并进行少量操作,即可得到载荷椭圆分布机翼的机翼-翼型升力曲线斜率 a 和 a_{0} 之间有以下关系:

$$a = \frac{a_{0}}{1 + \dfrac{a_{0}}{\pi \mathrm{AR}}} \tag{2.73b}$$

机翼展弦比对升力曲线斜率的影响如图 2.32 所示。对于载荷椭圆分布的机翼,机翼诱导阻力系数与机翼升力系数[见式(2.67b)]相关:

$$C_{Di} = \frac{C_{L}^{2}}{\pi \mathrm{AR}} \tag{2.74}$$

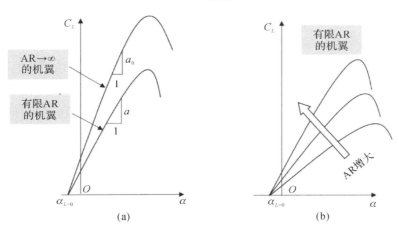

图 2.32　机翼展弦比对升力曲线斜率的影响
(a)机翼和翼型升力特性;(b)展弦比对升力的影响

机翼的椭圆载荷分布展向的环量遵循椭圆轮廓,即

$$\Gamma(y) = \Gamma_{0}\sqrt{1 - \left(\frac{y}{b/2}\right)^{2}} \tag{2.75}$$

对于椭圆载荷分布的机翼,下洗流沿展向保持恒定:

$$w(y) = -\frac{\Gamma_{0}}{2b} = 常数 \tag{2.76}$$

式(2.76)中的负号将下洗流确定为 $-z$ 方向的速度分量。使用 1922 年的普朗特升力线理论,可以证明机翼椭圆载荷分布造成机翼上的最小诱导阻力。对于非椭圆载荷机翼,引入了一些修正系数,例如:

$$C_{Di} = \frac{C_{L}^{2}}{\pi \mathrm{AR}}(1 + \delta) = \frac{C_{L}^{2}}{\pi e \mathrm{AR}} \tag{2.77}$$

其中 δ 是诱导阻力的非最佳荷载修正系数,或 $(1 + \delta)$ 的倒数,在式(2.77)中称为"e",称为奥斯瓦尔德效率因子。非椭圆升力分布机翼的升力曲线斜率为

$$a = \frac{a_0}{1 + \dfrac{a_0}{\pi \mathrm{AR}}(1 + \tau)} \qquad (2.78)$$

式(2.78)中,升力曲线斜率的修正系数 τ 可由一般升力分布函数沿展向展开的傅里叶系数计算得到。表 2.5 为直、高 AR 机翼的椭圆和一般升力分布的有限机翼展气动参数。

表 2.5   直、高 AR 机翼的椭圆和一般升力分布的有限机翼展气动参数

高展弦比的直(非后掠)翼	
椭圆升力分布(高 AR)	一般升力分布(高 AR)
$L'(y) = L'_0\sqrt{1 - \left(\dfrac{y}{b/2}\right)^2}$	$L'(y)$ 或 $\Gamma(y)$ 一个关于 y 的一般函数
$L_0' = \rho_\infty V_\infty \Gamma_0$	$L_0' = \rho_\infty V_\infty \Gamma_0$
$w = -\dfrac{\Gamma_0}{2b} = $ 常数	$w(y) = -\dfrac{1}{4\pi}\displaystyle\int_{-b/2}^{b/2} \dfrac{(\mathrm{d}\Gamma/\mathrm{d}y)\mathrm{d}y}{y_0 - y}$
$\alpha_\mathrm{i} = \dfrac{C_L}{\pi \mathrm{AR}} = $ 常数	$\alpha_\mathrm{i}(y) = -\dfrac{w(y)}{V_\infty}$
$C_{Di} = \dfrac{C_L^2}{\pi \mathrm{AR}}$	$C_{Di} = \dfrac{C_L^2}{\pi \mathrm{AR}}(1 + \delta) = \dfrac{C_L^2}{\pi e \mathrm{AR}}$
$a = \dfrac{a_0}{1 + \dfrac{a_0}{\pi \mathrm{AR}}}$	$a = \dfrac{a_0}{1 + \dfrac{a_0}{\pi \mathrm{AR}}(1 + \tau)}$

表 2.6 为机翼展弦比对无后掠翼升力曲线斜率的影响。

表 2.6   机翼展弦比对无后掠翼升力曲线斜率的影响

展弦比	对直翼升力曲线斜率的影响
高展弦比机翼,升力曲线斜率	$a = \dfrac{a_0}{1 + (a_0/\pi \mathrm{AR})(1 + \tau)}$
低展弦比机翼,升力曲线斜率	$a = \dfrac{a_0}{\sqrt{1 + (a_0/\pi \mathrm{AR})^2} + a_0/\pi \mathrm{AR}}$

2.5.2   叶展载荷优化:以钟形载荷为例

普朗特在 1933 年的论文中修正了椭圆翼展载荷导致最小诱导阻力或最大气动效率的说法。普朗特发现,沿翼展的钟形跨度载荷创造了优异的空气动力学性能,是首选的翼展载荷标准。Bowers 等人(2016)发表了一份详细的气动分析报告。该分析提出了统一的高效协调控制机翼理论,扩展了普朗特于 1933 年提出的最佳翼展载荷概念。他们得出结论:贝尔跨度荷载产生了 6 种有利的气动效应。

(1)翼尖涡被带入机舱内部,相比于椭圆形载荷产生了强烈的翼尖涡。

(2)内涡在翼尖附近产生诱导上洗流,而不是像椭圆载荷那样沿展向产生连续下洗流。

(3)翼尖附近产生了使其向相对风倾斜的合力。

(4)翼尖附近产生了诱导推力而不是诱导阻力。

(5)椭圆载荷作用下产生正偏航现象,而不是反向偏航现象。

(6)有可能去除任何辅助偏航装置(例如舵),来完成协调转向。

Bowers 等人设计了两架试验飞机的缩尺模型并进行了飞行测试,以测量普朗特在 1933 年的论文中概述贝尔跨度荷载的气动优势。图 2.33(由 NASA 提供)展示了一架飞行中的实验飞机。亚比例模型的内翼型和外翼型部分按 Eppler 代码(1980)设计。通过翼尖扭转来实现钟形加载。通过理论分析和飞行验证揭示的翼展诱导流动、卷曲涡结果都展示在图 2.34(由 NASA 提供)中。鲍尔斯等人(2016)证明,钟形跨度载荷概念显示出卓越的气动效率,可用于改进未来的飞机设计,如全翼和翼身融合飞机。更多详细信息见 Bowers 等人(2016)的文章。

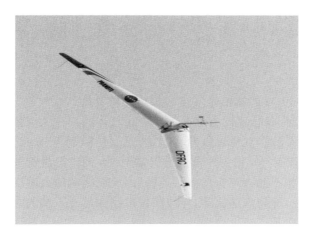

图 2.33　采用钟形跨度载荷设计的实验飞机在飞行中的状态

资料来源:NASA。

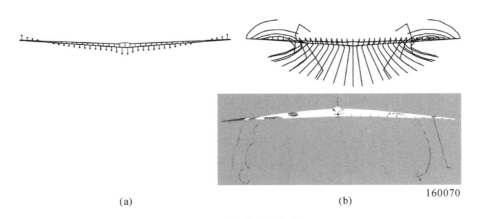

(a)　　　　　　　　　　　　　(b)　　160070

图 2.34　沿翼展的流动

(a)诱导流动;(b)旋涡卷曲

资料来源:NASA。

2.6　超声速流中的波

波本质上是超声速流动中物体周围的流体引导手段,通过声速引入作用区和静默区的概念。

2.6.1　声速

声波是在介质中传播的无穷小的压力波。声波或声波的传播是可逆和绝热的,因此是等熵的。由于声音是通过流体分子的碰撞传播的,所以在液体中声速要比在气体中快。气体中的声速 a 为

$$a^2 = \left(\frac{\partial p}{\partial \rho}\right)_s \tag{2.79a}$$

对于理想气体,它变成

$$a = \sqrt{\gamma R T} = \sqrt{\gamma \frac{\bar{R}}{M} T} \tag{2.79b}$$

式中:通用气体常数 $\bar{R}$ 与 M 的比值是气体的相对分子质量。

推导出的关于声音传播速度的方程是关于静止气体的。在一个特定的方向上叠加一个统一的集体气体速度到波前,然后波以两者和的形式传播,即 $V+a$。对于垂直于气流传播的波,可以得到 $V+a$ 或 $V-a$ 作为声速。这里对 $V-a$ 的工况进行分析。如果气流是声速流,那么 $a-a=0$,这将不允许声音向上游传播,因此在扰动的上游产生一个静默区。如果流动速度甚至快于声速,即超声速流动,声波将被限制在声源下游的一个锥体内。这两种小扰动的行为如图 2.35 所示。

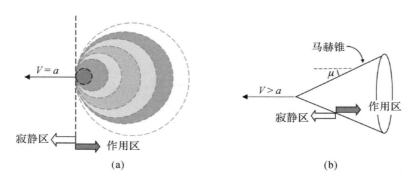

图 2.35　声波在声速和超声速流动(或声源移动)中的传播
(a)声速;(b)超声速

局部气体速度与声速之比称为马赫数 Ma:

$$Ma = \frac{V}{a} \tag{2.80}$$

形成作用区和静默区波的包络层是马赫波。形成相对于流动的局部波角 μ,它有波的传播几何形状(见图 2.36)为

$$\mu = \arcsin \frac{a \cdot t}{V \cdot t} = \arcsin \frac{1}{Ma} \tag{2.81}$$

在超声速流动中转向的机制是压缩和膨胀马赫波。

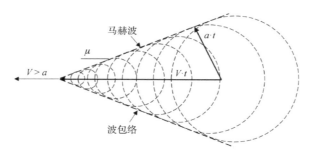

图 2.36　由超声速移动的小扰动产生的波前面

此外,压缩马赫波收敛,并可能合并形成激波。这种行为与膨胀马赫波相反,膨胀马赫波是发散的,不会合并形成膨胀激波。二维菱形翼型周围的波型如图 2.37 所示。前缘附加的平面斜激波(OS)使气流平行于表面,而膨胀波(称为 Prandtl-Meyer 波)使气流在翼型肩处转向。后缘波使气流和从后缘发出的滑流相互平行。尾波下游的流动一般不平行于翼型上游的自由来流。然而,从上、下表面涌出的流动是局部平行的,静压在滑移流中是连续的。这也与亚声速流动在尾缘下游恢复上游来流方向相反。滑移流的角度由平行流中静压的连续性决定。

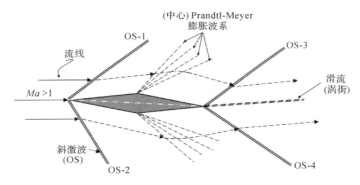

图 2.37　斜激波示意图:超声速流动中菱形翼型在迎角处有 4 个斜激波(OS)和 2 个中心膨胀波

2.6.2　正激波

斜激波的一种特殊情况是正激波。这种波对流动是垂直的,并引起突然的减速,使静压、温度、密度和熵增大,马赫数和总压降低。正激波上的跳跃条件是通过守恒原理建立的,并可在相关气体动力学或推进教科书中得到,如 Anderson(2010)或 Farokhi(2014)。现将这些列于此,以供参考:

$$Ma_2^2 = \frac{2 + (\gamma - 1)Ma_1^2}{2\gamma Ma_1^2 - (\gamma - 1)} \tag{2.82}$$

$$\frac{\rho_2}{\rho_1} = \frac{(\gamma + 1)Ma_1^2}{2 + (\gamma - 1)Ma_1^2} \tag{2.83}$$

$$\frac{p_1}{p_2} = 1 + \frac{2\gamma}{\gamma + 1}(Ma_1^2 - 1) \tag{2.84}$$

$$\frac{T_2}{T_1} = \left[1 + \frac{2\gamma}{\gamma + 1}(Ma_1^2 - 1)\right]\left[\frac{2 + (\gamma - 1)Ma_1^2}{(\gamma + 1)Ma_1^2}\right] \tag{2.85}$$

$$\frac{p_{t_2}}{p_{t_1}} = \left[1 + \frac{2\gamma}{\gamma + 1}(Ma_1^2 - 1)\right]\left\{\frac{1 + \frac{\gamma - 1}{2}\left[\frac{2 + (\gamma - 1)Ma_1^2}{2\gamma Ma_1^2 - (\gamma - 1)}\right]}{1 + \frac{\gamma - 1}{2}Ma_1^2}\right\}^{\frac{\gamma}{\gamma - 1}} \tag{2.86}$$

$$\Delta s/R = -\ln(p_{t_2}/p_{t_1}) \tag{2.87}$$

2.6.3 斜激波

如前所述,压缩马赫波倾向于合并形成斜激波。正激波是斜激波波角为 90°的特殊情况。图 2.38 显示了斜激波流动的示意图,其中代表流动的流线在激波上突然改变方向。激波相对于上游流动的角度为 β,气流偏转角(同样,相对于上游流动)为 θ。具有代表性的控制体如图 2.38 所示。将流动分解为法向和切向的激波方向。速度分量分别为沿激波波阵面法向和切向的 u 和 w。图中显示了顶点角度分别为 β 和 $\beta - \theta$ 的激波上游和下游的两个速度三角形。控制体积被限制在一对流线之间,入口和出口平面与激波平行。为了简单起见,选择入口和出口流管的面积为 1。

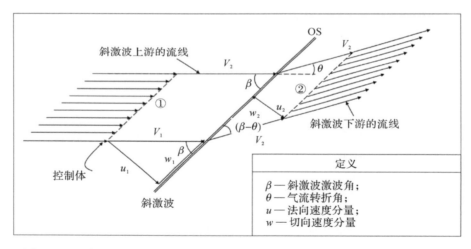

图 2.38 法向和平行于斜激波的速度分量定义示意图,采用波角和气流转折角定义

由于斜激波涉及两个角度——波角 β 和流动转角 θ,需要指定其中一个角度进行闭合。因此,应用等质量、两个动量和能量,守恒定律以及理想气体状态方程,斜激波将产生以下关系:

$$\frac{\tan\beta}{\tan(\beta - \theta)} = \frac{(\gamma + 1)Ma_1^2 \sin^2\beta}{2 + (\gamma - 1)Ma_1^2 \sin^2\beta} \tag{2.88}$$

$$Ma_{2n}^2 = \frac{2 + (\gamma - 1)Ma_1^2 \sin^2\beta}{2\gamma Ma_1^2 \sin^2\beta - (\gamma - 1)} \tag{2.89}$$

$$Ma_2 = \frac{Ma_{2n}}{\sin(\beta - \theta)} \tag{2.90}$$

斜激波的切向速度 w 是守恒的,因为直斜激波的强度沿激波是恒定的。因此,$w_1 = w_2$。

斜激波的密度、静压、温度、总压和熵的跳跃条件与正激波相同,只是上游马赫数 Ma_1 用 Ma_{1n} 代替斜激波中的 $Ma_1 \sin\beta$,即

$$\frac{p_2}{p_1} = 1 + \frac{2\gamma}{\gamma+1}(Ma_1^2 \sin^2\beta - 1)$$

图 2.39 是以马赫数为参数的式(2.88)的图(来自 NACA 报告 1135,1953)。每个转角 θ 和波角 β 都有两个解。高波角称为强解,低波角称为弱解。连续线和折线分别代表图 2.39 中的弱解和强解。弱解是首选的,强解只能在实验室中模拟。此外,对于任何超声速马赫数,都有一个最大偏转角 θ_{max}。例如,马赫数为 $2Ma$ 的气流只能通过附在平面上的斜激波旋转 $23°$。如果偏转角大于 θ_{max},那么会在上游形成分离激波。这种激波,由于其形状像弓,因此被称为弓形激波。

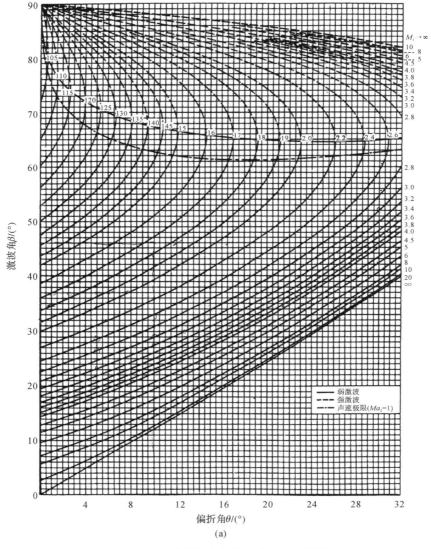

图 2.39　以马赫数为参数的式(2.88)的图

(a)$\beta=1.4$ 时的平面斜激波图

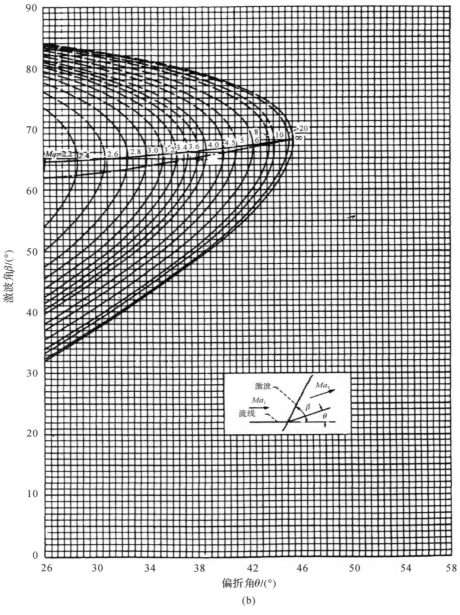

续图 2.39 以马赫数为参数的式(2.88)的图

(b)平面斜激波图

资料来源:1953 年 NACA 报告 1135。

2.6.4 膨胀波

斜激波是超声速流动中的压缩波,在流动过程中会使流动发生突变并压缩气体。膨胀波引起超声速气流转向,静压下降。膨胀波是相对于局部流动产生马赫角的马赫波。通过膨胀波的流动本质上是等熵的,因为马赫波具有无穷小的强度,所以其是可逆的。膨胀马赫波只能对流动进行无穷小的转折,对流动进行增量加速。这样的流动转折和流动加速度如图 2.40 所示,加大了偏转角和流动加速度增量。

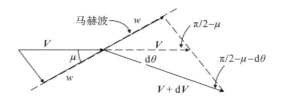

图 2.40 通过马赫波增加转折,速度在波的法向和切向上分解

上游流动的局部波角为马赫角 μ,转角增量为 $\mathrm{d}\theta$,流速的变化由 $\mathrm{d}V$ 和相对于上游流动的方向 $\mathrm{d}\theta$ 表示。由于马赫波下游与上游流动具有相同的切向速度分量 w,因此具有相同切向速度的直角三角形在图 2.40 中标记为矢量 V 和 $V+\mathrm{d}V$。

可以对边为 V 和 $V+\mathrm{d}V$ 的三角形应用正弦定律,将偏转角和速度增量变化联系起来:

$$\frac{V+\mathrm{d}V}{\sin\left(\frac{\pi}{2}-\mu\right)}=\frac{V}{\sin\left(\frac{\pi}{2}-\mu-\mathrm{d}\theta\right)} \tag{2.91}$$

化简正弦并分离出速度项,例如:

$$1+\frac{\mathrm{d}V}{V}=\frac{\cos\mu}{\cos(\mu+\mathrm{d}\theta)}\cong\frac{\cos\mu}{\cos\mu-\mathrm{d}\theta\sin\mu}=\frac{1}{1-\mathrm{d}\theta\tan\mu}\approx 1+\mathrm{d}\theta\tan\mu \tag{2.92}$$

对正弦和余弦 $\mathrm{d}\theta$ 应用一个小角度近似,在式(2.92)右边的最后一个近似中,使用线性项二项式展开和截断处理了一个小的 ε:

$$\frac{1}{1\pm\varepsilon}\approx 1\mp\varepsilon \tag{2.93}$$

从图 2.41 所示的马赫三角形,可以推断出

$$\tan\mu=\frac{1}{\sqrt{Ma^2-1}} \tag{2.94}$$

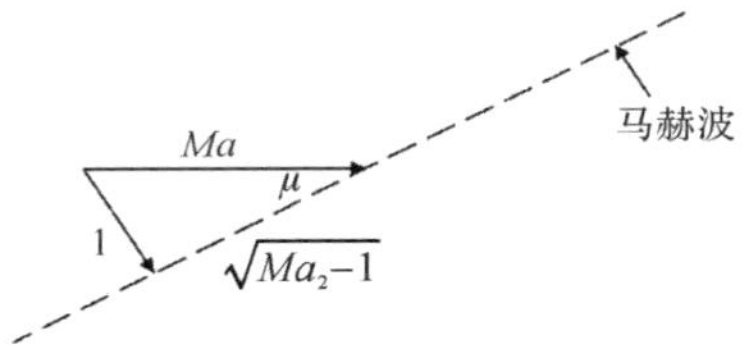

图 2.41 马赫波及其直角三角形示意图

将式(2.94)代入式(2.92),得到超声速流动中流动转向与通过马赫波的加速增量度之间的简单关系,即

$$\mathrm{d}\theta=\sqrt{Ma^2-1}\frac{\mathrm{d}V}{V} \tag{2.95}$$

可以将式(2.95)中的速度变量改为马赫数:

$$\mathrm{d}\theta=\frac{\sqrt{Ma^2-1}}{1+\frac{\gamma-1}{2}Ma^2}\frac{\mathrm{d}Ma}{Ma} \tag{2.96}$$

式(2.96)可在 $Ma = 1$ 和 $\nu(Ma)$ 在一般超声速马赫 Ma 下的零角度极限内积分,该角度 $\nu(Ma)$ 称为 Prandtl – Meyer 函数:

$$\int_0^{\nu(Ma)} \mathrm{d}\theta = \nu(Ma) = \int_1^{Ma} \frac{\sqrt{Ma^2 - 1}}{1 + \dfrac{\gamma - 1}{2}Ma^2} \frac{\mathrm{d}Ma}{Ma} \tag{2.97}$$

式(2.97)右边的定积分可以用部分分式和变量变换的封闭形式积分,从而将被积函数转换为正切函数的导数形式。这个积分的结果是 Prandtl – Meyer 函数:

$$\nu(Ma) = \sqrt{\frac{\gamma + 1}{\gamma - 1}} \arctan\sqrt{\frac{\gamma + 1}{\gamma - 1}(Ma^2 - 1)} - \arctan\sqrt{Ma^2 - 1} \tag{2.98}$$

图 2.42 显示了 $\gamma = 1.4$ 时 Prandtl – Meyer 函数和马赫角随马赫数的对数线性图。$\nu(Ma)$ 和 $\mu(Ma)$ 都以度为单位。

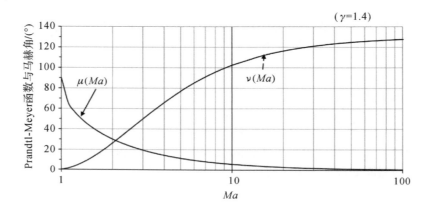

图 2.42　双原子气体超声速流动的 Prandtl – Meyer 函数和马赫角
资料来源:Farokhi,2014。

2.7　压缩性影响和临界马赫数

导致声速流动首次出现在物体上的亚声速飞行马赫数,例如在翼型上,称为临界马赫数。将物体上的最高马赫数 $Ma_{\max}$ 与物体上的最小压力点或等效的 $c_{p,\min}$ 相关联。压力系数定义为

$$c_p = \frac{p - p_\infty}{q_\infty} = \frac{2}{\gamma Ma_\infty^2}\left(\frac{p}{p_\infty} - 1\right) = \frac{2}{\gamma Ma_\infty^2}\left[\left(\frac{1 + \dfrac{\gamma - 1}{2}Ma_\infty^2}{1 + \dfrac{\gamma - 1}{2}Ma^2}\right)^{\frac{\gamma}{\gamma - 1}} - 1\right] \tag{2.99}$$

翼型上的最小压力对应于最高马赫数,即 $Ma = 1$。因此,由 $c_{p,\min}$ 确定临界马赫数为

$$c_{p,\min} = \frac{2}{\gamma Ma_{\mathrm{crit}}^2}\left[\left(\frac{1 + \dfrac{\gamma - 1}{2}Ma_{\mathrm{crit}}^2}{1 + \dfrac{\gamma - 1}{2}Ma^2}\right)^{\frac{\gamma}{\gamma - 1}} - 1\right]_{p,\min} \tag{2.100}$$

有许多可压缩性修正模型允许不可压缩 $c_{p,\min}$ 结果扩展到可压缩域。亚声速流动中的经典 Prandtl – Glauert 压缩修正因子是其中一个例子:

$$c_{p,Ma} = \frac{c_{P_0}}{\sqrt{1 - Ma^2}} (Ma < 1) \tag{2.101}$$

式中：$c_{p,Ma}$ 是相对于马赫数 Ma 的可压缩 c_p，c_{P_0} 是不可压缩 c_p（对应于 $Ma = 0$）。Prandtl - Glauert 的压缩性修正见式（2.101），其非常简单并且与 γ 无关。它在马赫数为 1.0 时也是奇异的，这表明在跨声速马赫数时线性化空气动力学失效。随着翼型迎角的增大 $c_{p,min}$ 下降。Prandtl - Glauert 可压缩性修正后翼型在各大迎角下的 $c_{p,min}$ 曲线如图 2.43 所示。在这个图中，$c_{p,min}$ 的不可压缩值分别为 -4，-3，-2 和 -1。通常用 $-c_p$ 表示，因为 $c_{p,min}$ 本身是一个负数。

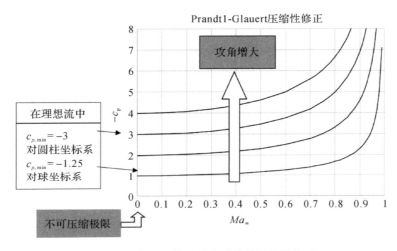

图 2.43　应用于翼型压力系数的压缩性修正

为了建立翼型攻角的临界马赫数，根据关于压缩性修正 $c_{p,min}$ 等的式（2.80）绘制了负 $c_{p,min}$，例如 Prandtl - Glauert，两条曲线的交集建立了 Ma_{crit}。图 2.44 显示了空气马赫数 Mcrit 图形求解方式（即 $\gamma = 1.4$）。

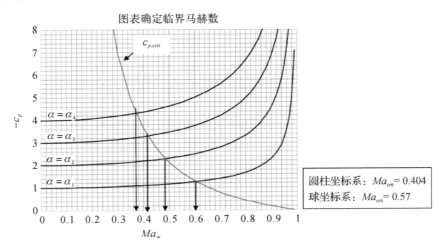

图 2.44　有攻角情况下的翼型临界马赫数图表

Karman‐Tsien 可压缩性修正是基于非线性霍德图解,它使用的是压力-密度关系的线性近似,而不是等熵 p/ρ^γ 关系。这种新的气体模型被称为切线气体,并允许可压缩和不可压缩压力系数相关,见下式:

$$(c_p)_{Ma_\infty} = \frac{(c_p)_{Ma_\infty=0}}{\sqrt{1-Ma_\infty^2} + \left(\dfrac{Ma_\infty^2}{1+\sqrt{1-Ma_\infty^2}}\right)\dfrac{(c_p)_{Ma_\infty=0}}{2}} \tag{2.102}$$

将 Karman‐Tsien 亚声速压缩性修正量对临界压力系数作图,得到图 2.45 中临界马赫数的图形解。注意到,Karman‐Tsien 预测的临界马赫数低于 Prandtl‐Glauert。从本质上讲,Prandtl‐Glauert 低估了可压缩性效应的影响。基于广泛的实验测量 Karman‐Tsien 确实比 Prandtl‐Glauert 更准确。请注意,在图 2.44 和图 2.45 中,列出了圆柱体和球体的 $c_{p,\text{crit}}$ 和 Ma_{crit} 作为参考。

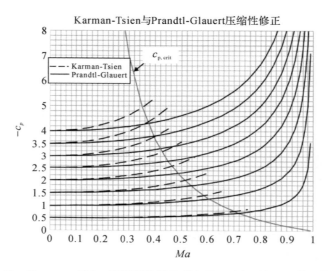

图 2.45　Karman‐Tsien 压缩系数族及其与 Prandtl‐Glauert 修正的比较

可压缩性对总摩擦因数的影响与不可压缩性值使用 Johnson,Rubesin(1949)相关:

$$\frac{C_f}{C_{ft}} = \frac{1}{(1+0.130\,5Ma^2)^{0.12}} \tag{2.103}$$

2.8　阻力发散现象和超声速翼型

阻力发散现象与跨声速流动中强激波对翼型造成的流动分离密切相关,即 $Ma > Ma_{\text{cr}}$。Whitcomb 和 Clark(1965)设想并开发了一种新的翼型形状,使其超临界吸力变平,以削弱/消除末端激波,从而推迟与阻力发散马赫数相关的阻力上升。超临界(SC)翼型的另一个突出特点是与传统翼型相比,其具有更大的前缘半径,例如 NACA 64 系列翼型。这一特性避免了典型的峰值吸力分布,并允许在前缘附近平滑流动膨胀/加速。NASA‐Langley 的 8 ft 跨声速压力隧道为 Whitcomb 的想法提供了试验平台。特别令人感兴趣的是,除了跨声速下的设计点阻力特性外,翼型在非设计马赫数条件下的阻力特性,即在低速起飞时的阻力特性。图 2.46 显示了 NASA - Langley 的超临界翼型家族的一个成员,即 NASASC(2)-0714。

图 2.46　14％c,NASASC(2)-0714 翼型形状

注:Jenkins 1989[SC(2)名称表示 NASA 的第 2 阶段超临界 SC 翼型开发]。

　　超临界翼型吸力面曲率的减小是为了使传统翼型上出现的吸力压力峰值分布趋于平坦,从而削弱/消除末端激波(称为无激波跨声速翼型)。修正后的压力分布如图 2.47 所示,吸力面上的超声速气泡被延展开从前缘向上表面明显超过到 50％c~60％c。

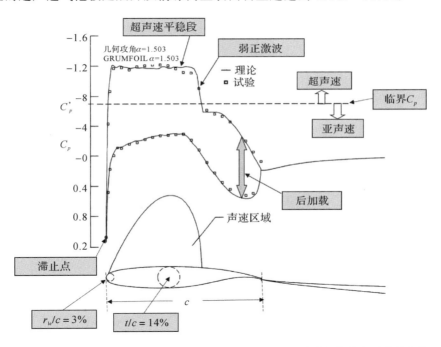

图 2.47　SC(2)-0714 在 C_n＝0.871,Ma＝0.721,Re_c＝40×10^6 时的高升力压力分布修正数据

资料来源:Jenkins,1998。

　　它还显示了一个平坦的顶端压力分布,或在弱终端激波将流动转变为亚声速之前的平坦的峰值吸力 C_p。通过 $C_p{}^*$ 的虚线将翼型上的亚声速区和超声速区分开。这里 $C_p{}^*$ 是临界压力系数。翼型在高升力下工作,法向力系数 C_n＝0.871,马赫数为 0.721。弦长雷诺数为 40×10^6。SC 翼型的另一个特点是它们在后缘附近增加了弧度。这是通过 TE 附近吸力面上的凸曲率和后缘压力面上的曲率反转(即凹曲率)来实现的,增加了翼型后缘部的 C_p,从而增加了翼型后缘负载。另一个有助于减少翼型尾部区域附近边界层分离的设计特征是翼型具有相对较厚的后缘,通常为 1％c~1.5％c 弦长。在 SC 翼型发展第二阶段,前缘半径

为 $3\%c$，厚翼型为 $14\%c$。

对于早期跨声速翼型的发展、分析和设计，可以参考 Garabedian(1978) 和 Carlson (1976) 等人的文章。Lynch(1982) 为商业运输超临界翼型和机翼设计提供了一个行业的视角。

图 2.48 清楚地展示了在不同攻角下的翼型在增加马赫数的气流中，阻力发散的现象。随着攻角的不断增大，临界马赫数逐渐下降，如图 2.48 所示。因此，翼型上的局部超声速流动从马赫数的减小开始，这解释了在较低的马赫数下随着图 2.48 中 α 的增大而出现的阻力发散现象。通常将阻力发散现象与 C_d - Ma 曲线的斜率联系起来，例如 $\partial C_d/\partial Ma = 0.10$。$Ma_{dd}$ 在图 2.48 中被定义。

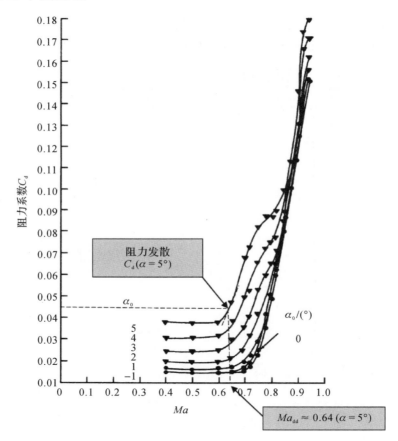

图 2.48　NACA 2315 翼型型面阻与 AoA 和马赫数的关系

资料来源：Loftin，1985。

2.9　机　翼　掠　型

为了追求超声速空气动力学，在跨声速飞行中，直翼的阻力发散被视为高速飞行的障碍，后来被称为声障。1935 年，Busemann(1935) 在意大利罗马举行的第 5 届 Volta 大会上提出了机翼掠型的概念,以减轻超声速/跨声速马赫数下的阻力发散,这成了空气动力学先驱的历史性聚会。Busemann 将相对于具有前缘后掠角的后掠翼的自由气流速度 V_∞ 分解为垂直于机翼的分量 $V_\infty\cos\Lambda$ 和平行于机翼的自由气流分量 $V_\infty\sin\Lambda$。Busemann 假设后掠翼的气动力和力矩特性取决于流向机翼的法向气流分量,即 $V_\infty\cos\Lambda$,只要法向气流分量是亚声速的,机翼就不会经历超声速阻力上升。在亚声速/跨声速方面,Jones(1947 年)将机翼后掠应用于亚声速飞机以增加其临界马赫数。图 2.49(来自于 Loftin,1980)显示了等展弦比和流向厚度比的后掠翼临界马赫数的增加。例如,具有 12% 厚度对称翼型剖面的展弦比为 7 的直机翼将经历 0.75(参见 Loftin,1980)的临界马赫数。由图 2.49 可知,相同展弦比和流向厚度比(12%)的 40° 后掠翼,其临界马赫数将提高到 0.86。

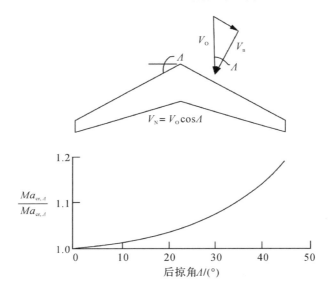

图 2.49　等展弦比和流向厚度比的后掠翼临界马赫数增加

资料来源:Loftin,1980。

由于后掠引起的气动结果的表达通常与前缘以外的其他位置的后掠角联系在一起,即 $1/4c$ 或 $1/2c$。

最后,引入简单的后掠理论,将压力系数、升力、俯仰力矩系数和临界压力系数用后掠角表示为

$$C_{p,\Lambda} = C_{p,\Lambda=0}\,\cos^2\Lambda \tag{2.104}$$

$$C_{l,\Lambda} = C_{l,\Lambda=0}\,\cos^2\Lambda \tag{2.105}$$

$$C_{Ma_0,\Lambda} = C_{Ma_0,\Lambda=0}\,\cos^2\Lambda \tag{2.106}$$

$$C_{p,\mathrm{cr}} = \frac{2}{\gamma Ma_{\mathrm{cr}}^2}\left[\left(\frac{1+\dfrac{\gamma-1}{2}Ma_{\mathrm{cr}}^2\cos^2\Lambda}{\dfrac{\gamma+1}{2}}\right)^{\frac{\gamma}{\gamma-1}} - 1\right] \tag{2.107}$$

可压缩性修正 C_p 为

$$(C_p)_{Ma_\infty} = \frac{(C_p)_{Ma_\infty=0}}{\beta} = \frac{(C_p)_{Ma_\infty=0}}{\sqrt{1-Ma_\infty^2\left[\cos^2\Lambda - (C_p)_{Ma_\infty=0}\right]}} \tag{2.108}$$

后掠翼的升力曲线斜率$(\Lambda_{c/2})$和展弦比 AR 与翼型升力曲线斜率 a_0 相关,为

$$a = \frac{a_0\cos\Lambda}{\sqrt{1+\left[a_0\cos\Lambda/(\pi\mathrm{AR})\right]^2} + a_0\cos\Lambda/(\pi\mathrm{AR})} \tag{2.109}$$

后掠翼$(\Lambda_{c/4})$的阻力发散马赫数与直翼阻力发散马赫数的关系为

$$(Ma_{dd})_\Lambda = \frac{(Ma_{dd})_\Lambda = 0}{\sqrt{\cos\Lambda_{c/4}}} \tag{2.110}$$

后掠翼的临界马赫数和阻力发散马赫数之间的关系遵循 Shevell 和 Kroo (1992):

$$Ma_{dd} = Ma_{cr}\left[1.02 + 0.08(1-\cos\Lambda_{c/4})\right] \tag{2.111}$$

式中:Ma_{dd} 被定义为 $\partial c_d/\partial Ma = 0.05$ 的马赫数。

有关更详细的讨论,可以参考 Vos 和 Farokhi(2015)。

3 种不同飞行条件下,机翼后掠对升阻比的影响如图 2.50(a)所示。在 30 kft 高度和 0.6Ma 时最佳掠角为 20°。在 2.2Ma,60 kft 高度,最佳掠角为 75°。最后在海平面,1.2Ma,最佳掠角是在 110°。图 2.50(a)中的"铰链"点表示机翼围绕一个固定点(即铰链或枢轴)旋转,作为产生可变后掠的机制。三种可变后掠翼位置如图 2.50(a)所示。图 2.50(b)还显示了一架使用可变后掠角的 F-14A 战斗机,以供参考。

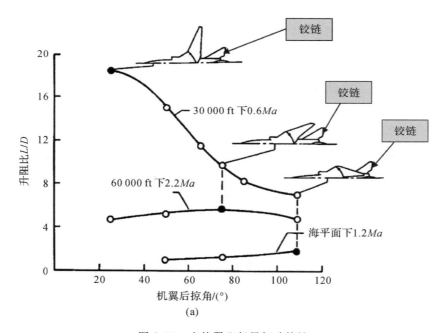

图 2.50　变掠翼飞行器气动特性

(a)变掠角对升阻比的影响显示了不同飞行阶段的最佳掠角

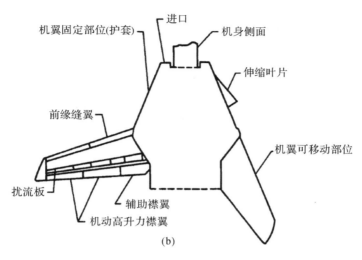

(b)

续图 2.50　变掠翼飞行器气动特性

(b)F-14A 可变后掠喷气式战斗机机翼近似形状

资料来源:Loftin,1985;Polhamus 和 Toll,1981。

2.10　Delta 三角翼空气动力学

三角翼上产生的升力是潜在升力和涡流升力的总和。随着迎角 α 的增大,涡升力的贡献也随之增大。图 2.51 显示了 4 种三角翼平面。三角翼的失速现象与旋涡升力的崩解有关,称为"涡破碎"(VB)。图 2.52 显示了三角翼的顶部、尾部视图和侧视图,包括前缘涡和涡核,与涡核相关联的吸力导致涡升力。

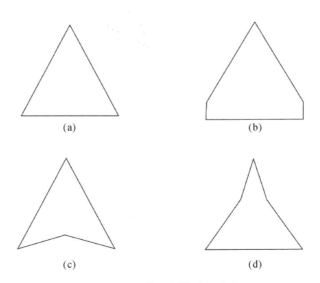

图 2.51　4 种三角翼平面形式

(a)简单三角翼;(b)短三角翼;(c)缺口三角翼;(d)双三角翼

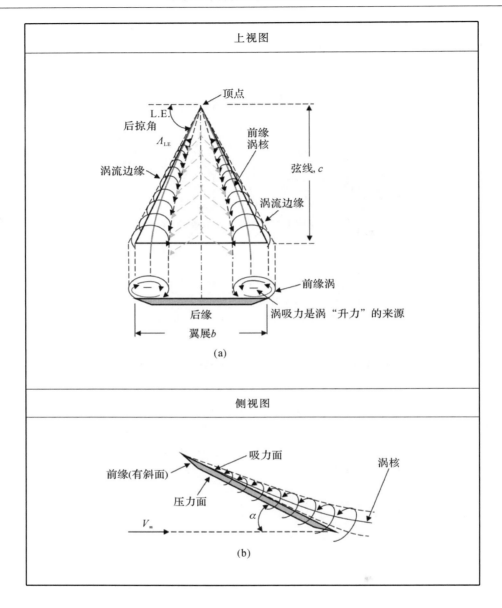

图 2.52　前缘涡形成时的三角翼三视图

(a)前缘涡形成后的三角翼顶部和尾部视图；(b)三角翼侧视图

　　如前所述，三角翼的升力来自两个因素：因势流而产生的升力和涡流升力。随着攻角的增大，涡流升力所占的比例随着攻角延伸到涡破碎而增加。在不可压缩极限下，根据 Polhamus 吸力类比(1966,1971)，翼升力系数为

$$C_L = C_{L,p} + C_{L,v} = K_p \sin\alpha \cos^2\alpha + K_v \sin\alpha \cos^2\alpha \qquad (2.112)$$

式中：K_p 和 K_v 是势能和旋涡升力的比例常数，它们与机翼长径比相关。图 2.53 显示了比例常数 K_p 和 K_v 作为三角翼展弦比的函数。

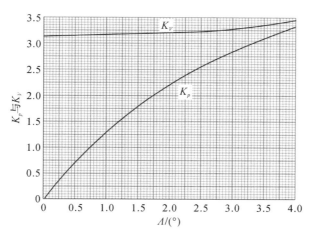

图 2.53　$Ma \approx 0$ 时三角翼的 K_p 和 K_v 的变化

资料来源:Polhamus,1968。

LE 涡分离再附、吸力面二次分离涡的具体情况如图 2.54 所示。60°尖前缘三角翼的升力系数和升阻比如图 2.55 所示。注意到三角翼的升力曲线斜率明显较低,例如,为无掠翼的一半。相反,失速攻角明显高于直翼,例如 35° 与 15°。

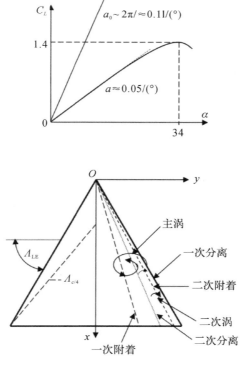

图 2.54　三角翼升力曲线斜率及 LE 涡分离再附、吸力面二次分离涡形成的细节

尖前缘的 60°扁平三角翼	三角翼与直翼
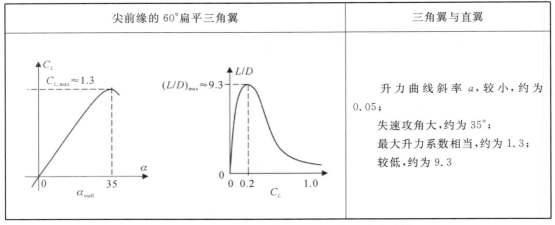	升力曲线斜率 a,较小,约为 0.05; 失速攻角大,约为 35°; 最大升力系数相当,约为 1.3; 较低,约为 9.3

图 2.55　尖前缘平面三角翼升力和升阻比变化趋势

　　三角翼失速与涡破碎(VB)现象密切相关。当吸力面上形成的前缘涡在高 α 环境下面临不利的(流向)压力梯度时,涡核不稳定并逐渐增大并击穿,涡升力就会损失。

　　在水洞、风洞和飞行中观察到 3 种类型的涡破碎类型:①对称或气泡脱体;②螺旋或螺旋脱体;③双螺旋脱体。前两种类型的涡破碎更为主要,更频繁地被观察到(参见 Lambourne 和 Bryer 1962 年的经典图像和图 2.56),其中两种类型的涡破碎在水洞的三角翼上同时被观察到。在两种主要的涡破碎之间,气泡脱体不稳定性最严重,涡旋升力损失显著。注意到,从自由旋流到受限旋流,以及掠翼、前缘延伸、横条和鸭翼等各种高强度涡流中都存在涡破碎。为了全面回顾涡破碎,推荐 Lucca - Negro 和 O'Doherty(2001)的文章(见图 2.57)。

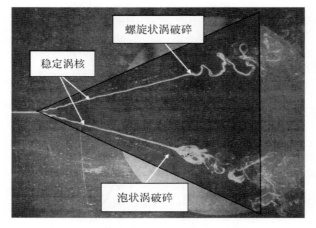

图 2.56　水洞中三角翼涡核内的染料喷射显示(速度为 2 in/s)

资料来源:Lambourne 和 Bryer,1962。

图 2.57　涡破碎

（a）水洞染料注入和流动可视化；（b）飞行中；（c）飞行中；（d）飞行中

　　注：在 NASA Dryden 流动可视化设施中，彩色染料在 1：48 下 F－18 模型水洞中的流动显示如图（a）所示，其中观察到螺旋或螺旋类型的涡破碎。飞行状态下拍摄的一组照片（b）～（d）显示攻角从 20°连续增加到 30°，以及 F－18 在高 α 时涡破碎的流动可视化。在这些飞行中观察到涡泡破碎，注意到破碎位置随着 α 的增加逐渐向上游移动。

资料来源：Fisher，Del Frate 和 Richwine，1990。

2.11　跨声速飞机的面积律

　　在翼身组合体中，跨声速飞行中剧烈的零升阻力上升被证明是实现超声速飞行的巨大障碍。20 世纪 50 年代，NASA 的 Richard 惠特科姆在风洞中对缩比翼身组合体模型进行了系统的研究并得出结论：在声速附近，低展弦比薄翼身组合体的零升阻力增长主要取决于垂直于气流的横截面积的轴向发展。因此，对于任何这样的构型，其阻力上升与具有相同横截面积发展的任何其他构型大致相同。

　　根据提出的概念，可以预测对翼身融合体进行连接处截面积收缩使其具有与原型相同的横截面积轴向分布，将导致与机翼相关的阻力增加大幅降低或消除。

　　Whitcomb 通过详细的测量证明了这一假设。Whitcomb（1956）报告的图 2.58 显示了 3 种机体随跨声速马赫数的阻力上升的现象。

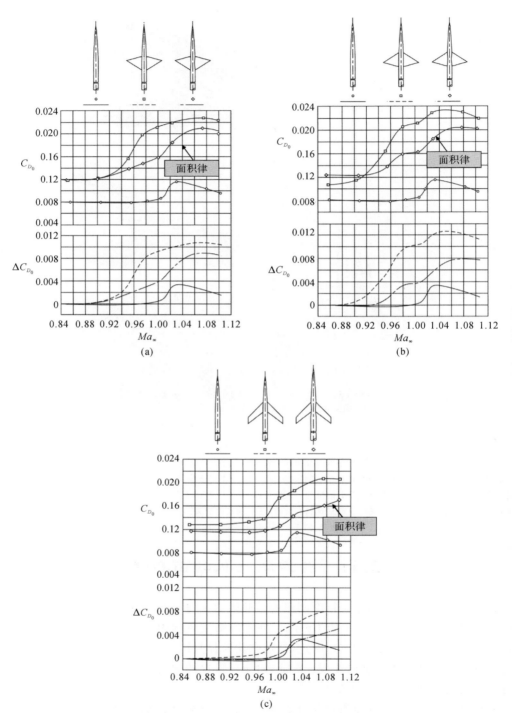

图 2.58　3 种翼身组合跨声速面积律的应用及其对跨声速阻力上升的影响

(a)无掠翼轴对称体的零升力阻力上升现象,应用和不应用面积律;(b)考虑和不考虑面积律的低展弦比三
角翼细长轴对称体零升力阻力上升现象;(c)小展弦比后掠翼细长轴对称体的零升力阻力上升现象

资料来源:Whitcomb,1956。

图 2.58(a)中：

(1)一种细长的轴对称体。

(2)同样细长的轴对称体,低展弦比无掠翼。

(3)与(2)相同,但面积律应用于翼身交汇处。

图 2.58(b)中：

(4)一种细长的轴对称体。

(5)同样细长的轴对称体,低展弦比三角翼。

(6)与(2)相同,但面积律应用于翼身交汇处。

图 2.58(c)中：

(7)一种细长的轴对称体。

(8)同样细长的轴对称体,低展弦比掠翼。

(9)与(2)相同,但面积律应用于翼身交汇处。

跨声速面积法则要求飞行器的横截面积与飞行方向垂直,即 $S(w)$ 为常数,或在翼身交界区域 $dS/dx = 0$。这称为面积律,或如 Whitcomb 所说的缩进机体。

零升力阻力系数定义为

$$C_{D_0} = C_D - C_{Di} \tag{2.113}$$

图 2.59 显示了 F-102 飞机在翼-机身部分采用面积律前和采用面积律后的情况。

图 2.59　超声速战斗机 F-102,在经过面积律设计修改后才能以超声速飞行

(a)最初的 F-102 超声速战斗机,没有应用面积律;(b)F-102a 应用面积律

资料来源:NASA。

2.12　超声速流中细长回转体的最佳形状

考虑在零攻角超声速流动中的沿 x 轴方向长度为 l 的轴对称细长回转体。图 2.60 为

沿 x 方向均匀超声速流动中对称细长回转体的定义示意图。

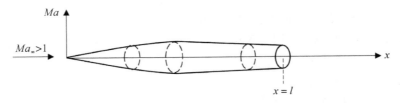

图 2.60 沿 x 方向均匀超声速流动中对称细长回转体的定义示意图

细长体的假设使得其成为一个小扰动问题,可将线性化空气动力学应用于超声速流动中的。沿 x 轴分布源汇的经典方法(即线源)模拟无黏性、无升力流动。则未知源强度 $f(x)/V_\infty$ 与轴对称体面积分布的斜率有关。首先,引入 Glauert 变量 θ:

$$x = \frac{l}{2}(1 + \cos\theta) \tag{2.114}$$

将飞机机头置于 $\theta = \pi$,将 TE 置于 $\theta = 0$,此外通过傅里叶正弦级数,在长度为的广义体上表示源强度分布,则 $f(\theta)$ 为

$$f(\theta) = l \sum_{n=1}^{\infty} A_n \sin(n\theta) \tag{2.115}$$

式中:两端 $f(\theta) = 0$,将式(2.115)中的长度比参数化。根据式(2.115)将傅里叶系数 A_n 无量纲化:

$$A_n = \frac{2}{\pi l} \int_0^\pi f(\theta) \sin n\theta \, \mathrm{d}\theta \tag{2.116}$$

截面积的导数 $S'(x)$ 是 $f(x)$,或者说截面积函数 $S(x)$ 是 $f(x)$ 的积分:

$$S(x) = \int_0^x f(\zeta) \mathrm{d}\zeta \tag{2.117}$$

用新变量 θ 表示为

$$S(\theta) = \int_\pi^\theta f(\theta) \frac{\mathrm{d}\zeta}{\mathrm{d}\theta} \mathrm{d}\theta = -\frac{l^2}{2} \int_\pi^\theta \sum_{n=1}^{\infty} A_n \sin(n\theta) \sin\theta \mathrm{d}\theta \tag{2.118}$$

将截面面积 $S(0)$ 沿 x 轴(或 θ 轴)积分,得到轴对称体的体积 V:

$$V = \frac{\pi l^3}{8} \left(A_1 - \frac{1}{2} A_2 \right) \tag{2.119}$$

因此,基于傅里叶系数的尖细长轴对称体波阻为

$$D_{\text{wave}} = \frac{\pi \rho_\infty V_\infty^2 l^2}{8} \sum_{n=1}^{\infty} n A_n^2 \tag{2.120}$$

2.12.1 西尔斯-哈克体

对于机头和机底的尖体,有 $S(0) = S(\pi) = 0$。这使得 $A_1 = 0$,对于给定体积 V 的机体,A_2 变成

$$A_2 = -\frac{16V}{\pi l^3} \tag{2.121}$$

由于 D_{wave} 中所有高次谐波的振幅都是二次方的,那么当它们都消去时,该函数出现最小值:

$$D_{wave} = \frac{64V^2}{\pi l^4} \rho_\infty V_\infty^2 \qquad (2.122)$$

超声速流动中最小波阻、截面面积为 $S(\theta)$ 的轴对称细长体称为西尔斯-哈克体:

$$S(\theta) = \frac{4V}{\pi l} \left(\sin\theta - \frac{1}{3}\sin 3\theta \right) \qquad (2.123)$$

图 2.61 展示了西尔斯-哈克体机体的半径和面积分布。

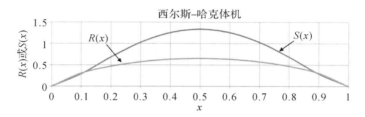

图 2.61 西尔斯-哈克体机体形状及其截面积分布

2.12.2 冯·卡门尖拱形最小轴对称头部波阻的长度和底面积

当指向机头的长度为 l、基底面积为 $S(l)$ 的细长回转体尾缘斜率消失时,其波阻力最小,这称为冯·卡门曲线,图 2.62 展示了冯·卡门椭圆。

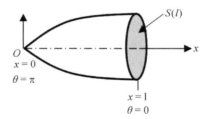

图 2.62 基底面积 $S(l)$ 的冯·卡门尖顶

因为 $S(l)$ 是有限的,所以在傅里叶级数中 A_1 不是零:

$$A_1 = -\frac{4S(l)}{\pi l^2} \qquad (2.124)$$

其波阻表示为

$$D_{wave} = \frac{2S(l)^2}{\pi l^2} \rho_\infty V_\infty^2 \qquad (2.125)$$

对于给定的基底面积,冯·卡门曲线的面积分布 $S(\theta)$ 为

$$S(\theta) = \frac{S(l)}{\pi} \left(\pi - \theta + \frac{1}{2}\sin 2\theta \right) \qquad (2.126)$$

图 2.63 展示了基底面积为 0.1,体长为 1.0 时,最小波阻的冯·卡门曲线。

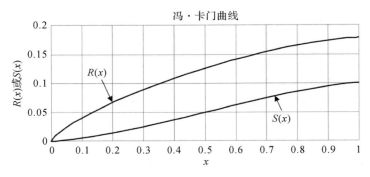

图 2.63　基底面积为 $S(l)=0.1$,体长为 $l=1.0$ 的冯·卡门曲线

2.13　高升力装置:多段翼

平面翼型气动升力的产生受限于其在没有流动分离情况下产生的环量。因此,为了创造更高的 q_{max},在前缘和尾缘上使用大量装置促进翼型的环量。装置有些增加有效弯度,有些为吸力面边界层提供能量以承受更大的攻角。这些高升力装置为前缘下垂(未展示)、缝翼和作为 LE 装置的 Krueger 襟翼。图 2.64 展示了一些可以在飞机着陆时安装的前、尾缘装置,以及扰流板。

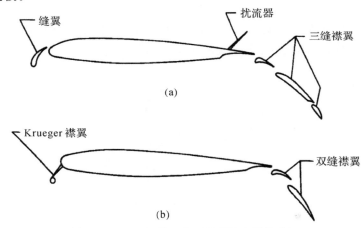

图 2.64　飞机机翼上典型的前缘和尾缘装置
(a)翼型与三缝襟翼、缝翼和扰流板;(b)双缝襟翼和 Krueger 襟翼的翼型
资料来源:Loftin,1985。

Jirasek 和 Amoignon(2009)研究了自然层流翼型中前缘下垂机头和尾缘单富勒襟翼的组合。Khodadoust 和 Washburn(2007)以及 Khodadoust 和 Shmilovich(2007)研究了高升力系统中流动分离的主动控制。图 2.65 展示了各种 LE 和 TE 装置对翼型 $C_{L,max}$ 的影响。当平面襟翼或 LE 板偏转时,普通翼型的 $C_{L,max}$ 从 1.45 增强到 2.4。当采用分体襟翼时, $C_{L,max}$ 增幅增加到 2.6。单开槽襟翼的 $C_{L,max}$ 为 2.95,双开槽襟翼的 $C_{L,max}$ 为 3.0。LE 板条与双开槽襟翼的结合将 $C_{L,max}$ 推至 3.2。最后,在图 2.65 中,注意到在具有 LE 板条和双开槽襟翼的翼型上增加上表面边界层吸力有可能使 $C_{L,max}$ 增加到接近 4.0。

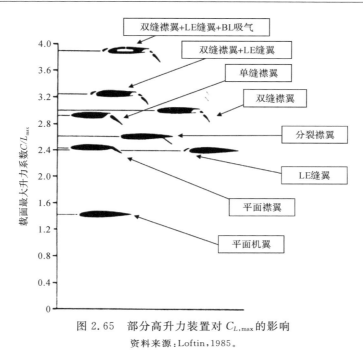

图 2.65　部分高升力装置对 $C_{L,\mathrm{max}}$ 的影响

资料来源：Loftin,1985。

图 2.66 和图 2.67 展示了高升力装置对飞机进近和降落的影响及其与排气射流的相互作用。图 2.66 展示了 4 条升力曲线。第一条是干净的机翼与板条装置。第二条是尾缘装置：单开槽襟翼的展开。第三条是叶片/主双开槽襟翼,其与射流的相互作用如图 2.67 所示。第四条是尾部双槽襟翼。如需详细参考,请参考 Rudolph(1996)。

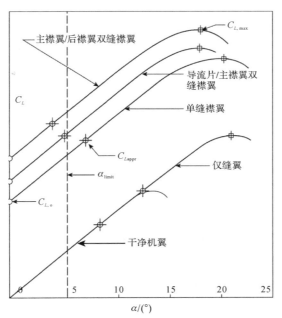

图 2.66　高升力装置对飞机进近着陆时 C_L 和 AoA 的影响

资料来源：Rudolph,1996。

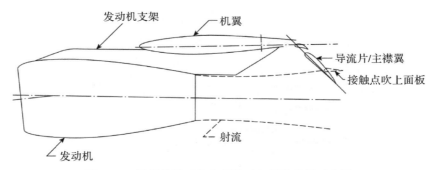

图 2.67   尾缘襟翼系统在着陆时与射流的相互作用

资料来源：Rudolph，1996。

图 2.68 展示了具有中等展弦比的现代运输机后掠翼的 $C_{L,\max}$ 作为高升力系统复杂性的函数（数据来自 Dillner，May 和 McMasters，1984）。机翼后掠角在 $c/4$ 处测量，$C_{L,\max}$ 是根据统计分析得出的。带前缘缝翼的三缝襟翼产生的 $C_{L,\max}$ 最大，如图 2.68 所示。虽然 $C_{L,\max}$ 在 2～3 范围内适用于常规起降飞机，但它不适用于 STOL（短距起降）飞机应用。关于多段元高升力系统气动设计的研究，参考 van Dam（2002）。对于飞机性能的应用，应参考 Lan 和 Roskam（2018）以及 Roskam（2018）。

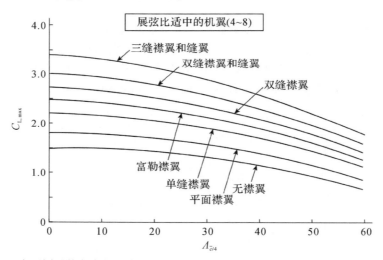

图 2.68   在不同系统复杂性的高升力装置下，翼后掠角对中等展弦比机翼 $C_{L,\max}$ 的影响

资料来源：Dillner，May 和 McMasters，1984。

2.14   动力增升和短距起降飞行器

短距垂直起降飞机需要比传统飞机更高的 $C_{L,\max}$，例如 $C_{L,\max}$ 为 10。环量控制（CC）翼型对圆形尾缘翼型和从槽中喷出的射流使用柯思达效应，迫使后部滞止点指向压力面。这种方法非常强大，能够在零入射角情况下与 LE 下垂耦合产生 5.0 的 $C_{L,\max}$。环量控制翼型的缺点是它需要一个加压的气源。在 CC 翼型的设计中出现了一个新的工作参数——射流

动量系数,其定义为

$$C_{\mathrm{J}} = \frac{\dot{m}_{\mathrm{J}} V_{\mathrm{J}}}{q_\infty S} \qquad (2.127)$$

在进一步的研究中,CC 翼型在翼型的吸力和压力表面上都有前缘和尾缘吹气槽,其任务是在飞行的所有阶段进行流动控制,包括巡航阻力效率。通过切向喷射将边界层控制与 CC 相结合,这是其强大的升力产生手段。极短距起降(ESTOL)飞行器是一个先进的应用领域,是气动 CC 机翼和其他动力升力概念,如内吹式襟翼(IBF)、外吹式襟翼(EBFs)和上表面吹气(USB),其目标为 $C_{L,\max}$ 为 10,巡航 L/D 为 16,巡航马赫数为 0.8。图 2.69 展示了 NASA 的 ESTOL 飞机概念(参考 Jones 和 Joslin 2004)。本书还推荐了 Englar(2005)关于动力升降机概念的综述论文。

图 2.69　NASA 极短起降(ESTOL)飞机概念

资料来源:Jones 和 Joslin,2004。

2.15　层流流动控制(LFC)

LFC 是一种强有力的延迟边界层转捩的流动控制策略。由于它在巡航 L/D 方面有很大的改进,减少了航程油量(BF),因此,对远程商业运输而言该方法极具吸引力。自然层流(NLF)是通过表面几何形状定制实现的,不需要动力。Holmes 和 Obara(1992)对 NLF 技术和飞行试验进行了广泛的研究,包括飞行中的测试和流动可视化技术。相比之下,混合层流控制(HLFC)需要动力来提供边界层的吸力,并在机翼、发动机短舱、机身和尾翼的扩展区域促进层流状态。自 1930 年以来,NASA 在这一领域开展了基础性和开拓性的工作。Joslin 在 1998 年提供了一份关于 LFC 从 1930 年到 1990 年的广泛概述。机翼前缘附近的条形区域是机翼上 LFC 最有效的吸气口。在前缘和部分弦线附近的低吸力,约 40%,已被证明是有效的过渡延迟。LFC 扩展到超声速流动。超声速层流控制(SLFC)的研究被波音公司(参考 Parikh 和 Nagel,1990)和麦道飞机公司(参考 Powell,Agarwal 和 Lacey,1989)应用于 NASA 高速民用运输(HSCT)计划。两项研究都得可出结论:巡航 L/D 显著提高,起飞总质量(TOGW)减少,运行空重(OEW)和 FB 减少约 12%。FLFC 的概念及其应用如图 2.70 所示(来自 Collier,1993)。

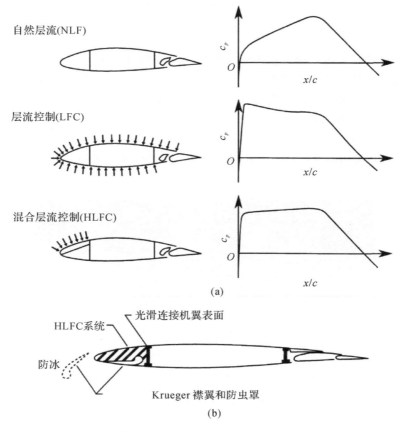

图 2.70　FLFC 的概念及其应用

(a)机翼的 NLF、LFC、HLFC 概念;(b) HLFC 机翼的实际应用

资料来源:Collier,1993。

HLFC 在超声速运输中的优势如图 2.71 所示(来自 Parikh 和 Nagel,1990)。图 2.72 展示了 B737MAX 飞机上的层流小翼。图 2.73 展示了第一架使用 HLFC 的量产飞机,即在垂直尾翼和水平尾翼的前缘使用了吸气条的 B787 - 9。

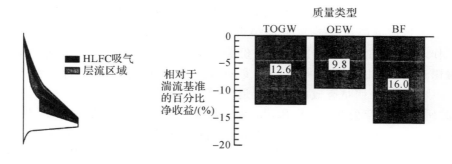

图 2.71　HLFC 在 2.4Ma、6 500 n mile、可容纳 247 名乘客的超声速运输中的优势

资料来源:Parikh 和 Nagel,1990。

图 2.72 B737 MAX 飞机上的层流小翼和 B737 - 800 ecoDemonstrator 验证机
资料来源:波音公司。

图 2.73 第一架使用 HLFC 的量产飞机
资料来源:波音公司。

根据单发失效(OEI)的控制要求,在尾翼/方向舵上使用流体控制来提高 L/D,从而减小尺寸(B757 在 NASA 40 in×40 in 风洞中演示了该技术),如图 2.74 所示。

图 2.74 在尾翼/方向舵上使用流体控制
资料来源:NASA。

2.16　空气动力学品质因数

本书第 1 章推导了非加速平飞布雷盖特航程公式,在空气动力学/飞行力学基础书籍中也有类似的推导;如 Anderson（2005）:

$$R = \eta_0 \frac{Q_R}{g_0} \frac{L}{D} \ln \frac{W_i}{W_f} \tag{2.128}$$

式中:η_0 为发动机总效率;Q_R 为燃油热值;L/D 为飞机升阻比;W_i 为飞机初始质量;W_f 为飞机最终质量（注意,此表达式中的 W_f 不是燃油质量）。L/D 被称为飞机气动效率。

喷气发动机的总效率定义为

$$\eta_0 = \frac{F_n V_0}{\dot{m}_f Q_R} \tag{2.129}$$

将式（2.129）代入式（2.128）并重新组合,得

$$R = \left(Ma_0 \frac{L}{D} \right) \frac{a_0/g_0}{\text{TSFC}} \ln \frac{W_i}{W_f} \tag{2.130}$$

式中:系数（$Ma_0 L/D$）称为航程因子或巡航效率参数;TSFC 是推力耗油率;a_0 是飞行高度的声速。这里注意到,当保持推力耗油率（TSFC）不变,（$Ma_0 L/D$）为最大值时,飞机航程最大。 Anderson（2005）指出当 $C_L^{1/2}/C_D$ 最大时,航程因子最大。因此,得出当 $C_L^{1/2}/C_D$ 最大时,喷气式飞机的航程最大。在为低噪声和气动效率而设计的翼身融合（BWB）结构中,Hileman 等人（2010）表明,3 种概念设计 SAX－12,SAX－29 和 SAX－40 的 $C_L^{1/2}/C_D$ 在 17.5～20.1 之间变化,如图 2.75 所示。

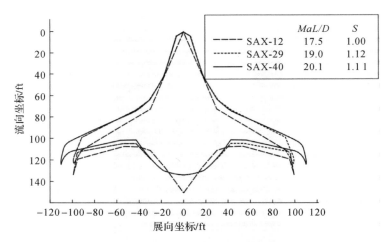

图 2.75　低噪声和高巡航效率的翼身融合概念设计

资料来源:Hileman 等人,2010。

关于续航力 E,使用式（2.130）来推导非加速水平飞行的续航力:

$$E = \frac{R}{V_0} = \frac{\eta_0}{V_0} \frac{Q_R}{g_0} \frac{L}{D} \ln \frac{W_i}{W_f} = \left(\frac{L}{D} \right) \frac{1/g_0}{\text{TSFC}} \ln \frac{W_i}{W_f} \tag{2.131}$$

在这里,注意到当 L/D 达到最大值时,喷气式飞机的续航力最大。可以通过绘制 C_L 与 C_D 曲线的切线,在飞机阻力极坐标图形上建立 $(L/D)_{\max}$。切线的斜率是最大升阻比。图 2.76 是典型的阻力极线和最大 L/D,C_{D_0},C_D,$\min$ 和 $C_{L,\max}$ 的图形描述。图 2.77 是亚声速和超声速飞机的阻力极线。C'_L 是最小阻力时的升力系数。

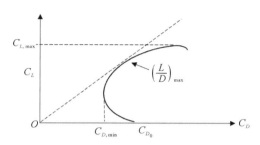

图 2.76　飞机阻力关于 $(L/D)_{\max}$ 的极图

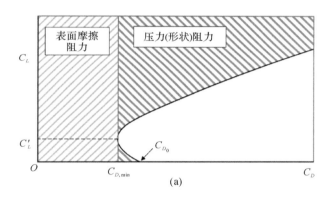

(a)

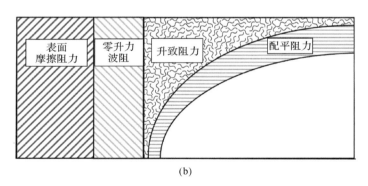

(b)

图 2.77　亚声速和超声速飞机的阻力极线

(a)亚声速飞机的阻力极线;(b)超声速飞机的阻力极线

在超声速流动中,L/D 和 $(L/D)_{\max}$ 下降。作为参考,10% 厚度的菱形翼型在 $\sqrt{2}$ 马赫流中的阻力极值如图 2.78 所示。L/D 最大的迎角为 $6°$,理论最大值 $(L/D)_{\max}$ 仅为 4.72,如图 2.79 所示。

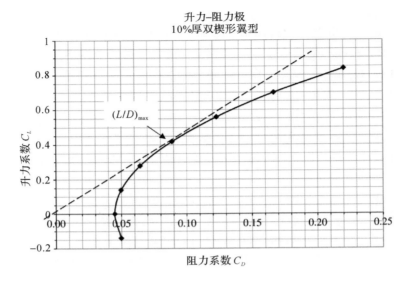

图 2.78　10％厚度的菱形翼型在 $\sqrt{2}$ 马赫流中的阻力极线

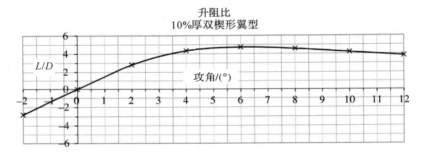

图 2.79　10％厚菱形翼型在 $\sqrt{2}\,Ma$ 流动中升阻比随攻角 AoA 的变化

飞机失速速度 V_s 要求 $C_{L,\max}$ 满足：

$$C_{L,\max}\,\frac{1}{2}\rho_\infty V_S^2 S = W \tag{2.132}$$

通过分离失速速度，得

$$V_S = \sqrt{\frac{2W}{\rho_\infty S C_{L,\max}}} = \sqrt{\left(\frac{W}{S}\right)\frac{2}{\rho_\infty C_{L,\max}}} \tag{2.133}$$

飞机质量与其平面面积的比值 W/S 称为机翼载荷，注意到式（2.133）连接了 3 个重要的飞机飞行参数，即失速速度、机翼载荷和 $C_{L,\max}$：

$$V_S = \sqrt{\frac{2}{\rho_\infty}}\left(\frac{W}{S}\right)^{1/2}\left(C_{L,\max}\right)^{-1/2} \tag{2.134}$$

近场速度 V_A 由适航要求控制，即 $\geqslant 1.23$ 倍失速速度，即 $1.23\,V_s$。因此，最小近场速度为

$$V_A = 1.23 \left[\sqrt{\left(\frac{W}{S}\right) \frac{2}{\rho_\infty C_{L,\max}}} \right] \tag{2.135}$$

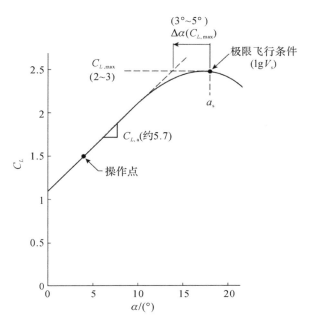

图 2.80 常规飞机的典型升力系数与攻角关系

资料来源:Heffley 等人,1977。

因此,近场升力系数 $C_{L,A}$ 为 $1/(1.23)^2$ 倍 $C_{L,\max}$,即

$$C_{L,A} = \frac{C_{L,\max}}{1.51} \tag{2.136}$$

因此,对起降具有重要意义的气动参数为 $C_{L,\max}$,图 2.80[来自 Heffley 等人(1977)]所示为常规飞机的典型俯角与迎角的关系。对更高的 $C_{L,\max}$ 研究的另一个原因在于它可以降低失速速度,从而降低飞机起降时的噪声。超级升力的概念由 Yang 和 Zha(2017)针对 $C_{L,\max}$ 提出。

作为参考,在这里注意到飞机 L/D 也会影响爬升梯度,这是由 2,3 和 4 发动机飞机的适航要求规定的,以及推重比 T/W:

$$\tan\gamma \cong \frac{T}{W} - \frac{1}{L/D} \tag{2.137}$$

关于 OEI 中爬升梯度的适航要求,参考 van Dam(2002)。

综上所述,超声速下飞机阻力是基于(可压缩)表面摩擦、零升力波阻力、诱导阻力、升致阻力和配平阻力计算的。这些因素如图 2.81[来自 Jobe(1985)]所示。

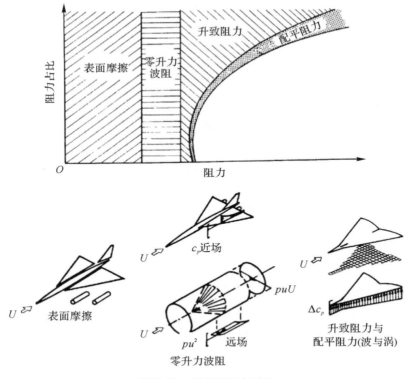

图 2.81　超声速阻力累积
资料来源:Jobe,1985。

2.17　先进飞机设计和高效绿色航空技术

　　环境友好航空(ERA)项目诞生于 NASA,旨在到 2025 年,商用飞机以 $0.85Ma$ 的速度飞行 7 000 n mile,携带 5 万～10 万 pound[①]的有效载荷,并实现以下目标:

　　(1)燃油消耗减少 50%(与 1998 年投入使用的发动机相比)。

　　(2)减少 50% 的有害气体排放。

　　(3)受机场噪声影响的地理区域面积减小 83%。

　　美国的 3 家飞机公司——波音、洛克希德·马丁和诺斯罗普·格鲁曼,响应了这一号召(根据 2010 年与 NASA 签订的合同)。在本节中,将简要介绍其概念飞机以及其他有前景的更环保、更精简的飞机概念。由于这些概念和技术都是"正在进行的工作",因此 NASA ERA 项目的 3 个具有挑战性的目标不能同时被提出的设计所满足。

　　秉承 X 系列飞机的传统,波音公司的 X-48 飞机采用 BWB 设计,顶部安装普惠齿轮传动涡扇发动机,并配有两个垂直尾翼,有助于屏蔽噪声。X-48 的 BWB 设计使用了 HLFC,提高了飞行器的升阻比,增大了载客容量,从而减少了传统管式和翼式飞机在相同负载系数

---

① 　1 pound≈0.454 kg。

（即载客数量）下的阻力。在 BWB 设计中，机身提供升力，从而提高巡航效率。图 2.82 展示了波音公司的 X-48 飞机（由 NASA/波音公司提供），其翼身融合飞机，降低噪声，提高巡航效率。Qin 等人（2004）对翼身融合飞机的空气动力学进行了全面研究，并证明了可以通过详细设计（例如展向加载）实现逐步改进。Liebeck（2004）对 480 座（管式和翼式）飞机（A380-700）和 BWB 飞机进行了比较，得出结论：BWB 的使用空机重量 OEW 节省了 19%，最大起飞质量（MTOW）节省了 18%，总海平面静态推力节省了 19%，在 8 700 n mile[①]的飞行中，每个座位节省了 32% 的燃料消耗。

图 2.82　波音公司的 X-48 飞机
资料来源：NASA/波音公司。

　　飞翼（FW）概念可以追溯到杰克·诺斯罗普时代（20 世纪 30 年代和 40 年代），由诺斯罗普·格鲁曼公司重新审视。图 2.83 展示了诺斯罗普·格鲁曼公司为商用航空市场设计的概念飞机，在上表面嵌入了 4 个大涵道比罗尔斯·罗伊斯发动机，用于屏蔽噪声。无尾飞翼商用客机采用 LFC 和先进的复合材料结构。这架概念飞机有望提供最高的大型客机在亚声速-跨声速范围内的气动效率。具有先进技术的机身和推进系统的无尾飞翼设计是未来商业航空的有力候选者。

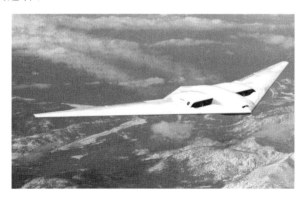

图 2.83　诺斯罗普·格鲁曼公司为商用航空市场设计的概念飞机
资料来源：NASA/诺斯罗普·格鲁曼公司。

---

① 　1 n mile=1.852 km。

另一个被重新审视的空气动力学概念是盒式机翼飞机,它提供了更高升阻比(预计16%)的潜力,并被洛克希德·马丁作为概念客机提出。图 2.84 展示了由 Rolls-Royce Liberty Works 公司生产的采用 HLFC、先进轻质复合材料和超高涵道比(UHB)涡扇发动机的盒式机翼概念飞机(来自 NASA 和洛克希德·马丁公司),被称为超扇发动机。由于没有翼尖,因此盒式机翼中的诱导阻力会减小。此外,升力面在机翼后部不断延伸,即超出机翼盒的前部,与相同跨度的传统机翼相比,产生了更高的 L/D。

图 2.84　盒式翼减阻概念飞机
资料来源:NASA/洛克希德·马丁公司。

为探索提升机身概念,麻省理工学院、极光飞行科学公司和普惠公司设计了一种宽机身(D8 ,或"双气泡")概念飞机(见图 2.85),采用低后掠机翼和尾推进系统进行边界层吸入(BLI),并通过尾翼屏蔽。该飞机专门为国内市场设计,飞行速度为 $0.74Ma$,载客 180 人,航程 3 000 n mile。极光飞行科学预测(见 Aurora Flight Sciences 网站:http://www.aurora.aero),在着陆和起飞过程中,与同类最佳的 B737-800 窄体客机相比,D8 可以减少71%的燃油消耗,降低 60 dB 的噪声,减少 87 % 的 NO_x。D8 在 2030—2035 年时间段内具备进入服役的技术成熟度水平。

(a)

图 2.85　MIT 概念机结合了增强升力的宽机身、边界层吸入推进和降低阻力的小后掠翼
资料来源:NASA/MIT。

(b)

续图 2.85　MIT 概念机结合了增强升力的宽机身、边界层吸入推进和降低阻力的小后掠翼
资料来源：NASA/MIT。

　　波音公司设计的 Volt 混合动力飞机的桁架支撑设计支持了高展弦比的概念。图 2.86
展示了波音公司根据 NASA 亚声速超绿色飞机研究 SUGAR 计划设计的 Volt（由 NASA、
波音公司提供）。

图 2.86　波音公司根据 NASA 亚声速超绿色飞机研究 SUGAR 计划设计的 Volt
资料来源：NASA、波音公司。

　　由 MIT 提出的混合翼身设计如图 2.87 所示（由 NASA,MIT 提供）。这是一种无尾结
构,尾部装有 BLI 电推进器。

图 2.87　由 MIT 提出的混合翼身设计
资料来源：NASA,MIT。

最后，图 2.88 所示的洛克希德·马丁公司研制的低声爆 X-Plane（X-59A）具有"更绿色、更安静、更安全"的性能和更快的飞行速度。X-59A 专为在 55 000 ft 高度以 1.4Ma 巡航而设计。其地面声爆响度的目标为 75 dB，而 Concorde（参考 Warwick，G 2018）的目标为 105～110 dB。

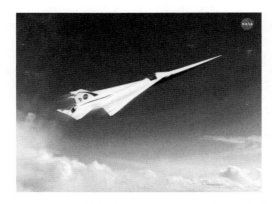

图 2.88　X-59A 低声爆 X-Plane——"绿色、安静、安全"

资料来源：NASA。

先进设计和技术飞机的共同主线是产生协同作用的集成系统设计方法。

设想通过以下方式提高空气动力学效率：

（1）LFC，或混合 LFC。

（2）升力"机身"，例如 BVB，FW，D8。

（3）无尾结构，如飞翼飞机。

（4）更高的有效展弦比，例如 Volt。

（5）尾部推进器实现 BLI。

（6）推进系统集成。

（7）地面操作、滑行道和机场登机口时折叠机翼。

改善燃油燃烧将通过以下方式实现：

（1）采用先进核心机的 UHB 涡扇发动机。

（2）油电混合推进。

（3）推进系统集成。

（4）广泛使用轻质先进复合材料。

（5）折叠机翼在飞行中产生高 AR，并折叠以适应地面操作。

（6）采用流体装置提高升力，减小控制面尺寸。

（7）在登机口和滑行阶段使用电动操作。

减少噪声的方法包括：

（1）推进系统集成。

（2）降低风扇压比和排气速度的 UHB 涡扇发动机。

（3）上表面安装，即机翼屏蔽。

（4）尾翼屏蔽。

(5)飞行剖面管理和地面操作。

(6)LTO 循环中起落架和高升力装置的降噪设计。

(7)低声爆技术。

通过以下方式实现减少有害排放：

(1)具有较短生命周期排放的替代喷气燃料。

(2)先进的(分段)燃烧室设计。

(3)混合动力,例如油电混合电推进或多燃料混合推进。

(4)低空巡航,例如 25 kft,以缓解持续尾迹。

(5)推进系统集成。

(6)先进的空中交通管理(ATM)和地面操作。

(7)生命周期内低排放的电推进。

2.18　本　章　小　结

本章从理论和应用两个层面回顾了飞机空气动力学,研究了不同飞行马赫数下物体的压力和剪切力分布。对于不可压缩流和可压缩流,本章给出了层流和 TBLs 的基本处理。研究发现,雷诺数和转捩是影响摩擦阻力预测的主要因素。本章还讨论了基本的转捩模型。本章运用经典的普朗特翼理论介绍了有限展机翼;介绍了钟形扩载的现代观点及其对气动效率的影响和前偏航现象;马赫数与压力分布、压缩效应、波的形成以及波的阻力有关;提出了临界马赫数和阻力发散的概念,并将其与现代超临界翼型的发展联系起来;讨论了跨声速流动中面积律对零升力阻力的作用;推导了超声速流动中 Sears - Haack 体和 von Karman 拱形体的最佳形状;研究了机翼空气动力学特性,包括展弦比、后掠、三角翼等平面形状和失速特性的影响;介绍了起降性能方面的高升力装置,以及用于短距起降的动力升力装置;简要讨论了层流控制(LFC),并概述了其在飞机性能方面的潜在好处;介绍了一些现代飞机设计和技术,这些设计和技术将带来更为绿色环保的飞行,主要讨论了 NASA 通过 ERA 项目委托的低噪声、低排放和低油耗的飞机概念;洛克希德・马丁公司臭鼬工厂在静声超声速技术(QueSST)项目下开发的低声爆飞行验证机 X - 59A 计划于 2021 年飞行的时间表。

参 考 文 献

[1]　ABBOTT I H, VON DOENHOFF A E. Summary of airfoil data：NACA Report No. 824. Washington, D.C. ：NACA, 1945.

[2]　ABBOTT I H, VON DOENHOFF A E. Theory of wing sections. New York：Dover Publications,1959.

[3]　ALEXANDER M G. Technical report, flight dynamics directorate：subsonic wind tunnel testing handbook. Wright：Wright Laboratory, 1991.

[4]　ANDERSON J D. Modern compressible flow. New York：McGraw-Hill, 2012.

[5]　ANDERSON J D. Fundamentals of aerodynamics. New York：McGraw-Hill, 2016.

[6]　ANDERSON J D. Hypersonic and high temperature gas dynamics. New York：McGraw-Hill，1989.

[7]　ANDERSON J D. Introduction to flight. New York：McGraw-Hill，2005.

[8]　BERTIN J J，CUMMINGS R M. Aerodynamics for engineers. Upper Saddle River：Prentice Hall，2013.

[9]　BOWERS A H，MURILLO O J，JENSEN R，et al. On wings of the minimum induced drag：spanload implications for aircraft and birds：NASA/TP – 2016 – 219072. Washington，D. C.：National Aeronautics and Space Administration，2016.

[10]　BUSEMANN A. Aerodynamischer auftrieb bei überschallgeschwindigkeit. Proceedings of the 5th Volta Congress held in Rome. Italy：Volta Congress，1935.

[11]　CARLSON L A. Transonic airfoil analysis and design using cartesian coordinates. Journal of Aircraft，1976，13(5)：349 – 356.

[12]　CARLSON H W，HARRIS R V JR. Aunified system of supersonic aerodynamic analysis. //Analytic Methods in Aircraft Aerodynamics：NASA SP – 228，1969，27：639 – 658.

[13]　CEBECI T. Engineering approach to the calculation of aerodynamic flows. Berlin：Springer Verlag，1999.

[14]　COLLIER F S JR. An overview of recent subsonic laminar flow control flight experiments. Orlando：23rd Fluid Dynamics，Plasmadynamics，and Lasers Conference，1993.

[15]　COVERTE E. Thrust and drag：its prediction and verification. //AIAA Progress in Astronautics and Aeronautics. Washington，D. C.：AIAA，1985.

[16]　DILLNER B，MAYF W M C，MASTERS J H. Aerodynamic issues in the design of high-lift systems for transport aircraft. Belgium：AGARD Fluid Dynamics Panel Symposium，Brussels，1984.

[17]　ECKERT E R G. Engineering relations for heat transfer and friction for high-velocity laminar and turbulent boundary layer flow over surfaces with constant pressure and temperature. Transactions of the ASME，1956，78(6)：1273 – 1283.

[18]　ECKERT E R G. Survey of boundary layer heat transfer at high velocities and high temperatures. Wright：Wright Air Development Center，1960.

[19]　ENGLAR R J. Overview of circulation control pneumatic aerodynamics：blown force and moment augmentation and modification as applied primarily to fixed-wing aircraft. Reston：American Institute of Aeronautics and Astronautics，2006：23 – 68.

[20]　EPPLER R，SOMERS D M. A computer program for the design and analysis of low-speed airfoils. Washington，D. C.：National Aeronautics and Space Administration，1980.

[21]　FABER T E. Fluid dynamics for physicists. Cambridge：Cambridge University

Press, 1995.

[22] FAROKHI S. Aircraft propulsion. 2nd ed. Chichester: Wiley, 2014.

[23] FISHER D F, DEL FRATE J H, RICHWINE D M. In-flight flow visualization characteristics of the NASA F - 18 high alpha research vehicle at high angles of attack. Detroit: SAE, 1989: 1405 - 1435.

[24] GARABEDIAN P R. Transonic airfoil codes. NATIONAL AERONAUTICS AND SPACE ADMINISTRATION Langley Res. Center Advanced Technol. Airfoil Res, 1979(1):1.

[25] GLAUSER M N, SARICWS, CHAPMAN K L, et al. Swept-wing boundary-layer transition and turbulent flow physics from multipoint measurements. AIAA journal, 2014, 52(2): 338 - 347.

[26] HAYES W D, PROBSTEIN R E. Hypersonic flow theory. New York: Academic Press, 1959.

[27] HEFFLEY R K, STAPLEFORD R L, RUMOLD R C. Airworthiness criteria development for powered lift aircraft: NASACR - 2791. Washington, D. C. : National Aeronautics and Space Administration, 1977.

[28] HEPPENHEIMERT A. Facing the heat barrier: a history of hypersonics: NASA SP - 2007 - 4232. Washington, D. C. : National Aeronautics and Space Administration, 2007.

[29] HILEMAN J I, SPAKOVSZKY S Z, DRELA M, et al. Airframe design for silent fuel-efficient aircraft. Journal of aircraft, 2010, 47(3): 956 - 969.

[30] HOERNER S F. Fluid-Dynamic drag: practical information on aerodynamic drag and hydrodynamic resistance. Bakersfield: Hoerner Fluid Dynamics Publisher, 1965.

[31] HOERNER S F, BORST H V. Fluid-Dynamic lift: information on lift and its derivatives in air and water. Bakersfield: Hoerner Fluid Dynamics Publisher, 1985.

[32] HOLMES B J, OBARAC J. Flight research on natural laminar flow applications. // Barnwell R W, Hosseini M Y. Natural Laminar Flow and Laminar Flow Control. New York: Springer Verlag, 1992.

[33] JENKINS R V. NASASC(2) - 0714 airfoil data corrected for sidewall boundary layer effects in the Langley 0. 3 - meter transonic cryogenic tunnel: NASA TP - 2890. Washington, D. C. : National Aeronautics and Space Administration, 1989.

[34] JIRASEK A, AMOIGNON O. Design of a high lift system with a leading edge droop nose//27th AIAA Applied aerodynamics conference. [S. l.]: AIAA, 2009.

[35] JOBE C E. Prediction and verification of aerodynamic drag, part I: prediction. Thrust and drag: its prediction and verification, 1985, 98: 173 - 206.

[36] JOHNSON H A, RUBESIN M W. Aerodynamic heating and convective heat transfer: summary of literature survey[J]. Transactions of the American Society of Mechanical Engineers, 1949, 71(5): 447 - 456.

[37] JONES R T. Wing planforms for high-speed flight: NACA - TN - 1033. Washington, D. C. : NACA, 1947.

[38] JONES G S, JOSLIN R D. Proceedings of the 2004 NASA/ONR circulation control workshop: NASA/CP - 2005 - 213509. Washington, D. C. : National Aeronautics and Space Administration, 2004.

[39] JOSLIN R D. Overview of laminar flow control: NASATP - 1998 - 208705. Washington, D. C. : National Aeronautics and Space Administration, 1998.

[40] KEENAN J H, CHAO J, KAYE J. Gas tables: thermodynamic properties of air products of combustion and component gases compressible flow functions. New York: Wiley, 1983.

[41] KHODADOUST A, SHMILOVICH A. High Reynolds number simulation of distributed active flow control for a high-lift system//25th AIAA Applied Aerodynamics Conference. Miami: AIAA, 2007.

[42] KHODADOUST A, WASHBURN A. Active control of flow separation on a high-lift system with slotted flap at high Reynolds number//25th AIAA Applied Aerodynamics Conference. Miami: AIAA, 2007.

[43] KUETHE A M, CHOWC Y. Foundations of acrodynamics: bases of aerodynamic design. New York: Wiley, 2009.

[44] LAMBOURNE N C, BRYER D W. The bursting of leading-edge vortices-some observations and discussion of the phenomenon. London: Aeronautical Research Council, 1962.

[45] LAN E C, ROSKAM J. Airplane aerodynamics and performance. Lawrence: DAR Corporation, 2018.

[46] LIEBECK R H. Design of the blended wing body subsonic transport. AIAA Journal of Aircraft, 2004, 41(1): 10 - 25.

[47] LOFTIN L K. Quest for performance: the evolution of modern aircraft: NASA SP -468. Washington, D. C. : National Aeronautics and Space Administration, 1985.

[48] LOFTIN K L JR. Subsonic aircraft: evolution and the matching of size to performance: NASARP1060. Washington, D. C: National Aeronautics and Space Administration, 1980.

[49] LUCCA-NEGRO O, O'DOHERTY T. Vortex breakdown: a review. Progress in Energy and Combustion Science, 2001, 27(4): 431 - 481.

[50] LYNCH E. Commercial transports-aerodynamic design for cruise efficiency. // Dixon D. Transonic Aerodynamics, AIAA Progress in Astronautics and Aeronautics. Washington, D. C. : AIAA, 1982.

[51] MALIK M R. Stability theory for laminar flow control design. //Bushnell D M, Hefner J N. Viscous Drag Reduction in Boundary Layers, Progress in Astronautics and Aeronautic. Washington, D. C. : AIAA, 1990.

[52] MORKOVIN M V. On the many faces of transition. Viscous Drag Reduction. Berlin: Springer-Verlag, 1969.

[53] PARIKH P G, NAGEL A L. Application of laminar flow control to supersonic transport configurations: NASA CR – 181917. Washington, D. C. : National Aeronautics and Space Administration, 1990.

[54] PENARANDA F E, FREDA M S. Aeronautical facilities catalogue, vol. 1: wind tunnels: NASA RP – 1132. Washington, D. C: National Aeronautics and Space Administration, 1985.

[55] PENARANDA F E, FREDA M S. Aeronautical facilities catalogue, vol. 2: airbreathing propulsion and flight simulators: NASA RP – 1133. Washington, D. C. : National Aeronautics and Space Administration, 1985.

[56] POLHAMUS E C. A concept of vortex lift of sharp-edge delta wings based on a leading-edge suction analogy: NASA TND – 3767. Washington, D. C. : National Aeronautics and Space Administration, 1966.

[57] POLHAMUS E C. Application of leading-edge suction analogy of vortex lift to the drag due to the lift of sharp-edge delta wings: NASA TND – 4739. Washington, D. C. : NASA, 1968.

[58] POLHAMUS E C. Predictions of vortex lift characteristics by a leading-edge suction analogy. AIAA Journal of Aircraft, 1971, 8(4): 193 – 199.

[59] PRANDTL L. Uber flüssigkeitsbewegung bei sehr kleiner reibung. //Proceedings of the 3rd International Mathematics Congress. Heidelberg: International Congress of Applied Mechanics, 1904.

[60] PRANDTL L. Applications of modern hydrodynamics to aeronautics: NACA Report No. 116. Washington, D. C. : NACA, 1922.

[61] PRANDTL L. Uber tragflugel kleinsten induzierten widerstandes. Zeitschrift fur Flugtechnik and Motorluftschiffahrt, 1933, 1(6):556 – 561.

[62] QIN N, VAVALLE A, LE MOIGNE A, et al. Aerodynamic considerations of blended wing body aircraft. Progress in Aerospace Sciences, 2004, 40:321 – 343.

[63] RUDOLPHPK C. High-Lift systems on commercial subsonic airliners: NASA CR – 4746. Washington, D. C. : National Aeronautics and Space Administration, 1996.

[64] SARPKAYA T. Vortex breakdown in swirling conical flows. AIAA Journal, 1971, 9(9):1792 – 1799.

[65] SCHLICHTING H, GERSTENK. Boundary-Layer theory. 9th ed. Berlin: Springer Verlag, 2017.

[66] SHERMAN E S. Viscous flow. New York: McGraw-Hill, 1990.

[67] SHEVELL R S, KROO I. Compressibility drag: 3D effects and sweep. Stanford: Stanford University, 1992.

[68] SMITH A M O. Design of DESA-2airfoil: Douglas Aircraft Co: Report ES17117, AD143008. [S. l. : s. n], 1952.

[69] SMITH A M O. Transition, pressure gradient and stability theory: Douglas Aircraft Co. : Report ES 26388. [S. l. : s. n.], 1956.

[70] VAN DAM C P. The aerodynamic design of multi-element high-lift systems for transport airplanes. Progress in Aerospace Sciences, 2002, 38: 101 - 144.

[71] VAN DRIEST E R. Turbulent boundary layer in compressible fluids. Journal of Aeronautical Sciences, 1951, 18: 145 - 160.

[72] VAN INGEN JL. A suggested semi-empirical method for the calculation of the boundary-layer region: Report No. VTH71, VTH74. [S. l. : s. n.], 1956.

[73] VOS R, FAROKHI S. Introduction to transonic aerodynamics. Heidelberg: Springer Dordrecht, 2015.

[74] WARWICK G. NASA wind tunnel tests mature low-boom X-Plane design. Aviation Week and Space Technology, Featured Content. Washington, D. C. : National Aeronautics and Space Administration, 2018.

[75] WAZZAN A R, GAZLEY C J R, SMITH A. H-Rx method for predicting transition. Journal of Aircraft, 1981, 19(6): 810 - 812.

[76] WHITCOMB R T. A study of the zero-lift drag-rise characteristics of wing-body combinations near the speed of sound: NACA Report 1273. Washington, D. C. : NACA, 1956.

[77] WHITCOMB R T, CLARK L R. An airfoil shape for efficient flight at supercritical Mach numbers: NASA TMX - 1109. Washington, D. C. : National Aeronautics and Space Administration, 1965.

[78] WHITE F M. Viscous fluid flow. New York: McGraw-Hill, 2005.

[79] YANG Y, ZHA G. Super-Lift coefficient of active flow control airfoil: what is the limit. Grapevine: 55th AIAA Aerospace Science Meeting, 2017.

第 3 章　航空对环境的影响

3.1　引　　言

　　航空领域的可持续性基于 3 个相互关联的概念：航空对环境的影响（即气候、空气质量和噪声）、能源的可再生性和增加航空运输需求所带来的社会因素（例如经济）。从可持续性的第一个要素开始，航空对环境的影响始于机场附近的地面空气质量，随着温室气体的排放逐步上升到地球大气层。飞机发动机的排放和噪声会影响社区层面的空气质量。

　　除飞机发动机外，辅助动力装置（APU）、地面支持设备、地面交通车辆、施工活动、发电厂和维修作业也被视为机场航空相关环境污染的排放源。

　　在巡航高度，发动机排放物中的温室气体（GHG）通过温室效应导致气候变化。发动机排放物以氮氧化物（NO_x）的形式对气候产生影响，可能会损耗地球大气中臭氧保护层，并在地面/社区层面产生有害臭氧。高空飞行的喷气式飞机中持续存在的尾迹的形成和扩散是航空引起航空诱导云雾（AIC）的来源，类似于自然产生的覆盖了地球约 30% 的面积卷云。AIC 改变了高层大气中的强迫辐射（RF），因此产生了对气候变化的另一个担忧。

　　本章将讨论与航空相关的污染源和这些人为因素的严重性，即在全世界范围内人类活动造成的排放对于环境的危害。本章后半部分将介绍飞机起飞、爬升、巡航、进近和着陆过程中产生的航空噪声。

　　本章还涉及与超声速飞行相关的航空噪声，即声爆，还将介绍噪声对人的生理和心理健康的影响，以及在源头抑制噪声的相关技术，美国国家航空航天局（NASA）、美国联邦航空管理局（FAA）、欧洲愿景和国际民用航空组织（ICAO）表达的充满希望的可持续航空愿景和战略。最后，本章概述 2050 年及以后的航空目标。

3.2　燃　烧　排　放

　　化石燃料在空气中燃烧会产生属于温室气体的水蒸气和二氧化碳。不完全燃烧导致排气中产生一氧化碳和未燃烧的碳氢化合物。标记为 NO_x 的氮氧化物因其对空气质量的影响而成为主要关注问题。NO_x 还分别在低层和高层大气中臭氧的产生和消耗中发挥催化作用。燃料的硫含量由航空燃料生产(或炼油厂)过程决定。燃料中的硫及其氧化物,标记为 SO_x(主要是 SO_2),导致了当地空气质量问题。最后,废气中的可吸入颗粒物(PM)也是燃烧排放物,称为烟尘和挥发性气体,凝结成固体(颗粒)相,对空气质量产生不利影响。

空气污染有两个方面值得关注。第一涉及机场附近在 3 000 ft 以下的着陆-起飞循环(LTO)中的发动机排放。第二关注领域涉及评估发动机排放在 3 000 ft 以上的爬升-巡航-下降(CCD)阶段的影响。图 3.1 展示了与飞机发动机中化石燃料燃烧相关的排放类型和性质。评估温室气体(GHG)排放对气候影响,在生命周期评估(LCA)术语里称为 TTW(燃料在使用过程的温室气体排放),LCA 的另一个要素是 WTT(上游燃料生产导致的温室气体排放部分)。

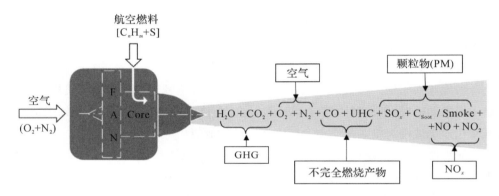

图 3.1　飞机涡轮风扇发动机中化石燃料燃烧的全周期(TTW)排放物

3.2.1　温室气体

太阳辐射为地球上的气候系统提供动力。地球大气层中的温室气体吸收并重新发射红外辐射,导致地球气候变暖。地球表面的平均温度为 298 K,而如果大气中没有温室气体,那么地球表面的平均温度为 255 K(即低 43 ℃)。大气中的温室气体包括:

(1)二氧化碳,CO_2。

(2)水蒸气,H_2O。

(3)甲烷,CH_4。

(4)一氧化二氮,N_2O。

(5)氢氟烃,HFC_s。

(6)全氟碳,PFC_s。

(7)六氟化硫,SF_6。

前 4 类正影响着航空,后 3 类受到严格监管,其影响已降至最低。二氧化碳(CO_2)和水蒸气(H_2O)在列表中占主导地位,它们组成了化石燃料在吸气式喷气发动机中完全燃烧的产物。越来越多的商业飞机在大气中大量堆积的排放物,被认为会通过温室效应导致全球变暖。一旦产生,温室气体就会在大气中萦绕,即它们在被海洋、森林、植物和土壤吸收之前在大气中存在几十年甚至几个世纪。除了大气中 GHG 的动态变化之外,冰盖、土壤、森林和海洋对阳光的表面反射也被称为反照率效应,其范围为 90%～10%。冰盖融化和森林砍伐通过反照率效应导致全球变暖。北极的一个例子是格陵兰冰盖反照率,它显示,2000—2010 年,反射率降低了 5%,这导致冰盖每年加速融化 6 600 n mile。

图 3.2 展示了 1984 年和 2016 年北极地区 9 月的海冰范围及其年龄(来自 NASA Science Visualization Studio 的数据,Tschudi 等人,2016)。海冰面积的显著减少是显而易见的。事实上,这一问题的规模要以数百万平方英里来衡量(参考 Fetterer 等人,2016)。大气中人为温室气体的不利影响是公认的,但仍有少数人对这一结论持怀疑态度。然而,人类对大气的影响这一不可否认的事实是基于科学测量得到的。图 3.3(改编自 Zumdahl,2000)展示了自公元 1000 年以来大气中的 CO_2 浓度。它还标志着欧洲工业革命(1784)的开始。它显示过去 100 年中 CO_2 浓度迅速上升,与此同时用于发电、家庭取暖和交通的化石燃料消耗量不断增加。目前,没有 CO_2 和压力的排放法规,因此没有 FAA 发动机认证要求。图 3.3 中 CO_2 摩尔浓度的百万分之一(10^{-6},ppm),即等于大气中 CO_2 的体积分数。请注意,如图 3.3 所示,大气中 CO_2 浓度的上升从 2000 年一直到 2013 年,数据基于季节变化的平均值。根据美国国家海洋和大气管理局(NOAA)的最新数据(www.esrl.noaa.gov/gmd/ccgg/trends),如图 3.4 所示,CO_2 浓度依然继续急剧上升。

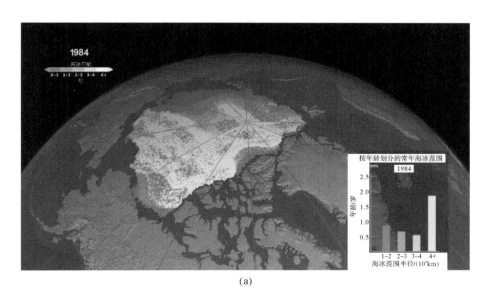

(a)

图 3.2 1984 年和 2016 年北极 9 月冰盖范围和年龄

(a)1984 年 9 月海冰范围和年龄

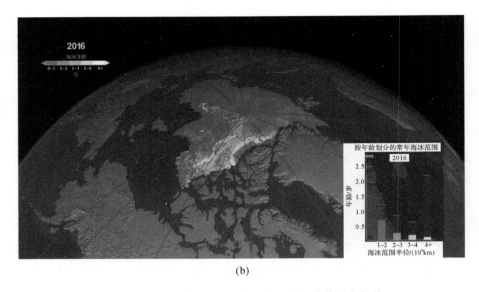

(b)

续图 3.2　1984 年和 2016 年北极 9 月冰盖范围和年龄

(b)2016 年 9 月海冰范围和年龄

资料来源：Tschudi 等人，2016。

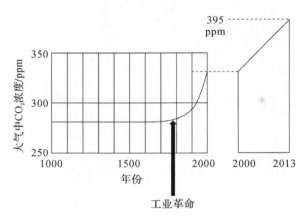

图 3.3　基于冰核数据和自 1958 年以来的直接读数的 1 000 年以来大气中的 CO_2 浓度

资料来源：Zumdahl 和 Zumdahl，2000。

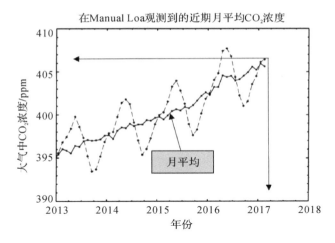

图 3.4　近期在夏威夷莫纳罗亚天文台测得的月平均 CO_2 浓度(带菱形的虚线表示以

每月中旬为中心的月平均数)

资料来源:NOAA 的数据,www.esrl.noaa.gov/gmd/ccgg/trends。

　　根据 EPA 的 GHG 排放报告(2016)中的数据,图 3.5 展示了美国 2014 年 GHG 排放的
百分比含量(参考 EPA Report,1990—2014)。罪魁祸首是 CO_2,占温室气体排放总量的
82%。该图不包括同样作为温室气体的水蒸气。报告的总排放量为 68.7 t CO_2 当量。图
3.6 展示了 2014 年美国不同来源的 CO_2 排放量。交通部门(即公路运输、铁路、航空和航
运)占美国 CO_2 排放量的 31%。航空目前占所有交通来源 CO_2 排放量的 12%。欧盟运输
部门的航空贡献为 12.4%(参考 2015 年未来运输燃料专家组)。在另一项研究中,Lee 等人
(2010)估计在 2005 年,航空对气候的影响约占所有人为影响因素的 5%。然而,航空是交
通运输中增长最快的领域,因此是对航空推进系统、机身设计、系统集成和生态系统采用革
命性新技术的主要候选对象,例如飞行高度和巡航马赫数以及机场运营。

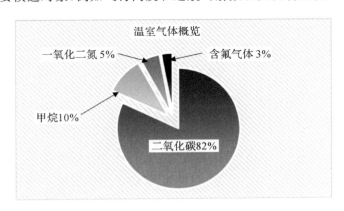

图 3.5　美国 2014 年温室气体排放清单

资料来源:EPA 2016 年报告数据。

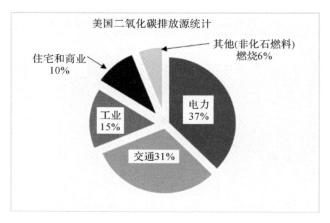

图 3.6 2014 年美国 CO_2 排放源

资料来源:EPA 2016 年报告数据。

3.2.2 一氧化碳(CO)和未燃烧碳氢化合物(UHC)

CO(一种有毒气体)是碳氢化合物燃料不完全燃烧的产物。它是低效燃烧的来源,也是发动机排放物中的污染物。在燃烧方面,CO 是一种热量为 2 267 cal/g 的燃料,大约是 Jet-A 燃料比能量的 24%。这使得其以废气形式离开发动机不会释放其化学能。它主要在发动机以低功率运行时产生,例如怠速。在低发动机功率设置下的贫油燃烧会导致燃烧室中的反应速度缓慢,从而导致 CO 的形成。在低功率工况下,燃烧室入口温度和压力降低,这直接影响燃烧室中的反应速度。此外,主燃烧室中 CO_2 的部分分解也是 CO 形成的原因。在存在碳氢化合物(UHC)未燃烧的情况下,一部分燃料可能由于雾化、汽化和停留时间不佳或滞留在燃烧室衬筒的冷却气膜中而保持未燃烧状态。CO 和未燃烧的碳氢化合物的指标[单位为 g/(kg 燃料)]均随发动机功率设置的上升而下降。根据积累的航空发动机数据,在图 3.7 中以排放指标(EI)呈现,这表示 CO 和 UHC 的形成对发动机功率设置比较敏感。

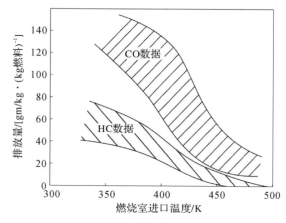

图 3.7 一氧化碳和未燃烧碳氢化合物(标记为 HC)在发动机怠速状态下的排放指数

资料来源:Henderson 和 Blazowski,1989。

将未燃尽率(即 $1-\eta_b$,尤其是在怠速设置下)与 CO 和 UHC 的排放指数相关联是完全合理的,因为它们都是存在于排气中的燃料。Blazowski (1985)将燃烧损失效率($1-\eta_b$)与排放指数 EI(怠速时)相关联为

$$1-\eta_b=[0.232\,(EI)_{CO}+(EI)_{UHC}]\times 10^{-3} \tag{3.1}$$

3.2.3　氮氧化物（NO_x）

NO 是在 1 800 K 以上的温度在初级区的高温区形成的。其产生的化学反应是:

$$N_2+O\rightarrow NO+N \tag{3.2}$$

由于氮气与氧原子发生反应产生 NO,因此火焰中存在离解氧(处于平衡状态)的区域将产生 NO。因此高温是产生 NO 的必要条件(在接近化学计量的混合物中)。NO 是在高发动机功率下产生的,与在低功率(怠速)下产生的 NO 和 UHC 污染物形成鲜明对比。在燃烧室的中间或掺混区的较低温度下 NO 进一步氧化成 NO_2。在发动机排放物中,两种类型的氮氧化物都称为 NO_x。Lipfert(1972)通过与大量燃气涡轮发动机数据的良好关联证明了 NO_x 形成的温度敏感性。Lipfert 的结果如图 3.8 所示。

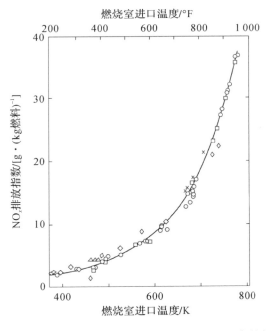

图 3.8　当前发动机氮氧化物排放与燃烧室入口温度的相关性

资料来源:Lipfert,1972。

发动机类型、燃烧室类型和燃料显然对 Lipfert 提出的 NO_x 相关性没有影响(见图 3.8)。然而,所有发动机都与燃烧室入口温度 T_{t_3} 相关。燃烧室入口温度与压气机压比 π_c 直接相关,因此预计 NO_x 的排放也与循环压比有类似的作用关系,如图 3.9(a)所示(来自

Henderson 和 Blazowski,1989)。飞行马赫数影响滞止温度,故燃烧室入口总温随飞行马赫数升高。在超声速飞行中,NO_x产生量与飞行马赫数之间的相关性如图 3.9(b)所示。

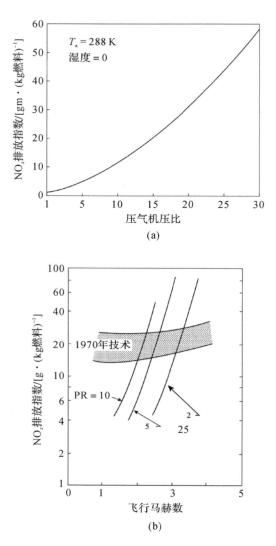

(a)

(b)

图 3.9　循环压比(PR)和飞行马赫数对 NO_x 排放的影响

(a)压气机压比对干燥空气中 NO_x 排放的影响;(b)飞行马赫数对氮氧化物排放的影响

资料来源:Henderson 和 Blazowski,1989。

3.2.4　NO 对低空和高空臭氧层的影响

臭氧 O_3 是一种有毒的强氧化剂,对眼睛、肺和其他组织有害。高温燃烧产生的 NO_x 会影响低层和高层大气中的臭氧浓度。本节讨论导致低层大气中臭氧产生和平流层中臭氧消耗的化学过程。

3.2.4.1　低层大气

高温(当局部燃烧温度超过 1 800 K 时)燃烧会破坏 N_2 和 O_2 的分子键而形成 NO。

$$N_2(g) + O_2(g) \rightarrow 2NO(g) \tag{3.3}$$

NO 与大气中的氧气反应形成 NO_2,即

$$NO(g) + \frac{1}{2}O_2(g) \rightarrow NO_2(g) \tag{3.4}$$

NO_2 吸收光并分解为

$$NO_2(g) + hv(辐射) \rightarrow NO(g) + O(g) \tag{3.5}$$

式中:hv 是辐射能;h 是普朗克常数;v 是电磁波的频率。

氧原子是一种高活性物质,在其他反应中,很容易与氧分子反应产生臭氧,即

$$O_2(g) + O(g) \rightarrow O_3(g) \tag{3.6}$$

如果将式(3.4)与式(3.6) 相加,得

$$\frac{3}{2}O_2(g) \rightarrow O_3(g) \tag{3.7}$$

由于 NO 促进了臭氧的产生而没有在此过程中被消耗,因此它起到了催化剂的作用。在低层大气中,NO 在催化剂作用下产生有害的臭氧。当进入平流层中的臭氧层时,NO 对臭氧浓度的影响会发生变化。

3.2.4.2　高层大气

臭氧在高层大气(50~115 kft)中的作用是保护地球免受来自太阳的有害辐射,即吸收波长为 100~4 000 Å 的被称为紫外线(UV)辐射的高能射线。

$$O_3(g) + hv(辐射) \rightarrow O_2(g) + O(g) \tag{3.8}$$

氧原子具有高活性,很容易与 O_2 结合形成臭氧:

$$O_2(g) + O(g) \rightarrow O_3(g) \tag{3.9}$$

式(3.8)和式(3.9) 反应描述的光化学循环不会导致平流层中臭氧浓度的净变化。因此,臭氧在高层大气中起着稳定的保护作用。商用超声速飞机从其高温燃烧室中排放大量 NO_x [30 g/(kg 燃料)],如果航班数量足够多,将会消耗臭氧浓度水平。同样,通过如下的反应链,NO 似乎是破坏上层臭氧的催化剂:

$$NO(g) + O_3(g) \rightarrow NO_2(g) + O_2(g) \tag{3.10}$$

$$NO_2(g) + hv(辐射) \rightarrow NO(g) + O(g) \tag{3.11}$$

$$NO_2(g) + O(g) \rightarrow NO(g) + O_2(g) \tag{3.12}$$

通过将式(3.11)和式(3.12)与式(3.10) 中反应的两倍相结合(以获得正确的物质的量来抵消),得到平流层中的净光化学反应为

$$2O_3(g) \rightarrow 3O_2(g) \tag{3.13}$$

因此,臭氧通过 NO 的催化作用而被消耗。臭氧在平流层吸收的高能紫外线辐射基本上是地球大气层这一层的热量来源。由于平流层中随着高度升高的温度相对于垂直扰动是(动态)稳定的,因此臭氧浓度水平应随时间保持稳定(即恒定)。图 3.10(改编自 Kerrebrock,1992)展示了臭氧浓度随海拔高度的变化,图中还描绘了商用飞机巡航马赫数的最佳巡航高度。

现在简要总结一下 NO_x 的形成、影响其产生和臭氧层的燃烧室设计参数。氮氧化物定义：

NO, NO_2：

导致 NO_x 形成的燃烧室反应：

$$N_2 + O \leftrightarrow NO + O$$

$$N + O_2 \leftrightarrow NO + O$$

$$N + OH \leftrightarrow NO + H$$

NO_x 浓度：

$$NO_x \propto \sqrt{p_{t_3}}\, e^{-2\,400/T_{t_3}}$$

式中：p_{t_3} 指燃烧室总压。

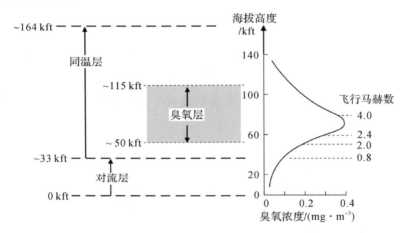

图 3.10　叠加了合适的巡航飞行马赫数与高度的臭氧浓度随高度的分布

资料来源：Kerrebrock，1992。

压气机排气温度（K）和 t_p 是燃烧室主燃烧区的停留时间（参考 Kerrebrock，1992）

NO_x 在臭氧消耗中的作用：

$$O_3 + h\upsilon(紫外线-辐射) \rightarrow O_2 + O$$

式中：$h\upsilon$ 是紫外线（UV）。

太阳辐射的作用：

$$O_2 + O \rightarrow O_3$$

$$O + O \rightarrow O_2$$

$$O + O_3 \rightarrow O_2$$

最后两个反应往往会限制平流层中的臭氧浓度：

$$NO + O_3 \rightarrow NO_2 + O_2$$

$$NO_2 + h\upsilon(辐射) \rightarrow NO + O$$

$$NO_2 + O \rightarrow NO + O_2$$

NO 不变，O_3 被消耗。

在制冷剂中发现的氯氟烃（CFC）也是消耗臭氧层的化学物质，自从 1985 年在南极洲上空发现臭氧空洞以来,促使蒙特利尔议定书于 1987 年逐步淘汰这些化学物质。最近发现南极洲上空的臭氧空洞开始愈合(即缩小),这是一个好消息。随着大气中 CFC 的持续减少,预计到 2070 年,臭氧空洞可以恢复到 20 世纪 80 年代的水平(参考 Strahan 和 Douglass,2018)。

3.2.5　氮氧化物排放对地表空气质量影响

飞机在 3 000 ft 以下运行,即着陆-起飞(LTO),会产生氮氧化物,从而增加主要机场内和附近的臭氧水平。EPA 定义了臭氧持续时间和浓度水平的标准。下面摘自 EPA 关于臭氧指定过程的摘录,确定了与高臭氧水平相关的健康风险:

呼吸含有臭氧的空气会降低肺功能并加重呼吸道症状,从而加重哮喘或其他呼吸道疾病。臭氧暴露还与以下因素的易感性增加有关:

(1)呼吸道感染。

(2)哮喘患者用药。

(3)就医和急诊。

(4)呼吸道疾病患者的住院。

接触臭氧可能会导致过早死亡,尤其是患有心脏病和肺病的人。高臭氧水平还会损害敏感的植被和森林生态系统。人们有责任一起减少臭氧空气污染。为了减少臭氧形成的污染以及在保护公众健康方面取得稳步进展,当前和即将出台的联邦标准和保障措施,包括减少污染发电厂、交通工具和燃料的规则应当确保被落实。

根据麻省理工学院的报告(2004),50 个最大的机场中有 41 个位于臭氧未达标或维护区。尽管航空对严重和极端状态未达标地区区域氮氧化物库存的贡献在 0.7% ~6.9% 之间,但预计未来仍会增长。除了 NO_x,EPA 绿皮书还涉及其他燃烧排放(污染物)的标准,例如颗粒物(PM)、二氧化硫、一氧化碳和 UHC(www. epa. gov/green － book/ozone － designa-tion － and － classification － information)。笔者将在第 3.4 节中介绍现代飞机燃气涡轮发动机的低排放燃烧技术和设计特点。到 2020 年,NO_x 对当地空气质量的航空影响估计不到 3%(在国家清单中)(参考美国联邦航空局,*Aviation and Emissions:A primer*,2005)。航空对环境的更广泛影响包括地面支持设备、地面通道车辆、建筑活动、发电厂和维护作业,这些也造成机场的航空环境污染。这些来源主要导致 CO 和挥发性有机化合物(VOC)的排放。美国审计总署(GAO) ReportGAO － 03 － 252(2003)审视了航空对环境的更广泛影响。

3.2.6　烟尘和颗粒物(PM)

燃烧室中主燃烧区的富油区域会产生称为烟粒子的碳微粒,即烟灰颗粒。烟灰颗粒随后被高温气体部分消耗,即在燃烧室的中间区域部分氧化并以更小颗粒进入燃烧室的稀释区域中。可见尾气与尾气中烟灰浓度的极限相对应。烟灰颗粒主要是碳(按质量计 96%)、氢和一些氧。通过改进燃料雾化(使用鼓风雾化器)和增强主燃烧室混合强度,可以减少烟灰的形成。量化废气中碳烟的参数称为发烟数(SN)。它的测量基于给定体积的废气在特定时间内通过过滤器。然后使用光电反射计比较该滤光片和清洁滤光片的光学反射率。汽车工程师协会(SAE)文件——ARP1179(1970)详细介绍了飞机燃气涡轮发动机排气烟度测量程序。烟度定义为

$$SN = 1 - \frac{R}{R_0} \qquad (3.14)$$

式中：R 是染色滤光片可吸入绝对反射率；R_0 是清洁滤光片的绝对反射率。

飞机废气排放中的可吸入颗粒物（PM）根据其大小进行分类，即 $PM_{2.5}$ 和 PM_{10}，这是基于这些固体颗粒的空气动力学直径（以 pm 为单位）。例如 PM_{10} 包括所有直径小于 10 pm 的颗粒物，$PM_{2.5}$ 同理。PM 的主要来源是飞机燃气涡轮发动机中碳氢化合物燃料的燃烧，以及排气尾流中的前体气体，例如硫酸（来自 SO_x）、UHC 和汽化润滑油（参考 Whitefield 等人，2008）。美国国家环境空气质量标准（NAAQS）管理 PM 和臭氧，以及其他排放物，不符合 NAAQS 的区域被指定为未达标区域［参考 EPA，美国国家环境空气质量标准（NAAQS），http：//www.epa.gov/air/criteria.html，2013］。颗粒物被发现对健康有害量，50 个最大的机场中有 18 个在 $PM_{2.5}$ 未达标区域运营（截至 2006 年，美国联邦航空管理局报告）。

3.2.7 凝结尾迹、卷云对气候的影响

低温下的水蒸气先凝结再结冰，形成冰粒。然后，这些冰粒相互黏附，并黏附在排气尾流中的其他颗粒物质上，例如烟灰和硫氧化物。固体颗粒始终存在于喷射排气尾流中的燃烧产物中，形成凝结尾迹。形成尾迹的条件是低温，主要发生在高海拔条件下，一般在 8 km（即 26 kft）以上。影响尾迹形成和持久性（即寿命）的主要因素是：

（1）大气温度、湿度、气压。

（2）排气尾流中的水蒸气含量。

（3）侧风。

根据大气条件，尾迹的存在时间可能会很短或很长。几分钟的短存时是由于湿度低，这使得冰粒迅速液化并随后蒸发（压力低于蒸气压）。相比之下，长存时的凝结尾迹被称为持久凝结尾迹，可绵延数英里。剪切诱导扩散和非扩散等进一步细分了持久性尾迹的类别。自然产生的卷云覆盖了地球约 30% 的面积，形成于高海拔地区，通常高于 20 kft。空气中的湿度，即水蒸气，在高海拔的低温下凝结、冻结并形成冰粒。鉴于自然产生的卷云，凝结尾迹是 AIC 的来源，它有可能通过影响强迫辐射，从而影响气候变化。2007 年，一份政府间气候变化专门委员会（IPCC）报告（IPCC，2007）发现 AIC 贡献了总强迫辐射的 2%～4%。英国皇家环境保护委员会（RCEP）最近的一项研究，2002 年（https：//royalsociety.org/æ/media/Royal_Society_Content/policy/publications/2002/9964.pdf），发现尾迹和卷云的净效应是 CO_2 强迫辐射的 3～4 倍。基于这一估计，到 2050 年，气候变化的人为强迫辐射将达到 3%～15%。Lee 等人讨论了强迫辐射的不确定性（2009）。索森等人预测 AIC 在全球范围内改变强迫辐射 30 m/Wm^2，不确定范围为 10～80 mW/m^2（2005）。这一预测与 Minnis 等人预测的强迫辐射上限值（2004）一致。在普遍存在较高环境温度的情况下降低巡航高度会减少尾迹，同时会增加阻力（由于空气密度较高）。解决方案似乎是以较低的马赫数和较低的高度飞行，以保持相同的阻力水平，从而实际上减少尾迹对气候的不利影响。

3.3　发动机排放标准

美国环保署(1973,1978 和 1982)和国际民航组织(1981)的排放标准规定了机场附近飞机发动机[称为着陆和起飞(LTO)循环]的 CO,UHC,NO$_x$和烟尘产生的限制。EPA 和 ICAO 不断修订排放标准。表 3.1 展示了 EPA 和 ICAO 规定的发动机排放标准。

表 3.1　LTO 循环中的 EPA 和 ICAO 发动机排放标准

污染物	EPA 标准 /[g·(kg·h)$^{-1}$]	国际民航组织(1981)标准
CO	4.3	118 g/kN F00
UHC	0.8	19.6 g/kN F00
NO$_x$	3.0	$40+2(\pi_{00})$ g/kN F00
烟雾气	19~20	83.6 (F$_{00}$)~0.274 (F00)/kN

在 ICAO 制定的着陆和起飞(LTO)循环标准中,π_0是总压比(OPR),F_0是海平面静态最大额定发动机推力(单位为 kN)。国际民航组织现行的飞机发动机排放认证标准包含在国际民航组织附件 16 第 Ⅱ 卷(2008 年)中。对于飞机和飞机发动机的污染控制,请参阅环境保护署报告(1973,1978 和 1982)。

3.4　低排放燃烧室

为了解决低发动机低功率工况(如怠速)下产生一氧化碳(CO)和未燃烧碳氢化合物(UHC)的问题,提出了分级燃烧的概念。这一概念将传统的燃烧室主区分解为一对单独控制的燃烧室级,这些燃烧室级可以叠加(如并联)或串联。这两个燃烧阶段被称为引燃级和主燃级,具有独立的喷油系统。引燃级燃烧室作为低功率条件下的燃烧室,以峰值怠速燃烧效率运行。主级燃烧室以最大功率爬升和巡航,但以贫油混合比工作,从而控制氮氧化物(NO$_x$)排放。完全燃烧是通过单独的燃料调度以及高效的(空气雾化喷管)燃料雾化、蒸发和在较小容积的燃烧室中混合来实现的。图 3.11(Penner,1999)展示了海平面和 11 km 高度上发动机负载百分比(即从怠速到最大功率)对一氧化碳和氮氧化物形成的影响。如前所述,CO 是在低功率工况(如怠速)下产生的,NO$_x$则是燃烧室高功率工况的产物。

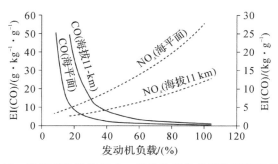

图 3.11　海平面和海拔 11 km 时发动机排放随负荷的变化特征

资料来源:Penner,1999。

分级燃烧概念在整体发动机降低污染排放方面非常有效,尤其是 CO 和 UHC,而 NO_x 仍然是一个挑战。为了对抗 NO_x,应该降低火焰温度,这要求燃烧室以较低的当量比运行。燃烧稳定性和熄火问题伴随着贫油-空气混合物。为了实现稳定的稀混合比,以支持连续燃烧,必须实施预混合、预蒸发方法。图 3.12 所示的燃烧室采用了这一概念。此外,两种燃烧室都考虑到了使用空气喷射雾化器的积极影响。然而,表 3.2 表明,双环形燃烧室和 Vorbix 低排放燃烧室会产生较高水平的烟雾。这说明了单参数与系统优化问题之间有冲突,其中系统中的不同部分/元素对其优化有相反作用。

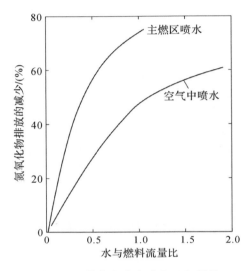

图 3.12　燃烧室注水减少 NO_x 排放

资料来源:Blazowski 和 Henderson,1974。

表 3.2 分别展示了 CF6-50 和 JT9D-7 发动机上使用双环形和 Vorbix 燃烧室的结果(数据来自于 Lefebvre,1983)。

表 3.2　带分段燃烧室的发动机污染排放

污染物/[g•(kg•h•循环)$^{-1}$]	CO	UHC	NO_x	烟气
1979 年 EPA 标准	4.3	0.8	3.0	20
生产燃烧室	10.8	4.3	7.7	13
CF6-50				
双环形燃烧室	6.3	0.3	5.6	25
生产燃烧室	10.4	4.8	6.5	4
JT9D-7				
Vorbix 燃烧室	3.2	0.2	2.7	30

燃烧室喷水有效地降低了火焰温度,并显著减少了 NO_x。图 3.12(Blazowski 和

Henderson,1974)展示了燃烧室喷水对减少 NO_x 排放的影响。注意到,水与燃料流量的比率为近 50% 的 NO_x 减少水平。这一事实消除了在巡航高度使用喷水来降低飞机燃气涡轮发动机 NO_x 排放的可能性。

当燃烧室入口温度升高时,具有预混合优先气体的超低 NO_x 燃烧室显示在低当量比(低于 0.6)下运行。将这一概念应用于汽车燃气涡轮发动机,产生了非常有前景的超低 NO_x 排放水平。燃烧室入口条件为 800 K 和 5.5 atm。汽车燃气涡轮发动机中的压力类似于飞机燃气涡轮发动机的高空操作(或巡航操作)。这些超低 NO_x 燃烧室结果如图 3.13 所示(Anderson,1974)。

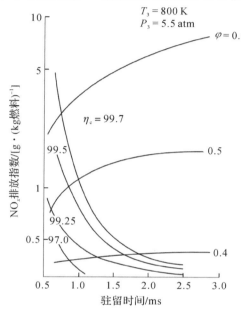

图3.13　驻留时间和化学计量比 φ 对超低 NO_x 预混合/预蒸发燃烧室 NO_x 排放水平的影响

资料来源:Anderson,1974。

从安德森的结果(见图 3.13)中,注意到,缩短驻留时间有利于 NO_x 的产生,但会导致 CO 和 UHC 排放量增加,并伴随燃烧效率损失。当量比对 NO_x 排放有很大影响,如图 3.13 所示,0.3 g/(kg 燃料)的 NO_x 排放指数似乎是最小值。为了使废气排放中氮氧化物处于超低水平,需要提高燃烧室入口温度。在飞机燃气涡轮发动机燃烧室中加入固体催化转化器可以实现稀薄燃烧和超低 NO_x 排放,但代价是增加了复杂度、质量、成本,降低了耐久性。预混/预蒸发燃烧室也存在高压比先进飞机发动机的自动点火和回火问题。低 NO_x 燃烧室开发的另一种可能性是充分利用富油燃烧,降低火焰温度,快速熄火,从而在燃烧气体的温度保持非常接近燃烧室出口温度的情况下完成燃烧。这种方法称为富油燃烧-淬熄-贫油燃烧,并显示出良好的效果。这些方法总结在 Merkur(1996)的图 3.14 中。尽管取得了这些进展,但燃气涡轮发动机排放问题仍然是复杂且具有挑战性的。仍需要提高对燃烧室中物理现象的理解(通过多相、多时间尺度模拟),特别是贫油熄火极限附近贫油燃烧混合物的自燃与回火问题。因此,需要对反应混合物进行基础流动研究,以揭示燃料-空气燃烧中这些模糊界面(或边界)。

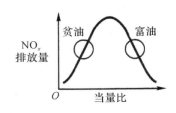

贫油预混/预蒸发 富油/淬熄/贫油燃烧

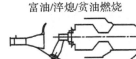

图 3.14 低 NO_x 燃烧室发展途径

资料来源:Merkur,1996。

比较 1992 年亚声速发动机技术和 2005 年高速民用运输(HSCT)计划目标(Merkur,1996)具有指导意义,见表 3.3。注意到,与 1992 年的亚声速发动机相比,2005 年的 HSCT 发动机的 NO_x 排放指数下降了一个数量级,并且燃烧室避免了接近化学计量比(即 $\varphi \approx 1$)的运行。HSCT 程序目前处于非活动状态。表 3.4 总结了现代燃烧室的操作要求和性能参数(Penner,1999)。

表 3.3 1992 年亚声速发动机与 2005 年高速民用运输设计目标的比较

	1992 亚声速发动机	2005 HSCT 发动机
化学计量比	1.0→1.2	<0.7 或 >1.5
燃气温度/℉	3 700	3 400→3 750
筒内温度/℉	<1 800	2 200→2 600
筒内材料	薄板铸造高温合金	陶瓷基复合材料(CMC)
冷却方法	蒸发/涂层	对流
环境	氧化	氧化/还原
NO_x	35→45 g/kgf[①]	<5 g/kgf

资料来源:Merkur,1996。

表 3.4 现代飞机发动机燃烧室的性能和使用要求

序号	需求	值	最大/最小
1	燃烧效率 η_b	99.9	最小
	一起飞推力/(%)	99.0	最小
	一空载推力/(%)		
2	低压点火能力/MPa	0.03	最大
3	稀薄燃料/空气比(低发动机功率条件下)	0.005	最大
4	地面点火燃料/空气比(冷空气,冷燃料)f	0.010	最大
5	压气机出口到涡轮进口的总压降 $1-\pi_b$/(%)	5.0	最大

① 1 kgf≈9.8 N。

续表

6	出口气体温度分布 —出口不均匀系数 —轮廓系数	0.25 0.11	最大 最大
7	燃烧动力(动态压力范围/入口气压)/(%)	3	最小
8	衬管温度/K	1 120	最小
9	第一次维修的循环寿命/周期	5 000	最小

资料来源：Penner，1999。

3.5　航　空　燃　料

　　飞机飞行包线，即高度-马赫数曲线，确定了飞机的工作温度范围及其所需的燃油特性。表 3.5 列出了一些相关航空燃料特性和燃烧特性，以供参考。

表 3.5　航空燃料特性

密度	动力黏度	蒸气压	表面张力
自燃或自燃温度	低热值	挥发性	热稳定性
起始沸点和结束沸点	热容	闪点	可燃性极限
冰点	处理质量、毒性	可存储性	低火灾风险

　　表 3.5 中省略了最重要的参数，即价格和可用性，因为两者都不能视为燃料属性。为了研究温度对燃料热稳定性、挥发性、闪点和自燃的影响，检查了巡航中飞机的最高表面温度，并将其与一些典型飞机燃料的热特性进行了比较。飞机的表面温度是通过能量平衡来计算的，能量平衡考虑了空气动力加热、辐射冷却、壁面再生冷却和热边界传导。然而，最高表面温度非常接近飞行的滞止温度。例如，图 3.15 展示了随着飞行马赫数增加，表面温度快速上升，假设巡航发生在恒温层（即对流层顶，11~20 km，或 36~66 kft）。

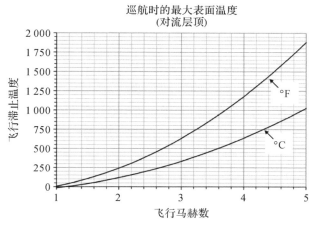

图 3.15　外壳温升随飞行马赫数的变化（$\gamma = 1.4$，$T_{amb} \approx -70\ ℉$ 或 $-56\ ℃$）

在高速飞行的高温下,燃料应具有热稳定性,这部分通过其馏点特性来解决。然而,应注意的是,高速飞行发生在比对流层顶高得多的高度,例如 SR-71 在 3Ma 的高度为 100 kft。

当燃料蒸发开始时,起点是初始馏点温度。终点是所有燃料蒸发的温度。几种燃料的初馏点和终馏点范围(称为蒸馏曲线)如图 3.16(摘自 Blazowski,1985)所示。名称"JP"代表军用燃料,而 Jet-A 代表常见的商用飞机燃料。最初的燃气涡轮发动机燃料是煤油,它是与其他碳氢喷气发动机燃料进行比较和混合的基础。JP-4 主要由美国空军(USAF)使用,是一种高度挥发性的燃料。较不易挥发的燃料 JP-5 是美国海军使用的汽油-煤油混合燃料。JP-5 较低的挥发性使其更适合长期储存在船用油箱中,并且燃料的混合性质使其在美国船上的可用性更广。这两种燃料的蒸馏曲线如图 3.16 所示,其中 JP-5 的挥发性较低,热稳定性较高。JP-4 的低沸点导致了其不稳定性。注意到,当燃料加热到 250 ℃ 时,图 3.16 中所示的燃料全

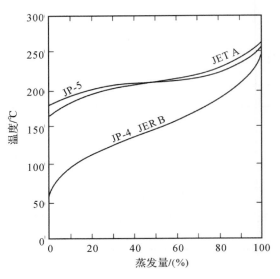

图 3.16 常见航空燃料的蒸馏曲线-衡量燃料挥发性的指标
资料来源:Blazowski,1985。

部蒸发。在高温下,燃油热分解形成胶质(积炭),堵塞燃油滤清器、燃油喷嘴和燃油泵。该限制作用在 2.6Ma 下。

高速飞行的合理选择是使用低温燃料,如液化天然气(LNG),主要是液态甲烷、丙烷或液化氢 LH_2。与 Jet-A 相比,热稳定性、飞行马赫数限制和相对燃料成本(暂定)如图 3.17(Strack,1987)所示。LH_2 或 LNG 等低温燃料的技术成熟度和大规模生产效率将缩小传统喷气燃料与 LH_2 或 LNG 之间的差距。低温燃料的成本降低趋势如图 3.17 所示。

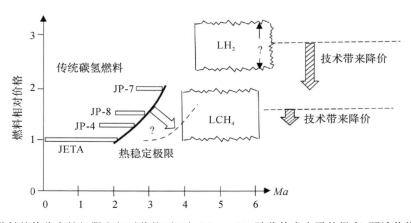

图 3.17 航空燃料的热稳定性极限和相对价格(相对于 Jet-A),随着技术水平的提高,预计价格会下降
资料来源:Strack,NASA-CP-3049,1987。

相对密度是液体燃料相对密度的指标(相对于 4 ℃下的水),在石油燃料中,汽油的相对密度最低。各种燃料的可燃极限、闪点温度和自燃温度是燃料选择的关键决定点,如图3.18(Lefebvre,1983)所示。

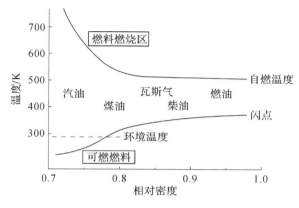

图 3.18　石油燃料的点火温度

资料来源:Lefebvre,1983。

无论是否混合,所有碳氢化合物喷气燃料的热值都大致相同(接近 18 600 BTU/lbm 或 43.3 MJ/kg)。有助于碳氢燃料燃烧热的参数是燃料的氢含量。例如,煤油(约为 $C_{12}H_{26}$)的氢含量百分比(这是氢原子贡献的燃料相对分子质量分数)为 15.3%,JP - 4(约为 $CH_{2.02}$)为 14.5%,丙烷(C_3H_8)为 18.8%,甲烷(CH_4)为 25%。当然,纯氢的氢含量为 100%。按原子计,煤中的氢碳比为 0.8～1.0,喷气燃料约为 2,甲烷为 4。将一些碳氢燃料的热值与氢含量进行比较,表 3.6 展示了氢含量(基于质量)对燃烧热(低热值)的影响。注意,燃料中的氢含量越高,如甲烷,会产生预期的更高的反应热。Ragozin(1962)提出了燃料低热值(LHV)与燃料中碳、氢、氧、硫和水的质量百分比之间的关系。这种有用的近似关系为

$$LHV = 0.339y_C + 1.03y_H - 0.109y_{O-S} - 0.025y_{水} \tag{3.15}$$

式(3.15)中 LHV 的单位为 MJ/kg。右侧的所有参数分别为燃料中碳、氢、氧、硫和水的质量百分比。含氢项系数最大,因此对燃料热值的增大贡献最大。此外,值得注意的是,燃料中的氧气会降低其热值,这是所有醇类燃料的代表(典型的乙醇燃料 C_2H_5OH 的热值较低,为碳氢化合物燃料的 -62%,或甲醇 CH_3OH 仅为热值的 46%)。由于酒精的能量密度低,使用酒精作为替代喷气燃料被认为是不可行的。正如预期的那样,燃油中溶解的水也会降低燃油的热值。该参数,即燃料中的水溶解度,通过适当的燃料处理和储存进行控制。

表 3.6　常见燃料含氢量(以质量计)及低热值

燃料	JP - 4	丙烷	甲烷	氢
含氢量/(%)	14.5	18.8	25	100
低热值/(kcal[①] · g^{-1})	10.39	11.07	11.95	28.65
低热值/(MJ · kg^{-1})	43.47	46.32	49.98	119.88
BTU · lbm[1]	18 703	19 933	21 506	51 581

①　1 kcal≈4 185.852 J。

燃油黏度是一个重要的特性,它决定了燃油管路中的压降和燃油泵的要求,以及燃油喷射系统对燃油的雾化作用。燃油黏度越低,燃油液滴越小,因此蒸发率和点火时间刻度越快。雾化不良导致 UHC 的比例较高,CO 和烟尘的比例也较高。另外,低黏度燃油润滑性差,导致燃油泵磨损增加,寿命缩短。燃油黏度是温度的函数,当温度降低时,液体燃油的黏度增加,反之亦然。在与高海拔相对应的低温下,亚声速飞机可能需要一种防冻燃料添加剂或在推进系统设计阶段与其燃料箱集成的燃料加热系统。

油箱中的液体燃料总是含有一定量的燃油蒸气,对液体施加压力。这称为给定温度下液体的蒸气压。例如,高挥发性燃料 JP-4 的蒸气压非常高,为 0.18 atm。38 ℃(或 100 ℉)时,与相应低蒸气压为 0.003 atm 的 JP-5 燃油相比。虽然在燃烧室中高蒸气压力是好的,会产生更好的汽化率,但由于其闪点温度较低,因此这是不可取的。JP-5 确实是美国海军的理想选择,因为它具有高闪点,对航母安全特别重要。燃油箱或燃油管路中蒸气产生速度过快,尤其是在超声速飞行的较高温度下,可能会导致不可接受的闪点火灾风险。图 3.18(Lefebvre 1983)显示,较重的燃料的闪点高于轻燃料(因此更安全),例如汽油(用于往复式发动机)或煤油(用于喷气发动机)。例如,USAF 使用 JP-8。

航空燃料是具有不同分子结构和不同反应倾向的不同碳氢化合物的混合物。笔者讨论两种这类化合物——石蜡和芳香烃,它们存在于航空燃料中。石蜡是炼油过程中产生的航空燃料中存在的不饱和碳氢化合物(C_nH_{2n})。芳香烃(C_nH_{2n-6})是苯(C_6H_6)等环状化合物,也存在于飞机燃料中。而石蜡,这些化合物的胶质形成倾向使其不受欢迎。芳香烃的氢含量低于汽油或煤油,这降低了混合燃料的反应热。芳香成分也会增加燃烧室中的烟尘形成倾向。含有芳香烃和石蜡化合物的燃料的体积分数包含在燃料特性表中。表 3.7 给出了 3 种广泛使用的飞机燃料(JP-4,JP-5 和 JP-8)的重要燃料特性,包括其芳香烃和石蜡含量(体积百分比)。

表 3.7　重要的航空燃料特性

性质	JP-4		Jet A (JP-8)		JP-5	
	特定需求	标准值	特定需求	标准值	特定需求	标准值
38 ℃时的蒸气压(100 ℉)/atm	0.13~0.2	0.18		0.007		0.003
初始沸点/℃		60		169		182
终点/℃		246	288	265	288	260
闪点/℃		−25	>49	52	>63	65
芳烃体积含量/(%)	<25	12	<20	16	<25	16
烯烃体积含量/(%)	<5	1		1		1
饱和烃体积含量/(%)		87		83		83
净燃烧热/(cal·g^{-1})	>10 222	10 388	>10 222	10 333	>10 166	10 277
相对密度	0.751~0.802	0.758	0.755~0.830	0.810	0.788~0.845	0.818
美国年消耗量/(10^{9}gal[①])		3.4		13.1		0.7

资料来源:Blazowski,1985。

---

① 1 gal≈3.785 L。

检查原油中主要由汽油、柴油和喷气燃料（或煤油）组成的石油产品具有指导意义,如图 3.19 所示。

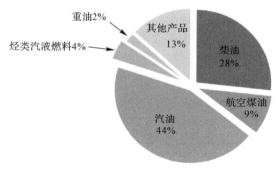

图 3.19　从原油中提取的石油产品（体积百分比）

注意到,一桶石油产生约 53％（按体积计）的汽油和喷气燃料,这是航空燃料的主要成分。可能会将 27％的柴油添加到采购清单中,柴油是小型发动机的首选燃料,例如无人机系统(UAS)和地面支持车辆。现在,化石燃料的吸引力变得更加明显,转化为航空燃料的产量超过 80％。

3.6　燃烧排放的环境影响

CO 和 UHC 被确认是不完全燃烧的产物。通过先进的燃烧室设计,大大降低了它们的水平。因此,CO 和 UHC 是不太受关注的主要排放物（参考 Greener Skies: *Reducing Environmental Impacts of Aviation*,2002）。氮氧化物(NO_x)在燃烧室主要区域的高温区域产生。有趣的是,它们与化石燃料的燃烧无关。NO_x 的形成确实是一种与氧和氮的离解有关的高温现象。超低 NO_x 燃烧室设计显著减少了 NO_x 排放。图 3.20 总结了 ICAO NO_x 法规和 NASA 燃烧室计划的历史,以供参考(Chang,2012)。自 1996 年以来,美国联邦航空局和美国国家航空航天局的渐进式研发计划已使其减少 80％（即相对于 1996 年国际民航组织的规定）。

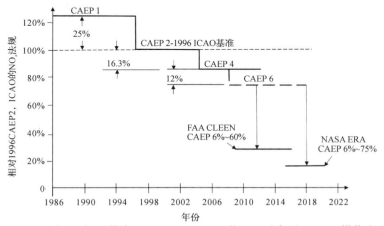

图 3.20　ICAO 对喷气发动机（推力＞30 kN,OPR 30）的 NO_x 法规及 NASA 燃烧室项目的历史
资料来源:Chang,2012;CAEP,航空环境保护委员会;CLEEN,持续降低排放,能源和噪声;
ERA,环境负责航空（参考 Collier,2012）。

目前,GE、劳斯莱斯和普惠发动机使用超低 NO_x 技术燃烧室,NO_x 在 CAEP 6 水平以下减少 50%以上(见表 3.8)。航空燃料燃烧过程中会产生少量硫氧化物,即低于监管水平。然而,它们促进了微粒物质和气溶胶的形成。水蒸气和 CO_2 是飞机发动机排放的主要温室气体,它们是矿物燃料在空气中完全燃烧的产物。由于海洋和湖泊的自然表面蒸发,空气中已经存在水汽,它是一种影响大气强迫辐射的温室气体。航空业在大气中水汽沉积中所占份额很小。然而,高空(25 000 ft 以上)持续形成的尾迹及其卷云对气候的影响是 AIC 和强迫辐射研究的主题。自工业革命以来,大气中的 CO_2 浓度呈指数级上升,这显然引发了人们对人为 CO_2 的担忧,而这种上升速度仍在加快。为了回答人为 CO_2 排放的寿命问题,有研究者研究了环境中 CO_2 动态的时间常数。例如,在局部范围内,CO_2 浓度的变化需要 5 年才能达到平衡,而在全球范围内,其寿命约为 200 年。注意到,与能源部门和土地利用(即生物质燃烧)的排放相比,目前航空业对全球大气 CO_2 排放的贡献较小。能源部门包括发电厂(通过燃烧煤炭和其他化石燃料)、工业建筑中的工艺、运输、化石燃料加工和能源使用。尽管航空业目前所占份额较小,但随着航空旅行在全球范围内的普及,航空业 CO_2 排放量正在迅速上升。关于能源、排放和可能的解决方案(如可持续能源、可再生能源)的富有启发性的讨论,请阅读 MacKay(2009)。

表 3.8　现代航空发动机及其 NO_x 排放

航空发动机	排放量
GEnx‑1B	低于 CAEP6 55%
RR Trent 1000	低于 CAEP6 50%
PW 810	CAEP6 的 50%

3.7　航空对二氧化碳排放的影响:量化分析

首先,估计 1 kg 飞机燃料产生的 CO_2 的质量。例如,Jet‑A 燃油的近似化学公式为 $CH_{1.92}$(或 $C_{12}H_{23}$)。这种燃料完全消耗燃料中的碳并产生 CO_2 的化学反应可以写成

$$C_{12}H_{23} + n(O_2 + 3.76N_2) \rightarrow 12CO_2 + mH_2O + \cdots \qquad (3.16)$$

式中:n 对应于($O_2 + 3.76N_2$)的物质的量,这是干空气成分;m 是燃烧产物中水蒸气的物质的量。在飞机燃气涡轮发动机中,燃料-空气比(基于质量)为 2%~3%,这就确定了 n。

在式(3.16)中,注意到 1 mol 燃料产生 12 mol CO_2。使用这个比例得出它们的质量比为

$$\frac{m_{CO_2}}{m_{fuel}} = \frac{12 \times (12+32)}{12 \times 12 + 23 \times 1} \approx 3.16 \qquad (3.17)$$

从这个简单的考虑出发,得出结论,1 kg 的 Jet‑A 产生 3.16 kg 的 CO_2。根据煤油的化学配方 $C_{12}H_{26}$(LNG),这里假设完全是甲烷 CH_4,以及 JP‑4 的近似化学配方。表 3.9 列出了每单位质量燃料消耗产生的 CO_2 质量。

表 3.9　各种碳氢燃料产生的 CO_2

燃料	化学式	CO_2 质量/燃料质量
甲烷（或 LNG）	CH_4	2.75
煤油	$C_{12}H_{26}$	3.11
Jet-A	$CH_{1.92}$	3.16
JP-4	$CH_{2.02}$	3.14

有趣的是,将 Jet-A 改为低碳燃料,如甲烷（或 LNG）,只会减少 13% 的 CO_2 产量（按质量计）,即从 Jet-A 3.16 kg CO_2/（kg 燃料）减少到 2.75 kg CO_2/（kg 燃料）。表 3.8 中列出的其他喷气燃料（煤油,JP-4）产生的比例几乎与 Jet-A 相同[见式（3.17）]。

航空燃油消耗是许多参数的函数,例如飞行距离、飞行高度、迎风或顺风、天气条件、载客和货物载荷系数等。因此,对于一类飞机,燃油消耗量与距离的任何表示都必须基于大量数据的平均值。短途商业运输（如 B737-400）燃料消耗的代表性计算见表 3.10（欧洲环境署报告和 Jardine,2008）。燃油消耗分为两类:3 000 ft 以下的 LTO（着陆-起飞）和 3 000 ft 以上的 CCD（爬升—巡航—下降）,飞行距离以 n mile 和 km 为单位。由于 LTO 燃油消耗量与飞行距离无关,因此随着飞行距离的增加,其占总燃油消耗量的比例下降。例如,LTO 阶段消耗的燃油与总燃油消耗的比率在 2 000 n mile 飞行的 6.8% 与 125 n mile 飞行的 51.5% 之间变化（在短途飞机中,例如 B737-400）。

表 3.10　B737-400 的燃料燃烧数据

一氧化碳排放指数 (EICO)/[g·(kg 燃料)$^{-1}$]	标准飞行距离/n mile						
	125	250	500	750	1 000	1 500	2 000
滑行（起飞前）	30.11	30.11	30.11	30.11	30.11	30.11	30.11
起飞	0.90	0.90	0.90	0.90	0.90	0.90	0.90
爬升	0.90	0.90	0.90	0.90	0.90	0.90	0.90
爬升—巡航—下降	3.11	2.78	2.04	1.75	1.56	1.37	1.29
着陆	3.40	3.40	3.40	3.40	3.40	3.40	3.40
滑行（着陆后）	30.11	30.11	30.11	30.11	30.11	30.11	30.11

采用表 3.10 中的数据,并使用式（3.17）（针对 Jet-A 燃料）,将飞行 LTO 和 CCD 阶段的 CO_2 排放量构建为飞行距离的函数（见表 3.11）。典型短途商业运输（如 B737-400）的总 CO_2 排放量（单位:kg）如图 3.21 所示。短途航班是指距离小于 3 500 km 的航班。中长途航班是指距离大于 3 500 km 的航班。

表 3.11　B737 - 400 预计 CO₂ 排放量

距离/n mile	LTO CO₂排放量/kg	CCD CO₂排放量/kg	总和 CO₂排放量/kg
125	2 608.264	2 457.532	5 065.796
250	2 608.264	4 558.616	7 166.88
500	2 608.264	8 808.184	11 416.448
750	2 608.264	13 066.284	15 674.548
1 000	2 608.264	17 307.952	19 916.216
1 500	2 608.264	26 424.868	29 033.132
2 000	2 608.264	35 841.352	38 449.616

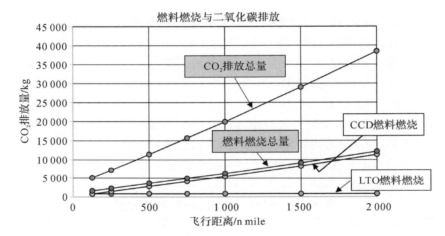

图 3.21　短途商业运输(例如 B737 - 400)的燃料燃烧和 CO₂ 排放

　　为了计算每名乘客每千米飞行的 CO₂ 排放量,需要知道飞行中乘客的数量(例如,假设 B737 有 180 个座位,或 B747 有 400 个座位,或 A340 有 295 个座位)。假设载客率为 0.80~0.90,即 80%~90% 的座位有乘客,并使用每架飞机的座位数,可以估算每名乘客每千米飞行的二氧化碳排放量。每种飞机类型的燃油消耗和排放(NO$_x$和 SO$_x$)以及阶段长度 (125~8 180 n mile)表适用于所有主要类型的飞机。这由欧洲环境署(EEA)污染物排放清单指南(2016)发布。

　　到目前为止,计算中缺少的是生命周期评估,该评估考虑了航空业的全部环境影响,不仅限于飞机飞行排放(即油箱到尾流),还包括油井到油箱的排放,即:

　　(1)航空燃料供应链(生产、精炼、储存、运输)。

　　(2)航空引发的气候变化对农业、林业、生态系统、能源生产和社会影响的影响在第一类中,统计了(化石燃料)炼油厂、燃料储存、运输、机场地面支持车辆以及供应和支持链中的其他排放源的排放量。在第二类中,将温室气体排放、导致海平面上升的气候变化、极端事件以及温度、降水量和土壤湿度的变化引起的高层大气辐射力的变化包括在内。David MacKay(2009)建议使用飞行排放量的 2~3 倍的因子来估算碳足迹(即捕捉航空排放的全部影响)。这与 Jardine(2008)的建议一致,Jardine 建议的飞行发射范围为 2~4 倍。最近的研究

(Rogelj 等人,2015 年)表明,其因子为 1.9。

笔者的目标不是得到"精确"的系数。相反,笔者的目的是提醒读者所涉及的因素以及航空排放对全球环境的影响程度(参考 RCEP,2002)。基本上,这里只讨论了航空飞行部分的温室气体排放。如前所述,飞行部分,即油箱到尾流,仅占总影响的一小部分,而油井到油箱对温室气体排放的贡献更为显著。全 LCA 模拟的一个例子是 GREET(温室气体、返航规率排放以及运输中的能源使用)模拟工具,这是解释温室气体排放的全部影响的一个有价值的工具(参考 Argonne 国家实验室,GREET 工具 http://www.transportation.anl.gov/modeling_simulation/GREET/)。2011 年发布的 GREET1 解决了航空业替代喷气燃料的 LCA 问题(Wang,2011)。

图 3.22 展示了 3 架飞机的每座排放量,单位为 CO_{2e} 当量(kg),这说明了飞机 CO_2 排放的总体影响,包括飞机燃料的生命周期 GHG 排放,包括更广泛的环境对生态系统的影响。为了正确看待这些数字,7 000 km(或 4 350 n mile)的行程每座产生 1 t CO_2。这大约是纽约市和罗马之间的距离。现在,如果把往返旅行的数字乘以 2,再乘以暑假聚会的家庭成员的数量,比如说 4,会得到 8 t 排放到大气中的 CO_2。这仅仅是每年一个家庭、一次旅行的影响。

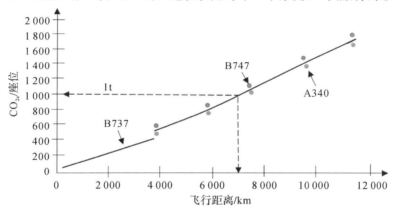

图 3.22　每座 CO_{2e} 排放量与飞行距离的关系

资料来源:欧洲环境署;Jardine,2008。

现在,当数百万家庭每年进行多次旅行(航班)时会发生什么?为了正确看待这些数字,据估计,全球空中交通量将从 2011 年的 25 亿名乘客增长到 2050 年的 160 亿名乘客(基于每年平均增长 4.9% 的假设)。作为参考,国际航空运输协会(IATA)预测,近期乘客增长率为 5.3%/年,高于长期平均水平。波音公司预计,未来 20 年商业航空平均增长 5%(参考 Bradley 和 Droney,2011)。飞行公众人数从 2011 年的 25 亿增长到 2050 年的 160 亿,这在计算人类通过航空对气候产生影响时引入了一个系数 6.4。根据 IPCC 发布的 1999 年《航空与全球大气》报告(见 IPCC,1999)预测,2050 年航空对 CO_2 排放的影响将是 1992 年的 10 倍。然而,可持续航空的最终目标是将航空排放与全球空中交通的增长脱钩。

在结束关于航空业化石燃料燃烧排放的话题之前,制作了表 3.12,以总结空气污染物对健康和环境的影响。此外,表 3.13 是美国国家空气质量标准(NAAQS)中 EPA(2013)的成果,它建立了 6 类空气污染物的标准。这些表格概述了污染物的标准及其对人类健康和环境的影响。

表 3.12 空气污染物的健康及环境影响

污染物	对健康的影响	对环境的影响
臭氧	肺功能损害,对运动的影响,呼吸道反应性增加,呼吸道易感性增加,住院和急诊次数增加,肺部炎症和肺结构损伤(长期)	作物受损,树木受损,作物和生态系统的抗病能力下降
CO	对心血管的影响,尤其是对心脏有问题的人	对动物的不利健康影响类似于对人类的影响
NO$_x$	肺部刺激,降低呼吸道感染抵抗力	酸雨,能见度下降,颗粒的形成,以及大气中的温室气体,这些都可能导致气候变化
可吸入颗粒	过早死亡,呼吸系统和心血管疾病加重,肺功能改变和呼吸道症状加重,肺组织和结构改变以及呼吸防御机制改变	能见度下降,对纪念碑和建筑物的破坏,飞机的安全问题
挥发性有机化合物(VOC)	眼睛和呼吸道刺激,头痛,头晕,视觉障碍和记忆障碍	有助于臭氧的形成,气味,并对建筑物和植物有一些破坏性的影响
二氧化碳、水蒸气和尾迹	无	作为大气中的温室气体,可能导致气候变化
SO$_2$	呼吸道刺激,加重肺部问题,特别是对晚期患者	对农作物和自然植被造成破坏;在有水分和氧气的情况下,SO$_2$ 会转化为硫酸,从而破坏大理石、铁和钢

表 3.13 国家环境空气质量标准

标准污染物	首要/次要	平均时间	等级	形式
CO①	首要	8 h	9 ppm	每年不得超过一次
	首要	1h	35 ppm	不得超过
铅②	首要和次要	3月	0.15 $\mu g \cdot m^{-3}$⑦	不得超过
NO₂③	首要	1 h	100 ppb	98%，平均超过3年
	首要和次要	每年	53 ppb⑧	年平均
臭氧(4)	首要和次要	8 h	0.075 ppm⑨	每年第四高的每日最高8 h浓度，平均超过3年
可吸入颗粒⑤ PM₂.₅	首要	每年	12 $\mu g \cdot m^{-3}$	年平均，平均超过3年
PM₂.₅	次要	每年	15 $\mu g \cdot m^{-3}$	年平均，平均超过3年
PM₂.₅	首要和次要	24 h	35 $\mu g \cdot m^{-3}$	98%，平均超过3年
PM₁₀	首要和次要	24 h	150 $\mu g \cdot m^{-3}$	在3年内，平均每年不得超过一次
SO₂⑥	首要	1 h	75 ppb	每年最高浓度的99%，平均超过3年
	次要	3 h	0.5 ppm	每年不得超过一次

注:ppb＝十亿分之一,ppm＝百万分之一。

联邦注册:①76 FR 54294;②73 FR 66964;③75 FR 6474 和 61 FR 52852;④73 FR 16436;⑤78 FR 3086;⑥75 FR 35520 和 38 FR 25678;⑦最终规则于 2008 年 10 月 15 日签署。

1978 年的铅标准(每季度平均 1.5 $\mu g/m^2$)在一个地区指定为 2008 年标准后 1 年仍然有效,除非在该指定为没有达到 1978 年标准的地区。直到达到或保持 2008 年标准的实施计划获批准。⑧官方公布的年度 NO₂ 标准水平为 0.053 ppm,相当于 53 ppb,此处显示有比较。⑨最终规则于 2008 年 3 月 12 日签署。1997 年的臭氧标准(0.08 ppm,年度第四高日 8 h 最高浓度 平均超过 3 年)和相关的实施规则仍然有效。1997 年,EPA 撤销了所有地区的 1 h 臭氧标准(0.12 ppm,每年不得超过一次)。尽管一些地区仍有义务遵守该标准("防止倒退")。⑩最终规则签署于 2010 年 6 月 2 日,当每个历年度最大小时平均浓度高于 0.12 ppm 的预期天数小于或等于了 1 h,就达到了 1 h SO₂ 标准。1971 年的 24 h SO₂ 标准在同一规则制定中被撤销。

3.8 噪 声

3.8.1 简介

航空业的环境影响以排放物和噪声来衡量。机场附近的社区在起飞、爬升、飞越、进场和着陆时承受着飞机噪声的冲击。高噪声环境对人体的生理、心理健康和幸福感都是有害的。在讨论航空影响和减轻噪声的措施之前,首先介绍关于噪声的基本知识,以使读者了解这个主题。有关气动声学的更详细的阐述,请参阅 Goldstein（1974），Smith（1986）或Kerrebrock（1992）等。

3.8.1.1 一般性讨论

令人烦躁的声音称为噪声,因此其涉及人的主观性。可以听到的频率范围称为可听范围,介于 20～20 000 Hz 之间。一般来说,介质中的任何压力波动或不稳定都会产生声波。这些波动或不稳定可能是周期性的,也可能是由随机因素引起的。周期性压力波动场的一个例子是涡轮机械中的旋转叶片,随机压力波动的一个实例是尾流、自由流或边界层中的湍流。周期不稳定性表现出特征频率（即基频及其谐波）,而在随机波动中,发射的噪声具有宽频性质。

介质中的声音传播是一种极小的压力波传播,它会导致环境压力、温度和流体密度（分别为 p_0，T_0 和 ρ_0）发生可逆和绝热（即等熵）变化。作为一个无穷小的波,与未扰动的值相比,所有流体性质的变化都非常小。也就是说,p'，T' 和 ρ' 是声音传播引起的压力、温度和密度的小扰动。数学上,"非常小"意味着至少两个数量级,即 10^{-2},但在声学中,扰动更小,通常是未扰动量的 10^{-5} 倍。

p' 的均匀声波方程由流体质量、动量和能量守恒定律导出（推导请参考 Kerrebrock，1992）：

$$\frac{1}{a_0^2}\frac{\partial^2 p'}{\partial t^2} = \nabla^2 p' \tag{3.18}$$

式中：a_0 是（声波）波速；p' 是声压。对于在 x 方向传播的平面波,均匀波方程简化为

$$\frac{1}{a_0^2}\frac{\partial^2 p'}{\partial t^2} = \frac{\partial^2 p'}{\partial x^2} \tag{3.19}$$

在数学物理中,使用分离变量来求解波动方程。我们知道 $(x-a_0t)$ 的任何函数,即 $f(x-a_0t)$,以及 $(x+a_0t)$ 的任何函数,即 $g(x+a_0t)$,是波动方程的解,因为它们分别表示右行波和左行波。根据波数 k,可以将振幅为 P 的右行波表示为正弦波：

$$p'(x,t) = P\sin(kx - \omega t) = P\sin[k(x - a_0 t)] \tag{3.20}$$

波数 k 定义为 $k = 2\pi/\lambda$,λ 代表波长。波的角速度与其频率 f 有关,f 是其周期 T 的倒数。波传播速度 a_0 与波长和频率 f（或其倒数,周期 T）有关,根据

$$a_0 = \lambda f = \lambda/T \tag{3.21}$$

对于一般观测者来说,描述声压力波的正弦波需要一个相位角 φ：

$$p'(x,t) = P\sin(kx - \omega t + \varphi) \tag{3.22a}$$

$$p'(x,t) = P\sin\left[k(x - a_0 t + \varphi)\right] \qquad (3.22b)$$

式(3.22a)或式(3.22b)描述了以恒定速度 a_0 在正 x 方向传播的单频波 f，由引入"相位角"的一般观测者测量。在声学中，单频波称为单音。当测得的声波在可听见范围内含有所有频率或等效的所有波长时，称之为宽频噪声。可发现，式(3.22a)或式(3.22b)所描述的声波是平面波，而不是球面波或圆柱。平面波的振幅 P 保持不变，而球形声波的振幅与 r 成反比下降，正如笔者将在"声强"和"脉动球"部分中讲的那样。

3.8.1.2　声强

声强定义为垂直于声传播方向的单位面积声波的时间平均功率，因此

$$I = \frac{1}{T}\int_0^T p'(r,t)u'(r,t)\,\mathrm{d}t = \frac{1}{T}\int_0^T p'(r,t)\,\frac{p'(r,t)}{\rho_0 a_0}\,\mathrm{d}t = \frac{1}{\rho_0 a_0}\,\frac{1}{T}\int_0^T p'^2(r,t)\,\mathrm{d}t$$

$$(3.23)$$

式中：T 是积分时间（$\geqslant T_{\text{period}}$）。在式(3.23)中，将诱导粒子速度 u' 替换为 $p'/\rho_0 a_0$，这很容易通过参考波系中的简单（稳定）动量平衡得到。

将脉动压力的均方根（rms）定义为有效压力：

$$p_{\text{rms}} = \sqrt{\frac{1}{T}\int_0^T p'^2(r,t)\,\mathrm{d}t} \qquad (3.24)$$

根据式(3.24)中 p_{rms} 的定义，可得

$$I = \frac{p_{\text{rms}}^2}{\rho_0 a_0} \qquad (3.25)$$

球形传播的声波有一个扩展的波前（面积 A_{w}），波前随 r^2 增长。根据能量守恒，得出 $p'u'A_{\text{w}}$ 保持不变的结论。因此，u' 和 p' 都必须以 $1/r$ 的形式变化（记住 $u' = p'/\rho_0 a_0$ 因为 p' 与 r 成反比，强度 I 与 p'^2 成正比），得出结论，球面波的强度下降为 $1/r^2$。这就是所谓的平方反比定律。

与球面波相比，平面波的强度没有减弱，是因为压力沿传播路径保持不变。还有一种解释方法是，与球面波的传播相比，平面波没有扩散。因此，在平面波中，声强度不会减小。这就是为什么能够在听诊器中听到心跳，或者在花园水管中听到耳语。

3.8.1.3　声功率

声功率是单位时间产生的总声能量，与声强度和球体面积（半径为 R）有关：

$$W = \frac{p_{\text{rms}}^2}{\rho_0 a_0}4\pi R^2 \quad（球面波） \qquad (3.26)$$

在直径为 D 的等面积管中传播的平面声波具有声功率：

$$W = \frac{p_{\text{rms}}^2}{\rho_0 a_0}\,\frac{\pi D^2}{4} \quad（直径为 D 的管道平面波） \qquad (3.27)$$

3.8.1.4　噪声级和单位分贝

作为自然界中所有感觉的感知强度——外部刺激的对数，使用对数标度来描述感觉的强度，例如声音。

声级是声音能量相关特性的对数，例如 W，I，p_{rms}^2 与参考值的比值。参考值由国际协议确定，与人耳在 1 000 Hz 纯声时的听阈有关。美国国家标准协会（ANSI）推荐以下参

考值：

$$W_{ref} = 10^{-12} \ \text{W}$$

$$I_{ref} = 10^{-12} \ \text{W/m}^2$$

$$p_{ref} = 2 \times 10^{-5} \ \text{N/m}^2 (0.000\ 2 \ \text{bars}\ ^①)$$

对数比，称为声级，叫作贝尔（为了纪念 Alexander Graham Bell）。更常见的单位是贝尔的 1/10，即分贝（dB）。

3.8.1.5 **分贝表示的声功率级**

$$L_W = 10\lg\left(\frac{W}{W_{ref}}\right) Re \ 10^{-12} \ \text{W} \tag{3.28}$$

3.8.1.6 **分贝表示的声强级**

$$L_I = 10\lg\left(\frac{I}{I_{ref}}\right) Re \ 10^{-12} \ \text{W/m}^2 \tag{3.29}$$

3.8.1.7 **分贝表示的声压级**

$$L_P = 10\lg\left(\frac{p}{p_{ref}}\right)^2 = 20\lg\left(\frac{p}{p_{ref}}\right) Re \ (2 \times 10^{-5}) \text{N/m}^2 = 20 \ \mu\text{Pa} = 0.000\ 2 \ \text{bar}$$

$$\tag{3.30}$$

式中：p 是测量到的均方根声压。

3.8.1.8 **多声源**

根据能量守恒原理，将几个声源的总强度预计为单个强度的总和是合乎逻辑的，即

$$I_{total} = I_1 + I_2 + I_3 + \cdots + I_n = \frac{p_{total}^2}{\rho_0 a_0} \tag{3.31}$$

这反过来意味着任何位置的总有效压力（rms）与该位置的单个有效压力有关：

$$p_{total}^2 = p_1^2 + p_2^2 + p_3^2 + \cdots + p_n^2 \tag{3.32}$$

3.8.1.9 **分贝表示的总声压级**

环境噪声通常包含可听范围内的所有频率（20～20 000 Hz），总声压级对每个频率都一样处理。虽然它测量了总的环境噪声水平，但它缺乏对不同频率具有不同感知的主观评价因素。

3.8.1.10 **倍频程、1/3 倍频程和可调滤波器**

为了测量噪声及其频率含量，使用了带有各种滤波器的麦克风。例如，倍频程滤波器通过最高频率，即通过滤波器的最低频率的两倍。然后，下一个倍频程滤波器将其最低频率设置为前一个滤波器的最高频率，以覆盖关注的频率范围。现在，1/3 倍频程滤波器以 $2^{1/3}$ 或 $\sqrt[3]{2}$ 作为乘数将倍频程分为 3 个波段，从而提供比倍频程过滤器更高的分辨率。如果从 20 Hz 开始，这是最低的可听频率，然后乘以 $\sqrt[3]{2}$，得到 25 Hz，如果重复这个步骤，得到 31.5 Hz，40 Hz，50 Hz，63 Hz，80 Hz，其余的频率用倍频程和 1/3 倍频程带滤波器表示，如

---

① 1 bar = 100 kPa。

图 3.24 所示。测量数据绘制在频带的中心频率。可调谐滤波器可以提供比 1/3 倍频程滤波器更高的分辨率。

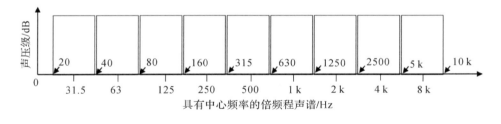

图 3.23 倍频程和 1/3 倍频程的中心频率

使用 1/3 倍频程滤波器过滤的典型飞越噪声频谱如图 3.24(Pearson & Bennett,1974)所示。

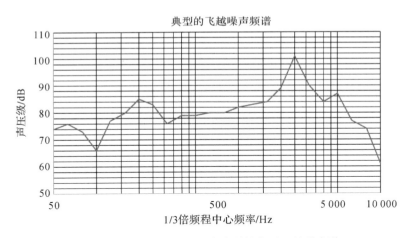

图 3.24 使用 1/3 倍频程滤波器的典型飞越噪声谱

资料来源:Pearsons 和 Bennett,1974。

3.8.1.11 噪声源的叠加和相消

为了计算多个来源的噪声(强度)水平,从而增加或减少噪声源,首先对每个噪声源的噪声级进行反对数运算,得出与功率相关的量(基于能量守恒),然后再加上/减去这些能量项。最后,取(能量项的)和的对数,以达到新的水平。这是一个相当烦琐的过程。因此,一些方便的图表,即加法和减法级别图表,可以用来简化任务,例如,将源强度加倍将使噪声强度级别增加 3 dB,这称为 3 dB 规则:

$$10\lg 2 \sim 3\text{ dB}$$

此外,由于声级计的精度通常为±0.5 dB,而人耳无法分辨小于 1 dB 的声级差,因此可以根据声级计测量值绘制方便的声级图。

3.8.1.12 加权

声级计中使用了几个加权网络,可以解释人类对纯声响度的敏感性。最常见的是 A 加权网络,它将规定的校正值作为频率的函数应用于声压级。倍频程和 1/3 倍频程频带频率的 A 加权校正图如图 3.25(50～12 500 Hz)所示。例如,100 Hz 时 77 dB 纯声将被人耳感知为 58 dBA 的声音。随着耳朵对 2 000～5 000 Hz 之间纯声的灵敏度增加,感知增强,在 2 500 Hz 时高达 1.3 dB。

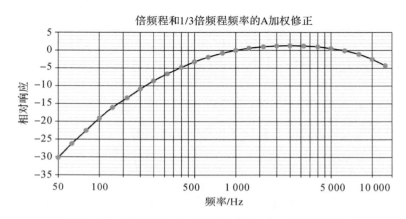

图 3.25 倍频程和 1/3 倍频程频率的 A 加权修正(dB)

3.8.1.13 有效感知噪声级(EPNL,dB)和其他指标量

人类的耳朵对频率在 2 000～5 000 Hz 之间的单音最敏感。此外对于噪声的声调内容,其持续时间也会影响感知噪声,以 NOYs 衡量。有效感知噪声级(EPNL)说明了声调校正及其持续时间校正。这些更正相当复杂,为了简洁起见,此处不再赘述。Pearsons 和 Bennett(1974)提供了所有噪声额定值的计算细节,包括 EPNL。美国(FAR - 36)和国外(ICAO 附件 16)的噪声法规和认证将 EPNL(单位:dB)作为测量标准。然而,EPNL 是噪声的单事件测量(例如,单次起飞或单次着陆),而不是噪声的累积时间效应(如 24 h 内的总噪声暴露)。

主要机场附近的社区对昼夜航空噪声的容忍程度不同。例如,夜间航空噪声可能会导致睡眠障碍。除了一天中的时间外,暴露持续时间、噪声水平和声调内容对居住在机场边界内的人的敏感度也起着重要作用。为了解决这些和其他社区层面的航空噪声问题,制定了新的衡量标准和法规。此处列出了一些关键指标供参考:

(1) DNL 为昼夜平均声级(24 h)。

(2) SEL 或 LE 为声暴露水平(平加权)。

(3) CNEL 为社区噪声等效水平。

(4) LAeq 为等效声压级(A 加权)。

（5）LAmax 是最大声压级（A 加权）。

（6）上述 A 加权时间是指规定噪声暴露时间以上的时间。

（7）SELC 或 LCE 是声暴露水平（C 加权）。

（8）LCmax 是最大 SPL（C 加权）。

（9）NEF 是噪声暴露预测。

（10）最大 PNLT −最大声调校正感知噪声级。

（11）WECPNL 是加权等效连续感知噪声级。

（12）高于指标的 PNL 时间为高于规定噪声暴露的时间。

机场噪声兼容性规划是联邦航空法规文件，称为 FAR 第 150 部分。该文件定义了用于土地利用评估的机场噪声暴露图的制定程序和标准。1974 年，美国环保局在其"声级文件"中确定 DNL［昼夜平均声级（24 h）］为最佳描述，室外声级为 55 dB（室内声级为 45 dB），这是公共卫生和福利所必需的（见美国环境保护署，1974）。如需进一步阅读，建议参考 Pearsons 和 Bennett（1974）的描述。

为了研究空气动力学，引入了源、汇、偶极子和旋涡等元素，这些元素可以组合在一起，在机翼、机身和整个飞行器周围形成感兴趣的流动。基本解的叠加是线性化空气动力学的特性。噪声研究遵循相同的原则，即引入了可组合的噪声元素，以模拟发动机的总噪声排放。这些基本声源是单极、偶极和四极。

3.8.1.14　脉动球：单极子模型

假设有一个半径为 R_0 的球体，它以一定的振幅和一定的频率脉动。根据球坐标系中的齐次波动方程，球体产生的压力波将在介质中以球形模式传播：

$$\frac{\partial^2 p'}{\partial t^2} = a_0^2 \frac{1}{r^2} \frac{\partial}{\partial r}\left(r^2 \frac{\partial p'}{\partial r}\right) \tag{3.33}$$

满足球体压力边界条件的均匀波方程［见式（3.33）］的解，即压力振幅 P，为

$$p'(r,t) = \frac{PR_0}{r}\sin[k(r - R_0) - \omega t + \varphi] \tag{3.34}$$

式中：P 是球体表面压力的振幅；r 是波到球体中心的距离。

对于点源，将 R_0 缩小到零，同时保持（PRQ）常数的乘积。与脉动点源相关的声压波为

$$p'(r,t) = \frac{(PR_0)}{r}\sin(kr - \omega t + \varphi) \tag{3.35}$$

注意到，压力波的振幅下降与离振源（即球体）的距离成反比。然而，传播速度保持不变。脉动球体描述了流体中任意点净质量流量为零的单极子。振荡质量可用于模拟脉冲射流或压气机中振动叶片的厚度或体积位移效应。图 3.26 展示了球面波（声波）传播。

单极子的声功率 $\wp_m$ 为

$$\wp_m = \frac{2\pi(PR_0)^2}{\rho_0 a_0} \tag{3.36}$$

因为声波的强度与球体的表面积成反比，即 r^2，因此，距离噪声源的距离加倍，会导致强度下降到 1/4。因此，$10\lg(1/4) = -6$ dB，这就是所谓的 −6 dB 规则。

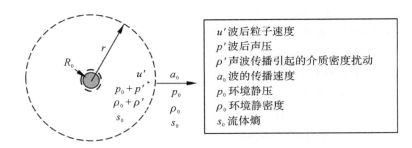

图 3.26　球形(声)波在静止介质中的传播

3.8.1.15　双单极子:偶极子模型

由于声学方程是线性的,可以叠加解以创建其他关注的解。例如,如果两个强度相等的单极子放置在距离 d 的地方,其中一个单极子相对于另一个单极子的相位相差 $180°$,则它们描述的是一个偶极子。这一相移 π 在两个单极子之间形成一种有趣的流动模式,类似于振动叶片周围的局部流动模式。图 3.27 展示了偶极子和振动叶片的流动。

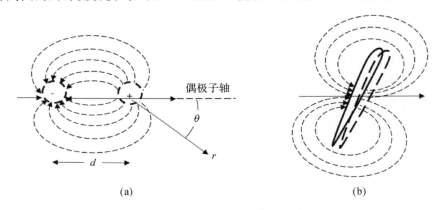

图 3.27　偶极子与振动叶片的流动形态
(a)偶极子的流动形态;(b)振动叶片的流动形态

偶极子模拟叶片振动力,因为两极之间存在加速流场。对于远离偶极子的观察者,在 (r,θ) 位置测得的偶极子脉动压力场近似为

$$p' \approx \frac{PR_0}{r}(kd\sin\theta)\sin k(r-a_0 t)(kr \gg 1)\tag{3.37}$$

式中:r 是到偶极子的距离;θ 是从偶极子轴测得的角度。偶极子功率 $\wp_d$ 表示为

$$\wp_d = \frac{2\pi(PR_0)^2}{\rho_0 a_0}(kd\cos\theta)^2\tag{3.38}$$

其中单极子缺乏任何方向性,而偶极子通过式(3.38)中的 $\cos 2\theta$ 项表现出方向性。此外,偶极子的声功率是波数 k 的函数。式(3.37)和式(3.38)的推导见 Kerrebrock (1992)。

3.8.1.16　双偶极子:四极子模型

如图 3.28 所示,通过将两个偶极子放置在相距 d 的位置,净质量流加速度与净力相抵消。这是用于研究湍流射流中辐射噪声的四极模型。Lighthill(1952,1954)通过在密度波动声学方程中引入一个源项(以湍流应力张量的形式),为气动声学的一般理论奠定了数学基础。Lighthills 声学类比(LAA)方程为

$$\frac{\partial^2 \rho'}{\partial t^2} - a_0^2 \nabla^2 \rho' = \frac{\partial^2 T_{ij}}{\partial y_i \partial y_j}$$

(3.39)

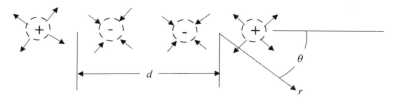

图 3.28　两个强度相等的偶极子相距 d,形成四极子

Lighthill 将式(3.39)等号右侧的非线性源项处理为已知,并将其与强度 T_{ij} 的四极分布联系起来计算亚声速射流的声源。

四极子辐射声功率 $\wp_q$ 由 Kerrebrock(1992)推导:

$$\wp_q = \frac{2\pi (PR_0)^2}{\rho_0 a_0} (kd)^4$$

(3.40)

四极子的功率与 $(kd)^4$ 成正比,偶极子的功率则与 $(kd)^2$ 成正比。

3.8.2　机场周边噪声源

机场附近的社区主要受到进场、着陆、滑行、起飞、爬升和飞越时飞机噪声的影响。然而,还有其他噪声源,例如地面辅助车辆,甚至机场交通产生的噪声,都会影响社区噪声。机场附近有 3 个航空噪声源:

(1)发动机噪声。

1)风扇、压气机、燃烧室和涡轮噪声。

2)射流噪声。

(2)机翼、起落架、襟翼、缝翼和反推装置产生的机身噪声,在靠近和着陆阶段尤其明显,其原因是:

1)起落架处产生的大量分离湍流尾迹导致起落架噪声。

2)机翼、襟翼/缝翼/高升力装置的不稳定尾迹,以及襟翼边缘的辐射噪声。

3)机身和机翼上涡流的湍流(BL)形成和噪声辐射。

4)面板振动噪声。

5)空腔、台阶、轮罩发出的噪声。

6)干涉噪声。

(3)机场地面支持设备,例如牵引、行李处理、维护/维修、加油和食品服务。

Khorrami(2003)研究了由缝翼引起的机身噪声,他研究了缝翼中的噪声源。图 3.29 展示了缝翼尾缘 TE 处旋涡脱落导致的缝翼展开中的脉动压力场(参考 Khorrami,2003)。Khorrami 和 Choudhari (2003)讨论了板条 TE 的一些被动处理,表明板条 TE 处的多孔被动处理有可能在近场中将 TE 噪声降低约 20 dB。

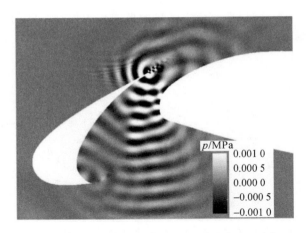

图 3.29　缝翼尾缘涡脱落引起的瞬时波动压力场

资料来源:Khorrami,2003。

　　有一种降噪策略是针对襟翼的。襟翼偏转会产生湍流和旋涡脱落,这两种情况都会导致 LTO 循环中的机身噪声。一种解决方案是无铰链的"连续可弯曲襟翼",它消除了接缝和间隙,从而减轻了湍流和涡流的形成。图 3.30 展示了由 FlexSys 公司设计并获得专利的自适应柔性尾缘(ACTE)襟翼(见自适应兼容尾缘飞行实验,美国宇航局网站为 https://www.nasa.gov/centers/amstrong/research/ACTE/index.html),并由美国空军研究实验室(AFRL)赞助(见自适应兼容尾缘,2017)。柔性襟翼由复合材料制成,具有可变几何尾缘结构。关于用于变形机翼的低功耗自适应系统技术,请参考该公司的网站(https://www.flxsys.com/flexfoil)。

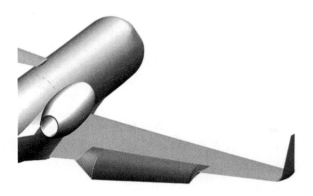

图 3.30　自适应兼容尾缘技术

资料来源:FlexSys 公司,https://www.flxsys.com/flexfoil/。

　　为了提高自适应兼容尾缘的技术成熟度(TRL),AFRL 在白骑士飞机上进行了飞行测试项目。下一个应用是在 Gulfstream Ⅲ 飞机上,该飞机经过改装,使用 FlexSys 公司提供的无缝柔性襟翼技术在美国宇航局阿姆斯特朗进行飞行测试。图 3.31 展示了空气动力学研究试验台飞机,该飞机用于美国宇航局 Armstrong 飞行研究中心飞行中的可弯曲无缝襟翼技术演示。ACTE 技术也在波音 KC - 135 飞机上进行了测试。静声航空的未来必然要以减轻湍流产生和涡流脱落为目标设计。变形机翼的更大潜力显然能延伸到隐身技术方面。

图 3.31　Gulfstream Ⅲ用于测试 ACTE 柔性襟翼研究项目

资料来源：NASA FlexSys 公司，https：//www.nasa.gov/centers/armstrong/research/ACTE/index.html。

3.8.3　发动机噪声

高性能燃气涡轮发动机是噪声很大的装置。涡轮机械中的能量传递只能通过非定常方式进行［见 Kerrebrock（1992），Cumpsty（2003）或 Farokhi（2014）］。此外，为了最大限度地传递能量，现代发动机使用转静或对转叶片排的高速叶轮。因此，涡轮机械噪声是发动机前方的主要噪声源，喷气噪声则是发动机后方的主要噪声源。图 3.32 展示了分排式涡扇发动机的噪声源。噪声辐射在远场产生指向性。

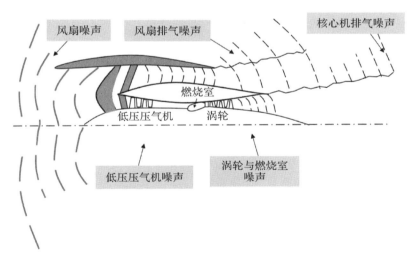

图 3.32　涡扇发动机噪声源

现代风扇通常涉及超声速的相对叶尖速度，这会在叶片通过频率（BPF）处产生激波及其相关的离散单音噪声，即叶片数 B 乘以转子角速度 ω。然而，由于制造公差或叶片振动，上游传播的激波不是完全周期性的，可能会合并并产生组合单音或"buzz - saw"噪声。风扇叶尖相对马赫数对其辐射噪声谱特征的影响如图 3.33 所示。

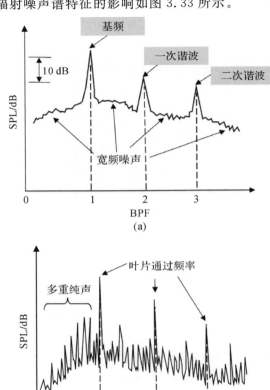

图 3.33 风扇叶尖相对马赫数对其辐射噪声谱特征的影响
(a)亚声速叶尖风扇噪声谱展示了 BPF 谐波和风扇宽频噪声;
(b)超声速叶尖风扇的噪声谱展示了组合单音
或"buzz - saw"噪声

由于能量传递是非定常的,因此叶片尾迹是非定常且具有周期性脱落涡结构的。叶片排的非定常尾迹随后被下一排叶片切割,因为它们处于相对运动状态。转子-静子相互作用产生一种压力模式,该模式以角速度 ω_{eff} 旋转:

$$\omega_{eff} = \frac{B\omega_r}{V - B} \tag{3.41}$$

式中:B 和 V 分别表示转子和静子叶片的数量;ω_r 表示转子角速度。从式(3.41)可以明显看出,必须避免 $V = B$,事实上,现代设计实践采用 $V = 2B \pm 1$ 策略,以避免因转子-静子相互作用而产生高强度噪声。

涡轮机械噪声研究中的一个重要主题是涡轮机械激励源和声传播管道之间的耦合本质。例如,高速风扇叶片产生的压力扰动模式确实与管道模态相耦合。在某些条件下,一些声扰动会传播,一些可能会衰减。压力扰动模态传播的条件称为截止条件。可以看出,传播模态需要超声速相对叶尖马赫数[见 Kerrebrock(1992),Cumpsty(1977,1985)以及 Morfey (1972,1973)]。因此,对于传播模态,即截止条件,必须具备:

$$Ma_T^2 + Ma_z^2 > 1 \qquad\qquad (3.42)$$

由于叶片弹性和气动载荷,叶片会在各种模式下振动,例如第一弯曲、第二弯曲、第一扭转模式、耦合弯扭模式以及更高阶模式。叶片上的湍流边界层以及可能包含流动分离的端壁区域都会导致涡轮机械的辐射噪声。这些随机不稳定将在 BPF 离散单音之间产生宽频噪声。

现代风扇叶片采用薄叶型,叶片后掠与进气道、风扇管道和喷管中以及核心出口管道的声衬相结合,这提供了缓解涡轮机械噪声问题的成功解决方案。例如,声学管道内衬(嵌入壁面的亥姆霍兹谐振器)会衰减跨声速风扇和低压涡轮(LPT)噪声谱中的主频,即叶片通过频率处的离散单音噪声。此外,在连续叶片排中正确选择叶片数量和叶片排间距是缓解转子-静子干涉问题的基本方案。现代风扇级使用后掠和倾斜的静子叶片(以及风扇管道出口导叶)来降低转子-静子干涉的噪声[见 Woodward 等人(1998)和 Huff(2013)]。

图 3.34 展示了 Woodward 等人(1998)研究的部分组装的风扇级,带有仅后掠静子[见图3.34(a)]和后掠-倾斜静子[见图 3.34(b)]。与径向静子相比,后掠-弯曲静子的声学优势显示宽频噪声降低了 4 dB。美国国家航空航天局的试验是在一架 22 ft 的飞机上进行的。Allison 设计的跨声速风扇,其特性总结在表 3.14 中。在规定的飞行路径上,双引擎飞机的缩放结果导致减少了 3 EPNdB,这被认为是有显著效果的。图 3.35 所示为后掠和倾斜静子级多基准型的比较。

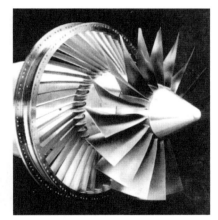

图 3.34　风扇降噪概念

(a)部分组装的风扇级带后掠静子;(b)部分组装的带后掠和倾斜静子的风扇级

资料来源:Woodward 等人,1998。

表 3.14　风扇设计参数(Allison)

转子直径	55.9 cm (22 in)
转子叶片数	18
转子轮廓比	0.30

转子直径	55.9 cm（22 in）
转子展弦比	1.754
静子叶片数	42
静子展弦比	3.073
掠倾式静子	30°掠/30°倾斜
掠式静子	30°掠
设计级压比	1.378（叶尖 1.45，轮毂 1.20）
设计质量流量	210.4 kg·(s/m²)⁻¹[43.1 lbm·s(ft²)⁻¹]
设计的修正叶尖切向速度	305 m·s[1 000 (ft·s)⁻¹]
设计的叶尖相对马赫数	1.080

(a) 基准

(b) 带后掠静子

(c) 带后掠/倾斜静子

图 3.35　后掠和倾斜静子级多基准型的比较

　　进气道设计中的一种很有前景的被动技术是将向下游传播的噪声通过延伸整流罩唇缘改变为向上游传播，该结构也称为斜切进气道（见 Clark 等人，1997）。这种降噪技术不会像声衬那样减弱噪声；相反，将向下游的噪声重定向到向上游的方向。噪声测量表明，与传统进气道相比,斜切进气道的降噪幅度高达 8 dB(见 Clark 等人,1997)。正如 Berton(2000)所报道的那样,先进涡扇发动机在机翼上方的安装利用了噪声屏蔽潜力,在进场、边线和社区降噪中使用了机翼屏障理念。据 Berton 介绍,在机翼上方安装先进的涡扇发动机后,96 EPN dB足迹从0.96 n mile^{2}减少到 0.57 n mile^2。其中 9.9 EPN dB 累积噪声降低归因于机翼上方的发动机布置。

燃烧室内能量释放的不稳定机制产生了大量燃烧噪声。气流与二次射流和冷却射流的湍流混合导致宽频噪声的产生。燃烧室和涡轮噪声是喷气发动机的核心噪声源。最后,还需要考虑反推装置的噪声和着陆阶段的指向性。关于反推装置的更多讨论,参考 von Glahn 等人(1972)的工作。

3.8.4 亚声速喷流噪声

由于湍流结构和混合引起的排气射流中的压力波动是宽频射流噪声的来源。Lighthill (1952)在他的经典论文中表明,(冷)亚声速湍流射流的声功率 $\wp_J$ 与射流速度 V_J 的 8 次方成正比,即

$$\wp_J \propto V_J^8 \tag{3.43}$$

因此,为了降低飞机排气辐射噪声的功率,需要降低射流速度。有趣的是,随着排气速度的降低,推进效率也得到了提高。高涵道比和超高涵道比涡扇发动机的开发实现了两个目标,即更高的推进效率[同时降低了单位推力油耗(TSFC)]和降低了射流噪声。此外,可变循环发动机(VCE)的概念保证了在巡航条件下的起飞和着陆以及降低涵道比,这有利于降低机场噪声(即社区)。由于射流中的动能与 V_J^3 成正比,因此声学效率参数可以定义为辐射声学与射流动能的比值(Kerrebrock,1992),该比值与射流马赫数 Ma_{J_0} 的 5 次方成正比,在推导中,马赫数为 V_J 与周围声速 a_0 的比值,即

$$\eta_{\text{jet noise}} \propto \left(\frac{\rho_J}{\rho_0}\right)Ma_{J_0}^5 \tag{3.44}$$

此效率参数用于比较不同的噪声抑制概念。在 20 世纪 50 年代,最初为涡轮喷气发动机开发的噪声抑制器使发动机增加了质量,并导致了严重的总推力损失。20 世纪 60 年代和 70 年代的涡轮风扇发动机基于降低的射流速度缓解了射流噪声问题,叶片和机匣处理也降低了涡轮噪声。但更严格的噪声法规即将出台。这些限制由联邦航空法规第 36 部分第 3 阶段和新的 FAA 第 4 阶段飞机噪声标准(用于涡轮风扇动力运输飞机的认证)规定。

从喷管喷出的亚声速湍流射流的动力学和结构最初由射流和周围环境之间的界面处的开尔文-亥姆霍兹(K-H)不稳定波控制。该界面实际上是一个涡片,通过不稳定波的空间增长,通过挟带作用在初始剪切层中形成大规模涡结构(也称为相干结构)(参考 Brown 和 Roshko,1974)。图 3.36 展示了剪切层的卷起和大规模涡结构的形成。Brown 和 Roshko 等人(1974)在随机时间拍摄了自由剪切层中大规模涡结构的流动可视化图像。这些涡流横跨混合层,并以射流和周围空气的平均速度向下游对流。混合层在 4~6 个射流直径范围内达到中心线,从而结束了射流的潜在核心区域。最终,这些大型旋涡结构分裂成较小的涡流(通过过渡过程),射流达到完全发展状态(10~12 倍直径)。自由射流紊流流场中多尺度结构的出现,即在初始混合层中出现大尺度,在充分发展的射流中出现细尺度,改变了沿射流的四极子尺度,使混合层的高频声发射变为充分发展区域的低频声。Kerrebrock(1992)通过将亚声速射流切割成薄片,从初始混合层到完全发展状态,阐明了这一点,并给出了亚声

速射流声学特征的基本原理。

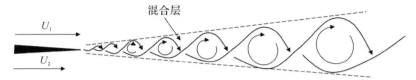

图 3.36　近场亚声速自由剪切层大尺度涡结构的形成

3.8.5　超声速喷流噪声

超声速射流总是湍流的(由于雷诺数高),并且通常包含激波,例如在喷管膨胀不足的情况下。由于冲击是由从波动射流边界反射的压缩马赫波聚合而成的,因此它们本质上是非定常的。欠膨胀超声速射流中周期性激波结构与湍流相互作用产生的辐射噪声称为宽带激波相关噪声(BBSAN)。以射流和自由流的平均速度判定的混合层中的大型结构可能达到超声速,从而辐射马赫波。除了湍流混合宽频噪声外,超声速射流在其频谱中表现出显著的离散频率,即尖叫声。尖叫声与以下两种声音之间的反馈机制有关:不断增长的不稳定波和沿上游方向传播并在喷管边缘激发新不稳定波的激波栅格结构。Tam(1995)的一篇综合评论文章被推荐用于讨论尖叫声和超声速射流噪声的物理学。图 3.37 展示了超声速射流的窄频谱(Seiner 和 Yu,1984),其中确定了超声速射流噪声、湍流混合噪声、尖叫声和宽带激波相关噪声的 3 个基本来源。频率标度是无量纲 St。这些是超声速射流的基本特征,而亚声速射流中一般没有这些特征。最后,前面提到的 LAA 仅适用于亚声速射流,其结果是未加热喷气机的辐射声功率与 Ma_j^8 成正比,而在超声速喷气机中变为与 Ma_j^3 成正比。声功率与射流速度之间的关系如图 3.38 所示(Powell, 1959)。在对数图上,低速(未加热)射流的初始斜率与 Ma_j^8 功率成正比,而超声速射流的斜率下降,与 Ma_j^3 成正比。正如 Ahuja 和 Bushell(1973)所证明的,对于加热射流,密度比或等效的总温度比(TTR)会影响噪声辐射。射流中的速度指数从未加热射流的 8 下降到加热射流的 5~6。

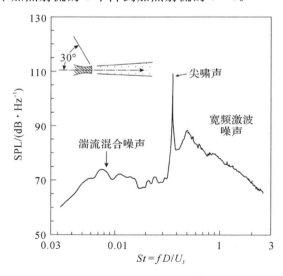

图 3.37　远场窄带超声速射流噪声谱

资料来源:Seiner 和 Yu,1984。

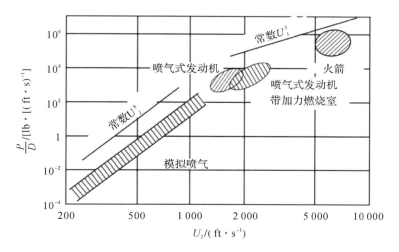

图 3.38　声功率与射流速度的关系

资料来源:Powell,1959。

Khavaran 等人(2010)讨论了热射流和射流噪声源。加热射流的射流速度指数为 5~6,而冷射流的指数为 8。Khavaran 和 Dahl(2012)讨论了涡扇发动机的声辐射,其中涉及双流喷管。

3.9　发动机噪声指向性样式

飞机发动机发出的辐射声的特点在于其强度和方向性模式。远场入口辐射声的指向性如图 3.39(Tam,2013)所示。测量值来自 JT - 15D 的静态发动机试验。在与进口轴成 $60°$ 角时测量最大声压级。

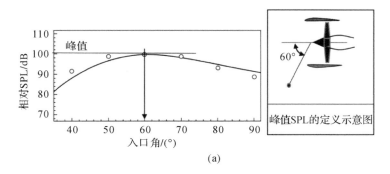

(a)

图 3.39　喷气发动机(JT‐15D)进气道辐射声指向性

(a)计算和测量远场(硬壁进气道)的声指向性

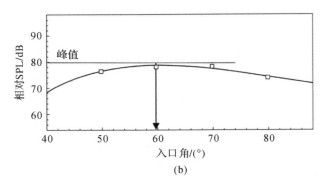

(b)

续图 3.39　喷气发动机(JT-15D)进气道辐射声指向性
(b)计算和测量远场(带衬管的进气道)的声指向性
资料来源:Tam 等人,2013。

对于硬壁进气道,辐射声的指向性模式如图 3.39(a)所示,而带有声学衬套的进气道的指向性模式如图 3.39(b)所示。进气道辐射噪声的指向性不受声学衬套的影响,但辐射噪声级降低了 20 dB(基于分贝的对数性质,这一点非常重要)。

远场亚声速射流辐射噪声的指向性如图 3.40 所示(Powell,1959)。请注意,相对声压级的径向标度在图 3.40 中以线性方式绘制。它表明,35°是与噪声达到峰值水平的射流轴的角度。

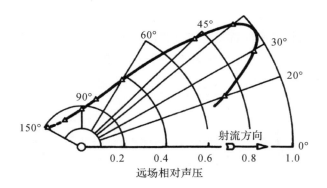

图 3.40　远场亚声速射流辐射噪声的指向性(相对于峰值)
资料来源:Powell,1959。

为了检查辐射射流噪声的绝对尺度及其方向性,绘制了图 3.41(Treager 1979)。图中展示了喷气发动机周围的等声级轮廓。更高级别的轮廓位于发动机的尾部区域,射流噪声占主导地位(注意近场中的 140 dB 轮廓)。此外注意到,发动机下游 100 ft 半径处的峰值噪声与射流轴成 40°角。

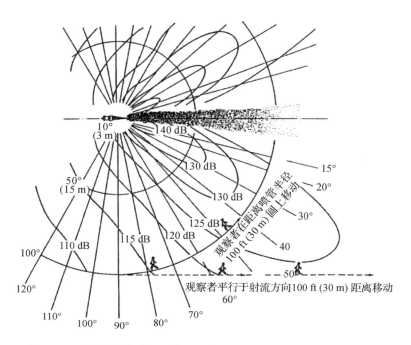

图 3.41　湍流(圆形)射流近场和远场噪声指向性分布及声压级(dB)

资料来源:Treager,1979。

影响超声速射流噪声发射的两个主要参数是射流马赫数和射流总温。图 3.42 展示了在总温为 500 K 下 2Ma 射流中,在选定的 St 数下测得的方向性(Seiner,1992)。峰值水平是在射流轴的 25°～45°的范围内测量的(或以 x 表示:135°＜x＜155°)。

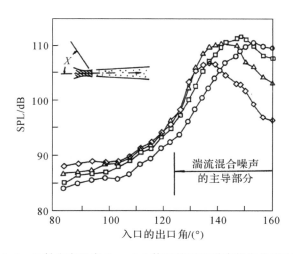

图 3.42　Mach－2 射流在选定 Strouhal 数下的测量噪声指向性图(总温 500 K)

资料来源:Seiner 等人,1992。

3.10　噪声源降低

本节将简要介绍在源头上成功降低发动机噪声的技术,比如在着陆和起飞(LTO)周期中使用机翼屏蔽来降低发动机噪声。

3.10.1　机翼遮蔽效应

为了量化机翼屏蔽对大型商业运输港降噪的影响,Berton(2000)研究了一种在机翼上安装先进的高涵道比涡扇发动机的概念性长途商业四轮喷气发动机运输机。该配置如图3.43(a)(Berton 2000)所示。本研究中的先进发动机选择在2020年以55 000 lb[①]推力等级投入使用。风扇的设计压比为1.28,涵道比为13.5,叶尖速度为850 ft/s(260 m/s)。全尺寸风扇的直径为130 ft(3.3 m)。图3.44(b)~(d)分别展示了边线观察点、社区噪声和进近噪声的声调加权感知噪声级(EPNdB)及其来源。边线(认证点)总降噪量为4.3 EPNdB,其次是社区噪声的降低,进近噪声显示机翼屏蔽的降噪影响最小,降低了1.3 EPNdB。本研究中机翼屏蔽的累积效应为9.9 EPNdB。

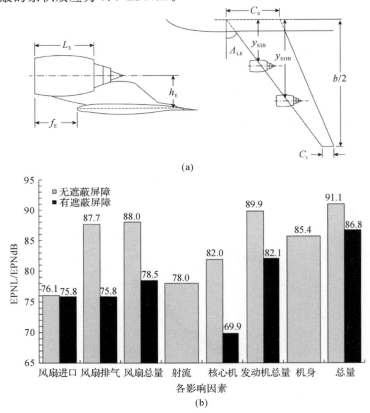

图 3.43　机翼屏蔽对飞机降噪的影响

(a)机翼上方安装 4 个发动机(Quad)的配置;(b)横侧认证观察点

---

① 　1 lb=0.454 kg。

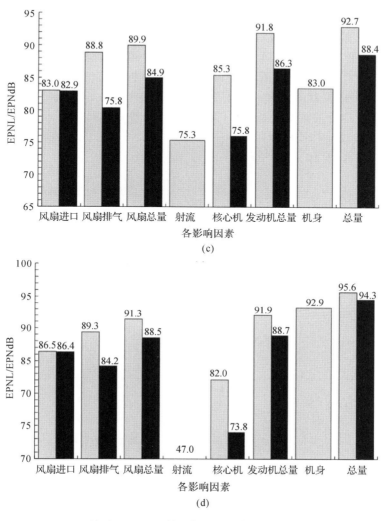

续图 3.43　机翼屏蔽对飞机降噪的影响

(c)社区噪声；(d)进近噪声

资料来源：NASA。

在结束这个主题之前需指出，任何涉及机身推进系统集成的噪声缓解研究都与布局密切相关。然而，需认识到，通过机翼、尾翼屏蔽来降低噪声，无疑是未来静声航空发展的一个可行且有力的选择。

3.10.2　风扇降噪

风扇涵道比在商用航空发动机降噪中起着决定性的作用：①核心机排气速度降低，因为其功率被供应给较大的风扇；②风扇喷气速度低于核心机，从而降低了噪声。事实证明，在风扇入口和出口管道中使用声衬有利于减少风扇噪声排放。使用后掠和减薄的现代风扇叶片也有助于降低风扇噪声。外涵道中风扇出口导叶上使用的后掠和倾斜组合降低了转子-

静子干涉噪声。齿轮传动涡扇发动机(GTF)是设计涵道比超过 12 的超高涵道比(UHB)涡扇发动机的技术验证机,自 2014 年起投入使用(普惠公司推出 GTF-1000)仅此就能按照 FAA 第 4 阶段飞机噪声标准将发动机噪声降低 20 dB。

声衬是亥姆霍兹(空腔)谐振器,可集成在进气管或风扇出口管中,以减弱风扇在其主频(如 BPF)下的噪声。蜂窝上的穿孔板是单层的声衬结构。其他衬垫结构可在蜂窝上使用多孔层,或使用体吸声器代替蜂窝,或使用双层或三层蜂窝板。三层结构被称为三自由度(3 DoF),可提供更广泛的频率衰减能力(见 Leylekian 等人,2014)。

Feiler 等人(1972)和 Klujber(1972)提出了声衬设计概念及其在声衰减方面的性能。图 3.44(Smith,1986)量化了这些特征。

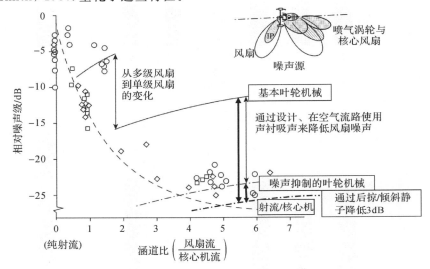

图 3.44　声衬设计概念及其在声衰减方面的性能

资料来源:Smith,1986。

低阻力声衬(LDAL)设计和制造的新进展如图 3.45(Norris,2018)所示。有前景的声学衬垫设计包括蜂窝内的嵌入式网格和开缝面板,以减小衬垫阻力。嵌入式网格有助于增加声衬吸声的频带宽度。早期的结果是有研究前景的,这促使在分排式涡扇发动机的后旁通管道中加入了 LDAL,并进行了飞行试验验证。

图 3.45　带有开槽面板的新型低阻力声学衬垫在 NASA 进行飞行测试

资料来源:NASA。

3.10.3　亚声速射流降噪

射流噪声是一种理想的降噪对象,因为它在声功率中的比例为 V_J^8。除了减小排气速度(比如在高涵道比涡扇发动机中)之外,有没有其他方法可以在不减小总推力的情况下降低射流噪声呢?射流噪声的值取决于许多参数,但主要取决于喷管压比(NPR)和射流马赫数。在本节中,简要介绍跨声速射流降噪方面最有前景的发展。在过去的 20 多年里,NASA 和格伦航空公司的飞机发动机及机身行业在降低喷气噪声方面的研究和开发,促成了一项新的技术开发:锯齿形喷管。建议进一步阅读 Zaman 等人(2011)的一篇优秀评论文章,其中记录了混合装置的发展(见 Bridges 等人,2003)。

3.10.3.1　锯齿形喷口

齿形是喷管出口平面上的三角形锯齿,具有减缓湍流射流的潜力(见 Zaman 等人,2011)。减缓效果源于喷管出口处的方位性涡量的重新分布,达到了一定的流向分量。为了优化涡量的再分配,齿形尖端必须略微穿透射流。过度穿透会导致推力损失,轻微浸入射流不会产生所需的声压级(SPL)降低。图 3.46 展示了一个基准喷管,用于比较分排涡扇发动机核心机和/或风扇喷管上各种锯齿形结构的气动声学和推进性能。

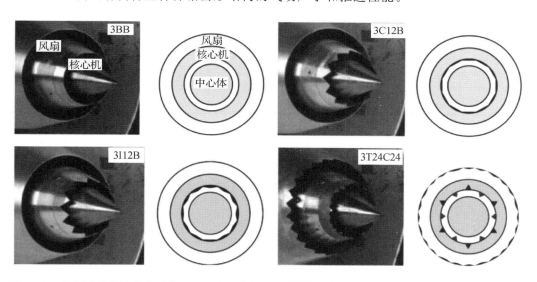

图 3.46　静态测试中的基准喷管(3BB)及齿形和 tab 形结构示例(分别为 3C12B,3I12B 和 3T24C24)

资料来源:Saiyed,2000。

为了证明起飞、着陆和飞越降噪效果。对静态测试中最有前景的锯齿形布局进行飞行实验,当然,巡航条件下的推进推力损失系数是衡量任何降噪装置可行性的指标。

首先在人耳敏感的频率范围内(即 $50\sim10\,000$ Hz 之间)测量配备锯齿形喷口的飞机在飞越时的降噪效益,即社区噪声,然后根据人耳最敏感的频率(即 $20\,000\sim50\,000$ Hz)进行加权。

其他修正有助于计算以 dB 为单位的有效感受噪声级(EPNL),这是 FAR-36 认证限制的基础。Kerrebrock(1992)为 EPNL 计算提供了一种明确的方法,建议进一步阅读发动机噪声文献。有足够的数据支持在喷管出口处注入流向涡量的射流中湍流动能减少,如齿形所产生的。锯齿形技术的重要性在于其质量轻,对喷管总推力的影响(即损失)可以忽略不计,测量值为 0.25%。

起初,喷气式飞机降低噪声的目标是在飞越时达到 2.5 EPNLdB,即降低社区噪声,同时将巡航中的推力损失限制在 0.5% 以下。Zaman 等人(2011)提供的噪声效益和巡航推力损失数据表明,几种锯齿形结构可以达到预期性能(Brausch,2002,见表 3.15)。

表 3.15 齿形降噪收益和巡航推力损失数据

配置	降噪收益/(EPNdB)	巡航推力系数损失/(%)
3C12B	1.36	0.55
3I12B	2.18	0.32
3I12C24	2.71	0.06
3T24B	2.37	0.99
3T48B	2.09	0.77
3T24C24		0.43
3T48C24		0.51
3A12B		0.34
3A12C24		0.49

锯齿形喷管的成功应用使其成为几架新飞机(如 B787)的标准组件。值得注意的是,早期以多喷管和波纹喷管方案形式出现的射流噪声抑制器每分贝降噪会导致 1% 的推力损失。相比之下,从表 3.15 中注意到,最佳齿形结构的降噪收益可达 2.71 EPMdB,而巡航时仅产生 0.06% 的推力损失。

3.10.3.2 排气核心声衬应用

除了锯齿形喷管技术外,发动机核心机排气还使用了可用于高温的特殊声学衬套。第 3.10.1 节中讨论的新 LDAL 技术适用于外涵道出口(见 Norris,2018)。

3.10.4 超声速喷流噪声降低

本节首先简要概述超声速射流降噪中使用的概念。

这些概念分为 5 类:①等离子激励器;②锯齿形;③流体喷射;④二维喷管;⑤双射流干涉研究。

(1)等离子激励器研究:等离子激励器用于激发超声速剪切层中的不稳定波。该研究是在实验室中的一个缩比模型以及计算流体动力学(CFD)和大涡模拟(LES)上进行的。主动控制技术用于开环和闭环(见 Samimy 等人,2009 年)。

(2)超声速喷气飞机的锯齿形喷管研究:在亚声速射流降噪(2~3 dB)方面,随着锯齿形的发展,研究人员提议将其用于欠膨胀和过膨胀的超声速射流。机械齿形方法的一种变体使用流体齿形(通过微喷射)进行主动噪声控制。Morris(2011)和 Kailasanath 等人(2011)在一份单独的报告中详细介绍了这些概念在军用飞机上的应用。弗雷特(2011)详细评估了带齿形的收敛-扩张(C-D)喷管的气动声学性能。

(3)流体喷射研究:NASA 最近的工作重点是亚声速和超声速流中的单股和双股射流。水、水-空气和空气喷射被用作噪声缓解技术。通过研究了带有风扇或核心喷管的双流射流与超声速射流的相互作用,其结果好坏参半,即当低频噪声被抑制时,高频噪声被激发。当BBSAN 不受影响时,在峰值射流噪声角(60°)处记录到轻微的噪声降低。与射流相比,喷射的质量流量比在 1%～2%范围内。亨德森(2009)详细介绍了超声速射流噪声抑制射流注入研究的历史和现状。

(4)二维喷管研究:有研究者研究了 2020 年商用超声速运输机低噪声/高推力应用的创新喷管概念。CFD 研究中包括带和不带锯齿形的二维喷管,包括几何变体,如 beyel、延伸边缘和长宽比。Frate(2011)概述了超声速应用的二维喷管研究。

(5)双射流干涉研究:该研究领域最接近双引擎军用飞机(如 F-18)降噪需求(SON),研究了扩张襟翼中的波纹密封和双射流耦合效应,研究了包含斜角和倾斜的喷管结构。对于双引擎战斗机的研究,可参考 Seiner 等人(2003)。

虽然,除了降低排气速度外,没有简单的办法来降低超声速射流噪声。但是,有 3 种先进的推进系统设计为超声速民用运输机带来了希望:

(1)可变循环发动机(VCE)。

(2)中间串联风扇(MTF)。

(3)混合喷管喷射器(MNE)。

Whurr(2004)在适用于超声速运输的背景下提出了这些先进的推进系统概念。Fournier(2004)讨论了其他超声速巡航推进概念。协和式飞机等超声速运输工具的高速喷气机在起飞时产生的噪声严重阻碍了飞机在全球的使用和经济可行性。事实上,协和式飞机的平均噪声(在着陆、横侧和飞越阶段)比第三阶段高出 20 dB。然而,LTO 噪声并不是超声速飞行器给社会带来的唯一问题。此外,在飞越时确实存在声爆问题。

3.11 声 爆

超声速飞行的飞机会产生波,为飞行器的体积腾出空间。第一道波是在飞机前方形成的斜激波或锥形激波,随后在飞行器周围形成一系列弱膨胀波和压缩波,最后,激波出现在飞行器尾部附近,以恢复飞行器下游的平行流。飞机上产生的这些波在非均匀大气中(与天气以及温度、密度、压力和湿度梯度相关的环境)传播并减弱。通过激波的气流被压缩,随后是持续膨胀,最后是尾部的突然压缩,在地面上产生了典型的 N 形特征。由激波引起的地面压力场称为声爆。图 3.47 展示了地面上声爆的 N 形特征(或 N 形波)和相应超压的示意图。N 形波是超声速飞机在恒定高度和巡航马赫数下的特征。在机动飞行中,地面上的信号形状会变为 U 形波。地面上的观察点两次受到飞机激波超压的影响(原因如图 3.47 所示,有一个前导和一个后导激波),该激波会在不到 1 s 的时间内扫过观察点。

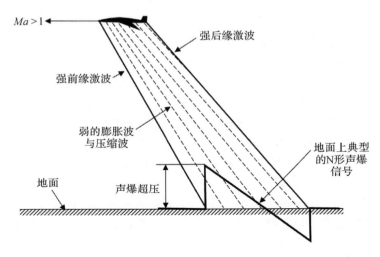

图 3.47 声爆超压与地面特征(声爆特征的理想化视图:N 形波)

声爆超压是对地面激波强度的测量(单位:lbf/ft²),如图 3.47 所示。与协和式飞机在 52 000 ft 高度以 $2Ma$ 巡航相对应的地面超压约为 1.94 lbf/ft²。对于真正的声爆 N 形波,图 3.48(摘自 Nixon 等人,1968)展示了 F - 4C 在极低空超声速飞行中的情况,在这种飞行条件下,一系列的冲击和膨胀波以其声爆特征在飞行器上传播。

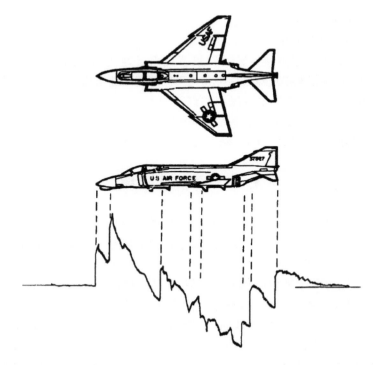

图 3.48 超声速战斗机 F - 4C 及其低空飞行声爆压力时间历程显示其声爆特征处有多个激波和膨胀波
资料来源:Nixon,1968。

下面列出了不同高度和马赫数下飞行的各种高速飞机的典型地面超压,以供观察和比较:

(1)SR - 71:0.9 psf[①],3Ma,80 000 ft。

(2)协和式飞机:1.94 psf,2Ma,52 000 ft。

(3)F - 104:0.8 psf,1.93Ma,48 000 ft。

(4)航天飞机:1.25 psf,1.5Ma,60 000 ft,着陆进场。

根据声爆理论,地面特征取决于飞机的尺寸和质量(在相同的飞行高度条件下),或者取决于飞机体积和升力。Fisher 等人(2004)(见图 3.49)很好地反映了这一特征,其比较了HSCT、协和式飞机和超声速公务机(SBJ)的地面声爆特征。关于声爆理论的回顾,请参考Plotkin(1989)。

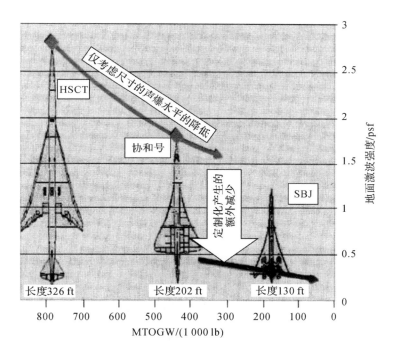

图 3.49　在相同海拔高度下,地面超压声爆水平的降低与 MTOGW(以 1 000 lb 为单位)和尺寸关系

资料来源:Fisher 等人,2004。

最近在减少声爆方面取得的进展使得安静的 SBJ 可以以 1.4Ma~1.8Ma 的速度飞越陆地。可伸展机鼻的概念将对地典型 N 形声爆特征转变为平滑的正弦“砰砰”声,称为成形声爆。图 3.50 展示了一架 NASA - X 概念飞机 X - 59 QueSST(安静超声速运输机),由洛克希德·马丁公司设计,为超声速低爆结构。图 3.51 展示了 NASA 的另一架低声爆概念

---

① 　1 psf=6.895 kPa。

飞机（由 NASA 提供）。

图3.50　NASA X-59 QueSST 飞机设计用于低声爆商用超声速经过陆地飞行

资料来源：NASA 和 Lockheed Martin。

图 3.51　NASA 的低爆超声速验证机

图 3.52 展示了由 Boom supersonic 设计的超声速客机，其巡航速度为 2.2Ma，载客量为 55 人（Norris and Warwick，2018；Boom Technology：https://boomsupersonic.com/）。

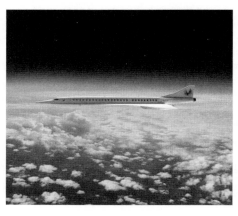

图 3.52　Boom 超声速公司正在开发的 55 座超声速客机（2.2Ma）

资料来源：https://boomsupersonic.com。

图 3.53 展示了 Aerion supersonic 为 1.4Ma 巡航设计的超声速公务机的 3 个视图（Aerion,https://www. Aerionsupersonic.com),表 3.16 展示了飞机的初步性能数据。

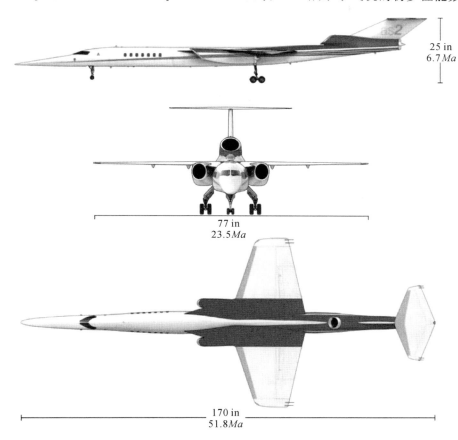

图 3.53　Aerion 公司为 1.4Ma 巡航设计的 AS2 超声速公务机

资料来源:Aerion Supersonic。

表 3.16　飞机的初步性能数据

性能	数据
超声速巡航	1.4Ma
低声爆巡航	1.1Ma~1.2Ma
LRC,亚声速	0.95 Ma
最大范围 IFR,1.4Ma	4 200 nmik/7 780 km
最大范围 IFR,0.95Ma	5 400 nmik/10 000 km
ISA S.L. 的平衡场长度	7 500 ft/2 286 m
MTOW	133 000 lbs[①]/60 328 kg。
燃油	59 084./26 800 kg
机翼面积	1 511 ft^2/140 m^2

---

①　1 bls≈4.448 N。

Spike 航空航天公司设计的一种安静的超声速喷气式飞机 Spike S-512(http://www.spikeaerospace.com),其具有超声速地面飞行能力,巡航速度为 1.6Ma,该公司预测地面上的感知响度水平低于 75 dB(见 Spike Aerospace 网站),且可容纳 12～18 名乘客。

美国联邦航空局(FAA)规定目前禁止超声速商业飞机飞行在美国陆地上空。同样,欧洲目前也禁止其在陆地上进行超声速飞行。

3.12　飞机噪声认证

图 3.55 展示了涡轮风扇动力运输的(FAA FAR-36 第 4 阶段)噪声限定指南。噪声认证中的选择标准是以 dB、EPNdB 为单位测量的有效感知噪声。飞机起飞总重被用于近场着陆和横侧的噪声限定中。发动机数量(2 个、3 个或 4 个)决定了起飞噪声(见图 3.54)。

图 3.55 展示了美国和国际民航组织使用的轨迹和认证地点。值得注意的是,关于进近、侧面和飞越的 3 个认证点(见 ICAO 附件 16 标准附录 2)。噪声采样频率为 44.1 kHz,所有麦克风均位于地面以上 1.2 m 处(露天)。国际民航组织附件 16 附录 B 总结了起飞、横侧和进近认证时噪声认证限值的计算公式。

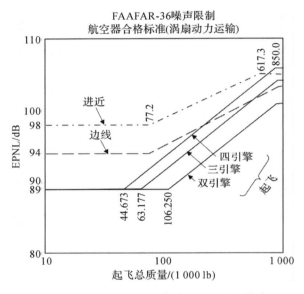

图 3.54　FAA 第 4 阶段涡扇动力飞机认证指南

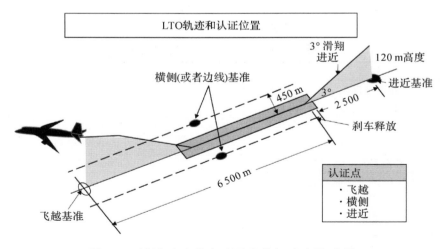

图 3.55　进近、起飞轨迹,以及参考点(麦克风)位置

降噪方面的进步表明,自 1960 年以来,降噪效果提高了 80%[见图 3.56(a)]。图

3.56(b)展示了自 2013 年以来,相对于第 3 阶段飞机发动机的平均降噪量。图 3.56(a)中报告的平均噪声来自进近、横侧和飞越 3 个参考点。军用飞机和超声速民用运输机协和式飞机在图的顶部显示为参考水平,在第 3 阶段的噪声为 20 dB。与现代涡扇发动机相比,这些飞机噪声过大的主要原因在于其喷气速度高。

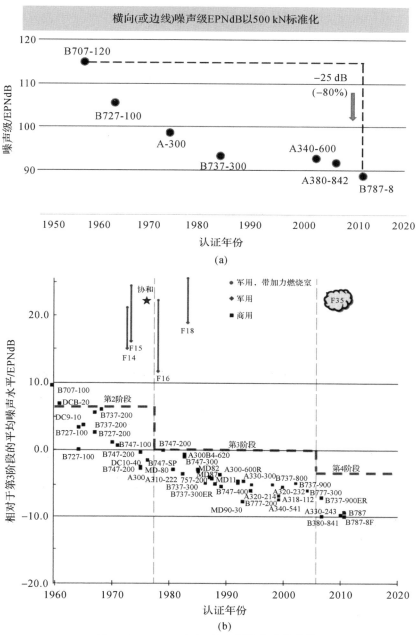

图 3.56 1960—2020 年飞机噪声变化趋势

(a)飞机降噪的历史趋势;(b)相对于第 3 阶段的平均飞机发动机噪声

资料来源:Huff,2013。

发动机和机身部件对进近和起飞时总体噪声的相对贡献如图 3.57（NASA，1999）所示。起飞噪声由风扇排气噪声和核心机排气射流噪声共同决定。与排气喷流相比，风扇进口对起飞噪声的贡献较小。正如预期的那样，与这些趋势相反的是进近，其中风扇进气道对总体噪声的贡献最大，其次是机身噪声。

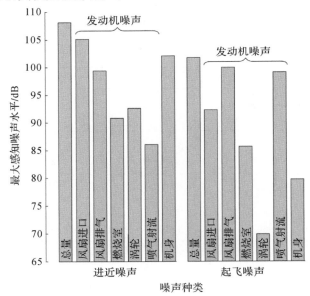

图 3.57 涡扇发动机飞机在起飞、进近和降落过程中的噪声

资料来源：NASA，Glenn Research Center，1999。

3.13 NASA 愿景：安静绿色航空运输技术

表 3.17 总结了 NASA 对亚声速运输系统技术指标水平的愿景。表 3.17 中明显缺乏关于 CO_2 排放量（或其他 GHG 排放量）的指标。累积 EPNdB 是 NASA 一个表示横侧、飞越和进近的总和指标。

表 3.17 NASA 亚声速传输系统级别指标

	技术阶段（技术阶段等级：4～6）		
	$N+1$（2015）	$N+2$（2020）	$N+3$（2025）
噪声（参照第 4 阶段）	−32 dB	−42 dB	−71 dB
LTO NO_x 排放（参照 CAEP 6）	−60%	−75%	−80%
巡航氮氧化物排放量（参照 2005 年同类最佳）	−55%	−70%	−80%
飞机燃油/能源消耗（参照 2005 年至同类最佳）	−33%	−50%	−60%

NASA 对超声速飞机的研究目标集中在降低机场噪声和减少陆上声爆上。表 3.18 总结了这些目标和巡航 NO_x 排放量(Huff,2013)。声爆压力级降低是以 dB(PLdB)为单位的感知噪声级测量的。表 3.19 展示了 NASA 未来超声速飞机的研究目标(Huff,2013)。

表 3.18　美国宇航局超声速飞机的环境目标(Huff 2013)

环境目标	N+1超声速公务舱飞机(2015 年)	N+2小型超声速客机(2020 年)	N+3高效多马赫飞机(2030 年后)
声爆	65～70 PldB	65～70 PldB	低爆飞行 65～70 PldB;水上飞行 75～80 PldB
机场噪声(第 4 阶段下)	达到边界	10 EPNdB	10～20 EPNdB
巡航排放/($g \cdot kg^{-1} NO_x$)	相当于当前的亚声速	<10	<5 且颗粒物和水蒸气减弱

表 3.19　美国宇航局超声速飞机的性能目标(Huff 2013)

性能指标	N+1 超声速公务舱飞机(2015 年)	N+2 小型超声速客机(2020 年)	N+3 高效多马赫飞机(2030 年后)
巡航速度	$1.6Ma$～$1.8Ma$	$1.6Ma$～$1.8Ma$	$1.3Ma$～$2.0Ma$
范围/n mile	4 000	4 000	4 000～5 500
有效负载/个乘客	6～20	35～70	100～200
燃油效率/[$lb \cdot (个 \cdot n\ mile)^{-1}$]每磅燃料载客英里数)	1.0	3.0	3.5～4.5

3.14　FAA 愿景：NextGen 技术

为了应对环境、能源效率、可持续性和安全问题,美国联邦航空局于 2004 年宣布了 NextGen 计划。NextGen 计划在环境方面确定了五大支柱:

(1)更科学地理解和改进的综合环境分析工具,包括以下关键方面:

1)描述问题的特征。

2)评估风险。

3)为解决方案开发提供信息。

(2)成熟的新飞机技术,具有以下关键方面:

1)加快飞机和发动机技术开发。

2)评估技术。

(3)开发航空替代燃料,重点如下:

1)燃料认证。

2)促进环境和经济可持续性。

3)促进原料和燃料生产。

4)支持协作。

(4)通过以下方式制定并实施清洁、安静和节能的操作程序:

1)新的空中交通管理能力。

2)门到门和地面操作程序。

(5)政策、环境标准、基于市场的措施和环境管理体系,包括以下组成部分:

1)国内政策(如 NextGen 部署)。

2)国际政策(如 ICAO,CAEP)。

国家空域系统采用分段连续管理飞行路径的方式运行,是传统的以人为中心的通信、导航和监视系统的产物。NextGen 航空运输系统将自动化和优化目标无缝集成,以实现从登机口到登机口的航路管理(即综合航路、到达、离开和地面管理)。NextGen 提出了推进当今国家空域系统的倡议,尤其是 ATM。该项目始于 2004 年,制订了短期计划(2004—2002年)、中期计划(2012—2020 年)和长期计划(2020—2030 年)。NextGen 计划的范围及其效益总结如下:

(1)为乘客和运营商提供更好的旅行体验。

(2)节约飞机运营商的燃油。

(3)路线和方法更直接、更高效,减少了排放。

(4)分离最小值的减小。

(5)减少拥堵。

(6)改善空域系统及其用户之间的通信。

(7)标准化获取天气信息。

(8)改进的车载技术。

据 IPCC《航空与全球大气特别报告》(1999)估计,ATM 改进和其他操作程序可将燃料消耗减少 8%～18%。虽然联邦航空管理局没有直接解决 CO_2 和其他温室气体排放问题,但对航空排放的间接影响来自更广泛的目标,即通过"节约燃料"和"高效路线和方法"提升能源效率,以及开发"航空替代燃料"。

3.15 欧洲可持续航空愿景

NextGen 在欧洲的对应机构被称为单一欧洲天空 ATM 研究(SESAR)。他们对 2050年航空运输的愿景为 2050 年 Flightpath 2050(见欧盟委员会 2011 年报告)。Flightpath

2050 中规定的目标确保了欧洲到 2050 年可以实现可持续航空。表 3.20 总结了欧洲 Flightpath 2050 排放目标(对比 2020 年)。

表 3.20 欧洲 Flightpath 2050 排放目标

排放	2050 目标
每载客英里 CO_2 排放量/(%)	-75
NO_x 减排/(%)	-90
降噪/(%)	-65
滑行时的排放/(%)	0

Flightpath 2050 的更广泛的目标是以乘客为中心,在航班的及时性方面,高效整合地面运输,使门到门的旅行时间少 4 h(欧洲境内),以及在 ATM 中整合先进技术。对于可持续航空,Flightpath 2050 概述了研究和开发的关键领域,例如替代喷气燃料、先进推进、动力概念和电气化,这些都有助于实现零碳航空。

3.16 本 章 小 结

本章从化石燃料燃烧产生的污染物和噪声的角度来看待航空业对气候的影响。在燃烧方面,航空化石燃料含有大量的碳(以质量计),这些碳会产生有害的 CO 和 CO_2(一种温室气体)或烟尘,会影响地表空气质量和相关健康风险。由于空气中含有 79% 的 N_2(按体积计),其与喷气燃料的燃烧会产生氮氧化物,称为 NO_x,通过臭氧形成影响表面空气质量,对健康产生影响,并影响上层大气的臭氧消耗。高层大气中的臭氧消耗导致地球上有害的紫外线辐射水平上升。另一种氮氧化物——N_2O,作为温室气体,对气候变化的有害影响与 CO_2 相同。燃烧的另一个副产品是水蒸气,它是一种温室气体,可能会导致形成持续的尾迹。这些反过来又会影响大气中的辐射,并导致区域性昼夜温度水平的不平衡。

燃烧室设计技术的进步极大地降低了 NO_x 含量,但二氧化碳和水蒸气仍然保持在排放物中。受控燃烧排放物包括一氧化碳和未燃烧的碳氢化合物、NO_x、SO_x、颗粒物和烟尘/烟雾,不包括温室气体。本章简要介绍了 well-to-tank(WTT,井到罐)和 tank-to-well(TTW,罐到轮)CO_2 排放的生命周期概念。WTT 对 TTW 对 CO_2 排放的贡献产生了 2~3 倍的倍增效应,这很容易量化。温室气体吸收来自地球的红外辐射,向地球发射一部分,并向太空辐射剩余的红外辐射。随着高层大气中温室气体浓度水平呈指数级增加,基于温室气体人为干扰的红外辐射导致地球温度升高,这在气候研究界被称为全球变暖。极地冰盖融化和水位上升导致极端天气状况,如灾难性洪水和干旱,统称为气候变化。就 GHG 排放量和 NO_x 而言,电力行业和运输部门是最大的污染源。在运输部门,航空业约占全国 CO_2 排放量的 10%。然而,道路运输部门,即小汽车和卡车,在混合动力汽车和电动汽车中采用了先进的排放标准。因此,航空业对环境的影响预计将增加。除了飞机发动机排放的 GHG 和 NO_x 外,机场地面支持设备、地面出入车辆、施工活动、发电厂和维护作业也会造成环境污染,主要是 CO、VOC 和机场的烟尘排放。

在简要介绍了噪声之后,了解到 EPNL 已经成为衡量人类对噪声的感知程度的主要标准。它校正了噪声的单音分量和暴露于噪声的持续时间。延长噪声暴露措施成为机场社区关注的问题,因此促使定义新的标准,如 DNL。噪声也导致世界各地主要机场禁止夜间飞行。国际民航组织(ICAO)和美国联邦航空局(FAA)的国际法规为商用航空的进场着陆、起飞和飞越噪声制定了认证标准。

飞机发动机中的噪声源与发动机本身有关,例如风扇、中压压气机(IPC)、燃烧室、涡轮和喷口,以及着陆和起飞时的机身噪声。起落架和高升力装置是机身噪声的两个例子。对于发动机,从进气道发出的噪声主要是风扇噪声。在发动机后部(或下游),射流噪声占主导地位。在超声速叶尖马赫数风扇中,转子-静子相互作用导致嗡嗡声。被动解决方案是声学衬套或亥姆霍兹(空腔)谐振器,它们可以有效地衰减风扇叶片通过进气管发出的辐射噪声功率。声衬也集成在风扇出口管道以及低压涡轮下游管道中。降低转子-静子噪声的另一个额外措施是弯掠倾斜静子叶片以及转子和静子之间更宽的间距。降低风扇级中的相对叶尖马赫数也有助于降低辐射噪声。Lighthill 的研究表明,亚声速射流中的声功率与射流速度的 8 次方成正比,而在超声速射流中,这种依赖性下降到射流速度的 3 次方。这表明,降低喷射速度是降低射流噪声的最佳途径。在亚声速水平上,射流噪声的衰减是通过在射流剪切层中引入流向涡的锯齿来实现的。这些反过来又与大尺度结构的动力学相互作用并改变了其动力学,使辐射声衰减了近 3 dB。在超声速射流噪声方面,在欠膨胀超声速湍流射流的噪声源中加入了声爆现象。超声速飞行在地面上产生声爆,导致禁止在陆地上进行此类飞行。声爆成形技术提供了一种很有前途的方法来减缓 N 形波,以及对地面特征,从而将波转变为正弦"砰砰"特征。鼓包整形技术提供了一种很有前途的方法来减缓 N 形声波,以及地面上的性质,从而将其转变为正弦"砰砰"信号。采用了声爆成形技术的体积更小的超声速公务机,显然是在陆地上空进行超声速飞行的首选机型。此外。NASA 和工业界在低声爆技术方面也有着令人兴奋的新研究。

参 考 文 献

[1] AHUJA K K,BUSHELLK W. An experimental study of subsonic jet noise and comparison with theory. Journal of Sound and Vibration,1973,30(3):317 - 341.

[2] ANDERSON D N. Effect of equivalence ratio and dwell time on exhaust emissions from an experimental premixing pre - vaporizing burner:NASA TM - X - 71592. Washington, D. C. :National Aeronautics and Space Administration,1974.

[3] BERTON J J. Noise reduction potential of large, over-the-wing mounted, advanced turbofan engine:NASATM - 2000 - 210025. Washington, D. C. : National Aeronautics and Space Administration,2000.

[4] BLAZOWSKI W S. Fundamentals of combustion. //Oates G C. Aerothermodynamics of Aircraft Engine Components,AIAA Education Series. Washington,D. C. :AIAA,1985.

[5] BLAZOWSKI W S,HENDERSON R E. Aircraft exhaust pollution and its effects on

US air force. Ohio：Air Force Aero Propulsion Lab，1974.

[6]　BRADLEY M K，DRONEYC K. Subsonic ultra green aircraft research：phase Ⅰ：Final Report NASA/CR – 2011 – 216847. Washington，D. C. ：National Aeronautics and Space Administration，2011.

[7]　BRIDGES J E，WERNET M，BROWN C A. Control of jet noise through mixing enhancement：NASA TM2003 – 212335. Washington，D. C. ：National Aeronautics and Space Administration，2003.

[8]　BROWN J L，ROSHKO A. On density effects and large structures in turbulent mixing layers. Journal of Fluid Mechanics，1974，64(4)：775 – 81.

[9]　CHANG C T. Low-Emissions combustors development and testing. Washington，D. C. ：National Aeronautics and Space Administration，2012.

[10]　CLARK L R，THOMAS R H，DOUGHERTY R P，et al. Inlet shape effects on the far-field sound of a model fan. 3rd AIAA/CEAS Aeroacoustics Conference，Atlanta：AIAA，1997.

[11]　COLLIER F. NASA aeronautics：environmentally responsible aviation project -real solutions for environmental challenges facing aviation. 50th AIAA Aerospace Sciences Meeting and Exhibit. Nashville，Tennessee：AIAA，2012.

[12]　CUMPSTY N A. Critical review of turbomachinery noise. Journal of Fluids Engineering，1977，99(2)：278 – 293.

[13]　CUMPSTY N A. Engine noise. //Oates G C，ed. Aerothermodynamics of Aircraft Engine Components，AIAA Education Series. New York：AIAA，1985.

[14]　CUMPSTY N A. Jet propulsion：a simple guide to the aerodynamic and thermodynamic design and performance of jet engines. 2nd ed. Cambridge：Cambridge University Press，2003.

[15]　Environmental Protection Agency. Control of air pollution from aircraft and aircraft engines. Federal Register，1973，38：136.

[16]　Environmental Protection Agency. Control of air pollution from aircraft and aircraft engines. Federal Register，1978，43：58.

[17]　Environmental Protection Agency. Control of air pollution from aircraft and aircraft engines. Federal Register，1982，47：251.

[18]　Environmental Protection Agency. EPA 2016 Report. ［S. l. ］：Inventory of US Greenhouse Gas Emissions and Sinks，2016.

[19]　European Commission. Flightpath 2050，Europe's vision for aviation：report of the Hugh Level Group on Aviation Research. Luxemburg：European Commission，2011.

[20]　Expert Group on Future Transport Fuels. State of the art in alternative fuels transport systems：final report. Brussels：the European Commission，2015.

[21]　FAROKHI S. Aircraft propulsion. Chichester：Wiley，2014.

[22]　Federal Aviation Administration. Airport noise compatibility planning. 14 CFR

Part 150. Washington, D. C: FAA, 1979.

[23] Federal Aviation Administration. Aviation & emissions: a primer. Washington, D. C: FAA, 2005.

[24] FEILER C E, GROENEWEG J E, RICE E J, et al. Fan noise suppression: Aircraft Engine Noise Reduction: NASASP – 311. Washington, D. C.: National Aeronautics and Space Administration, 1972.

[25] FETTERER E, KNOWLES K, MEIER, et al. Sea ice index, version 2. Boulder: National Snow and Ice Data Center, 2016.

[26] FISHER L, LIUS, MAURICE L Q, et al. Supersonic aircraft: balancing fast, affordable, and green. International Journal of Aeroacoustics, 2004, 3 (3): 181 – 197.

[27] FOURNIER G E. Supersonic-transport takeoff silencing. International Journal of Aeroacoustics, 2004, 3(3): 249 – 258.

[28] FRATE E C. An aerodynamic and acoustic assessment of convergent divergent nozzles with chevrons. Orlando: 49th AIAA. Aerospace Sciences Meeting, January, 2011, 2011.

[29] GOLDSTEIN M E. Aeroacoustics: NASASP – 346. Washington, D. C.: National Technical Information Service, 1974.

[30] HENDERSON B. Fifty years of fluidic injection for jet noise reduction. International Journal of Aeroacoustics, 2010, 9(1/2): 91 – 122.

[31] HENDERSON R E, BLAZOWSKI W S. Turbopropulsion Combustion Technology Assessment. [S. l.]: Air Force Aero Propulsion Laboratories, 1979.

[32] HUFF D L. NASA Glenns contributions to aircraft engine noise reduction: NASA/TP – 2013 – 217818. Washington, D. C.: National Aeronautics and Space Administration, 2013.

[33] VEDANTHAM A. Intergovernmental Panel on Climate Change. Geneva: Intergovernmental Panel on Climate Change, 1999.

[34] SECRETARIAT I. Operational opportunities to minimize fuel use and reduce emissions: Report No. CIR, 2004, 303. [S. l.: s. n.], 2004.

[35] JARDINE C N. Calculating the environmental impact of aviation emission. Oxford: Environmental Change Institute, Oxford University, 2008.

[36] KERREBROCK J L. Aircraft engines and gas turbines. Cambridge: MIT Press, 1992.

[37] KHAVARAN A, DAHL M D. Acoustic Investigation of jet mixing noise in Dual stream nozzles. [S. l.]: AIAA, 2012.

[38] KHAVARAN A, KENZAKOWSKI D C, MIELKEFAGAN A E. Hot jets and sources of jet noise. International Journal of Aeroacoustics, 2010, 9(4/5): 491 – 532.

[39] KHORRAMI M R. Understanding slat noise sources. Colloquium EUROMECH

Citeseer, 2003, 449: 9 - 12.

[40] KHORRAMI M H, CHOUDHARIM. Application of passive porous treatment to slat trailing edge noise: NASA/TM - 2003 - 212416. Washington, D. C. : National Aeronautics and Space Administration, 2003.

[41] KLUJBER E. Sonic inlet development for turbofan engines: NASA SP - 311. Cleveland: Aircraft Engine Noise Reduction, 1972.

[42] LEE D S, FAHEY D W, FORSTER P M, et al. Aviation and global climate change in the 21st century. Atmospheric Environment. 2009, 22 - 23: 3520 - 3537.

[43] LEE D G, PITARI G, GREWE V, et al. Transport impacts on atmosphere and climate: aviation. Atmospheric Environment, 2010, 44(37): 4678 - 4734.

[44] LEFEBVRE A H. Gas turbine combustion. New York: Hemisphere Publishing, 1983.

[45] LEYLEKIAN L, LEBRUNM, LEMPEREURP. An overview of aircraft noise reduction technologies. Aerospace Lab Journal, 2014, 6: 1 - 15.

[46] LIGHTHILL M J. On sound generated aerodynamically, part Ⅰ: general theory. Proceedings of the Royal Society, 1952, 211: 564 - 587.

[47] LIGHTHILL M J. On sound generated aerodynamically, part Ⅱ: turbulence as a source of sound. Proceedings of the Royal Society of London, Mathematical and Physical Sciences. 1954, 222: 1 - 32.

[48] LIPFERT E W. Correlation of gas turbine emissions data. Turbo Expo: Power for Land, Sea, and Air, 1972, 79818: V001T01A059.

[49] MACKAY D J C. Sustainable energy-without the hot air. Cambridge: UIT Cambridge Ltd, 2009.

[50] MERKUR R A. Propulsion system considerations for future supersonic transports: a global perspective. Turbo Expo: Power for Land, Sea, and Air, 1996.

[51] MINNIS P, AYERS J K, PALIKONDA R, et al. Contrails, cirrus trends, and climate. Journal of Climate, 2004, 17(8): 1671 - 1685.

[52] MIT. Report to the US Congress: Aviation and the Environment. Massachusetts: MIT, 2004.

[53] MORFEY C L. The acoustics of axial flow machines. Journal of Sound and Vibration, 1972, 22(4): 445 - 466.

[54] MORFEY C L. Rotating blades and aerodynamic sound. Journal of Sound and Vibration, 1973, 28(3): 587 - 617.

[55] MORRIS P J. The reduction of the advanced military aircraft noise: final report on serdp project WP - 1583. [S. l. : s. n.], 2011.

[56] National aeronautics and space administration aeropropulsion ' 87: NASACP - 3049. Washington, D. C. : National Aeronautics and Space Administration, 1987.

[57] National Aeronautics and Space Administration. Making future commercial aircraft quieter: FS - 1999 - 07 - 003 - GRC. Cleveland: Glenn Research Center, 1999.

[58] National Research Council. For greener skies: reducing environmental impacts of aviation. Washington, D. C. : National Academy Press, 2002.

[59] NIXON C W, HILLE H K, SOMMER H C, et al. Sonic booms resulting from extremely low-altitude supersonic flight: measurements and observations on houses, livestock and people. Wright-Patterson AFB: Aerospace Medical Research Laboratory, 1968.

[60] NOAA. Trends in atmospheric carbon dioxide-monthly average mauna loa CO2, [S. l. : s. n.], 2021.

[61] NORRIS G. Boeing-NASA low drag, low-noise engine feature beats expectations. New York: Aviation Week & Space Technology, 2018.

[62] NORRIS G, WARWICK G. Noise and emissions central issues for resurgent supersonics. New York: Aviation Week & Space Technology, 2018.

[63] PEARSONS K S, BENNETT R L. Handbook of noise ratings: NASA CR - 2376. Washington, D. C. : National Aeronautics and Space Administration, 1974.

[64] PENNER J E. Aviation and global atmosphere. Cambridge: Cambridge University Press, 1999.

[65] PLOTKIN K J. Review of sonic boom theory. San Antonio: 12th Aeroacoustic Conference, 1989.

[66] POWELL A. On the generation of noise by turbulent jets. Los Angeles: Aviation Conference, 1959.

[67] RAGOZIN N A. Jet propulsion fuels. Oxford: Pergam on Press, 1962.

[68] Royal Commission on Environmental Pollution. The environmental effects of civil aircraft in flight. London: Royal Commission on Environmental Pollution, 2002.

[69] ROGEL J J, SCHAEFFER M, MEINSHAUSEN M, et al. Zero emission targets as long-term global goals for climate protection. Environmental Research Letter, 2015, 10 (10): 105007.

[70] SAIYED N, MIKKELSEN K L, BRIDGES J. Acoustics and thrust of separate -flow exhaust nozzles with mixing devices for high-bypass-ratio engines: NASA TM2000 - 209948. Washington, D. C. : National Aeronautics and Space Administration, 2000.

[71] SAMIMY M, KIM J H, KEARNEYFISCHER M. Active control of noise in supersonic jets using plasma actuators. Orlando: ASME Turbo Expo, 2009.

[72] SAUSEN R, ISAKSEN L, HAUGLUSTAINE D, et al. Aviation radiative forcing in 2000: an update on IPCC. Meteorologische Zeitschrift, 2005, 14(4): 555 - 561.

[73] SEINER J M, YU J C. Acoustic near-field properties associated with broadband shock noise. AIAA Journal, 1984, 22: 1207 - 1215.

[74] SEINER J M, PONTON M K, JANSEN B J, et al. The effect of temperature on supersonic jet noise emission. //14th DGLR/AIAA Aeroacoustics Conference, Aachen: AIAA, 1992.

[75] SMITH M J T. Aircraft noise. Cambridge: Cambridge University Press, 1986.

[76] STRACK W C. Propulsion challenges and opportunities for high-speed transport aircraft. Belgium: The von Karman Institute for Fluid Dynamics, 1987.

[77] STRAHAN S E, DOUGLASS A R. Decline in Antarctic ozone depletion and lower stratospheric chlorine determined from aura microwave limb sounder observations. Geophysical Research Letters, 45(1): 382 – 390.

[78] TAM C K W. Supersonic jet noise. Annual Review of Fluid Mechanics, 1995, 27: 17 – 43.

[79] TAM C K W, PARRISHS A, ENVIA E, et al. Physical processes influencing acoustic radiation from jet engine inlets. Journal of Fluid Mechanics, 2013, 725: 152 – 194.

[80] TREAGER L E. Aircraft gas turbine engine technology. 2nd ed. New York: McGraw – Hill, 1979.

[81] TSCHUDI M, FOWLER C, MASLANIK J, et al. EASE-Grid sea ice age, version 3. Boulder: National Snow and Ice Data Center Distributed Active Archive Center, 2016.

[82] US Environmental Protection Agency. Information on levels of environmental noise requisite to protect public health and welfare with an adequate margin of safety. Washington, D. C. : US EPA, 1974.

[83] US General Accounting Office (GAO) Report. Aviation and the environment, strategic framework needed to address challenges posed by aircraft emissions: GAO – 03 – 252, Washington, D. C. : General Accounting Office, 2003.

[84] US Federal Aviation Administration. Voluntary airport low emissions program (VALE): Eligible Airports. Washington, D. C. : Federal Aviation Administration, 2006.

[85] VON GLAHN U H, GRAY V H, KREJSA E A, et al. Jet noise: Aircraft Engine Noise Reduction, vol. Ⅳ: NASA SP – 311. Washington, D. C. : National Aeronautics and Space Administration, 1972.

[86] WANG M. Greenhouse gasses, regulated emissions, and energy use in transport- ation (GREET) model, version GREETI. Argonne: Center for Transport-ation Research, 2011.

第4章 未来可持续航空燃料和能源

4.1 引　言

可持续航空需要可再生喷气燃料(RJF),以使未来的航空旅行更加环保。随着化石燃料被替代,可持续航空还需要燃料供应的可靠性和燃料价格的稳定性。仅原油价格的波动历史就使其成为不可靠和不可持续的燃料。2008—2017 年,世界市场上每桶原油的价格出现了近 10 倍的变化。简言之,化石燃料是不可再生的,缺乏供应可靠性,价格缺乏稳定性,缺乏运输业和电力行业所必需的持久性。在污染方面,发电厂、飞机发动机、船舶和道路车辆中的化石燃料燃烧会产生温室气体(GHG)排放,破坏高空大气中的臭氧,并通过影响地表空气质量影响人类健康。此外,温室气体排放改变了高空大气中的强迫辐射,并通过地球上的温度上升而引起气候变化。相比之下,替代喷气燃料(AJF)是可再生的,可以帮助减少GHG 排放,以及喷气发动机的烟尘和颗粒物(PM)排放。此外,与传统化石燃料相比,AJF中没有芳烃和硫,这是 AJF 的一个重要环境优势,对地表空气质量的提升产生了积极影响。最后,与传统化石燃料相比,AJF 减少了生命周期排放量,因此获得了强有力的发展支持。21 世纪航空推进工业需求的详细阐述和评估,可以参考 Epstein(2014)。

为了确定可持续航空发展的具体目标,可以使用 NASA 用于定义未来三代商用飞机 $N+1$, $N+2$ 和 $N+3$ 的技术成熟度(TRL)标准。笔者为实现可持续航空提出了以下时间表:

(1)在中短期,即 2040 年之前,制定并实施有前景的候选方案。

(2)在 2040—2060 年(过渡期)提出具有长期前景的候选方案。

(3)开发/验证 2060—2100 年长期解决方案的技术。

TRL 的概念是从美国国防部和 NASA 借用的,它衡量技术的成熟度(1～9),以便让一个有前景的概念从初始/基础研究到任务验证技术,实现成功的任务操作。简言之,TRL 一般定义为:

(1)TRL1 用于从基础研究到应用研究的过渡。

(2)TRL2 用于制定技术概念或应用。

(3)TRL3 用于概念验证。

(4)TRL4 用于部件/子系统的实验室验证。

(5)TRL5 用于代表性环境中的样机设计。

(6)TRL6 用于在相关环境完成系统样机验证。

(7)TRL7 是操作环境中的完整系统原型验证。

(8)TRL8 是实际完成(全尺寸)系统,"任务合格"

(9)TRL9 用于通过成功的任务操作完成"任务验证"的实际系统。

在短期内,关键技术 TRL 为 6,可以选择(有机会)用可再生燃料替代喷气发动机中的碳密集化石燃料,例如 Jet - A。也有强大的动力继续开发可再生的 AJF,这些 AJF 只需稍做改造,就可成为适用于当前飞机机队的滴注物燃料。这些方案在中短期内是可行的,可以作为连接推进和动力系统长期解决方案的桥梁,从而彻底消除有害温室气体排放。除了可持续的生物燃料外,还可以选择使用液化天然气(LNG),为 $95\%\sim99\%$ 的甲烷(CH_4)。这显然是 Jet - A 的低碳替代品,其化学式近似为 $CH_{1.92}$,即主要为 $C_{12}H_{23}$。由于液化天然气是一种需要特殊处理和储存的低温燃料,因此在未经改装的情况下,它不能用作当前机队中的燃料。因此,液化天然气的使用在商用飞机燃料系统中引入了新的设计特点和要求,造成了额外的成本。然而,如果有一个集体(即全球)意愿和财政资源投入,那么在近期至中期(2030—2040 年)内,是可以应对采用低温燃料的新飞机设计成本和技术挑战的。

在过渡期(2030—2050 年),关键技术的 TRL 到 2020 年仍较低,例如 TRL4 或者 TRL5。在这一类别中,发现了采用并联或串联架构的混合电推进系统:

(1)并联混合电推进,其中风扇通过燃气涡轮核心机低压(或动力)涡轮以及电动机轴驱动。图 4.1(a)为并联混合电推进架构的示意图。

(2)串联混合电推进系统,使用涡轴发动机为发电机提供动力。发电机带动电动机驱动涵道风扇。图 4.1(b)展示了串联混合电推进系统的架构。

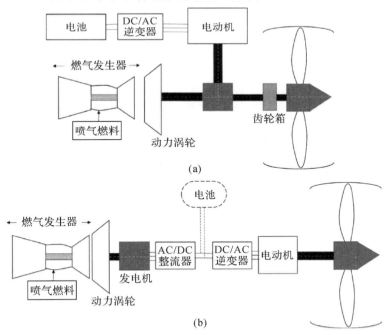

图 4.1 压气机,涡轮结构形式混合电推进系统示意图

(a)并联混合电推进概念;(b)串联混合电推进概念

注:DC 为直流,AC 为交流。

图 4.2 显示了一种 NASA 的新概念飞机,它采用了串联混合电推进架构。在这种设计

中,尾部风扇由一个电动机驱动,该电动机由与翼吊双涡轮风扇发动机集成的发电机提供动力。这架涡轮电商用飞机技术预计在 2035 年成熟。

图 4.2　常规(管翼)结构上的混合电推进系统,带有尾部电动风扇吸入机身边界层
资料来源:NASA。

　　混合电推进系统可以扩展到分布式推进(DP)概念中多电涵道风扇。DP 中的电涵道风扇由燃气涡轮发电机提供动力,最适合非常规飞机架构,例如翼身混合(HWB)或翼身融合(BWB)。图 4.3 展示了具有分布式涡轮电推进系统的一种飞机架构(称为 N3 - X,由 NASA 提供)。这一概念利用涡轴发动机,在翼尖配备超导发电机,通过高功率输电线路为 14 台超导电动机驱动的分布式涵道风扇提供电力。DP(14 个电动风扇和 2 个翼尖涡轮发电机)允许减少或取消垂直尾翼结构,这是因为其尺寸通常适用于单引擎失效(OEI)情况(Kim 等人,2013)。

图 4.3　N3 - X 涡轮电分布式推进系统(TeDP)
注:翼尖有两台燃气涡轮发动机驱动的发电机,14 个边界层吸入,BLI,中央分布式推进器设计。
资料来源:NASA。

　　将涡轮驱动发电机安装在翼尖,减轻了巡航中机翼(根部)的弯曲应力,发动机吸入的是未扰动气流,而发动机喷气扰乱了翼尖涡流,从而减小了升力或诱导阻力引起的阻力。因此,在过渡期,开发了发电、高能量密度电池和超导电动机/发电机、储能、热管理系统以及高功率超导输电线路等先进技术,这些技术是商用航空推进和动力系统电气化的基石。先进的混合电推进技术为跑道上的高效电动滑行提供了机会,称为 eTaxi。

将纯酒精(例如乙醇)作为喷气燃料是不切实际的,因为与传统喷气燃料相比,乙醇的能量密度低[即乙醇的低热值(LHV)仅为 Jet - A 的 62%]。因此,纯酒精并不是可直接使用的燃料。从长远来看,即 2050 年以后,就环境影响而言,唯一的无碳零温室气体排放解决方案似乎是基于氢燃料电池电推进或低能核推进的先进形式。人类活动的净零排放被广泛认为是地球未来可持续发展的基础。

民航技术成熟度和商业应用的预测因影响其实现的因素众多而变得复杂。然而,行业专家、利益相关者和决策者的经验性猜测是有价值的,因为它显示了突破的潜力。其中一个团队被称为先进混合动力发动机飞机开发团队 AHEAD,总部位于欧洲。AHEAD 团队的预计时间框架如图 4.4(参考自 Rao,2016)所示。值得注意的是,受控聚变反应中的能源不包括在图 4.4 的预测中。该预测还不包括通用航空(GA)和预计将使用 AJF 进入市场的支线飞机。鉴于目前在两个航空领域的密集行动,即通用航空领域的电推进和支线喷气式飞机/通勤飞机市场的混合电推进,笔者预计,这些技术在这两个领域将会加速发展、认证,并取得公众信心。预计到 2030—2040 年,它们将达到 TRL9 并广泛使用。

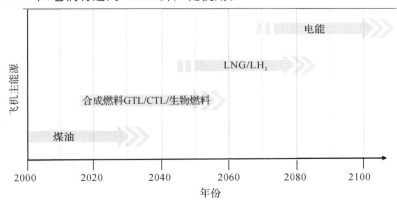

图 4.4　民用航空采用替代喷气燃料的预测
资料来源:Rao,2016。

在本章中,笔者将探讨可持续航空燃料(SAF)的挑战和机遇,从可再生 AJF(生物燃料)到液化天然气、液氢(LH - 2)和紧凑型聚变反应堆燃料,最终目标是以电力和运输部门获得一种可持续的能源组合方式,以促进无污染航空业的发展。

4.2　替代航空燃料(AJFs)

可持续航空的第二个支柱是可再生能源。可再生能源能够满足增加的能源需求,同时脱离对化石燃料的依赖。为了实现这一目标,需要不同来源的生物燃料,即原料。生物燃料原料存在:充足可用和供应、土地利用的变化和水资源的压力增加、有竞争力的成本、商业生产的融资以及社会对大型燃料生产工厂的接受度等挑战。事实上,从原料到喷气燃料的过程经历了许多复杂的工艺,需要额外的研究和技术突破才能达到商业可行性。在最佳情况下,来自可再生能源的 AJF 只能提供一小部分的商业航空燃料/能源需求量。为了量化 AJF 在航空领域的市场份额,笔者使用了大量运输部门的预测数据,如欧盟关于运输业使用生物燃料的报告。报告指出,到 2020 年,生物燃料在运输行业的市场份额将达到 5%,到 2030 年将达到 10%。航空能源消耗约占运输部门的 12%,因此,AJF 在航空领域的市场份额可能在 1% 左右。关于欧洲对未来运输业燃料的看法,欧盟委员会 2015 年在《未来运输行业燃料专家组最终报告》中提出:"替代燃料运输系统的最新技术"。然而,为了全面评估 AJF 的环境影响,需要对温室气体排放进行生命周期分析(LCA)(Stratton,Wong 和 Hileman,2010)。

2015 年,国际航空运输协会(IATA)报告显示,自 2011 年以来,有 1 700 架载有乘客的商业航班使用 SAF(见 IATA,2015)。许多国际航空公司,包括美国联合航空公司、汉莎航空公司、法国航空公司、荷兰皇家航空公司、日本航空公司、中国国际航空公司、墨西哥航空公司、芬兰航空公司、卡塔尔航空公司、阿提哈德航空公司、维珍大西洋航空公司和伊比利亚航空公司等,都曾在商业客运飞行中使用 50% 混合航空燃料和加氢处理的酯类和脂肪酸(HEFA)燃料。生物燃料原料和使用可持续喷气燃料的航空公司如图 4.5(数据来自 IATA,2015)所示。图 4.6 为空客 A320 先进技术研究飞机(ATRA)在使用混合生物燃料飞行测试前的情况[由德国宇航中心(DLR)提供]。

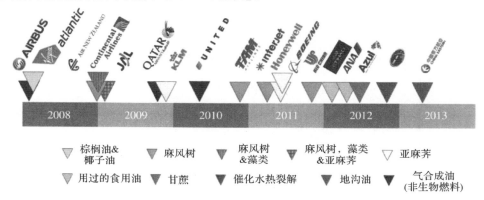

图 4.5　生物燃料原料和使用可持续喷气燃料的航空公司

资料来源:国际航空运输协会报告,2015。

图 4.6　2015 年,空客 A320 先进技术研究飞机(ATRA)使用 48% 生物燃料和 52% Jet-A-1 混合物燃料飞行测试前

资料来源:德国 DLR,2015。

AJF,例如,由基于麻风树(Camelina)的植物油生产的 JP – 8/HEFA 的 50/50 混合物,在巡航高度下产生的烟尘比传统喷气燃料少 40%～60%(Anderson,NASA ACCESS – Ⅱ 计划,2014)。生物燃料产生的较低烟尘水平和 PM 预计会影响巡航时在对流层上部和航迹中的冰晶形成。航迹卷云的净正向强迫辐射,代表更大的变暖影响,对航空引起的气候变化构成了挑战(见 Burkhardt 和 Kärcher,2011)。AJF 不含芳烃和硫,可减少巡航时的烟尘和 PM 排放。烟尘和 PM 被认为是冰饱和轨迹冰晶形成的重要因素。同样的有害排放也会影响机场附近的地表空气质量。

生物燃料燃烧时不会产生 CO_2 和氮氧化物的严重污染,它们的好处是在植物生长过程中吸收 CO_2。它们甚至可以在某些生物产生甲烷的过程中产生负的温室气体排放。作为参考,表 4.1 列出了道路车辆中使用的 4 种燃料源的 WTT(井到罐)、TTW(罐到轮)和 WTW(井到轮)的 CO_2 排放量(欧盟委员会,2014)。这 4 种燃料分别是:CNG(压缩天然气)、生物甲烷、常规汽油和常规柴油。要注意,WTW 是 WTT 和 TTW 的总和。4 种燃料的燃烧一列(即 TTW)显示出几乎相等的 CO_2 排放量(即,对于传统柴油,最小为 120 g CO_2/km,对于传统汽油,最小为 156 g CO_2.km)。生物甲烷产生 132 g CO_2/km,为传统汽油的 10% 以下。

表 4.1　CNG 和生物甲烷(道路车辆)的 GHG 排放范围

替代燃料	WTT/(g $CO_2 \cdot km^{-1}$)	TTW/(g $CO_2 \cdot km^{-1}$)	WTW/(g $CO_2 \cdot km^{-1}$)
CNG(压缩天然气)	30	132	163
生物甲烷	−290～−33	132	−158～99
常规汽油	29	156	185
常规柴油	25	120	145

基于原料,可以定义三代液态可再生生物燃料(摘自 Del Rosario,2011,未来运输燃料专家组,2015 年欧洲委员会):

(1)第一代:来自粮食作物,例如来自糖的乙醇,来自植物油或大豆的生物柴油(FAME)。第一代生物燃料生产已经成熟。

(2)第二代:来自非食物来源、藻类、麻风树、盐生植物。第二代生物燃料的生产技术更加复杂和昂贵。由于这些燃料来自非食物来源,因此它们比第一代生物燃料更加具有可持续性,能减少温室气体排放。

(3)第三代:来自生物工程细菌,例如来自生物工程藻类的生物燃料、来自生物质的氢气或合成甲烷。生产技术正在紧张研发中,尚未接近商业化。

不可再生的液态喷气燃料来自天然气、GTL(气制油)和 CTL(煤制油)合成的喷气燃料,或来自油砂和页岩油的油演化喷气燃料。直接使用酒精,如乙醇和丁醇作为燃料对航空没有好处。酒精的高蒸气压给高空飞行带来了问题,而酒精的低能量密度(Q_R)通过 Breguet 航程方程直接影响飞机的航程:

$$R = \eta_0 \cdot \frac{Q_R}{g_0} \cdot \frac{L}{D} \cdot n \frac{W_i}{W_f} \qquad (4.1)$$

Hileman,Stratton 和 Donohoo(2010)表明,在满油箱和最大起飞质量的情况下,酒精会导致航程缩短,例如:乙醇的航程为 52%～66%,丁醇的航程则为 33%～54%。表 4.2 为甲醇和乙醇与煤油的重要性质的比较,其标称式为 $CH_{1.953}$(来自 Levy 等人的物性数据,2015)。

表 4.2　甲醇和乙醇的物性以及与煤油的比较

性质	煤油 $CH_{1.953}$	甲醇 CH_3OH	乙醇 C_2H_5OH
低热值 LHV/(MJ·kg^{-1})	43.1	21	26.952
蒸发热/(kJ·kg^{-1})	251	1100	841
自燃温度/℃	220	385	363
密度/(kg·m^{-3})	780～810	790	789
动力黏度/(kg·m^{-1}·s^{-1})	0.001 64	0.000 56	0.001 04
表面张力/(N·m^{-1})	0.023～0.032	0.022	0.022 39

图 4.7(来自 SAAB)展示了军用喷气式飞机替代燃料的吸引力。在这张图中,F-15 鹰式战斗机正在瑞典林雪平进行 100% 生物燃料的飞行试验。被测试的生物燃料被称为 CHCJ-5,由菜籽油制成。根据 SAAB 的报告,飞行测试结果令人非常满意。这些飞行测试不需要更换或改装发动机。美国空军在生物燃料方面的类似工作始于 2006 年。飞行试验计划使用了加氢处理可再生喷气燃料(HRJ)和 JP-8 的 50-50 混合物。HRJ 燃料由动物脂肪和食用油组成。F-15 鹰式战斗机被用作飞行试验台和技术验证机。根据飞行员的报告,没有发现推力变化或性能的下降。有关详细信息,请参考报告(Cuttita,2010)。这些都是减少军用航空对环境影响的小而有价值的措施。

图 4.7　2017 年 4 月,超 F-15 鹰式战斗机正在进行 100% 生物燃料的飞行试验

资料来源:SAAB,2017。

4.2.1　原料选择

第一代原料来源于粮食作物,可能不是 AJF 的最佳选择,因为它与粮食、土地利用和水

资源有竞争关系。被视为可接受的可再生原料通常利用废弃资源(例如利用废水、木质纤维素作物残渣、城市固体废物、废水和可再生脂肪、油和油脂)或现有基础资源(例如木质生物质),或有前途的新能源作物(例如麻风树等油基植物)和多年生草本植物。这些属于第二代原料和第三代原料。它们对温室气体排放的影响高度多样化[见表 4.3(欧盟委员会,2014)],对地面车辆的影响进行了量化。

表 4.3　不同合成燃料的质量、TTW 和 WTW 排放范围

替代燃料	质量/(g CO_2 · km^{-1})	TTW(g CO · km^{-1})	WTW(g CO_2 · km^{-1})
HVO(加氢处理植物油)	$-111 \sim -22$	116	$5 \sim 94$
GTL(气-液)	$22 \sim 38$	116	$138 \sim 154$
CTL 煤制油	$65 \sim 211$	116	$181 \sim 328$
BTL(生物质液化)、木质生物质(合成柴油)	$-104 \sim 111$	116	$5 \sim 12$
二甲醚天然气/煤/木材	$38/218/-104$	117	$154/334/12$
常规汽油	29	156	185
常规柴油	25	120	145

从表 4.3 中列出的替代(合成)燃料来看,与传统化石燃料相比,只有加氢处理的植物油(HVO)和生物质液化(BTL)、木质生物质(合成柴油)减少了温室气体排放。HVO(100%纯度)可减少 40%~90%的温室气体排放量,BTL(100%纯度)可减少 60%~90%的温室气体排放量。请注意,100%纯度的 HVO 和 BTL 燃料的假设可能不满足所有常规化石燃料规格和特性,此处列出仅供参考。GTL 途径产生的温室气体排放量相当,而 CTL 的 CO_2排放量高于传统柴油。然而,对于 CTL 燃料,CO_2排放的平衡可以通过工厂中的 CO_2捕集来改善。

尽管 BTL 被认为是替代生物燃料的一种有前景的途径,但生物质原料的能量密度低且分布广泛,这对高效、经济的大规模化的生产设施构成了经济上和技术上的挑战。

4.2.2　航空燃料转化路径

AJF 有多种转换途径。其中,3 种主要途径是:
(1)热化学,即 HRJ 燃料。
(2)生物质、天然气和煤炭的费-托合成(FTL)。
(3)糖制喷气(STJ)燃料,从原料中提取糖,直接转化为碳氢化合物或催化转化为喷气燃料。

HRJ 燃料也称为 HEFA 燃料,即加氢处理的酯和脂肪酸,或生物-SPK(合成石蜡煤油)。在生产喷气燃料的过程中,甘油三酯和游离脂肪酸(来自植物油和动物脂肪)被用作原料。近期的应用是与传统喷气燃料的 50∶50 混合(Edwards,Shafer 和 Klein,2012)。

费-托合成是一种催化化学过程,将一氧化碳和氢气的混合物(称为合成气)转化为液态烃燃料。当煤气化被用作 F-T 合成的合成气时,该过程是 GTL 生物燃料技术或 CTL 技术的关键组成部分。取决于催化剂、温度和工艺的不同,生产一系列烃燃料,所需碳链范围为 5～25。

STJ 燃料以玉米和玉米秸秆为原料,使用两种转化途径,即生物转化和催化转化(参见Han,Tao 和 Wang 2017)。

4.2.3　替代燃料评估和认证/资质

TRL 还用于描述新燃料评估和认证的各个阶段。表 4.4(Edwards,Shafer 和 Klein,2012)为 TRL 的描述,适用于新型生物燃料。

表 4.4　替代喷气燃料(AJF)的技术成熟度

技术名称	成熟度
TRL1	观察和报告的基本燃料特性
TRL2	燃油规格特性
TRL3	适合用途
TRL4	扩展实验室燃料性能测试
TRL5	部件平台测试
TRL6	小型发动机验证
TRL7	探路者:APU 和机载评估、加力燃烧发动机测试
TRL8	验证/认证
TRL9	现场服务评估

注:APU 为辅助动力装置。

ASTM 国际为 AJF 的鉴定和批准制定了商业航空标准。ASTM D4054 是新型航空涡轮燃料和燃料添加剂的测试程序。在军事方面,需要更严格的燃料评估和认证,如 MIL - HDBK - 510 中所述的空中加油、加力燃烧室使用、APU 冷启动与高空作业。

在表 4.4 中,适用特性 TRL3 包括燃料特性,如燃料密度与温度(－40～90 ℃)、燃料黏度、蒸气压、介电常数和燃料电导率与温度的关系,以及其他燃料特性。扩展实验室燃料性能测试(TRL4)包括 28 天的材料兼容性(浸泡)测试,动态密封测试、涡轮热段材料兼容性、排放和耐久性测试等。在部件装配测试(TRL5)中,进行了燃料泵 500 h 耐久性、燃烧室部分性能、燃烧室喷管结构评估、全环形燃烧室评估、介电常数/燃料箱测量等。在小型发动机测试(TRL6)验证中,在其他发动机测试中进行小型发动机(例如 T63)150 h 的测试。完成TRL6 后,开始飞机评估(TRL7)。对于验证/认证(TRL8),将评估飞机在航程方面的性能。最后一个阶段是现场服务评估(TRL9)。有关这些测试的详细信息,参见文献(Edwards,Shafer 和 Klein ,2012)或 MIL - HDBK - 510。

以下生物燃料、途径及其认证日期在此注明,以供参考:

(1)费-托煤油(混合比例高达 50％的混合物)于 2009 年根据 ASTM D7566 被认证为半合成喷气燃料(化石生物燃料),参考 ASTM D7566 2016。

(2)SPK(合成石蜡煤油)于 2010 年通过了商业和军事规范认证(参考 Kinder 和 Rahmes,2010)。

(3)2011 年,根据替代燃料规范 D7566,混合比例高达 50％的 HVO 煤油(称为 HEFA)获得认证。

(4)2014 年,根据 ASTM D7566 批准了糖类制造喷气燃料(STJ)。

表 4.5 是生物燃料认证过程的各个阶段(来自 IATA 报告,2015)。有关 ASTM 国际正在认证审查或数据整理阶段的生物燃料的完整清单,请参阅 IATA 2015 年报告。

表 4.5　生物燃料和认证途径(截至 2015 年)

认证阶段	生物燃料	年份
认证	费-托合成燃料	2009 年
认证	HEFA(植物油、动物脂肪)	2011 年
认证	合成异链烷烃(直接糖)(SIP)	2014 年
正在审查	酒精燃料	2015 年
正在审查	含芳烃的费-托合成石蜡煤油(SKA)	2016 到期
正在审查	加氢处理解聚纤维素燃料	2016 到期
测试	SKA 酒精燃料	
测试	催化加氢热解	
测试	糖催化转化合成芳香煤油	
测试	糖催化转化合成(石蜡)煤油	

4.2.4　生物燃料排放影响

2013 年和 2014 年,在加利福尼亚州爱德华兹的 NASA 阿姆斯特朗飞行研究中心附近进行飞行试验期间,替代燃料对发动机性能、排放和飞机在商业客机飞行高度(35～37 kft)产生的轨迹影响的数据被搜集。该测试是替代燃料对航迹和巡航排放的影响研究(ACCESS)的一部分。

DC-8 的 4 台发动机燃烧 JP-8 喷气燃料或 JP-8 和可再生 AJF 的混合燃料,AJF 由喀麦隆植物油生产。

图 4.8(来自美国国家航空航天局)显示了一架 DC-8 飞机在飞行中,使用 HRJ 生物燃料 50:50 与 JP-8(称为 HRJ8 Camelina)混合,评估 AJF 下降对轨迹云和巡航排放的影响。AJF 中减少的烟尘对航迹云中冰晶形成的影响表明了实验室测试和飞行试验之间的统计偏差。驾驶一架研究型飞机在前面飞机尾迹中来测量其发动机废气的排放既危险又非常复杂。不同飞行之间的统计分布,作为高度、速度、大气湍流、发动机设置的函数和实验室测试数据,可能非常重要。

图 4.8　使用 JP-8 和可再生喷气燃料混合物（50∶50）的 NASA DC-8 航迹和
排放飞行测试，该混合物由亚麻荠植物油和 JP-8 中的 HRJ 燃料组成

资料来源：NASA。

在没有土地利用变化（LUC）的情况下，与传统航空化石燃料相比，来自大豆油原料的 HEFA 燃料产生 31％～67％的生命周期 CO_2 排放（估计中值为 42％）（Stratton，Wong 和 Hileman，2010）。与传统 Jet-A 相比，通过生物转化合成的 STJ 有可能减少 59％的温室气体排放。

图 4.9（改编自 Penner，1999）所示为 AJF 制造和使用过程的相对 CO_2 排放量（相对于原油转化为喷气燃料）。在图 4.9 中，煤在转化为电或转化为液氢或液态甲烷时产生的净 CO_2 最高。天然气转化为 LNG 和水转化为液氢，两个过程产生的净 CO_2 减少，其过程使用非化石能源，如核能、太阳能、地热能。4.2.6 节讨论了与石油基喷气燃料相比，生物燃料的生命周期内的温室气体排放。煤和生物质转化为费-托合成燃料的生命周期示例如图4.9（＊）所示。

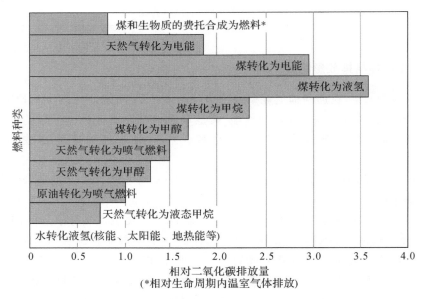

图 4.9　替代航空燃料制造和使用过程中 CO_2 产生的比较

资料来源：Penner，1999。

4.2.5　先进生物燃料生产

美国联邦航空局(2012)提出了到 2018 年生产 10^9(或 10 亿)gal 先进生物燃料的目标。1985 年美国消耗了 13×10^9 gal 的 Jet – A。因此,2018 年生产的 10^9 gal AJF 相当于 1985 年消耗的喷气燃料的 7%。展望未来,2012 年美国对航空燃料的需求约为 2×10^{11} gal,而 2018 年的生物燃料目标为 10^9 gal,AJF 的份额约为美国消费量的 5%。2015 年,美国喷气燃料消费量增加到近 230 亿 gal,这使得先进生物燃料在 2018 年生产目标中所占份额达到 4.4%。10^9 gal RJF 的百分比仅占 2018 年美国预计总燃料消耗量的 1.7%(Winchester 等人,2013)。2006 年全球航空燃料消耗量为 1.7×10^8 t(百万 t 为 10^6 t,1 t=1 000 kg),相当于 6.28×10^{10} gal 的 Jet – A。在全球范围内,2006 年,10^9 gal AJF 约占全球航空燃料消耗量的 1.6%。在全球范围内,2012 年航空燃料消耗量近 3.77×10^{11} L,按能源计算相当于 13.1 万亿 MJ(即 13.1×1 012 MJ)。乘数的前缀与缩写见表 4.6。

为了估算采用不同原料生产生物燃料的土地利用需求,以 L/(ha•年)为单位,参考表 4.7(其中 ha 为 10 000 m^2),数据来自 Stratton,Wong 和 Hileman(2010)。例如,大豆每年每公顷可生产 400 L 生物燃料。Salicornia 生产 1 200 L 喷气燃料和 1 700 L 生物柴油(请注意,经过加氢处理的可再生柴油 HRD 可转化为喷气燃料 HRJ,如图 4.10 所示)。棕榈每年每公顷生产 3 300 L 喷气燃料。最后,将藻类转化为 HEFA 燃料,每年每公顷可产生 17 000 L燃料。

表 4.6　乘数的前缀与缩写

乘数	前缀	缩写
10^{15}	Peta –	P
10^{12}	Tera –	T
10^9	Giga –	G
10^6	Mega –	M
10^3	Kilo –	k
10^2	Hecto –	h
10^1	Deca –	da
10^{-1}	Deci—	d
10^{-2}	Centi –	c
10^{-3}	Milli –	m
10^{-6}	Micro –	μ
10^{-9}	Nano –	n
10^{-12}	Pico –	p
10^{-15}	Femto –	f
10^{-18}	Atto –	a

表 4.7　原料生物燃料产量

原料生物燃料	合成燃料产量/[L·(ha·年)$^{-1}$]
大豆 HEFA	400
盐角菌 HEFA/柴油	1 200/1 700
棕榈 HEFA	3 300
藻类 HEFA	17 000

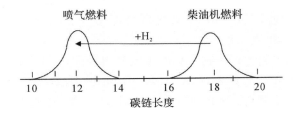

图 4.10　通过额外的加氢处理将生物柴油(HRD)转化为喷气燃料(HRJ)的示意图

根据能源信息管理局(EIA)的预测,2030 年全球航空燃料需求为 $5.8×10^{12}$ L/年,可以将表 4.5 中的数据转换为面积(单位:ha)和等面积圆的直径。表 4.8 显示了生产喷气生物燃料所需的地表面积,以及 2030 年为航空业提供未混合生物燃料所对应的面积圆形直径。

表 4.8 中的最小直径为 2 000 km,相当于一个藻类池塘。这个直径包含了美国中西部的几个州,因为美国的水平宽度约为 2 680 n mile,即 4 300 km。

表 4.8　(全球 2030 年)从原料生产生物燃料所需的土地利用

生物燃料(未混合)	土地使用面积/ha	圆直径/km
大豆 HEFA	$1.45×10^{10}$	$1.36×10^{4}$
盐角菌 HEFA	$4.84×10^{9}$	$7.85×10^{3}$
棕榈 HEFA	$1.76×10^{9}$	$4.73×10^{3}$
藻类 HEFA	$3.41×10^{8}$	$2.08×10^{3}$

表 4.9 是基于生物燃料和化石燃料(Jet - A)50:50 混合的面积需求。50:50 混合生物燃料生产的需求面积减少 50%,直径按面积的 2 次方根缩放,即 $1/\sqrt{2}$ 或大约 70%。在这些估算中,2006 年的生物质作物产量被用于预测 2030 年的航空燃料需求。这里的目的是了解土地使用需求的量级,并认识到这些数字并不完全精确。

表 4.9　生物燃料(50:50)生产的土地使用要求(全球 2030 年)

生物燃料(50:50)	土地使用面积/ha	圆直径/km
大豆 HEFA	7.25×10^9	9.61×10^3
盐角菌 HEFA	2.42×10^9	5.55×10^3
棕榈 HEFA	8.79×10^8	3.35×10^3
藻类 HEFA	1.71×10^8	1.47×10^3

除了先进生物燃料生产所需的土地使用外,还有其他关键问题需要问答:

(1)生物燃料原料生产是否直接或间接导致生物燃料原料是在活跃的农田、新的农田、改造后的泥炭地雨林、贫瘠土地还是退化的土地上生产的?

(2)生物质作物发展的水(和气候)需求和水资源是什么? 需要多少水? 气候对生物燃料原料产量的影响是什么? 水的来源是什么?

(3)原料和生物燃料成分对生命周期内温室气体排放的影响是什么? 除二氧化碳外,温室气体排放中还包括一 N_2O 和 CH_4。哪种生物质作物(原料)和燃料成分会导致负的或正的生命周期温室气体? 将可持续原料运输到生产设施是生命周期温室气体排放的一个要素。此外,运输成本影响经济可行性,这又提出了一个问题:泵送的生物燃料成本是多少?

(4)经济可行性,即生物燃料原料种植能否规模化和高效商业化,AJF 的价格是否比 Jet - A 有竞争力?

(5)政策制定者是否支持 AJF 的发展? 政府是否有监管要求和/或财政(激励)支持,如碳税或补贴?

关于 LUC 问题,需要注意到树木会吸收 CO_2。因此,为了生物燃料生产而砍伐树木(比如森林)几乎总是会产生净的正生命周期温室气体排放(Stratton,Wong 和 Hileman,2010)。因此,土地利用变化对温室气体排放的影响取决于转换土地的类型和生物作物的类型以及农业实践等其他参数。LUC 产生的温室气体排放量的估算基于生命周期模型(如 GREET)中使用的一系列转换土地情景。LUC 场景的一些示例(来自 Stratton,Wong 和 Hileman,2010)如下:

场景 1:碳贫化土壤转变为柳枝稷种植。

场景 2:热带雨林转变为大豆田。

场景 3:泥炭地雨林转变为棕榈种植园。

水需求和资源问题取决于生物作物和区域的不同。例如,麻风树可以很好地适应半干旱条件,而一些原料需要耕地(例如大豆或棕榈)。一些原料更具弹性,可使用边缘土地(如草本作物)。美国的淡水消耗主要是灌溉。农业活动产生的径流可能导致富营养化并降低水质。农业径流中肥料造成的氮负荷将导致地表水附近藻类生长。在地表水下,藻类分解会导致底层水域的氧气浓度降低。腐烂藻类中释放的细菌会消耗水中的氧气,而水中溶解氧低对海洋生物产生不利影响,这个过程被称为富营养化。

Stratton,Wong 和 Hileman(2010)描述了按阶段划分的生命周期 CO_2 排放:

（1）生物质信用额（g CO_2/MJ）。

（2）原料回收率（g CO_2/MJ）。

（3）原料运输（g CO_2/MJ）。

（4）原料加工成燃料（g CO_2/MJ）。

（5）喷气燃料运输（g CO_2/MJ）。

（6）燃烧 CO_2（g CO_2/MJ）。

原料副产品和处理对于 AJF 燃料造成的环境影响非常重要。需要注意，某些副产品的加工过程可能有害。例如，麻风树有副产品，如果用作粮食作物的肥料，会引起生物安全问题和警告（Achten 等人，2008）。

就商业规模的经济可行性而言，为 AJF 的生产发展供应链是必要的，但价格上具有竞争力的 AJF 相比石油基燃料（如 Jet – A）来说仍然不够。商业航空替代燃料倡议（CAAFI）作为航空和 AJF 行业联盟，定义了有用的工具，如燃料成熟度（FRL）和原料成熟度（FSRL），将原料和 FRL 与经济可行性联系起来（www. CAAFI. org）。FRL1～5 代表领先的研发阶段，FRL6～7 代表认证阶段，FRL8～9 代表商业和经济化阶段。FSRL 解决了 AJF 生产原料（原料）的开发和可用性问题。AJF 的最终商业用户要求 AJF 满足以下要求的航空公司：

（1）燃料认证，即符合 ASTM 认证。

（2）加注燃料标准，即与储存、运输、搬运基础设施、发动机、飞机和其他设备的总体兼容性。

（3）供应的可靠性和准时交付。

（4）环境效益。

（5）经济可行性，即价格竞争力。

关于支持生物燃料工厂的原料和土地量的例子，参考了 Lane（2015）的文献。在俄克拉荷马-堪萨斯州种植近 50 万 ac[①]（或近 20 万 ha）的油菜，生产的原料几乎是支持 GTL – HE-FA 混合工厂所需的两倍。近 51 km（约 32 n mile）的直径的圆形产生了与 500 000 ac 相同的种植面积。

最后，国家和国际层面的监管要求，如碳税、财政激励和政府补贴，将会影响 AJE 的商业生产。Winchester 等人 2013 年得出的结论是，从 2018 年起，美国航空市场需要 0.35～2.69 美元/gal 的 RJF 补贴来实现 FAA 生物燃料目标，即 10 亿 gal AJF 的消费量。广泛的补贴基于所选原料，例如，休耕地上种植的油籽轮作作物需要 0.35/gal 美元的补贴，而使用豆油作为原料需要 2.69 美元/gal。研究中使用的生物燃料是从可再生油中提取的 HEFA。因此，在未来 10 年或更长时间内，用大豆油原料生产的 HEFA 燃料不被认为与传统喷气燃料相比具有成本上的竞争力（Winchester 等人，2013）。在美国中西部各州有前途的油籽轮作作物中，如（Winchester 等人，2013）亚麻、油菜籽等，可以在轮作之间利用原本休耕的土地种植。

碳税监管对 AJF 在商业航空中的市场份额起着至关重要的作用。例如，在高碳价格模型和乐观的 AJF 发展技术下，Bauen 等人（2009）得出结论是：到 2040 年，全球航空燃料

---

① 1 ac≈4 046.86 m^2。

100%可以由 AJF 供应。在没有碳价格和发展缓慢的情况下,到 2030 年,AJF 将拥有 3%的份额,到 2050 年将增长到 37%。

4.2.6　生物基航空燃料生命周期评估

环境研究中用于选择替代生物燃料取代石油燃料的品质因数是基于等效 CO_2 排放的生命周期分析或油井到排放尾迹的评估。测量单位为每兆焦耳燃料能量产生的(当量)CO_2 克数。图 4.11 为石油燃料和 6 种生物燃料的生命周期温室气体排放。6 种生物燃料中有 5 种是来自各种原料的 HRJ 燃料。第 6 种生物燃料是来自斯托弗原料的 BTL 喷气燃料。图 4.11 所用数据来自 Han 等人(2013)。为了显示与石油喷气燃料相比,生物燃料的生命周期温室气体排放减少的百分比,图 4.12 是根据图 4.11 的数据生成的。基于麻风树或油菜籽的 HRJ 降低了 41%的排放,基于斯托弗原料的 BTL 降低了 89%的排放。

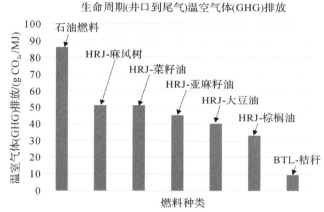

图 4.11　与石油基燃料相比,生物燃料的生命周期温室气体排放量

资料来源:Han 等人,2013。

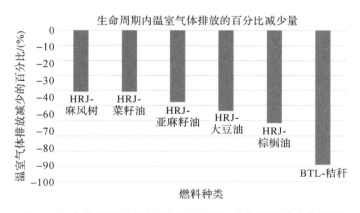

图 4.12　与传统石油燃料($C_{12}H_{23}$)相比,生物燃料的生命周期

4.2.7　生物作物转化电力

作为一种能源,生物作物可以用来发电。机场的下一代支援车辆、飞机上的电池等都需

要电力。因此,非化石能源发电是减少航空碳足迹的重要部分。表 4.10 列出了生物作物轮转化为电力的土地使用要求。表 4.10 中的数据摘自 MacKay(2009),其中植物的功率密度(W/m²)列按照灌溉和施肥水平的范围给出。表 4.10 中的平均列为平均值。例如,为了支持一个 30 MW 的发电厂,需要 6 000 ha(即约 15 000 ac)的能源作物,平均功率密度(产量)为 0.5 W/m²。

表 4.10　生物作物转化为电力的土地使用要求

生物作物种类	可持续作物产量(发电)/(W·m⁻²)	平均值/(W·m⁻²)
柳树、黄杨树、杨树	0.15~0.3	0.22
油菜籽油	0.22~0.42	0.32
甜菜		0.40
柳枝稷		0.20
玉米		0.10
麻风树属	0.07~0.19	0.13
热带种植园(桉树)	0.1~0.58	0.34
能源作物	0.2~0.8	0.50
木材(林业)	0.1~0.25	0.18

4.3　液化天然气(LNG)

最简单的碳氢化合物是 CH_4,是天然气的主要成分。它在碳氢燃料中的氢含量(按质量计)最高,为 25%。例如,相比之下,Jet-A 中的 H_2 含量(按质量计)为 13.8%。但是它仍然是一种化石燃料,与空气燃烧产生 CO_2。空气中的 N_2 在与 CH_4 燃烧时仍会产生 NO_x。由于其低碳含量,与传统喷气燃料(例如 Jet-A)相比,每千克 CH_4 产生的 CO_2 质量为 2.75 kg,而喷气燃料每千克产生 CO_2 3.16 kg(见表 3.8)。甲烷的天然状态是气态的,因此它作为飞机燃料的体积效率很低。为了液化天然气,需要在 -160 ℃(-256 ℉)的大气压下将其冷凝。与大气温度和压力下的气态形式相比,液化天然气体积缩小至原来的 1/600。图 4.13 为气态和液态天然气的相对体积。这表明,将天然气从生产现场运输至用户,储存天然气(例如在飞机的燃料箱中)时需要将其液化成液态天然气。

(a)　　　　　　　　　(b)

图 4.13　大气温度和压力以及液化(低温)状态下天然气的相对体积
(a)气态天然气($p=1$ bar,$T=15$ ℃);(b)液态天然气($p=1$ bar,$T<-160$ ℃)

液化天然气的热值高于典型喷气燃料,液化天然气的 LHV 近 50.2 MJ/kg,相比之下,Jet-A 的 LHV 为 43.4 MJ/kg。沸点温度为 $-160\ ℃$(大气压下)。液化天然气是一种低温燃料,在运输、储存(即双壁燃料箱)、再气化和使用过程中需要特殊处理。将低温罐的重量加到液化天然气中,其能量密度(单位质量)低于煤油(Jet-A)。液化天然气的体积能量密度约为 Jet-A 的 50%,即液化天然气为 19 MJ/L,而 Jet-A 为 36 MJ/L。本质上,与 Jet-A 相比,液化天然气所需的燃料储存量增加了 1 倍。基于体积需求以及低温处理的特殊燃料处理要求,LNG 的使用肯定会影响飞机设计,从而影响未来的机队组合。

天然气以各种形式生产并广泛应用于发电行业(公用事业)、家庭供暖/制冷、烹饪和运输行业。它占美国所有能源使用量的近 1/4[美国能源部能源信息管理局(EIA)《2005 年能源展望》],如图 4.14 所示。

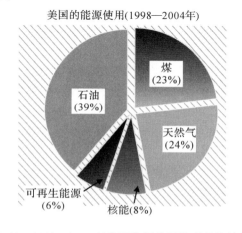

图 4.14　1998—2004 年美国能源使用情况的统计数据

资料来源:能源信息管理局,2005。

全球石油和天然气田储量巨大,是天然气和液化天然气的主要供应源。全球液化天然气业务被称为供应链或价值链。LNG 价值链分为 4 个类别:

(1)勘探和生产。

(2)液化能力。

(3)航运。

(4)储存和再气化。

这些数据用于经济预测中的成本计算和价格预测。关于美国能源市场和 2030 年展望,参考美国能源信息管理局 2007 年年度能源展望和 2030 预测(2007 年)。液化天然气作为航空燃料对气候带来的全面影响评估,即 LCA,必须考虑价值链中的所有 4 个类别。GREET1(Wang,2011)中航空燃料的井-尾流分析(WTWa)模块详细介绍了一种综合方法。

从油气田储层中提取的天然气成分与全球油气田的地理位置分布一样多样化。因此,只能根据其统计意义将典型成分归因于天然气和液化天然气。图 4.15 是天然气的典型成分,图 4.16 是典型的液化天然气成分。

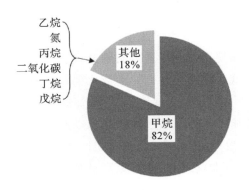

图 4.15　天然气的典型成分

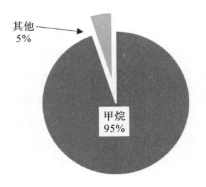

图 4.16　液化天然气的典型成分

液化工厂需要去除天然气中的污染物（主要是水和二氧化碳），这些污染物在冷却至 LNG 温度时可能形成固体颗粒，液化处理厂可以设计成生产几乎 100％的甲烷作为航空燃料。

基于全球丰富的天然气资源，即已探明的天然气储量、具有竞争力的价格以及建造更多液化天然气加工工厂以满足航空需求的能力，考虑近期和中期的可持续飞机燃料使用，液化天然气可被安全地列入能源组合中。它无疑是当今商业航空中使用的传统化石燃料中的一种更清洁可用的替代品，但其缺点是与传统喷气燃料相比的低温需求和单位体积携带能量更少。

LNG 的体积效率（即能量/体积）约为 Jet‑A 燃料的 53％，因此需要约 1.5 倍的燃料箱容积才能输送与传统喷气燃料相同的能量。表 4.11 为液化天然气和甲烷的物理和化学性质（数据来自液化天然气进口商国际集团，液化天然气信息文件第 1 号，www. giignl. org）。

表 4.11　液化天然气和甲烷的特性

物理和化学性质	数据
LNG 沸点	−160 ℃（−256 ℉）
LNG 密度	430～470 kg · m^{-3} 之间（典型值 456 kg · m^{-3}）
LNG 相对密度	典型值 0.456
LNG 低热值	50.2 MJ · kg^{-1}
LNG 可燃范围（液体）	不易燃
LNG/甲烷在空气中的可燃范围	空气中浓度为 5％～15％
甲烷自燃温度	540 ℃（1 004 ℉）
LNG 闪点[①]	−188 ℃（−306 ℉）
LNG 物理特性	无味、无色、无腐蚀性、无毒、不致癌

注：①根据 OSHA 2008，闪点的定义是液体在测试容器中产生易燃浓度蒸气（即与空气的可燃混合物）的最低温度。

液化天然气/甲烷在空气中的可燃性范围很窄,如图 4.17(Foss,2003)所示。

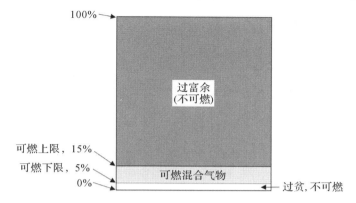

图 4.17　甲烷/LNG(与空气的混合物)的可燃范围

资料来源:Foss,2003。

4.4　氢　　能

氢是宇宙中最丰富的元素,其次是氦。而地球上最丰富的元素是氧。氢是一种被称为清洁燃料的能源载体,因此,它被认为是能源和运输业的首选燃料。

氢的主要优点是它不是化石燃料,因为它不含碳。它与氧气反应产生水蒸气、热和电,这些都是理想的输出。它作为火箭燃料在太空计划中长期使用,为航空航天工业提供了宝贵的经验基础。此外,作为一种燃料,它在所有化石燃料中每单位质量含有最高的能量密度。事实上,它的 LHV 几乎是 Jet - A 的 3 倍,因为氢的 LHV 为 120 MJ/kg,而 Jet - A 携带约为 43 MJ/kg。氢利用的挑战也很重大,比如:

(1)氢并非大量以纯净(或元素)形式存在,而是以水和甲烷等化合物的形式存在。

(2)制氢需要能源支出,如电力,并且在生命周期分析中,该过程可能涉及净正温室气体排放。此外,在目前的技术水平上,与 Jet - A 相比在经济上没有竞争力。

(3)氢的气态密度较低,因此为了提高容积效率,氢气需要处于液态(LH_2),在 20 K 和 1 atm 的温度下将其变为低温状态,这需要特殊隔热和热管理系统。由于极端低温状态(约 —253 ℃),因此液态氢比液化天然气(约—160 ℃)的绝热和热管理面临更严峻的挑战。

(4)与常规喷气燃料(800 kg/m³)相比,液氢仍然是低密度液体(即沸点下约71 kg/m³,与喷气燃料相比,每单位体积携带约 1/4 的能量(即 Jet - A 为 34 560 MJ/m³,LH_2 为 8 520 MJ/m³,比值为 4.06)。这意味着氢燃料飞机需要的油箱是普通飞机的大约 4 倍,因此需要全新的设计(Guynn 和 Olson ,2002)。

(5)氢并不是目前飞机机队中使用的滴注燃料。LH_2 需要特殊的储存、搬运和输送系统/再气化。因此,需要新组建一个氢燃料飞机机队。

(6)空气中的氢气燃烧会产生 NO_x,影响臭氧和地表空气质量及产生相关健康危害。

(7)氢气高度易燃,因此需要严格的安全防护、规范和标准。

(8)机场缺乏支持液氢的基础设施,限制了液氢在广阔市场的推广应用。

氢能系统的要素(见美国国家能源部《2002 年国家远景报告》)包括:

(1)生产:化石燃料、生物质或水制氢。

(2)交付:来自生产和储存场所的氢气分布。

(3)存储:输送、转化和使用氢气的限制。

(4)转换:电能和/或热能的制造。

(5)终端能源应用:便携式电源、移动电话/笔记本电脑或燃料电池汽车等。

4.4.1 氢能生产

目前,在炼油工艺(即加氢处理原油)中大量生产和使用氢气,以提高燃料、食品生产工业(如加氢)、化肥工业(用于氨生产)和其他工业用途中的氢碳比。

根据 Lipman(2011)报告,美国每年生产 10 00 万~1 100 万 t 氢气。

可以使用化石燃料、生物质或通过电解解离水制氢。在化石燃料方面,是蒸汽甲烷重整(SMR)反应,这被认为是一种成熟的制氢技术。在这一过程中,天然气,即高达 95% 的甲烷,通过蒸汽重整和部分氧化来生产氢气。

SMR 反应是一种吸热反应,其模型如下:

$$H_2O + CH_4 + heat \rightarrow CO + 3H_2 \tag{4.2}$$

3~25 bar 压力下的蒸汽(700~1 000 ℃)通过催化剂与天然气反应,生成 CO 和 H_2。蒸汽重整可以与其他燃料(如乙醇)一起使用,以生产氢气。

水煤气变换反应为

$$CO + H_2O \rightarrow CO_2 + H_2 + 少量热 \tag{4.3}$$

CO 和蒸汽在催化剂存在下反应生成 CO_2 和 H_2。

还可以使用其他(化石)燃料代替甲烷。

来自非食品生物质的可再生氢可由以下物质生产:

(1)城市固体废物。

(2)能源作物。

(3)短轮木本作物。

(4)林地。

(5)木屑和木材废料。

(6)农业废料,如玉米秸秆等。

在气化过程中,通过加热生物质原料可以产生低热值至中等热值的合成气,清洁和处理后,合成气转化为氢气。在极少数情况下,自然界中可以以元素形式产生氢。根据国家可再生能源实验室(NREL)的研究人员的说法,某些藻类和蓝藻会在短时间内产生氢气,这是大自然的奇妙之处(见 NREL 事实说明,2007)。藻类和细菌制氢属于光生物制氢系统的范畴。氮、钾和磷肥形式的液体或固体营养素可用于水产养殖,例如鱼塘/藻类池塘,以促进生物生长和氢气生产。由于在大型池塘中观察到了有希望的结果,因此通过光生物途径进行商业规模的氢气生产被认为是中长期可行的。在最近 NREL 资助的一个项目中,James 等人(2009)研究了氢气生产的不同生物途径,其结果令人鼓舞。制氢成本将是一个主要障碍。

目前,来自生物质的 H_2 交付价格为 5~710 美元/kg。据估计,大规模生产和管道运输

将使交货价格降至 $1.50 \sim 3.50$ 美元/kg。对于高纯度（99.95％以上）氢气，存在与净化相关的额外成本和运输成本增加，成本将额外增加 1 美元/kg。

纯净氢也可以作为甲烷、废水处理或 LFG 高温燃料电池的副产品。这些燃料电池使用熔融碳酸盐（MCFC）或固体氧化物（SOFC）技术。

电解水是另一种制氢方法。利用电和电解槽将水分子分解成 O_2 和 H_2：

$$e^- + H_2O \rightarrow \frac{1}{2}O_2 \uparrow + H_2 \uparrow \tag{4.4}$$

电解槽有两种常见类型：

（1）碱性使用氢氧化钾电解质。

（2）质子交换膜（PEM）使用固体聚合物膜作为电解质。

制氢中电解水所用的电源可以来自传统电网或可再生能源，即：

（1）公用电网电力。

（2）太阳能光伏（PV）。

（3）风力发电。

（4）水力发电。

（5）核电。

每个电解槽的生产规模在几千瓦到 2 000 kW 之间变化（见 Lipman，2011）。氢气生产和输送的电网成本为 $6 \sim 7$ 美元/kg，可能会降至 4 美元/kg。风力驱动电解的成本较大，目前为 $7 \sim 11$ 美元/kg，未来可能为 $3 \sim 4$ 美元/kg。太阳能氢发电目前为 $10 \sim 30$ 美元/kg，未来交付成本为 $3 \sim 4$ 美元/kg。这些估计的氢气生产成本来源于美国国家科学院和国家工程院 2004 年和美国能源信息管理局（EIA）2008 年的报告。Milbrandt 和 Mann 讨论了可再生能源（2007）和其他能源（2009）制氢的潜力。

4.4.2　氢能输运和储存

氢气是一种工业气体，遵循 ASME 和 DOT 制定的规范和标准，是 ASME 锅炉和压力容器规范（用于静止使用）和 49 号联邦法规（用于运输/交付用途）。还有其他规范约束管道、通风和存储系统。输送系统是压缩气体或低温液体的形式。有关各种存储系统及其相关安全性、成本、质量和能量传输速度的详细信息，请参阅以下网站：www1.eere.energy.gov/hydrogenandfuelcells/storage/current_technology.html。

4.4.3　质量、体积能量密度（GED,VED）和液体燃料成本

液氢和液化天然气都是低温燃料，需要特殊的处理、储罐和燃料输送系统。表 4.12 总结了液体燃料的质量（GED）、体积能量密度（VED）和成本（数据来自 Tennekes，2009）。

低温液体燃料 LH_2 的单位能量成本比 Jet-A 高一个数量级。LNG 的具体成本低于 Jet-A，但其容积效率（以 MJ/L 表示）几乎是传统化石燃料的 50％，因此需要两倍的燃料箱容量。包括液化天然气的低温罐重量，注意到其 GED（以 MJ/kg 表示）也低于传统的 Jet-A 燃料。低温燃料在 GED,VED 和单位能源成本方面仍然没有竞争力。向商用飞机输送低温燃料的安全性，尤其是液氢，仍然是一个需要技术发展和持续关注的问题。

表 4.12　液体燃料的 GED,VED 和成本

燃料类型	GED/(MJ·kg^{-1})	VED/(MJ·L^{-1})	成本/(美元·MJ^{-1})
锂电池(可充电)	0.3	0.3	0.03
锂电池(一次性)	0.6	0.6	170
蜂蜜	14	20	0.29
鹅油	38	35	0.26
煤油(Jet-A)	44	36	0.018
天然气	45	19[a]	0.005
氢气	117	8.3[a]	0.44

4.5　电池系统

在航空中使用电池并非新鲜事。使用电池启动 APU,并在 APU 或发动机起动前为飞机系统供电。电池还支持地面操作,如加油(见图 4.18,由波音提供)。电池在飞机发生电源故障时提供备用电源。现代多电商用飞机 B787 选用锂离子电池,因为其高电压、高电流、改善的电能质量、快速充电能力,质量比同等的镍镉电池轻 30%,体积紧凑的优点。

一旦 APU 和发动机起动,主发动机上的发电机和 APU 上的发电机将接管电力生产任务。传统上,飞机的两台发动机各有 1 台发电机,APU 上有 1 台。在多电飞机中,即 B787,有 6 台发电机,每台发动机上 2 台,APU 上 2 台。在飞行中,4 台发动机发电机是主电源,2 台 APU 发电机是辅助电源。

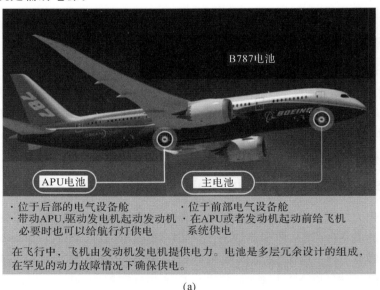

(a)

图 4.18　B787 飞机的电池和电力生产和分配系统

(a)B787 上的电池

资料来源:波音公司。

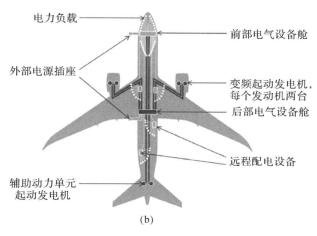

(b)

续图 4.18　B787 飞机的电池和电力生产和分配系统

(b)B787 上的发电机位置和电力生产和配电系统

资料来源:波音公司。

4.5.1　电池能量密度

各种电池目前的能量密度如图 4.19 所示。那些怀疑电推进实用性的人注意到,电池的致命弱点正是这个参数,化石燃料能量密度超过 12 000 W·h/kg,而不可充电锂电池的能量密度 400 W·h/kg 时,它几乎无法与化石燃料(Jet – A)竞争。然而,飞机电气化不仅仅涉及能量密度这一个参数。新的飞机设计和性能通过电力推进得以实现(Moore 和 Fredericks 2014)。例如,Stoll 等人(2014)描述了通过分布式实现的减阻,以及通过电气化获得的其他设计优势。

基于电动汽车的需求,电池技术正在迅速发展。例如,表 4.13 是行业和知名研究者对电池技术的 10～20 年预测。

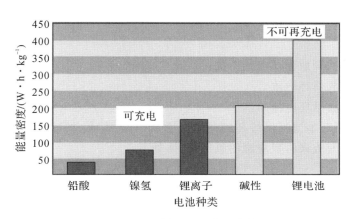

图 4.19　不同电池的能量密度

表 4.13　10～20 年电池能量密度预测

	电池能量密度[W·h/kg]
现在	120～200
波音 SUGAR Volt	750
劳斯莱斯	750
20 年后	1 000
麻省理工学院 10～15 年预测	1 000～1 500

除了电池,还有线缆和额外的冷却系统的质量。这些质量估计约为电池质量的 65%。因为电池中的化学反应产生热量,需要冷却。表 4.14 为当前电池的工作温度和冷却空气的需求以及未来 20 年的预测。

电池的能量密度,即使是先进的锂空气开放循环电池,也只是相当于航空喷气燃料的一小比例。煤油的能量密度高于 12 000 W·h/kg,假设转换效率为 33%,推进器仍有 1/3 的能量可用。麻省理工学院预测电池能量密度在 10～15 年后为 1～1.5 kW·h/kg,仍将是煤油的 1/4～1/3。然而,正如 Moore 和 Fredericks(2014)所指出的那样,比较煤油和电池的能量密度就是一种误导,从而得出在能量密度达到相近之前,电推进是不可行的这一错误结论。电推进使飞机实现传统煤油燃料系统无法实现的全新设计。本书第 5 章就讨论了这一有前途的技术。

表 4.14　锂离子电池的冷却要求

	温度 1/℉	温度 2/℃
电池最大允许温度(现在)	140	60
电池最大允许温度(20 年后)	212	100
冷却空气温度	100	38

4.5.2　开式循环电池系统

有两种有前途的开放循环电池系统:

(1)锌-空气开放循环电池。

(2)锂-空气开放循环电池。

锂-空气开放循环电池提供最高的存储密度(Stückl 等人,2012)。锂-空气开放循环电池反应消耗来自空气或来自供应罐的氧气,具体如下:

$$2Li + O_2 \rightarrow Li_2O_2 \quad G_o = -145 \text{ kcal} \tag{4.5}$$

根据 Friedrich 等人(2012)报告,锂-空气开放循环电池反应的理论能量密度为 5 200 W·h/kg,包括氧的质量。然而,在电池水平上,如果包括电解质和外壳的重量,锂-空气开放循环电池的能量密度会显著降低。例如,在电池水平上预测的能量密度为 750～2 000 W·h/kg(Visco 等人,2006;Girishkumar 等人,2010;Johnson,2010)。Thielmann 等人表示,锂-空气开放循环电池预计将于 2030 年上市。

图 4.20(来自 Stückl 等人,2012)为锂-空气开放循环电池系统的示意图。

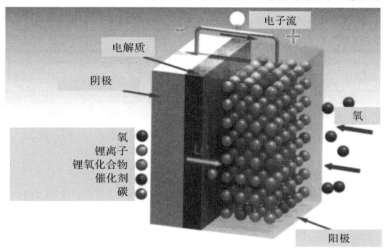

图 4.20　预计到 2030 年锂-空气开式循环电池能将达到 2 000 W·h/kg

资料来源:Stück 等人,2012。

4.5.3　飞行中电池充电:两个示例

混合动力电动飞机的电池辅助起飞和爬升节省了燃料,反过来,需要在巡航时由燃气涡轮发动机为电池系统充电。两个示例用于演示起飞和爬升时的电池辅助以及巡航时的电池系统充电。表 4.15 是燃气涡轮发动机需要对 1 500 kW·h 电池进行充电的例子。表 4.16 是起飞和爬升时的电动辅助示例,假设由于电动辅助,起飞和爬坡时可节省 10% 的燃油。这里给出数值来帮助读者进行类似的计算。

表 4.15　飞行中为 1 500 kW·h 电池充电的实例

能量种类	能量数据
Jet – A 能量/(kJ·kg^{-1})	43 500
转换效率/(%)	30
电池能量/kJ	＝1 500×3 600＝5 400 000
燃料质量/kg	电池能量/(燃料高热值×效率)
Jet – A 质量/kg	414

4.5.4　全电飞机:Voltair 概念平台

Voltair 是一款全电动的支线飞机,如图 4.21(来自 Stückl 等人,2012)所示,其基于超导电动机和能量密度为 1 000 W·h/kg 的电池系统设计。输电电压假定为 1 kV DC。从电池系统到电动机的直流传输的选择基于将电磁干扰和电缆质量最小化。Voltair 的推进集成利用了后机身 BLI 的布局。机身后部的电动机质量由前部的电池质量平衡,以避免重心向后移动(Stuckl 等人,2012)。

表 4.16　起飞和爬升过程电动辅助示例

和爬升电动辅助概念	燃油节省 10%
TO 和爬升中燃烧的燃油/lb	60 001
燃油节省 10%/lb	600
600 lb 燃料的能量/kJ·(kW·h)$^{-1}$	1.18E+07
	3 284
Jet-A 转换效率为 30%/(kW·h)	985
985 kW·h 电池质量/kg(目前技术)	8 211
电池质量/lb	18 125
额外冷却和接线质量/lb	11 781
电池系统总质量/lb	29 906

Voltair 与传统飞机相比,阻力和质量减少原因归纳为 4 类:

(1)零升力阻力。

1)60% 自然层流机翼:−15%。

2)无轮舱整流罩:−5%。

(2)诱导阻力:

增加翼尖小翼:−10%。

(3)推进效率:

边界层吸入:+5%。

(4)空载质量:

低的长细比机身:−12%。

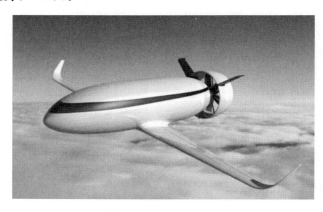

图 4.21　Voltair 配置

资料来源:Stückl 等人,2012。

根据 Stückl 等人的研究,这些收益的净效果是能效提高 25%,最大总质量减少 30%。(2012)。

4.6　燃料电池

自双子星 Gemini 计划以来,燃料电池一直是航天器的主要电力来源。燃料电池将化学能从富氢燃料转化为电能。燃料电池由多个单个电池组成,每个电池包含阳极、阴极和电解质层。一组单独的电池形成燃料电池堆。富氢燃料进入燃料电池堆并与环境空气中的氧气反应。这个反应产生电流以及热量和水。图 4.22 为使用氢燃料的燃料电池示意图。

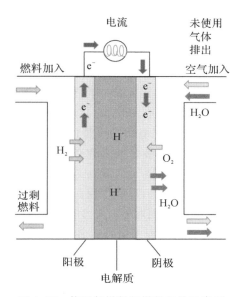

图 4.22　使用氢燃料的燃料电池示意图

燃料电池的类型根据其电解质溶液进行分类:
(1)碱性燃料电池:氢氧化钾溶液。
(2)熔融碳酸盐燃料电池:碳酸盐的高温化合物。
(3)磷酸燃料电池:磷酸。
(4)质子交换膜(PEM)燃料电池:聚合物电解质薄片。
(5)固体氧化物燃料电池(SOFC):硬质的金属氧化物的陶瓷化合物。
表 4.17 为不同燃料电池的工作温度、功率输出和效率。

表 4.17　不同燃料电池的工作温度、功率输出和效率

类型	工作温度	系统输出	效率/(%)
碱	90~200 ℃ 200~400 ℉	10~100 kW	60~70
熔融碳酸盐	650 ℃ 1 200 ℉	<1 MW (250 kW typical)	60~65 85(再利用)

类型	工作温度	系统输出	效率
亚磷酸	150～200 ℃ 120～210 ℉	50 kW～1 MW (250 kW typical)	46～42(单独) 80～85(热电联产)
质子交换膜	50～100 ℃ 120～210 ℉	<250 kW	40～60
固体氧化物	650～1 000 ℃ 1 200～1 800 ℉	5 kW～3 MW	60 85(再利用)

根据 Sehra 和 Shin(2003)的预测,到 2020 年,燃料电池的功率密度预计将上升到 10 kW/kg。注意到,10 kW/kg 是 2003 年 SOA 的 20 倍(SOA 代表最新技术)。此外,与需要快速充电技术的电池不同,燃料电池充电相当于替代消耗的燃料。

氢燃料电池是目前最有吸引力也是最好的是取代飞机上的煤油燃料 APU 的选择,为机载空调和起动发动机提供电力和压缩空气。煤油 APU 的效率非常低(为 20%),怠速时效率甚至更低(10%)。煤油 APU 噪声大,污染严重。由于这些原因,机场仅允许在短时间内有限使用 APU 来起动发动机。在其他时候,飞机依靠地面动力进行操作。氢燃料电池不污染、无噪声,并且可以在整个飞行过程中运行。其运行效率为 40%,怠机时为 50%。除了电力外,它的输出是水,这可以节省飞机 700 kg 的起飞质量。

2011 年 7 月 1 日,德国 DLR 在一架 A320 ATRA 飞机上验证了在发动机关闭的情况下由燃料电池驱动的起落架前轮滑行。在法兰克福机场,空客 A320 级飞机使用电动前轮,每天可节省约 44 t 煤油。

DLR 飞行指南研究所估计(见 Quick,2011)。2016 年 2 月,EasyJet(空中客车公司的客户)验证了使用燃料电池为主起落架轮提供动力的自动滑行测试。

空客、DLR、Parker Aerospace 正在开发一种多功能燃料电池(MFCC)系统,该系统可以提供 100 kW 的电力,以减少飞机污染和噪声排放。

4.7 紧凑型聚变反应堆燃料(CFR)

聚变是为太阳和其他恒星提供能量的过程。聚变是一种比裂变更清洁、更安全的能量形式。聚变释放的能量是裂变的 3～4 倍。

在极端温度下,例如 100 000 000 ℃,氢原子的原子核,融合而非排斥,形成重原子的原子核。例如,氘(^{2}H)和氚(^{3}H)是氢(^{1}H)的重同位素,它们可以融合形成氦(^{4}He),如图 4.23所示,并形成高速中子。这个过程释放出巨大的能量,使原子核结合。紧凑型聚变反应堆中最有前途的两种反应涉及氢、氘和氚的重同位素。这两种反应是:

(1)DT 反应:氘与氚融合形成氦和中子。

(2)DD 反应:将氘与氘融合。

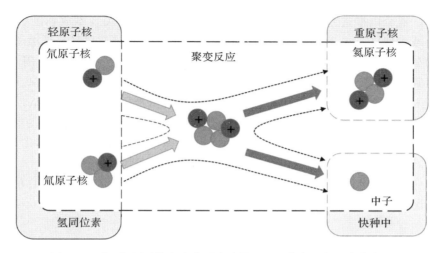

图 4.23　氘-氚原子核在聚变反应中的 DT 反应产生氦和高能中子

氘是一种天然存在的氢同位素,可以从海水中提取。D_2O 被称为重水。每吨海水含有近 33 g 氘。这意味着海水中约 0.015% 的氢是氘,这使其为聚变反应堆燃料提供无限原料供应。海水中提取氘是一种容易完成且经过充分验证的工业过程(见 Chen,1974 和 Arnoux,2011 年),这再次预示着这种燃料的良好前景。

氚是氢的较重同位素,半衰期为 12 年。这种重同位素不是天然大量存在的,因此需要从锂中培育出来(参考 MacKay,2009 或 Chen,1974)。DT 聚变反应及其能量为(来自 Chen,1974):

$$D + T \rightarrow {}^4He(3.5\ MeV) + n(14.1\ MeV) \qquad (4.6)$$

$$n + {}^6Li \rightarrow {}^4He(2.1\ MeV) + T(2.7\ MeV) \qquad (4.7)$$

式中:n 是中子。式(4.6)和式(4.7)代表的 DT 聚变反应要求最低的点火温度,产生最高的能量,并且具有其他聚变反应的最低限制要求。成功的聚变反应有 3 个要求:

(1)非常高的温度(约 150 000 000 ℃)。

(2)足够的等离子体粒子密度,以增加碰撞概率。

(3)足够的封闭时间。

工业界(如洛克希德·马丁公司)和学术界(如麻省理工学院)在紧凑型聚变反应堆(CFR)设计方面的密集研发正在迅速开展(见 Talbot,2014)。丰富的核燃料显然是 CFR 这项技术的优势属性。

4.8　本　章　小　结

可持续的航空需要可持续的燃料。幸运的是,目前商用飞机上使用的化石燃料已有替代品。其中最突出的是生物燃料、液化天然气和氢气。预测 AJF 的技术成熟度(TRL)以及民用航空中的商业应用,以及初步市场的产生,由于影响其实现的因素众多,从而变得复杂。政策法规、政府投资和激励都会影响这些因素。其中最有前途的是可再生 AJF,可以帮助减少温室气体的排放和改善空气质量。预计到 2040 年,这些燃料将获得广泛的市场采用(TRL8~9)。混合电推进系统预计将在 2025—2030 年实现相关技术成熟度(首先在支线喷气飞机领域实现),并在 2050 年被广泛采用。液态天然气和液态氢都是低温燃料,需要新的商业运输车队(由于 VED 较低)。它们在自然界中很丰富。然而,常规商用飞机燃料输送的单位能源成本和安全问题是这些燃料的主要缺点。在乐观的预测下,这些产品有望在50 年内广泛使用。首先专注于绿色航空飞机,以获得市场份额、快速发展和认证,并推进电池系统的进步。预计到 2060—2080 年,系统将成熟,包括中航程单通道商用飞机。

氢燃料电池预计在未来 10 年内取代煤油燃料的 APU。然而,如前所述,作为主要推进系统的角色需要新型飞机设计,这可能是未来 50~100 年后的事。

聚变反应堆的燃料是由锂生成的氘和氚,它们在自然界中含量丰富,加工方法也很多。在乐观的情况下,用于高升力、长续航应用的紧凑反应堆动力飞机可能在 2100 年实现。

参 考 文 献

[1] ACHTEN W M J, VERCHOT L, FRANKEN Y J, et al. Jatropha bio-diesel production and use. Biomass and Bioenergy, 2008, 32(12): 1063 - 1084.

[2] BURKHARDT U, KÄRCHER B. Global radiative forcing from contrail cirrus. Nature Climate Change, 2011, 1: 54 - 58.

[3] CHEN F F. Introduction to Plasma Physics. New York: Plenum Press, 1974.

[4] DEL ROSARIO R. Propulsion technologies for future aircraft generations: clean, lean, quiet and green. Gothenburg: 20th ISABE Conference, 2011.

[5] Department of Energy(DOE). A national vision of america's transition to a hydrogen economy-to 2030 and beyond. Washington, D. C. : Department of Energy, 2002.

[6] EPSTEIN A. A eropropulsion for commercial aviation in the twenty-first Century and research directions needed. AIAA Journal, 2014, 52(5): 901 - 911.

[7] Expert Group on Future Transport Fuels. State of the art in alternative fuels transport systems: final report. Brussels: The European Commission, 2015.

[8] FOSSM. LNG safety and security. Austin: The University of Texas, 2003.

[9] GIRISHKUMAR G, MCKLOSKEY B, LUNTZ A C, et al. Lithium-air battery: promise and challenge. Journal of Physical Chemistry Letters, 2010, 1 (14): 2193 - 2203.

[10] GUYNN M D, OLSON E D. Evaluation of an aircraft concept with over-wing, hydrogen-fueled engines for reduced noise and emissions: NASA/TM - 2002 - 211926. Washington, D. C. : National Aeronautics and Space Administration, 2002.

[11] HAN J, ELGOWAINY H, CAI H, et al. Lifecycle analysis of bio-based aviation fuels. Bioresource Technology, 2013, 150: 447 - 456.

[12] HAN J, TAO L, WANG M. Well-to-wake analysis of ethanol-to-jet and sugar-to-jet pathways. Journal of Biotechnology for Biofuels, 2017, 10(1): 21.

［13］ HILEMAN J, STRATTON R W, DONOHOO P. Energy content and alternative jet fuel viability. Journal of Propulsion and Power, 2010, 26(6): 1184-1196.

［14］ International Air Transport Association. IATA sustainable aviation fuel Roadmap. Montreal: International Air Transport Association, 2015.

［15］ JAMES B D, BAUM G N, PEREZ J, et al. Techno economic boundary analysis of biological pathways to hydrogen production: NREL/SR - S60 - 46674. Golden: [s. n.], 2009.

［16］ JOHNSON L. The viability of high specific energy lithium air batteries. Tennessee: [s. n.], 2010.

［17］ Joint European Commission. Well-to-Wheel report version JEC well-to-wheels analysis: JRC Technical Reports. Brussels: The European Commission, 2014.

［18］ KIM H D, FELDER J L,TONG M T,et al. Revolutionary aeropropulsion concept for sustainable aviation: turboelectric distributed propulsion. Busan: [s. n.], 2013.

［19］ KINDER J K,RAHMEST. Evaluation of bio-derived synthetic paraffinic kerosene: Bio-SPKs: ASTM Research Report. West Cornwall Township: [s. n.], 2010.

［20］ LIPMAN T. An overview of hydrogen production and storage systems with renewable hydrogen case studies. [S. l.]: Clean Energy States Alliance, 2011.

［21］ MACKAY DJ C. Sustainable energy-without the hot air. Cambridge: UIT Cambridge Ltd, 2009.

［22］ MILBRANDT A,MANN M. Hydrogen potential from coal, natural gas, nuclear and hydro resources: NREL/TP - 560 - 42773. Golden: National Renewable Energy Lab(NREL), 2009.

［23］ MILBRANDT A R, HEIMILLER D M, PERRY A D, et al. Renewable energy potential on marginal lands in the United States. Renewable and Sustainable Energy Reviews, 2014, 29: 473-481.

［24］ MOORE M D, FREDERICKS W J. Misconceptions of electric propulsion aircraft and their emergent aviation markets. National Harbor: 52nd Aerospace Sciences Meeting, 2014.

［25］ National Academy of Science and National Academy of Engineering. The hydrogen economy: opportunities,costs,barriers, and R&D needs. [S. l.]: National Academies Press, 2004.

［26］ NREL Fact Sheet: Photobiological Production of Hydrogen: FS - 560 - 42285. Colorado: [s. n.], 2007.

［27］ PENNER J E. Aviation and global atmosphere. Cambridge: Cambridge University Press, 1999.

［28］ QUICK D. Airbus and DLR testing fuel cell technology to cut aircraft pollution and noise emissions. [S. l. :s. n.], 2011.

［29］ RAO A G. AHEAD: advanced hybrid engines for aircraft development. Netherlands: Delft

University of Technology，2016.

[30] SPEAR K. Virgin atlantic flight from Orlando is the first-ever to run on synthetic fuel. Orlando：Orlando Sentinel，2018.

[31] STOLL A M，BEVIRT J B，MOORE M D，et al. Drag reduction through distributed electric propulsion. Atlanta：Aviation Technology，Integration，and Operations（ATIO）Conference，2014.

[32] STRATTON R W，WONG H M，HILEMAN J L. Lifecycle greenhouse gas e-missions from alternative jet fuels：PARTNER－COE－2010－001. Cambridge：Partnership for Air Transportation Noise and Emissions Reduction，2010.

[33] STÜCKL S，VAN TOOR J，LOBENTANZER H. Voltair-the all-electric propulsion concept platform-a vision for atmospheric friendly flight. Brisbane：International Congress of the Aeronautical Sciences(ICAS)，2012.

[34] TENNEKES H. The simple science of flight，revised and expanded edition. Cambridge：MIT Press，2009.

[35] THIELMANN A，ISENMANN R，WIETSCHELM. Technologie-Roadmap lithium-lonen-batterien 2030. Karlsruhe,：Frauenhofer-Institut fur System-und Innovationsforschung ISI，2010.

[36] US Energy Information Administration. Annual energy outlook 2007 with projections to 2030. Arab Oil & Gas Magazine，2007(3)：44.

[37] WANG M. Greenhouse gasses，regulated emissions，and energy use in transportation (GREET) model，version GREET1. Austin：Center for Transportation Research，2011.

[38] WINCHESTER N,MCCONNACHIE D,WOLLERSHEIM C，et al. Market cost of renewable jet fuel adoption in the United States：PARTNER－COE－2013－00L. Cambridge：MIT International Center for Air Transportation，2013.

第5章 未来有前景的推进和动力技术

5.1 引 言

据美国环境保护署(EPA)2016年的报告,交通运输领域的碳排放占总排放量的31%,而在交通运输领域(即公路、铁路、航空和航运)中,航空排放的二氧化碳约占12%。因此,航空排放的二氧化碳在人为二氧化碳排放中所占的份额约为4%。之所以如此关注航空领域的排放问题,不在于目前其4%的占比,而是在于其所占比例逐年增长的趋势。据估计,截至2050年,将有160亿人次乘客选择乘坐飞机出行,在此基数之上,航空领域的碳排放对环境的潜在破坏影响将会很大。

在航空领域中,全球各类飞行器的碳排放占比如图5.1所示,商业航空的二氧化碳排放量占93%,而公务机、通用航空飞机、直升机和无人驾驶飞机则占剩下的7%。因此,为了实现低碳出行的目标,需要将目光聚焦于更加清洁的航空推进与动力系统,这一技术升级也将对航空领域相关产业产生深远影响。

目前,商用航空领域中可实现低碳排放的动力技术包括更为先进的燃气涡轮发动机(GT)、飞推一体化布局与混合电推进系统(HEPS)。对先进燃气涡轮发动机,特别是对先进涡扇发动机持续的投资和信赖,在于过去100年来的燃气涡轮发动机的稳步发展。总而言之,燃气涡轮发动机的一些发展特点是:

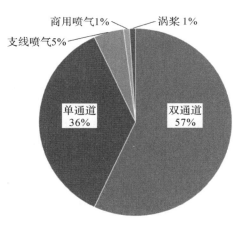

图5.1 全球各类飞行器碳排放占比
资料来源:Yutko 和 Hansman,2011。

(1)经济可承受性、可靠性、可扩展性。

(2)部件效率的稳步提升。

(3)循环功、热效率和总体效率的稳步提升。

(4)排放物的稳步减少,例如 NO_x、CO、未燃烃(UHC)、颗粒物(PM)(烟尘和烟雾)。

(5)喷气噪声的稳步降低。

（6）可再生航空燃料或生物燃料的出现，减少了发动机生命周期内的碳排放。

（7）与其他可供选择的动力系统或概念相比，燃气涡轮发动机有着最高的能量密度（例如推重比）。

（8）影响可靠性和经济可承受性的可维护性和长使用寿命。

Sehra 和 Shin（2003）概述了 21 世纪革命性的航空推进系统，其中介绍了 NASA 的 2003 年愿景。排放和效率既是挑战，也是新技术的驱动力。Epstein（2014）从工业界的观点，提出了 21 世纪商用航空高效推进所需开展的研究方向。Lord 等人（2015）讨论了符合 NASA $N+3$ 目标的发动机架构，即为了 2035 年投入使用（EIS），TSFC 减少 30%（以 B737～B800/CFM56 - 7B 这类为基准型）。欧洲对可持续航空的愿景在 Flightpath 2050 文件中有详细说明，其中概述了研发的关键领域，例如替代喷气燃料、先进的推进和动力概念以及有助于实现零碳航空的电气化技术。这些路线图都指向一个目标：更加绿色的航空。效率是未来发展的标志，从简单的布雷顿循环和复合循环的效率开始，然后是航空发动机结构的革新。

5.2　燃气涡轮发动机

5.2.1　布雷顿循环：简单的燃气涡轮发动机

飞行器燃气涡轮发动机，例如涡轮喷气发动机，都是以布雷顿循环为基础实现的。布雷顿循环的理想热效率是基于等熵压缩（通过进气道和压气机/风扇）、总压不变的燃烧过程以及等熵膨胀过程（通过无冷却涡轮和排气喷管）得到的。它被表示成（参考 Oates，1998；Kerrebrock，1992；Farokhi，2014）

$$\eta_{th} = 1 - \frac{T_0}{T_3} = 1 - \frac{1}{(\tau_r \tau_c)^{\frac{\gamma-1}{\gamma}}} \tag{5.1}$$

飞机在海平面静态起飞时，$\tau_r = 1$ 并且压气机总压比为 $\tau_c = 55$，此时，理想热效率约为 68%；而当飞机以 $2Ma$ 在平流层下航行且 $\tau_c = 20$ 时，理想热效率约为 77%。在这些循环中，维持压气机的排气温度为 900 K 左右。在这个温度下，仍然可以用钛作为压气机机盘和叶片的材料。然而在更高的压气机出口温度下，例如当 $T_{t_3} = 1\,000$ K 或 $2\,000$ K 时，便只能使用适用于涡轮的镍基合金作为高压压气机（HPC）材料。抑或者，可以对高压压气机后面级进行冷却，比如利用燃料的再生冷却。

5.2.2　涡扇发动机

燃气涡轮发动机核心机技术进步的需求对更高循环效率的实现起着关键性作用。对于涡扇发动机来说，Koff（1991）定义了核心机热效率（core thermal efficiency）、传输效率（transfer efficiency）和推进效率（propulsive efficiency）这 3 个效率来说明涡扇动力系统的效率，这要比表示涡轮喷气发动机效率的简单布雷顿循环效率更有效。核心机热效率的定义是：核心机产生功率与燃料热功率的比值（参考自 Koff，1991）。为方便参考，下面给出了这些效率的表达式：

$$机心机热效率 = \frac{E_{core}}{E_{fuel}} = \frac{\dot{m}_f Q_R - \dot{m}_0 h_0 \left(\dfrac{\tau_c}{\tau_r} - 1\right)}{\dot{m}_f Q_R} = \frac{f Q_R - h_0 \left(\dfrac{\tau_c}{\tau_r} - 1\right)}{f Q_R} \tag{5.2}$$

$$传输效率 = \frac{E_{jets} - E_{inlet}}{E_{core}} = \frac{\left[\alpha \dfrac{V_{19}^2}{2} + (1+f)\dfrac{V_9^2}{2}\right] - (1+\alpha)\dfrac{V_0^2}{2}}{f Q_R - h_0 \left(\dfrac{\tau_c}{\tau_r} - 1\right)} \tag{5.3}$$

$$推进效率 = \frac{F_n V_0}{E_{jets} - E_{inlet}} \tag{5.4}$$

核心机的发动机热效率大约为 55%。在先进制造和流动控制领域有一些前瞻技术可以进一步提高核心机热效率,例如应用于 HPC 机匣和叶片的吸附式流动控制技术等,还有其他的一些技术,可以参考 Merchant 等人(2004)和 Wilfert 等人(2007)的研究。

在图 5.2(a)中,展示了最新水平的涡扇循环效率。在图 5.2(b)中,参考了 Epstein 在 2004 年的研究后,预测了航空推进可能的发展轨迹。这些指明了核心机热效率和推进与传输效率的潜在收益,总效率可达到 70% 以上。

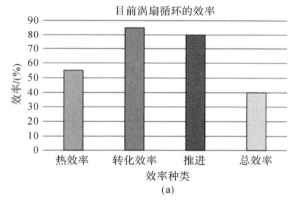

(a)

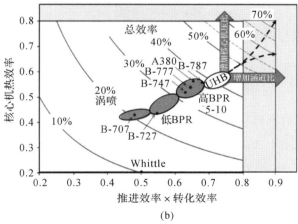

(b)

图 5.2　未安装的商用飞机发动机在 $0.8Ma$ 巡航效率,35 kft ISA 下的核心机热效率、推进效率和总体效率

(a)最先进的涡轮风扇循环效率;(b)涡轮风扇发动机 GT 核心机热效率和推进×传输效率的预测

资料来源:Whurr,2013;Epstein,2014;Lord 等人,2015。

另外,还可以通过研究卡诺循环来分析这些效率。循环在热机运行在两个极限温度 T_0 和 T_{t_4} 之间时,有着最高的热效率。

传统的燃气涡轮发动机的最高温度 t_4 相当于烃类燃料完全燃烧时的温度,大约为 2 500 K。这种 t_4 温度水平可以使起飞时热效率达到 88%,巡航时热效率超过 90%。在增大循环压比的时候,简单布雷顿循环的效率将趋近于卡诺效率,这让我们重新认识到发展高压燃气涡轮发动机(GT)核心机的必要性。Kerrebrock 在 1992 年、Koff 在 1991 年以及 Epstein 在 2014 年的研究中曾详细探讨过这个问题。

通过增大涵道比(BPR)和核心机压比都可以减小核心机的尺寸。根据 Maynard 在 2015 年的研究,他认为超过 80 的总压比(OPR)是可行的。然而,在减小核心机尺寸这个问题上,有一个临界点(压气机出口的质量流量达到 3.5 lbm/s),它需要将发动机结构由全轴流式(all - axial)压缩系统改为混合轴流离心式(mixed axail - centrifugal)压缩系统才能实现(参考 Lord 等人在 2015 年的研究)。

吸气式喷气式发动机的推进效率与发动机的涵道比(BPR)、α 以及核心机和风扇处排气流速与飞行速度的比值(exhaust jet - to - flight speed ratio)V_9/V_0 和 V_{19}/V_0 等参数有关。Farokhi 在 2014 的研究中表明,有着理想扩张喷管的分排式涡扇发动机忽略燃料空气比(fuel - to - air ratio)($f \ll 1$)时,推进效率可表示为

$$\eta_p \approx \frac{2\left[\left(\dfrac{V_9}{V_0}\right)+\alpha\left(\dfrac{V_{19}}{V_0}\right)-(1+\alpha)\right]}{\left(\dfrac{V_9}{V_0}\right)^2+\alpha\left(\dfrac{V_{19}}{V_0}\right)^2-(1+\alpha)} \tag{5.5}$$

假设风扇和核心机的喷管有着相等的速度比,即

$$V_{19}/V_0 = V_9/V_0 \tag{5.6}$$

则式(5.5)可以简化成与单流路喷气发动机推进效率相似的表达式:

$$\eta_p \approx \frac{2}{\dfrac{V_9}{V_0}+1} \tag{5.7}$$

虽然 BPR 完全没有在式(5.7)中出现,但是其蕴含在喷管速度比 V_9/V_0 中。当 BPR 增大时,喷流速度比降低并且 V_9/V_0 将趋于其极限值 1,而推进效率将趋于其极限值 100%。这里有一些最新例子,例如,超涵道比(UHB)涡扇发动机和先进的开转子推进系统。在 UHB 结构中,BPR 超过了 12,而如果在开转子推进系统中,BPR 将在 35~60 之间变化。UHB 中的齿轮传动系统以及开转子结构中采用薄三维编织先进复合材料螺旋桨等"赋能"技术是这些推进系统成功发展的原因。当前,高 BPR 的涡扇发动机的推进效率可以达到 80%(见 Whurr,2013)。图 5.3 为齿轮传动 UHB 涡扇发动机示意图。

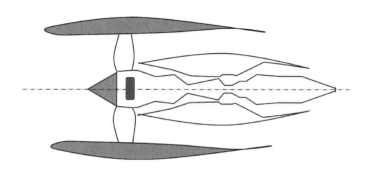

图 5.3　齿轮传动 UHB 涡扇发动机示意图

　　BPR 为 12 的第一代齿轮传动涡扇(GTF)和 BPR 为 5 和压比 OPR 为 36 的 V2500 相比,△SFC 降低了 15%。未来新一代的 UHB 将会使 BPR 达到 14～20,OPR 达到 60 以上。新一代的 UHB 预计可以使 △SFC 比 V2500 发动机降低 25%,同理(燃料的)△(CO_2 排放量)也会降低 25%。图 5.4 所示为由 Safran 设计的 BPR 超过 30 的开式转子发动机,它与 CFM56 涡喷发动机相比预计可以减少 30% 的燃油消耗。

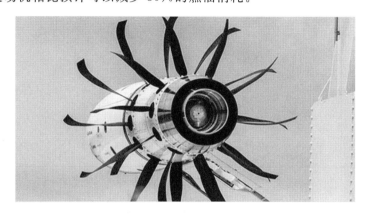

图 5.4　涵道比在 30 以上的对转开式转子(CROR)发动机结构
注:它具有 12 个前转子叶片和 10 个后转子叶片,直径为 4 m,起飞时推力为 100 kN(SSL)。
资料来源:Safran 飞机发动机公司。

　　根据 Risen 在 2018 年的报告,这台发动机将计划在 2024—2025 年进行首次飞行测试,在 2030 年进行升级并于 2035 年完成环境影响的评估。通过比较 GTF 发动机和对转开转子(CROR)发动机,注意到 GTF 的涵道布局能够和短舱中的声衬集成,用于降低噪声;而对应的位置上,对转开转子没有涵道,这导致了其噪声要比 GTF 的大。因此,在开转子布局中更先进的转子设计会进行气动优化以降低噪声。设计参数研究表明,薄叶片、后叶片剪裁、叶片数增加以及叶片间距增大有利于对转转子的降噪。另外,在现代商业航空领域,飞行器机翼和尾翼对噪声的阻隔也被视为一种减缓噪声的设计途径。Safran 的 CROR 项目期望在 2030—2035 年比 2016 年的 CFM LEAP 发动机的燃油消耗降低 15%。同样,在 2040—2045 年,具有边界层吸入的 CROR 发动机可以减少 25% 的燃油消耗。除噪声外,另一个对于 CROR 项目的挑战是叶片意外飞出(比如经历鸟撞)。机身的保护和关键的叶片飞出损伤包容性系统使飞行器质量增加,这将抵消开转子结构的减重效果。NASA 的 Envia于 2010 年讨论了有关开转子噪声的问题。

5.3　先进燃气涡轮发动机核心机中的分布式燃烧概念

简单的燃气涡轮发动机核心机内仅有一个在压气机和涡轮之间的燃烧室。$\dot{m}_f Q_R$ 为由燃料提供给发动机的总热能,它以 η_b 的燃烧效率传递给流体。因此涡轮的入口温度(TET)的下限受到了涡轮材料、冷却技术的限制,而上限受到燃气和空气的理论配比限制。目前的 SOA 使 TET 在起飞时达到了 1 900~2 000 K,而 SOA 的 Jet-A 的火焰温度(在空气中,初始温度为 800 K,压强为 25 atm)则会达到 2 500 K 左右(见 Blazowski1985Farokhi 于 2014 年的研究)。图 5.5 所示为两个 GT 发动机结构。其中:图(a)为传统的 GT 发动机核心机; 图(b)为有两个燃烧室的 GT 核心机——一个燃烧室在高压压气机(HPC)和高压涡轮 (HPT)之间,另一个则在高压轴和低压涡轮(LPT),也就是高/低压涡轮之间。

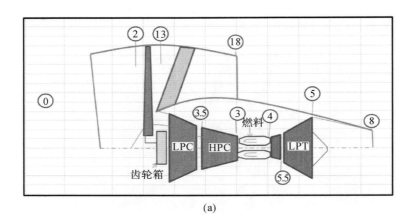

(a)

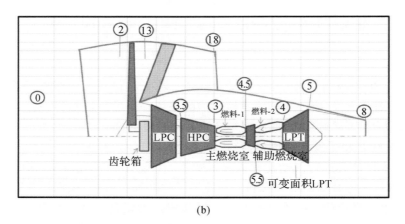

(b)

图 5.5　传统燃气涡轮发动机设计的替代燃气涡轮发动机结构

(a)具有单个燃烧室的传统涡扇发动机(基准型);(b)具有两个燃烧室的非常规涡扇发动机

为了证明双燃烧室系统的潜在效益,对处于起飞状态下(标准海平面)的未安装的 UHB 涡轮风扇发动机进行了一次简单循环的分析(cycle analysis)。表 5.1 和表 5.2 总结了循环参数。

表 5.1　两种 UHB 涡扇结构的通用参数

通用参数	数值	通用参数	数值
涵道比	14	风扇压比	1.36
LPC 压比	4.6	HPC 压比	8
核心机质量流量/(kg·s^{-1})	41	燃料 Q(LHV)/(kJ·kg^{-1})	43 124
起飞推力(SSL)/kN	140	起飞时 OPR	50
核心机与风扇喷管均收敛			$\pi_{fn} = \pi_{cn} = 0.96$

表 5.2　两种 UHB 发动机的特有参数

单燃烧室 UHB(基准型)		双燃烧室 UHB		
TET(T_{t4})/K	2 100	$T_{t_{4.5}}$/K	1 600	燃烧室♯1
		T_{t_4}/K	1 600	燃烧室♯2
HPT/(%)	6~7 冷却空气分数	HPT		未冷却
LPT/(%)	3 冷却空气分数	LPT		未冷却
η_{HPT}	0.75[①]	η_{HPT}		0.94
η_{LPT}	0.85[①]	η_{LPT}		0.95
π_b	0.97	π_b		0.97

注:①根据 Kerrelock(1992)的假设,每百分比冷却会带来 3% 的涡轮效率损失。

气体分区来模拟,也就是分为冷和热:

$\gamma_c = 1.4; \gamma_t = 1.36; c_{pc} = 1\,004.5$ J/(kg·K) $c_{pt} = 1\,084$ J/(kg·K)。

该循环分析证明了双燃烧室的 GT 设计要比使用单燃烧室设计的基准型发动机更优越。和传统的 UHB 相比,双燃烧室的 UHB 在起飞时的燃油消耗显著减小,更重要的是有更高的热效率和更低的排放,见表 5.3。

表 5.3　起飞时双燃烧室 UHB 的性能增益

参数	性能增益
ΔSFC	比基准型低约 16%;这意味着燃料燃烧减少 16%
Δ 热效率	比传统燃气涡轮发动机高约 6%
ΔCO_2 排放量	由于燃油燃烧减少,降低约 16%
NO$_x$	由于 TET 较低(1 600 K 比 2 100 K)而降低

图 5.6 所示为 GT 发动机燃气的热力学过程。在两种发动机提供相同推力(30 000 lbf)的情况下,双燃烧室发动机要比对应的布雷顿循环更接近卡诺循环。同样可以注意到传统的 GT 发动机的 TET 需要达到 2 100 K 才能使其在起飞时具有 140 kN(31 500 lbf)的推力。然而双燃烧室结构的 TET 仅为 1 600 K,相当于使用现代材料和热障涂层(TBC)的无冷却的涡轮。分布式燃烧系统比传统的 GT 发动机的热效率高了将近 6%,燃油消耗减少了近 16%。

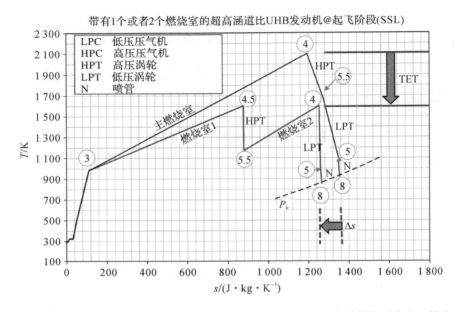

图 5.6　未安装的 UHB-TF 燃气涡轮发动机热力学循环,起飞时具有单燃烧系统和双燃烧系统,标准大气水平($T_0 = 288$ K, $p_0 = 101$ kPa)

Joachim Kurzke 于 2017 年发展了发动机仿真代码(GasTurb 13),可用于验证简单基准型模型的结果。其中,推力的相对误差为 0.03%,燃料空气比的相对误差为 1%,TSFC 的相对误差也接近 1%。

关于这个案例需要注意的一点是,预估的 TSFC(−16%)和热效率(+6%)的增益是没有进行任何优化的。因此,如果推进系统进行了优化,预计会有更高的性能增益。图 5.7(见 Clarke 等人,2012)显示了对于传统和先进的高温材料以及不同的冷却技术,可以预测到 2030 年材料和 TET 或气体温度的发展。到 2030 年,带有 TBC 的第二代单晶体(镍基超合金)可在 1 500 ℃(2 732 ℉)的 TET 下运行,无须叶片冷却。图 5.7 所示的最高 TET 预计可用于 TBC 和陶瓷基体复合材料(CMC)的高级冷却技术。而 2030—2035 年正好与 NASA $N+3$ 亚声速运输技术目标的 EIS 日期相对应(见 Del Rosario 等人,2012)。在图 5.8(来源 Fraas,1980)中,用 φ 来表示燃气涡轮发动机中不同冷却方式的涡轮冷却效率参数,它表明了冷却方法对燃气涡轮叶片中相对冷却剂流量的影响。Moustapha 等人在 2003 年也将冷却效率参数 φ 定义为冷却类型和冷却剂百分比的函数。

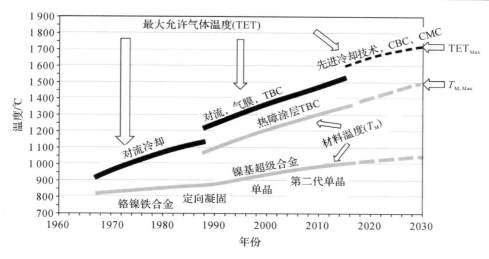

图 5.7　2030 年之前的材料、燃气和涡轮入口温度
资料来源：Clarke 等人，2012。

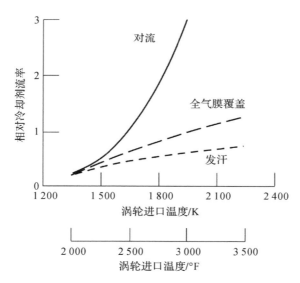

图 5.8　涡轮冷却方法和相对冷却流量要求
资料来源：Fraas，1980。

Vogeler(1998)，Sirignano 和 Liu(1999)，Liu 和 Sirignano(2001)以及 Liew 等人(2003，2005)研究了具有涡轮间燃烧室、级间燃烧室或序列燃烧的其他分布式燃烧室结构。为简单起见，本书不再展开讨论这些循环。

5.4　多燃料(低温煤油)混合推进概念

低温燃料[如液氢(LH_2)和液化天然气(LNG)]的作用在双燃烧室的新型混合动力发动机概念中进行了探索研究(见 Rao 等人，2014)。主燃烧室使用低温燃料，而位于 HPT 和

LPT 之间的第二燃烧室使用无焰燃烧室中的煤油。选择低温燃料如低碳含量的 LNG 和无碳含量的 LH₂,是因为其环保性。在二级无焰燃烧室中选择煤油/生物燃料,以实现低的 NO_x、碳烟和 UHC。为了用于引气冷却,低温燃料的冷却能力得到了进一步的探索,例如,使用低温燃料作为冷却空气的热沉。使用 LH₂ 和 LNG 这两种燃料的挑战在于其较低的体积效率,这可以通过将其与辅助液滴燃料(煤油与生物燃料)结合,并将其整合到体积高效利用的混合翼身(BWB)运输机中来解决,该运输机设计用于远程(14 000 km 或 7 500 n mile)飞行。这种为 300 座客机设计的配置为远程运输中的多燃料储存提供了充足的空间。图 5.9 展示了分流式和混流式涡扇发动机概念发动机的横截面图,以及为多燃料推进系统设计的 BWB 飞机、AHEAD MF – BWB 飞机(见 Grewe 等人,2016 和 Rao 等人,2014)。LNG 和 LH₂ 混合发动机的温度-熵(T - s)曲线如图 5.10 所示。图 5.11(见 Rao 等人,2014)所示是为远程任务设计的 300 座 BWB 客机。

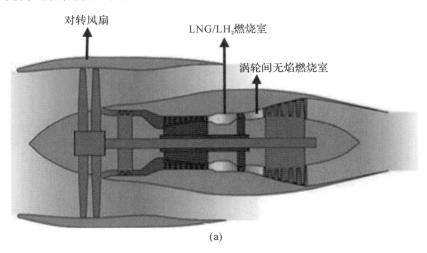

(a)

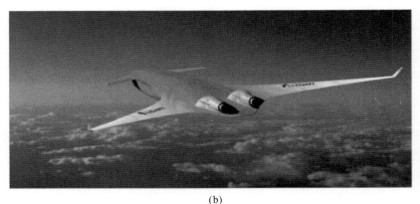

(b)

图 5.9　多燃料混合发动机示意图

(a)带双燃烧室的分流涡扇发动机;(b)为新型多燃料推进系统(MF – BWB)设计的混合翼身飞机

资料来源:Rao 等人,2014。

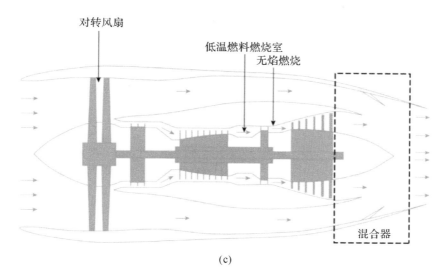

(c)

续图 5.9　多燃料混合发动机示意图

(c)具有多燃料结构的混流式涡扇概念

资料来源:Rao 等人,2014。

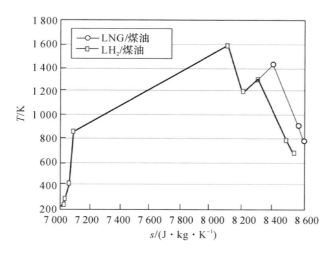

图 5.10　在两个燃烧室中使用一种低温燃料(LNG 和 LH_2)和煤油的多燃料

混合燃气涡轮发动机的 T-s 图像

资料来源:Rao 等人,2014。

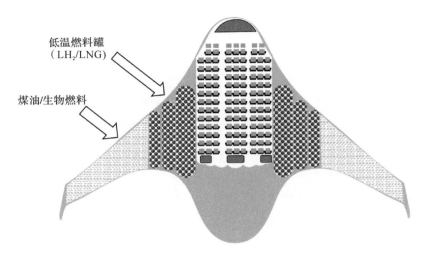

低温燃料罐
（LH₂/LNG）

煤油/生物燃料

图 5.11　多燃料(低温/煤油)BWB 飞机概念

资料来源：Rao 等人,2014。

与基准发动机(GE90 - 94B)相比,混合燃料发动机产生了表 5.4 所示的优异性能结果
(见 Rao 等人,2014)。液态氢/煤油作为燃料时消耗量减少 12%,CO_2 排放量减少 94%。液
化天然气/煤油混合发动机的 TSFC 比基准型减少了 4%。这种多燃料混合动力发动机的
二氧化碳排放量减少了 57%。对于先进燃气涡轮发动机来说,这些结果表明了其实现可持
续航空的前景。

表 5.4　多燃料发动机结构对性能参数的影响

多燃料	CO_2 变化率/(%)	SFC 变化率/(%)	比推力变化率/(%)
LH₂/煤油	−94	−12	−1
LNG/煤油	−57	−4	+5

一项详尽的气候影响研究表明,双混合燃料发动机的 BWB 飞机由于 CO_2,NO_x 和飞机
尾迹的减少,减弱了全球变暖影响。正如预期的那样,燃烧氢或低碳燃料(如液化天然气)会
导致水蒸气沉积增加,从而导致温室效应增加。表 5.5 总结了这些气候影响结果(以"%"表
示),其中比较基准机型是 B787。关于两个多燃料混合发动机的 BWB 飞机的环境影响研
究,详见 Grewe 等人(2016)和 Grewe 与 Linke(2017)。

表 5.5　气候影响　　　　　　　　　　　　　　　　单位：%

多燃料	CO_2	NO_x	航迹云	H_2O	总体
LH₂	−6	−29	−15	+25	−25
LNG	−0.6	−28	−16	+12	−32

5.5　中冷回热涡扇发动机

中冷器的热力学优势在于其能够产生更高的循环热效率,更高的 OPR 和更低的耗油率(SFC)。其中一个概念是使用风扇外涵道中的一部分气流对离心式压气机(IPC)进行空气冷却,该压气机通过先进设计的空气热交换器循环空气回到高压压气机(HPC)中。单独的中冷器冷却涵道将会产生总压损失。IPC 中冷器的转向管/歧管也会有一些总压损失。根据 Whurr(2013)的说法,在这一概念中,中冷循环的较高热效率导致燃油消耗减少约 4%。图 5.12 展示了中冷器和换热器的热效率增益。这种级别的性能增益似乎不足以抵消该概念在其当前布局结构中的缺点。然而,中冷/热管理概念仍然是一项有前途的技术。高表面积、超轻量化的热交换器的发展是未来使用中冷和回热航空发动机的关键。中冷涡扇发动机的流动路径如图 5.13 所示。

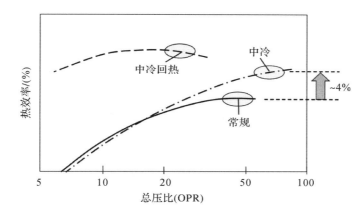

图 5.12　不同燃气涡轮发动机循环的热效率

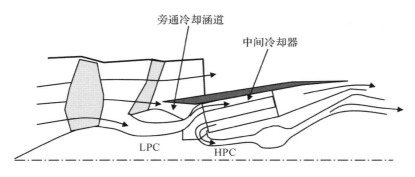

图 5.13　中冷涡扇发动机的流动路径

资料来源:Wilfert 等人,2007。

图 5.14 展示了使用中冷器和回热器的另外一种结构(见 Xu 等人,2013)。图 5.14 中的冷却回路位于中间离心式压气机(IPC)和高压级离心式压气机之间。回热回路位于 HPC 和燃烧室之间,通过减少燃油消耗获得更高的热效率。

中冷器能够使用低温燃料作为热沉,并使用一种再循环器,共同减少燃料消耗(见图5.15)。Kyprianidis(2011)提出了一种齿轮中冷、再循环涡扇发动机,其燃油消耗预计减少22%,具有很好的前景。

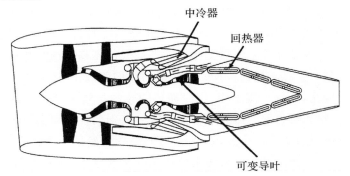

图 5.14 MTU 航空发动机的中冷回收涡扇发动机概念

资料来源:Xu 等人,2013。

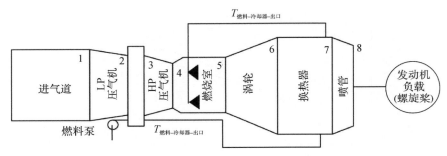

图 5.15 具有回收循环的低温中冷器概念

资料来源:Whurr,2013。

在 UHB 涡扇发动机中,风扇直径和小核心机直径之间的差距变得更为显著。因此,整个发动机的建模需要评估小核心机气动结构对推力和机动载荷的响应。图 5.16 展示了备选 UHB 的示意图以及风扇和核心机直径之间的差距。

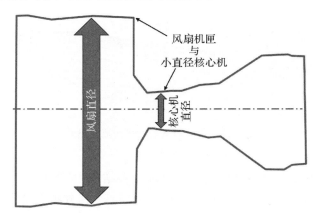

图 5.16 备选 UHB 的示意图以及风扇和核心机直径之间的差距

5.6   核心机主动控制

主动叶尖间隙和喘振控制是提高 HPC 气动热力学效率的有力手段。随着高 OPR 燃气涡轮发动机核心机尺寸的缩小,对其叶尖间隙控制变得更加重要。这些改进结合叶片流动控制设计,例如通过吸附式叶片概念和涡轮主动冷却,是当今飞机发动机行业智能 HPC 发展的重要因素。这些概念示意图如图 5.17(来源 Bock 等人,2008)所示。

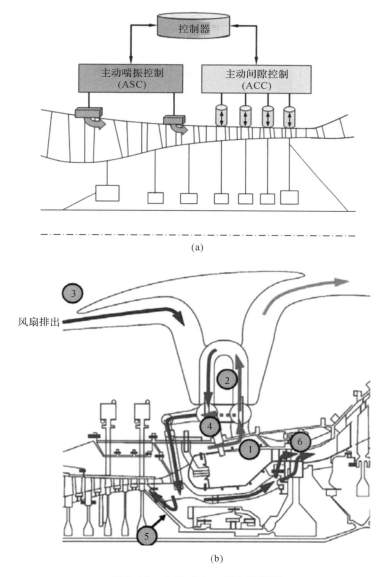

(a)

(b)

图 5.17   主动核心机概念示意图

(a)闭环主动间隙和喘振控制;(b)涡轮冷却空气主动冷却概念示意图

资料来源:Bock 等人,2008。

主动核心机控制技术对涡扇 SFC 的影响显著。图 5.18 展示的是 Bock 等人在 2008 年研究，也就是部件效率改善或使用 100 K 冷却空气的涡轮冷却，获得的百分比的提高。通过 100 K 的冷却空气，冷却量减少了 15％。根据 Bock 等人在 2008 年的研究，SFC 的减少使得 CO_2 排放量减少了 6％，NO 排放量减少了 16％。

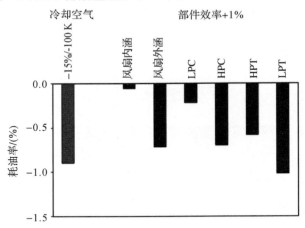

图 5.18　主动核心控制技术对涡扇比耗油率的影响

资料来源：Bock 等人，2008。

5.7　顶部循环：波转子燃烧

燃气涡轮发动机中的传统通流燃烧室是理想、无黏、低速、定常流动的一种反应器。在这些条件下，化学反应在恒压下进行。实际上，燃烧发生在有限马赫数的混合着燃气、冷却气以及在其边界（即燃烧室衬套）黏性阻力作用的湍流环境中。因此燃烧室中的反应流过程会有总压损失，即 $\pi_b < 1$，这是过程不可逆程度的度量。Kerrebrock 在 1992 年提出了一个简单的模型，该模型将总压损失与燃烧室内的平均动压联系起来：

$$1 - \pi_b \sim \varepsilon\left(\frac{\gamma}{2}Ma_b^2\right) \tag{5.8}$$

式中：$1 < \varepsilon < 2$；Ma_b 表示燃烧室中反应气体的平均马赫数。

在气体动力学中，对激波管的研究教会了我们一维非定常波运动的原理。当高压（驱动）气体通过隔膜（或阀门）与低压（被驱动）气体相隔开时，突然打开阀门，会产生气动波。这些波最初是无穷小的压缩和膨胀马赫波。压缩马赫波相互追赶，即它们都追赶最初的压缩马赫波并形成正激波，所以压缩马赫波合并形成激波。与之相反，膨胀马赫波扩散并形成波串。因此，初始形成的激波在流动的气体中传播，从而将能量传递给气体，增加其压力。激波的热力学状态由 Hugoniot 方程控制：

$$e_2 - e_1 = \frac{p_1 + p_2}{2}\left(\frac{1}{\rho_1} - \frac{1}{\rho_2}\right) \tag{5.9}$$

假设气体是量热完全气体，可以根据下式将传播激波的压力和密度联系起来：

$$\frac{p_2}{p_1} = \frac{\left(\dfrac{\gamma+1}{\gamma-1}\right)\dfrac{\rho_2}{\rho_1}-1}{\left(\dfrac{\gamma+1}{\gamma-1}\right)-\dfrac{\rho_2}{\rho_1}} \tag{5.10}$$

膨胀波系以相反的方向(即在高压驱动气体中)传播,以加速膨胀波系并减小其压力。不稳定性作为气体动力学中能量传递的一种方式,可通过无体积力、无黏性流中的流体质点的能量方程(见 Greitzer 等人,2004)来描述:

$$\rho \frac{\mathrm{d}h_t}{\mathrm{d}t} = \frac{\partial p}{\partial t} \tag{5.11}$$

Shapiro(1953),Liepmann 和 Roshko(1957)的经典教科书,例如 Anderson(2003)的现代经典著作,以及 Kentfield(1993)的其他气体动力学著作提供了非稳态气体动力学、非线性波和能量传递的基础知识。Kentfield(1995)分析了可用于燃气涡轮发动机的压力增益燃烧室的可行性。Hawthorne(1994)对英国的航空燃气涡轮发动机发展进行了历史性回顾。

在燃气涡轮发动机中,在压气机出口处产生高压气体,位于压气机出口处和燃烧室之间的旋转多通道管道可以模拟打开和关闭"隔膜"的动作,就像在激波管中一样,故产生了压缩波和膨胀波,促进了向压气机排气的不稳定能量传递。因此,将波转子作为一种动力交换装置,有可能提高燃气涡轮发动机推进性能和动力系统的性能。波转子的排放进入两端同时关闭的燃烧室,实质上使它成为一个具有压力增益的定容燃烧室。这种循环的理想版本被称为 Humphrey 循环。当波转子旋转时,燃烧末期时的高温、高压气体突然面对低压通道,膨胀波系导致温度下降,因此涡轮入口处的气体具有比定容燃烧段中的气体更低的温度和更高的压力。因此,在这种容量下,包含波转子的新循环相对于基准循环被称为顶级循环。在另一个应用中,由于波转子后面的工作原理是纵向行波和封闭通道中气体之间的能量传递,因此可以将波功率转换为净轴功率。图 5.19 展示了波转子硬件、NASA 格伦研究中心(NASA‑Glenn)的试验台和燃气涡轮发动机中集成的波转子的原理示意图。

(a)

图 5.19　波转子燃烧系统中的转鼓和试验台

(a)波转子硬件(旋转滚筒)

资料来源:NASA 格伦研究中心;Akbari 等人,2007。

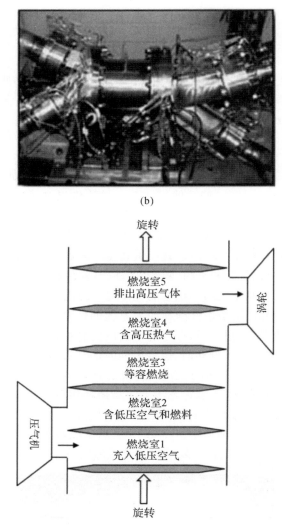

续图 5.19　波转子燃烧系统中的转鼓和试验台

(b)NASA 格林研究中心波转子钻机;(c)燃烧波转子集成到燃气涡轮发动机中的示意图

资料来源:NASA-Glenn 研究中心;Akbari 等人,2007。

Welch 等人(1995)总结了波转子在燃气涡轮发动机中的应用变体,包括在转子上燃烧的压力增益波转子、在转子上进行燃烧的波发动机、具有常规燃烧室的压力增益波转子和具有常规燃烧室的波发动机。图 5.20 展示了这些变体的示意图。

图 5.21 展示了波转子顶涡轮轴发动机的示意图,并与基准型涡轮轴发动机进行了比较。基准型发动机由位于同一轴上的燃气发生器和位于独立轴上的动力涡轮组成。图5.22 (数据来自 Jones 和 Welch,1996)展示了在 85% 功率下,小型涡轮轴发动机波转子顶部循环的 SFC,没有从波转子中提取冷却气流。波转子顶级发动机表明,在相同的轴功率下,燃料消耗量减少了近 13%。

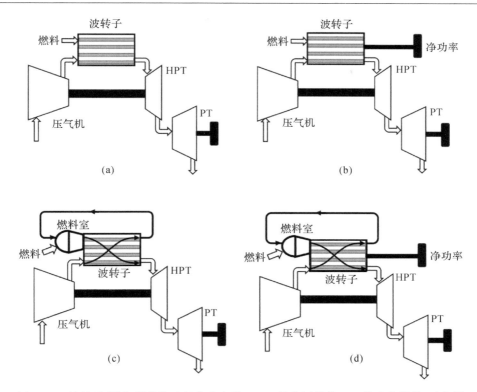

图 5.20　波转子/燃气涡轮发动机集成变体（HPT 是高压涡轮，PT 是动力涡轮）示意图
　　　　（a）转子上带燃烧室的压力增益波转子；（b）转子上带燃烧室的波发动机；
　　　　（c）带有常规燃烧室的压力增益波转子；（d）带有传统燃烧室的波发动机

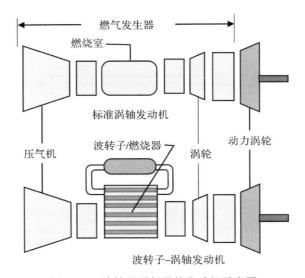

图 5.21　波转子顶部涡轮发动机示意图

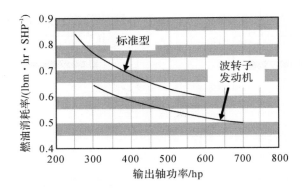

图 5.22　与基准型相比，波转子顶涡轮发动机的非设计（即功率 85%）性能优势

（设计点处的入口修正湍流流率为 5 lbm/s）

资料来源：Jones 和 Welch，1996。

波转子中的压力增益表示为波转子压比 PR_w（设计参数）和相应的波转子温度比 TR_w。这些参数定义为

$$PR_w = \frac{p_{4A}}{p_{3A}} \tag{5.12}$$

$$TR_w = \frac{T_{4A}}{T_{3A}} \tag{5.13}$$

图 5.23 所示为四端口波转子和燃烧器系统节点站号。

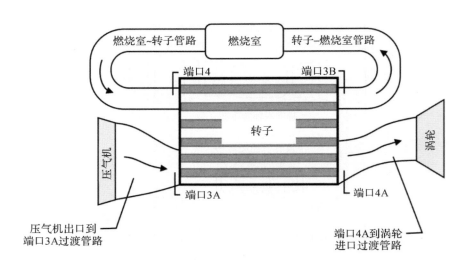

图 5.23　四端口波转子和燃烧器系统节点站号

波转子设计点的压比是波转子温度比的函数，如图 5.24 所示。

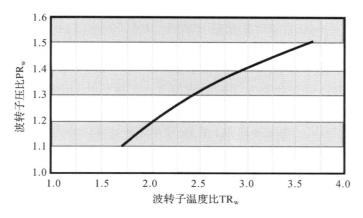

图 5.24　设计点波转子压比随温度比的变化

资料来源:Jones 和 Welch,1996。

　　之后还对波转子增强型涡扇发动机进行了评估。一台 OPR＝39,TET 为 3 200 °R (1 778 K),推力等级为 80 000～100 000 lbf 的高涵道比涡扇发动机被作为是基准型发动机。PR_w＝1.08 和 1.15 的波转子压比适用于此应用。在保持与基准型相同的燃料流量的同时,波转子增强循环产生了更高的循环压比(PR)和推力,从而降低了 TSFC。图 5.25(见 Jones 和 Welch,1996)为两台涡扇发动机的示意图。

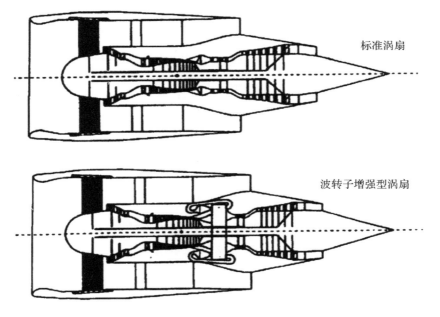

图 5.25　基准型和波转子顶部涡扇发动机示意图

资料来源:Jones 和 Welch,1996。

  波转子的附加质量估计为基准型核心机质量的 25%。在 Jones 和 Welch 研究的大型涡轮风扇发动机方案中,估计波转子质量为 1 650 lbs(750 kg)。为了确定波转子增强涡扇发动机对飞机性能的影响,基准型发动机的 BPR 为 7,起飞时(热天气)的净推力假定为 86 820 lbf,发动机质量为 20 430 lbf,进气流量为 2 800 lbms/s(1 270 kg/s)。假设冷却气流比例(引气)为 20%,这是此类发动机的典型值。风扇压比(FPR)为 1.59,低压压气机(LPC)压比为 1.55,高压压气机(HPC)压比为 15.8,从而得出 OPR 为 39。这架飞机以 0.85 Ma 的速度在 40 kft 的高度巡航,航程为 6 500 n mile。飞机机翼载荷(W/S)为 130 lbf/ft²,起飞时的推重比(T/W)为 0.30。

  图 5.26(见 Jones 和 Welch 1996 年的数据)绘制了不同波转子质量的飞机起飞总质量(TOGW)相对于基准型的减少情况。在估计波转子质量为 1 650 lbs 的情况下,当 PR_w 为 1.08 时,波转子增强型涡扇的相对 TOGW 降低了约 3%。波转子顶级发动机的净推力增加到 88 370 lbs 和 89 470 lbs,PR_w 分别为 1.08 和 1.15。对于 1.08 和 1.15 的双波转子压比,相同燃料流量下推力水平增加,分别导致 TSFC 降低约 1.7% 和 3%。这些适度的性能收益,即增加推力(和减少燃油消耗),转化为修正流量(对于相同的推力)的减少。相应地,部件尺寸也会减小。Jones 和 Welch(1996)指出,较小的涡轮的 AN_2 或离心应力比基准发动机低约 8%。HPT 和 LPT 的质量分别减少了约 6% 和 10%。

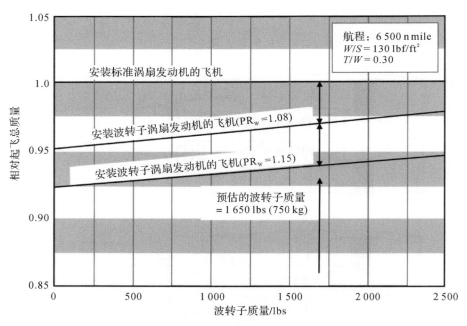

图 5.26 波转子顶部涡扇发动机对飞机 TOGW 的影响,波转子 PR_w=1.08 和 1.15
资料来源:Jones 和 Welch,1996。

  用于飞机辅助动力装置(APU)的波转子增强涡轮轴发动机也有过研究。APU 为飞机气动和环境控制系统(ECS)提供加压引气,并为发电机提供轴功率。波转子的 APU 的两种不同结构途径已有研究。基准型和双波转子增强 APU 示意图如图 5.27 所示。

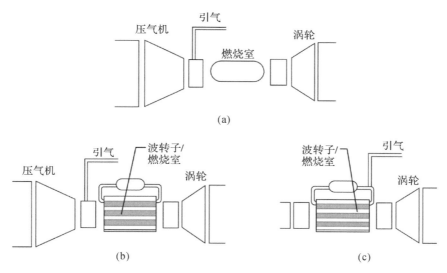

图 5.27　基准型和双波转子增强 APU 示意图

　　基准型结构表示为从压气机出口抽取引气,涡轮向气体发生器中的压气机提供动力,并向发电机提供轴动力。波转子顶级 APU 产生更高的压比,从而具有比基准型更好的性能。放气在 3A 处,即在波转子之前。在第二种变体中,波转子消除了对压气机的需要,并且在 3B 中抽取空气。在没有压气机的情况下,涡轮向发电机提供轴功率。为了达到必要的波转子压比(PR),APU 的燃油消耗量要高于基准型。然而,APU 系统的质量减轻、维护和可靠性得到了改善。还有一种可能方案是去掉涡轮,因为可以通过设计波转子来产生轴功率。APU 循环和波转子性能总结见表 5.6 和表 5.7(源于 Jones 和 Welch,1996)。

表 5.6　APU 循环参数

	基准型 APU	波转子 APU 顶部循环	波转子 APU 无压气机
入口流量	6.02 lbm·s⁻¹(2.73 kg·s⁻¹)	6.02 lbm·s⁻¹(2.73 kg·s⁻¹)	6.02 lbm·s⁻¹(2.73 kg·s⁻¹)
入口恢复系数	1	1	1
入口温度	559.7 °R(311 K)	559.7 °R(311 K)	559.7 °R(311 K)
压气机压比	4.0	4.0	
压气机效率	0.77	0.77	
压气机修正流量	6.25 lbm·s⁻¹(2.83 kg·s⁻¹)	6.25 lbm·s⁻¹(2.83 kg·s⁻¹)	
引气流量/(%)	28.4	28.4	28.4
引气流量	1.71 lb·m⁻¹(0.775 kg·s⁻¹)	1.71 lb·m⁻¹(0.775 kg·s⁻¹)	1.71 lb·m⁻¹(0.775 kg·s⁻¹)
波转子温度比		2.30	3.73
涡轮入口温度	2 086 °R(1 159 K)	2 086 °R(1 159 K)	2 085 °R(1 158 K)
涡轮效率	0.83	0.83	0.83

表 5.7　APU 性能结果

	基准型 APU	波转子 APU 顶部循环	波转子 APU 无压气机
波转子压比		1.25	1.24
涡轮膨胀比	3.26	4.13	1.09
涡轮修正流量	2.34 lbm·s^{-1}(1.06 kg·s^{-1})	1.83 lbm·s^{-1}(0.83 kg·s^{-1})	7.27 lbm·s^{-1}(3.3 kg·s^{-1})
轴功率	60 hp(44.7 kW)	187 hp(139.4 kW)	60.0 hp(44.7 kW)
燃油流量	281 lbm·h^{-1}(127 kg·h^{-1})	281 lbm·h^{-1}(127 kg·h^{-1})	449 lbm·h^{-1}(204 kg·h^{-1})
引气流压力	51 psia(352 kPa)	51 psia(352 kPa)	54.8 psia(378 kPa)

关于波转子燃烧技术的综述,请参考 Akbari 等人(2006,2007)的工作。对于基于一维非定常气体动力学守恒定律的多端口波转子数学模型,可参考 Welch(1996)的工作。关于附加波转子/发动机研究结果,请参考 Welch 等人(1995)和 Jones 与 Welch(1996)的研究工作。

笔者将在下一节中分析汉弗莱循环,将其作为利用定容燃烧的高效循环的简单示例。严格来说,脉冲爆震发动机(PDE)不是定容燃烧装置,但其效率与汉弗莱循环非常接近。

5.8　脉冲爆震发动机(PDE)

Heiser 和 Pratt(2002)分析了 PDE 的热力学。对于烃类燃料,PDE 的理想循环热效率估计在 40%～80%之间,比冲 I_s 估计在 3 000～5 000 s 的范围内。这些性能参数超过了相应的布雷顿循环。作为 PDE 研究的开端,首先分析布雷顿循环,该循环常常作为 PDE 的代表进行研究。

5.9　汉弗莱循环与布雷顿循环:热动力学

关于理想的汉弗莱循环,图 5.28(a)所示为其 p-V 图,图 5.28(b)所示为 T-s 图像。在汉弗莱循环中,燃烧在定容条件下进行,从而获得压升,而在理想的布雷顿循环中,则在定压条件下进行。可以很容易地在汉弗莱循环的 p-V 图上看到定容燃烧中的静压升高,其在与布雷顿循环相同的温度限制之下进行,如图 5.28(a)所示。

利用循环效率的定义和热力学原理获得布雷顿和汉弗莱循环的效率,定压燃烧布雷顿循环的理想循环热效率(见图 5.28 中的 1—2—5—6—1 过程),由 式(5.1)改写为

$$\eta_{th} = 1 - \frac{T_1}{T_2} \tag{5.14}$$

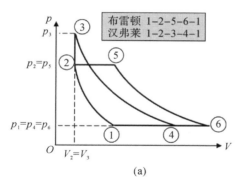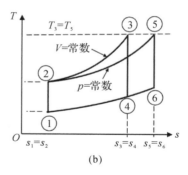

图 5.28　在相同温度极限之间运行的 $p-V$ 和 $T-s$ 图中的定容和定压燃烧循环

(a)布雷顿和汉弗莱循环的 $p-V$ 图；(b)布雷顿和汉弗莱循环的 $T-s$ 图

　　注意，理想的布雷顿循环热效率明显独立于 γ。理想的定容燃烧循环的热效率导致压力增益，也就是汉弗莱循环（见图 5.29 中的 1—2—3—4—1 过程），其热效率为

$$\eta_{\text{th}} = 1 - \frac{T_1}{T_2}\left[\left(\frac{T_3}{T_2}\right)^{\frac{1}{\gamma}} - 1\right]\bigg/\left[\frac{T_3}{T_2} - 1\right] \tag{5.15}$$

式中：γ 是比热比。汉弗莱循环中的热效率取决于温度比 T_1/T_2 和 T_3/T_2（实际上是 p_3/p_2）。图 5.29 展示了布雷顿和汉弗莱循环的理想循环热效率（$\gamma=1.4$），$T_1=288$ K，$T_2=800$ K，T_3 在 1 600～2 500 K 之间变化。汉弗莱循环的热效率比布雷顿高 15%，如图 5.29 所示。

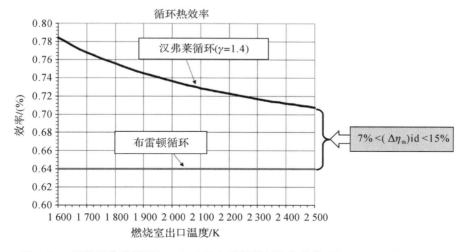

图 5.29　理想汉弗莱循环（$\gamma=1.4$）和布雷顿循环的热效率，$T_1=288$ K，$T_2=800$ K

和 T_3（燃烧室出口温度）在 1 600～2 500 K 之间变化

　　基于 Gibbs 方程写出的两个循环中燃烧室的熵增比可用来比较两个燃烧室中对流体的能量传递效率：

$$\frac{\Delta s_{2-3}}{\Delta s_{2-5}} = \frac{\displaystyle\int_2^3 c_V \frac{\mathrm{d}T}{T} - R\ln\frac{V_3}{V_2}}{\displaystyle\int_2^5 c_p \frac{\mathrm{d}T}{T} - R\ln\frac{p_5}{p_2}} \approx \frac{\bar{c}_V}{\bar{c}_p} \approx \frac{1}{\bar{\nu}} \tag{5.16}$$

对于燃烧室中的平均比热比，$\gamma = 1.33$，可以得到定容燃烧室与定压燃烧室的熵增比为 0.75。这意味着与在相同温度极限之间运行的定压燃烧室相比，增压燃烧室熵产降低了 25%。与在相同温度极限下运行的布雷顿循环相比，较低的熵产导致了较高的汉弗莱热效率。

5.9.1 理想实验室 PDE：推力管

理想化的 PDE 是一个管道，也称为推力管或爆轰管，其一端封闭，一端打开。管内填充有燃料/空气或燃料/氧化剂等可燃混合物。一个或多个强大的放电电极充当推力管封闭端附近的点火器，引发混合物中的化学反应。根据推力管的设计，形成爆燃或爆震燃烧波。爆燃对应于低速（亚声速）燃烧，如脉冲喷气发动机或常规燃气涡轮发动机，而爆震是可燃混合物中的超声速传播波，就像在 PDE 中。激波在管中向开口端传播，爆震波将能量传递给气体，并提高其温度、压力和密度。此外，燃烧产生的化学能被释放，气体的滞止温度升高。从这个意义上讲，爆轰冲击波是非绝热的，并由燃烧过程中的释放的能量维持。正常爆震冲击波的马赫数，即 Chapman – Jouguet（CJ）波，是未燃烧气体的波速与未燃烧气体中声速的比值。Shapiro（1953），Strehlow（1984）和 Gratt 等人（1991）得出的结论为

$$Ma_{CJ}^2 = (\gamma + 1)\frac{\tilde{q}}{\psi} + 1 + \sqrt{\left[(\gamma + 1)\frac{\tilde{q}}{\psi} + 1\right]^2 - 1} \tag{5.17}$$

式中：$\tilde{q}$ 为燃油消耗产生的无量纲热量释放率，定义为

$$\tilde{q} = \frac{fQ_R}{c_p T_0} \tag{5.18}$$

式中：f 是燃料与空气或氧化剂的比；Q_R 是燃料的反应热。式（5.17）中的 ψ 定义为

$$\psi = \frac{T_3}{T_0} \tag{5.19}$$

式中：T_3 是燃烧室入口静温；T_0 是飞行静温。爆震波马赫数在 5~10 范围内，并且激波下游的燃烧气体相对于激波达到了声速。在爆震波理论中，燃烧气体的这种热阻塞被称为 Chapman – Jouguet 定律。PDE 循环热效率与 Chapman – Jouguet 马赫数和无量纲热释放量有关，关系为

$$\eta_{th} = 1 - \frac{\left[\frac{1}{Ma_{CJ}^2}\left(\frac{1 + \gamma Ma_{CJ}^2}{\gamma + 1}\right)^{\frac{\gamma+1}{\gamma}} - 1\right]}{\tilde{q}} \tag{5.20}$$

在 SSL 条件下，碳氢化合物燃料（$Q_R \approx 41\,800$ kJ·kg^{-1}）与空气的化学计量燃烧 $\tilde{q}$ 值约为 10。SSL 空气中化学计量燃烧中氢 $\tilde{q}$ 值（基于氢的低热值，$Q_R \approx 120\,000$ kJ·kg^{-1}）约为 12。在 PDE，汉弗莱和布雷顿循环之间的性能比较中考虑的 ψ 范围在 1~5 之间（见 Heiser 和 Pratt，2002）。

爆震波引起气体的质量运动以拖拽激波。因此，化学反应燃烧气体的轨迹跟随爆震波向开口端移动。爆震波从开口端反射，变为向后在管中传播的膨胀波。这遵循了气体动力学中流体表面"不同"反射的原理，其中激波反射为膨胀波，而膨胀（马赫）波反射为压缩马赫波。然后，从管中排出的燃烧气体进入排气喷口，以进一步膨胀和产生推力。当膨胀波在管

道中传播回封闭端时,反射冲击波会传播,新的混合物由于压力降低而被吸入并引爆,循环得以重复发生。因此,填充－点火－排气的基本循环表征了 PDE 的基本过程。理想化 PDE(推力管)示意图如图 5.30 所示。完整(5 步)PDE 循环如图 5.31(McCallum,2000)所示,以供参考。

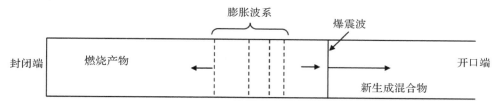

图 5.30 实验室参考系中理想化 PDE 推力管中的波系

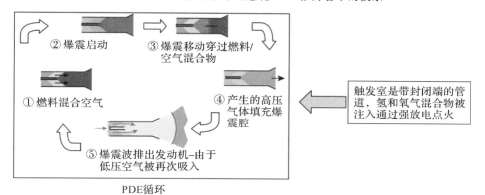

图 5.31 完整(5 步)PDE 循环

资料来源:McCallum,2000。

PDE 中的脉冲频率是一个循环设计参数,与管中可燃混合物的填充时间成反比,这通常在 50~300 Hz 的范围内,即每秒的引爆次数。由于 PDE 运行的每个循环周期都会产生脉冲,因此推力与脉冲频率成正比。PDE 中推力产生的不稳定特性会导致噪声和结构疲劳,这是关键设计问题。此外,在 PDE 的进气和排气系统设计中,在非定常气体动力学和压缩膨胀效率方面面临着同样的挑战,这是高效推进系统的关键。增压燃烧的潜在效率是这项技术具有吸引力的核心因素。该技术在脉冲爆震冲压发动机(PDR)、带有 PDE 的后燃涡扇发动机、脉冲爆震火箭发动机(PDRE)和混合涡轮 PDE 中具有一定应用前景。

5.9.2 脉冲爆震冲压发动机

传统的冲压发动机有一个进气系统、一个(稳定的)通流(基于爆燃的)燃烧室和一个膨胀喷口。描述发动机中气体状态的循环是布雷顿循环。由于该系统缺乏机械压缩,起飞时的循环压比为 1,因此其热效率(和比冲)为零。故传统冲压发动机在起飞时不产生推力。布雷顿循环中的理想燃烧是低速(爆燃型)定压过程。如前所述,其定容过程对应的是汉弗莱循环。定容燃烧汉弗莱循环产生静压上升,因此热效率比布雷顿循环更高。事实上,它能够产生静推力(见 Nalim,2002a,b)。图 5.32 展示了在化学计量条件下使用碳氢燃料燃烧的增压燃烧冲压发动机的(理想)比冲与使用相同燃料并在从起飞到 7 Ma 的常规冲压发动机的比较结果(来自 Nalim,2002a,b)。在这种理想情况下,峰值性能出现在 $3Ma$,比冲约为 1 600 s。在 $2Ma$ 时,理想的燃烧增益冲压发动机产生的比冲比传统燃烧的冲压发动机高 25%左右。Povinelli(2002)考虑了真实气体效应,发现与使用化学计量丙烷空气燃烧的冲压发动机相比,PDE 的比冲更优秀,直到 $2.3Ma$。真实气体效应解释了化学平衡中燃烧产物的离解和重组。

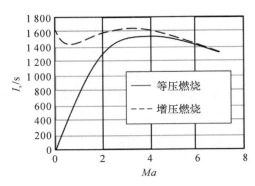

图 5.32 与常规冲压发动机相比,增压燃烧室冲压发动机(在化学计量碳氢燃料-空气混合物下)的比冲

资料来源:Nalim,2002a,b。

试验级 PDE 于 2008 年 1 月 31 日在一架改进缩比复合材料 Long E－Z 飞机上进行了飞行测试,如图 5.33 所示。这一历史性的飞行使用了一系列爆震(推力)管 PDE,如图 5.33 中的 LongE－Z 飞机的尾部所示(见 Barr,2008)。

图 5.33 第一架 PDE 动力飞机 Long E－Z 于 2008 年 1 月 31 日首飞

资料来源:美国空军(USAF)。

5.9.3 带 PDE 的涡扇发动机

Mawi 等人(2003)研究了涡轮风扇发动机风扇外涵道中的集成脉冲爆雷燃烧。与后燃式涡扇发动机相比,脉冲爆震涡扇发动机在 100 Hz 及更高的工作频率下表现出优异的性能。在 200 Hz 频率下,使用风扇涵道中的脉冲爆震,涡扇的性能提高了 2 倍。然而,这些结果基于风扇涵道管路中 PDE 的填充、点火、排放及其与风扇和排气系统的相互作用的理想化假设。要特别注意,在涡扇发动机的外涵道管路中集成脉冲爆震推力管的挑战是:

（1）振荡（不稳定）背压导致的潜在风扇失速。

（2）风扇外涵管道中的液体燃料喷射、蒸发、混合和点火。

（3）需要进一步研究预爆器需求。

（4）系统集成。

PDE 在与吸气式推进的复合循环中所具有的前景远超出其面临的上述挑战。压力增益燃烧带来 PDE 的高效率，从碳氢燃料到氢气的多种燃料使用的多样性，以及从起飞到 $4Ma$ 的飞行马赫数范围适用性，都使得 PDE 成为一项有前途的未来高速飞行技术。

5.9.4　脉冲爆震火箭发动机

PDE 中选择的燃料是氢气，氢气与空气（在冲压发动机中）或氧气（在火箭中）混合，在推力/爆震管中形成可燃气体混合物。多个爆震室可以取代传统的火箭燃烧室，形成 PDRE。图 5.34（来自 Bratkovich 等人，1997）所示为推进剂供给系统的布置示意图，多个燃烧室集成到了火箭中。

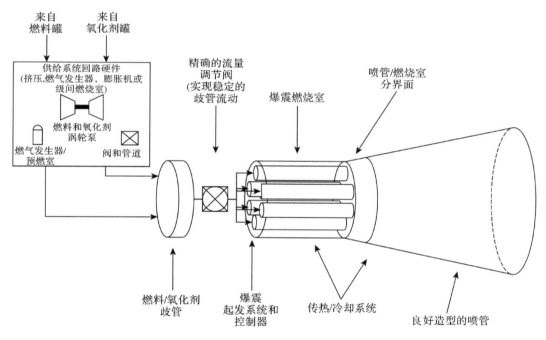

图 5.34　脉冲爆震火箭发动机（PDRE）部件示意图

资料来源：Bratovich 等人，1997。

PDRE 的优点在于 PDE 增压系统中产生的较高压比、PDE 中的较高效率燃烧、由于 PDRE 中的较低压比需求而导致的推进剂泵送系统质量减轻，以及其他方面的改进。Brat-kovich 等人（1997）提出，H_2/O_2 爆震时燃烧室内的爆震压缩比在 7～15 之间，因此，涡轮泵系统的质量的减少是显著的。由于从燃烧中得到压力，因此 PDRE 中的腔室温度也升高 10%～20%。较高的温度会产生更多的离解，从而减小气体相对分子质量（见 Povinelli，2001）。PDRE 的比冲增益预计为 5%～10%。

5.9.5 PDE 运载器级的性能评估

PDE 的 3 种最佳应用载体被认为是(Kaemming,2003)：

(1)超声速战术飞机。

(2)超声速攻击导弹。

(3)高超声速单级入轨飞行器。

对于第一类，即超声速战术飞机，被设想为一种 3.5Ma 高空侦察机。这架飞机的飞行半径为 700 n mile。该飞机的涡轮推进系统是涡轮冲压发动机(TRJ)。Kaemming 的研究确定了 11%～21% 的起飞总重对 PDE 的益处。较低的 SFC 和降低的运载器阻力是 PDE 在该应用主要的优势来源。起飞总重的减少和燃料使用的结合，使 PDE 运载器的生命周期成本(LCC)降低了 4%。图 5.35(见 Kaemming,2003)比较了 PDE 和 TRJ 动力超声速战术飞机的飞机横截面面积分布。Sears - Haack 机身代表了超声速飞行中给定体积的最佳空气动力学形状，如图 5.35 所示。PDE 的面积分布提供了与最佳气动外形更好的匹配，从而减小了波阻力。Vos 和 Farokhi(2015)在他们的跨声速空气动力学著作中讨论了最佳空气动力学外形，包括 Sears Haack 机身。

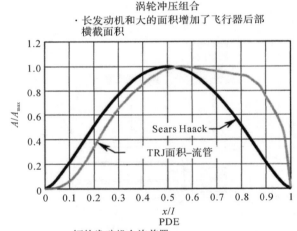

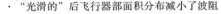

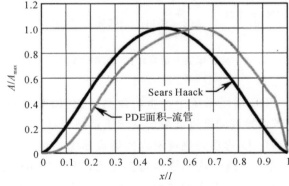

图 5.35 飞机横截面面积分布比较

资料来源：Kaemming,2003。

图 5.36 展示了与 TRJ 相比，PDE 中燃料消耗量较低，飞行速度为 3.5Ma，以净推进力百分比（NPF）表示，详见 Kaemming，2003。

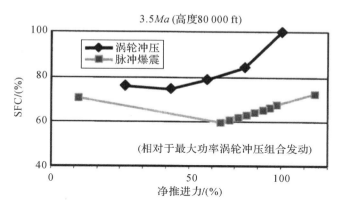

图 5.36　基准任务的 PDE 和 TRJ 的单位推力燃油消耗率。
纵坐标为相对于 100% 推力时的 TRJ 的 SFC 无量纲化表示

资料来源：Kaemming，2003。

吸气式 PDE 和火箭模式 PDE 的使用允许起飞至亚轨道高超声速飞行（英国皇家航空学会，2018）。日本 PD Aerospace 正在开发双模 PDE 发动机，目标是 2019 年缩尺模型测试，2021 进行飞行员试飞，2023 年投入商业太空旅游运营。日本全日空航空公司（ANA）是低成本太空飞行的投资者和第一家用户。图 5.37 展示了（Terumasa Koike）PD AeroSpace 为 ANA 设计的可搭载 2 名飞行员和 6 名乘客的航天器，即为太空旅行开发的基于 PDE 的太空飞机。

图 5.37　为太空旅行开发的基于 PDE 的太空飞机
资料来源：由 Terumasa Koike 设计；PD AeroSpace，日本。

Shapiro（1953）提出了非绝热激波的基本处理方法，这是爆震理论的基础。Zeldovich 和 Raizer（2002）以及 Heiser 和 Pratt（2002）介绍了 PDE 背后的科学原理。Roy 等人（2004）描述了脉冲爆震推进技术、挑战和未来前景。

5.10 边界层吸入(BLI)和分布式推进的概念

边界层吸入(BLI)和分布式推进(DP)组合起来被证明是最有效的。BLI概念主要影响飞机(黏性)阻力(以及燃油消耗)以及着陆起飞(LTO)过程中的噪声。分布式推进有助于BLI,除了通过冗余设计增强可靠性之外,还有一些其他益处。这里首先讨论BLI概念,然后讨论分布式推进在现代航空中产生的协同增效作用。

5.10.1 边界层吸入飞机减阻

飞机BLI是机身和推进系统集成的最终形式,可减小飞行器阻力并提高推进效率。最早的研究可追溯到1947年,由Smith Roberts完成。Smith(1993)展示了尾迹吸入带来的推进收益。如果边界层吸入喷气发动机的捕获流管中,那么理想情况下可以消除由于边界层形成造成的机身阻力,如图5.38所示。在图5.38(a)中,尾迹中存在动量损失,本质上被喷流中的动量盈余所平衡。这两个动量源通常通过吊舱式安装实现了物理分离。在图5.38(b)中,由于尾迹引起的所有动量损失和由于喷流引起的动量盈余理论上产生了与飞行速度相等的均匀流动,这便是尾迹填充的概念。

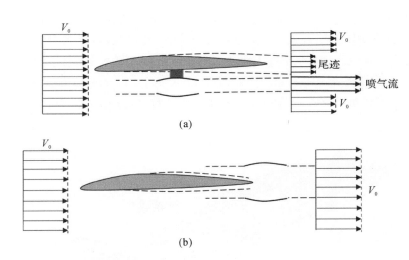

图5.38 常规吊舱式推进装置中的理想喷气尾迹结构与候选BLI推进系统之间的比较
(a)具有传统吊舱式推进系统的飞机;(b)具有边界层吸入推进系统的飞机(理想的喷气尾迹型线)

Drela(2009)针对带有推进系统飞机,提出了一种基于功率平衡而非推力/阻力公式动量方法的控制体方法。Drela的方法非常适合于BLI的分析,因为在高度集成(耦合)的BLI系统中,阻力和推力之间的区分变得十分模糊。最近,Hall等人(2017)详细介绍了BLI推进对运输机的益处。可以理解的是,BLI推进对燃料消耗的减少与BLI进入发动机的程度成正比,即占通过BLI-机身集成影响的机身边界层的百分比。

然而,BLI推进系统的设计面临着一个根本性的挑战,即抗畸变能力和相关的高周疲劳问题。在推进系统中,进口畸变会降低风扇稳定裕度,如果畸变程度严重,那么风扇会进入不稳定的流动状态,发生失速或喘振。风扇效率也会因进气畸变而降低。为此,入口边界层控制(主要通过抽吸)是一种实际而且有效的方法,用于控制发动机进口面上的畸变水平。NASA/MIT/Aurora Flight Sciences 设计的概念型飞机——双气泡 D8 系列,就是基于 BLI原理,如图 5.39 所示。这架飞机的特点是非后掠机翼,可以 $0.72Ma$ 的速度巡航,双气泡机身用于产生升力。BLI 发动机吸收了 40% 的中央机身边界层,占总机体结构的 17%(见Hall,2016)。关于 D8 系列分飞机的燃料消耗量,NASA 报道(2018)其减少了 8.5%,根据Blumenthal 等人(2018)的结论其减少了 8.7%,根据 Hall 等人(2017)的结论其减少了 9%。

图 5.39　Double-bubble,D8,高级民用运输机

资料来源:美国国家航空航天局/麻省理工学院/极光飞行科学。

历史上,通过一体化喷气翼设计减少飞机阻力的想法最初由 Küchemann 于 1938 年提出。图 5.40(见 Attinello,1957)展示了在飞机机翼嵌入喷气发动机的概念,其中喷气发动机的喷口位于机翼的厚尾缘。Küchemann 的喷气机翼概念于 1978 年在其出版的《飞机空气动力学设计》中被报到过。Ko 等人(2003)和 Diplod 等人(2004)提供了更多关于喷气翼概念的气动推进细节。这一概念的另一个应用是在 Northrop 的 YB-49 飞机,如图 5.41所示,喷气发动机完全嵌入集成在飞行机翼中。

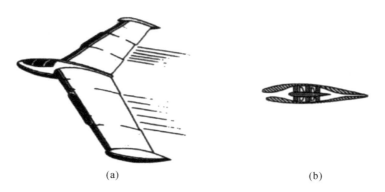

(a)　　　　　　　　　　　　　　　(b)

图 5.40　Küchemann 的喷气式机翼概念设计,具有厚尾缘的机翼内部具有分布推进系统

资料来源:Attinello,1957。

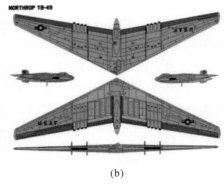

(a)   (b)

图 5.41　Northrop YB‑49 采用 8 个机翼嵌入式喷气发动机

资料来源:美国空军(USAF)

5.10.2　飞机降噪:先进概念

飞机机翼/机身上和尾迹中的湍流边界层由于湍流压力波动而产生宽频噪声。边界层和尾迹噪声决定了飞机总的有效感知噪声(EPNdB)水平。起飞、着陆和边线的 EPNdB 噪声影响机场附近的社区,因此受到美国联邦航空局(FAA)和国际民用航空组织(ICAO)的限制,如第 3 章所述。BLI 和尾迹填充推进概念直接影响飞机机翼/机身及其尾迹发出的噪声。因此,在静音飞机的设计中集成 BLI 和尾迹填充推进是完全合理的。事实上,"静音飞机倡议"是 Cambridge University(UK)和 MIT(US)之间的一个联合项目(于 2003 年启动)(见 Dowling 等人,2006—2007)。该团队设计了一架 215 座 BWB 构型客机,具有高升阻比和 BLI 推进系统,以实现高效率和低噪声。静音飞机实验设计,称作 SAX‑40,被预计在着陆起飞过程(LTO)中 EPNdB 减少 30%,燃料消耗减少 25%。先进的空气动力学设计和 BLI 分布式推进,使得显著的性能提升成为可能。SAX‑40 是一种 BWB 飞机,机身后部装有 BLI 分布式推进系统(见 Popular Mechanics,2016)。Hall 和 Crichton(2005,2007)详细介绍了静声飞机的发动机设计和安装,可进一步作为参考。图 5.42 展示了流量控制对飞机减阻和降噪的作用(见 Anders 等人,2004)。

BWB 飞机,比如 SAX‑40,提供了一个升力体,因此具有较高的 L/D,并为后部 BLI‑DP 推进系统提供了较大的表面积,以减少噪声和减小气动阻力。尾迹填充概念将喷口从传统的圆形结构改为高长宽比的矩形喷口,以减少噪声和减小阻力。排气系统中从圆形到矩形,进气系统中从矩形到圆形的过渡管道的气动设计对于 BLI 机身集成至关重要。NASA 发展了一些根据计算模拟和实验研究得到的设计指导准则。图 5.43 给出了圆形到方形过渡管道以及恒定面积过渡管道的设计准则(详见 Abbott 等人,1987)。

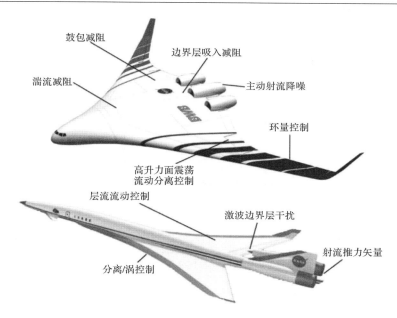

图 5.42　流量控制对飞机减阻和降噪的影响

资料来源：Anders 等人，2004，NASA。

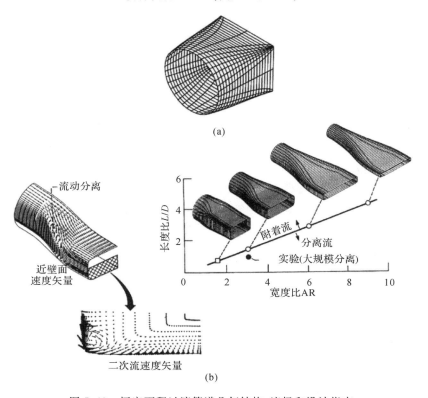

(a)

(b)

图 5.43　恒定面积过渡管道几何结构、流场和设计指南

（a）具有恒定横截面积的圆形到方形过渡管道；（b）流场和设计指南

资料来源：Abbott 等人，1987。

过渡管道长度、出口长宽比和二维偏移参数对中等和加速过渡管道失速裕度的影响,如图 5.44(见 Farokhi 等人,1989)所示。假设入口堵塞参数 δ/R_i 为 10%。基于进口半径 R_i 的进口雷诺数为 200 000。

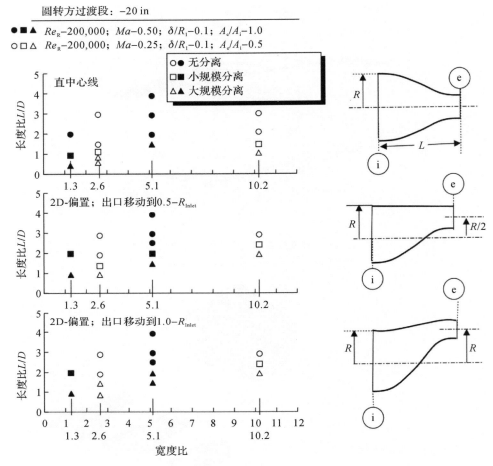

图 5.44 直的和 S 形中心线二维偏移的中等(即恒定面积)和加速过渡管道(即喷口)的"失速裕度"
资料来源:Farokhi 等人,1989。

5.10.3 多学科优化设计带 BLI 的 BWB 飞机

波音公司的 Liebeck(2004)详细介绍了 BWB 飞机的设计,并称其为"亚声速运输效率的潜在突破"。Leifsson 等人(2005)将多学科设计优化(MDO)框架应用于具有分布式推进系统的 BWB 飞机,并将其性能与使用传统吊挂 UHB 风扇发动机的相同 BWB 飞机进行了比较。图 5.45 展示了优化的 BWB 飞机。

除了降低噪声外,分布式推进还有 4 个优点(见 Leifsson 等人 2005):

(1)改进的载荷沿机翼重新分布,有可能缓解阵风载荷/颤振问题。

(2)与使用 2~4 台大型涡扇发动机的常规构型相比,分布式推进系统中的发动机冗余提高了发动机熄火状态下的安全性。

（3）更小、更易于更换发动机,使得分布式推进飞机比具有几个大型发动机的常规构型更经济。

（4）无尾结构在分布式推进飞机上是可行的。

采用分布式推进设计的 BWB 飞机使用内部管道来转移机翼内部的部分风扇冷流,并通过具有高长宽比矩形喷口的尾缘。如图 5.45 所示,剩余的排气流通过传统喷口排出。尾缘喷气可用作类似于喷气翼和喷气襟翼概念的高升力装置,并消除了对传统尾缘襟翼的需要。图 5.46 展示了常规推进的 BWB 飞机(波音公司提供),发动机安装在机身上表面,由于遮蔽作用产生了低噪声效果。

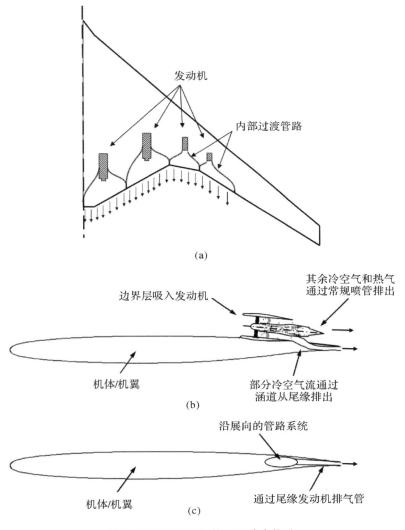

图 5.45　BWB 飞机的 BLI 分布推进

(a)BWB 飞机,具有 8 个分布式 BLI 推进系统;(b)取顺流切割得到的带发动机的剖面;

(c)取顺流切割得到的两发动机之间的剖面

资料来源:Leifsson 等人,2005。

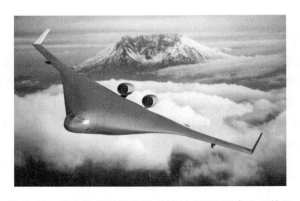

图 5.46 带有传统后置推进系统的 BWB 亚声速运输机
资料来源:波音公司。

5.11 早期航空的分布式推进概念

分布式推进的概念,如 BLI,在航空领域并不新鲜(见 Epstein,2007)。根据飞机起飞总重量,起飞时可能需要多个发动机为飞机提供动力。对发动机数量的需求还取决于可用的推力和合适的发动机类型。在轰炸机中可以找到一些具有多个推进器的飞机经典例子,例如具有 10 个发动机的 Convair B-36、具有 8 个发动机的 B-52 和具有 6 个发动机的北美 XB-70。这些飞机如图 5.47 所示,仅供参考,因为还有其他多发动机飞机的例子,例如 B-47 Stratojet 等。

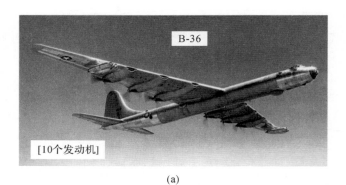

(a)

图 5.47 使用 6~10 个发动机的美国轰炸机

(a)Convair B36 轰炸机使用 10 个(混合)发动机、4 个外侧涡轮喷

气发动机(TJ)和 6 个内侧活塞螺旋桨发动机(最高速度 435 m/h)

续图 5.47　使用 6～10 个发动机的美国轰炸机

(b)B52 轰炸机使用了 8 台涡扇发动机,为 0.86Ma;(c)北美 XB-70,马赫数为 3 的战略轰炸机,使用了 6 个发动机

资料来源:美国空军(USAF)。

如今,分布式推进不仅仅是发动机的数量问题,也不仅仅是为了增加飞机起飞总质量(TOGW)能力。5.12 节将讨论关于分布式推进的现代观点。

5.12　现代航空的分布式推进概念

大直径飞机燃气涡轮发动机比小型发动机效率更高,但噪声更大,并存在与飞机集成的问题。在翼下安装时,它们会遇到离地间隙和起飞抬头的限制。由于它们离地面很近,也容易受到外来物体的损坏。而在机翼上方安装,则会遇到机舱噪声问题,以及其他稳定性和控制问题(重心会在垂直方向上漂移)。此外,联邦航空法规(FAR)第 25 部分对一个或多个发动机熄火的飞机提出了爬升梯度要求。一架发动机很少(如 2～4 个)的飞机,与拥有许多发动机的飞机(如 10～40 个)相比,显然在推力损失方面处于劣势。发动机数量所带来的额外安全性最好通过多发动机飞机中一个或多个发动机故障的概率分析来研究。

发动机故障的概率是基于统计测量的,它表示每飞行小时发动机故障的频率。现代燃气涡轮发动机的可靠性概率是

$$可靠性概率 = P_{\text{ef}} = 5 \times 10^{-5} \text{ 每飞行小时} \tag{5.21}$$

二项式系数 $\begin{bmatrix} N \\ m \end{bmatrix}$ 适用于多发动机飞机的发动机故障问题,描述了在一架有 N 个发动机的飞机中,有 m 个发动机失效。二项式系数定义为

$$\begin{bmatrix} N \\ m \end{bmatrix} = \frac{N!}{m!(N-m)!} \tag{5.22}$$

例如,在一架有 4 个发动机的飞机上,$\begin{bmatrix} 4 \\ 2 \end{bmatrix} = \frac{4!}{2!2!} = 6$ 表示 2 个发动机故障的可能组合,即有 6 种可能的组合,如图 5.48 所示。

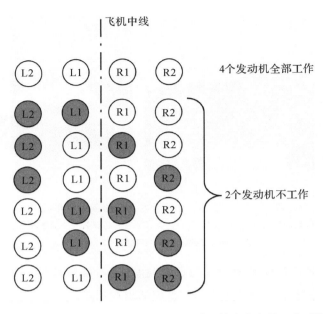

图 5.48 拥有 4 个发动机飞机上 2 个发动机故障存在的 6 种可能性

2 个发动机故障的概率是一个发动机故障概率的 2 次方。一般来说，m 台发动机故障的概率是单个发动机故障概率的 m 次方，即

$$m \text{ 个发动机故障的概率} = P_{\text{ef}}^m \tag{5.23}$$

因此，有 N 台发动机的飞机上 m 台发动机故障的概率表示为

$$\binom{N}{m} P_{\text{ef}}^m = \frac{N!}{m!(N-m)!} P_{\text{ef}}^m \tag{5.24}$$

表 5.8 显示了在具有 $2N$、$4N$、$10N$、$20N$ 和 $40N$ 台发动机的飞机上单台或多台发动机故障的可能性。在采用分布式推进的飞机上，超过一半的发动机出现故障的极端不可能性在表 5.8 的最后一行中被量化显示。

表 5.8 多发动机飞机发动机故障概率

	2 发	4 发	10 发	20 发	40 发
发动机故障概率/飞行小时数	5×10^{-5}	5×10^{-5}	5×10^{-5}	5×10^{-5}	5×10^{-5}
1＋发动机失效概率	10^{-4}	2×10^{-4}	5×10^{-4}	10^{-3}	2×10^{-3}
2＋发动机失效概率	2.5×10^{-9}	1.5×10^{-8}	1.1×10^{-7}	4.7×10^{-7}	1.9×10^{-6}
过半发动机失效概率	2.5×10^{-9}	5×10^{-13}	3.3×10^{-24}	8.2×10^{-43}	6.3×10^{-80}

关于发动机故障概率最后要注意的是，飞行中停机率（IFSD）甚至比所提到的 P_{ef} 还要低，Epstein(2014)指出，今天发动机技术中的 SOA 优于 $0.002/(1\,000\ \text{h})$，这种卓越的可靠性在商用飞机推进系统已经实现了。它的成功主要归功于发动机制造商、美国政府（NASA）以及欧盟和其他国家数十年来在研发方面的大力投资。

IFSD 是双发延程运行(ETOPS)风险评估和认证的关键参数。图 5.49 展示了目标 IFSD 率与备降时间(见民航局,CAP 513 ETOPS 文件,2002)。

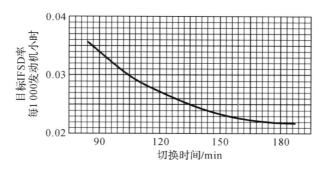

图 5.49　每 1 000 个发动机小时的目标发动机飞行停车率

资料来源:民航局,CAP 513 ETOPS 文件,2002。

在使用多个推进器的分布式推进系统中,单个发动机故障(IFSD)的概率随着发动机数量的增加而增大。例如,20 个推进器的 DP 飞机单发故障的概率是双发飞机单发故障的 10 倍。这里假设小型发动机和大型发动机采用的技术水平导致的发动机故障概率相同,即

$$(P_{ef})_{small-engine} \cong (P_{ef})_{large-engine} \tag{5.25}$$

尽管这一假设还有待商榷,但笔者认为,通过发动机制造商、美国宇航局和欧盟(通过欧洲航空研究咨询委员会 ACARE)对该领域的投资,小型燃气涡轮发动机最终可以达到与目前商用航空中大型涡扇发动机相同的可靠性水平。在多推进器 DP 飞机较高的 IFSD 率遵循与发动机故障概率相同的论点。在 20 个推进器的 DP 飞机上,单个推进器的 IFSD 是双发中单推进器的 10 倍。然而,20 个推进器的 DP 飞机的价值所在是,即使这架飞机一个发动机的推力损失,但是剩下 95% 的总推力仍然可用。表 5.8 中最后一行给出了超过 50% 的发动机都出现故障的概率结论,也同样支持了这个观点。然而,由于分布式推进通常包括电涵道风扇(如在混合动力或涡轮电推进中),故障概率分析必须包括相关的大功率电网、低温冷却系统(具有超导布线、电动机和发电机)和电源管理系统/子系统的故障(见 Armstrong,2015)。

分布式推进系统的其他优点还体现在固有的推进-机身一体化(PAI)上,它可以提高结构强度,从而优化推进系统的质量。BLI 的使用与分布式推进紧密相关,因此由于减小阻力而减少燃料消耗。低压比的分布式风扇比高压比的分布式风扇噪声小,因此环境噪声问题得到缓解。随着发动机数量的增加,不对称推力被减小(甚至通过推力重定向/再分配消除),从而在分布式推进构型中减小了(甚至消除,即无尾布局)垂尾面积(见 Armstrong,2015)。由于电风扇的排气是冷气流,因此推力矢量装置可以使用轻质材料集成在推进结构中,参见 Kim 等人(2013)研究。

最后,使用分布式涡轮电风扇还有一个优点:通过风扇的总空气质量流量与推进器的数量和尺寸成正比,使涵道比(BPR)得到增加。本质上,这种新设计在 BPR 方面产生了乘数效应。这个新参数被称为推进系统的有效涵道比(eBPR),其定义为

$$eBPR = \alpha_{eff} = \frac{\sum_{i=1}^{n}(\dot{m}_{fan})_i}{\dot{m}_{core}} \tag{5.26}$$

式中：n 个风扇由一个核心机驱动。推进效率随着 BPR 的提高而增大,这在飞机推进相关的书中已经证明了,如 Farokhi(2014)等。

5.12.1 分布式推进系统推进器数量的优化

分布式推进的目标是提高效率：

(1)提高燃油燃烧,即降低巡航时的 TSFC。

(2)减少 CO_2、NO 和其他污染物的排放。

(3)低噪声 LTO 循环。

(4)更高的任务可靠性和安全性。

(5)通过微小推力差分量实现偏航控制,通过矢量推力/动力升力实现偏航和俯仰控制,减少/消除控制面。

(6)减小结构荷载。

(7)改进可维护性。

吸气式发动机的推力与空气质量流量成正比,因此,它的比例为长度的 2 次方或 r^2；发动机质量与体积成正比,是长度的 3 次方或 r^3。因此,推重比 F/W 的比例关系为

$$\frac{F}{W} \sim \frac{1}{r} \sim \frac{1}{\sqrt{F}} \tag{5.27}$$

这就是所谓的 3 次方-2 次方比例定律,但它不是绝对有效的(见 Chan,2008)。例如,发动机附件就不遵循这个简单的规则。此外,在较大的发动机中,用于容纳风扇叶片的机匣质量将平衡转移到更大的质量和尺寸上。最初,推重比随着发动机数量的增加而增大。然而,随着推进器尺寸的缩小,或者发动机数量的增加,黏性效应占主导地位。这种雷诺数效应是由于叶片和端壁上出现了广泛的层流边界层,进而导致边界层处于不稳定的过渡状态。受逆压梯度影响的发动机部件(如进气道和压气机)的静压上升能力较低,损失较大。在这些相互竞争因素的影响下(即 F/W 和雷诺数对效率的影响),DP 飞机上的推进器数量设置取决于飞机的航程和任务。DP 中没有统一适用的规则。推进器的最佳数量必须通过多学科优化方法来确定,包括设计点和非设计点的发动机模拟(计算任务燃料消耗)、结构和材料模块、辅助系统和附件模块等。

有关更准确的发动机缩化和模拟,请参阅 York 等人(2017)或西南研究所(2016)开发的推进系统数值模拟工具(NPSS)。

5.12.2 分布式推进系统推进器类型优化

绿色航空所隐含的减排意义,引导着飞机推进和动力系统向电气化的方向发展。在电推进的层次结构中,从混合推进和动力系统开始,这是汽车混合动力发动机的航空版。这种推进方式的原理如图 5.50(见 Del Rosario,2014 和 Felder,2014)所示。推进器是一个低压比的涵道风扇。推进器的能量来源有两种,一种是燃气涡轮发动机的喷气燃料,另一种是电池或电力储能系统,如电容器。传输线可以使用环境温度常规布线,采用高温超导传输线或使用低温线缆(见 Del Rosario,2014 和 Felder,2014)。

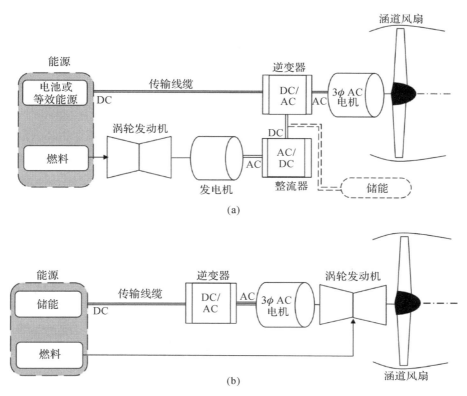

图 5.50　两种混合电推进系统架构示意图

(a)具有储能功能的串联混合电力架构；(b)并联混合电动(用于 Boeing SUGAR Volt–hFan)

资料来源：Bradley 和 Droney，2011。

由于在混合动力推进中，废气能量被用来发电，因此混合动力推进系统产生的大气热释放比传统的涡扇发动机要低。绿色航空还隐含着降低 LTO 期间的噪声水平。低压比的风扇比高压比的风扇噪声要小。此外，由于分布式推进通常被设想为 BWB 飞机上的后置安装的 BLI，机身声遮蔽是一种实现混合动力(或涡轮动力)DP 飞机静音目标的有力策略。

在混合动力推进中，推进器(涵道风扇)可以由燃气涡轮发动机(使用喷气燃料)驱动，也可以由电动机(电池或储电单元)驱动，或者像并联混合动力推进一样由 GT 和电动机联合驱动。这种结构的独特之处在于，在并联混合动力推进系统中需要可变内涵喷口，以适应 GT –电动机的组合操作以及 GT 和电动机之间的转换(见 Bradley 和 Droney，2011)。电动机通过齿轮箱连接到低压轴上。从滑行、起飞到爬升、巡航、近场和降落，综合能源使用和航程都通过电力管理中枢进行优化。

德国 Bauhaus Luftfahrt 为空客 A330 型双通道飞机提出的"推进式机身"混合动力概念是欧盟资助的"清洁天空 2"研究项目的一部分，该项目从 2014 年到 2024 年一直持续进行。推进机身属于更广义的尾锥推进器推进的概念(见 Dyson，2017)，其目标是使有前景的 EIS

先进客机技术在 2030 年达到成熟。推进机身概念采用第三台燃气涡轮发动机,嵌入改造后的尾锥中,为 BLI 的 UHB 风扇提供动力,如图 5.51 所示。虽然目前在这种构型中,齿轮传动 UHB 是由 LPT 驱动的,但电动机驱动显然是被考虑的终极目标。由于尾锥推进器位于机身尾部-BLI 位置,因此它能够减小机身阻力和减少发动机噪声。初步研究表明,这一布局的效率提高了 10%,是一个很有前途的新概念布局,在先进混合动力客机上采用了 BLI,齿轮-UHB/电动风扇实现了燃料消耗和噪声的减少。尾锥推进器概念由 NASA 为 2035 年的 EIS 设计开发,如图 5.52(见 Welstead 等人,2017 和 Welstead 和 Felder,2016)所示。采用后边界层推进的单通道涡轮电动飞机,被称为 STARC-C ABL,采用传统的管翼飞机配置,采用双机翼下涡扇发动机,为机身后安装的电风扇产生电力。机翼下的两台发动机和尾部的电风扇各提供 1/3 的巡航推力。两个机翼下发动机的风扇压比(FPR)为 1.3,电动 BLI 风扇的压比(PR)为 1.25。与传统布局相比,STARC-C ABL 减少了 7%~12% 的燃料消耗(其中 7% 对应于 900 n mile 任务的经济任务燃料消耗减少量,12% 对应于 3 500 n mile 的设计任务燃料消耗减少量)(Welstead 和 Felder,2016)。输电线路不采用超导,总发电/输电效率假设为 90%。这些都是 2035 年 EIS 很有希望实现的结果,假如到 2025 年其中的关键技术成熟度(TRL)达到 6。由于 STARC-C ABL 采用的是传统的管翼结构,燃油消耗的减少(7%~12%)几乎完全归功于涡轮电推进和尾锥 BLI 风扇。机身-推进完全集成的 BLI 飞机设计,如 N3-X,可额外减少 50% 的燃油量(见 Jansen 等人,2016)。在这个背景下,STARC-C ABL 达到 7%~12% 燃油消耗减少是很有希望实现的。

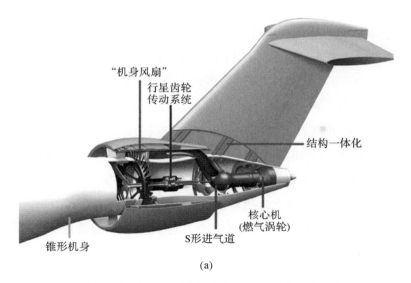

(a)

图 5.51　Bauhaus Luftfahrt"推进机身"混合电动概念
(a)"推进机身"部件

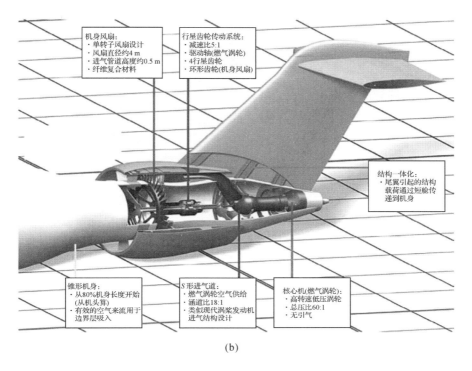

机身风扇:
· 单转子风扇设计
· 风扇直径约4 m
· 进气管道高度约0.5 m
· 纤维复合材料

行星齿轮传动系统:
· 减速比5:1
· 驱动轴(燃气涡轮)
· 4行星齿轮
· 环形齿轮(机身风扇)

结构一体化:
· 尾翼引起的结构载荷通过短舱传递到机身

锥形机身:
· 从80%机身长度开始(从机头算)
· 有效的空气来流用于边界层吸入

S形进气道:
· 燃气涡轮空气供给
· 涵道比18:1
· 类似现代涡桨发动机进气结构设计

核心机(燃气涡轮):
· 高转速低压涡轮
· 总压比60:1
· 无引气

(b)

续图 5.51　Bauhaus Luftfahrt"推进机身"混合电动概念
(b)推进机身、发动机-机体集成细节

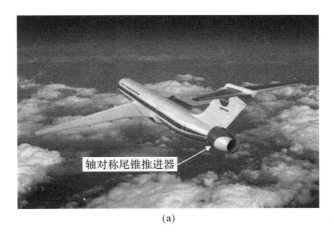

轴对称尾锥推进器

(a)

图 5.52　带有尾部边界层吸入推进系统的单通道涡轮电动飞机
(a)STARC - C ABL 飞机中的尾锥推进器概念

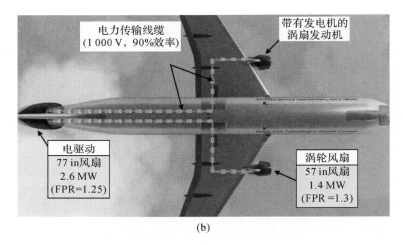

(b)

续图 5.52 带有尾部边界层吸入推进系统的单通道涡轮电动飞机

(b)用于设计任务为 3 500 n mile 的 STARC - C ABL 飞机的涡轮电推进概念

资料来源：Welstead 等人,2017,www1.grc。

  在先进的推进概念中,燃气涡轮发动机被用作涡轮发电机,其唯一功能是为发电机提供动力。电风扇由电动机驱动,电动机的能源来自发电机。正如 Kim 等人(2008)所指出的,本质上动力产生单元(涡轮发电机)与推力产生单元(电风扇)是解耦的,新架构允许两个单元均以最高效率点运行。燃气涡轮动力单元核心是驱动发电机的涡轴核心机。涡轴核心机可以放置在机身后部或者翼尖,图 5.53 为涡轮电推进系统和可选储能系统示意图(见 Del Rosario,2014;Felder,2014 和 Armstrong,2015)。涡轮和风扇之间的电气元件组成了涡轮电推进动力传动系统的新单元(见图 5.53 中虚线)。电动机、发电机和功率转换单元(整流器、逆变器)的功率密度和效率,电池和其他储能单元的能量密度,以及冷却系统需求和效率,都是推进传动系统中的关键性能参数(KPPs)。各部件的失效概率和系统可靠性对涡轮电推进系统的可行性至关重要,而容错设计和系统冗余是混合动力和涡轮电推进系统的主要要求。

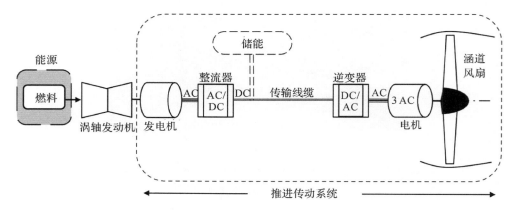

图 5.53 驱动单涵道风扇(带可选储能装置)的涡轮电推进系统示意图

还有其他类型的混合动力或涡轮电推进结构,如图 5.54 所示的部分涡轮电推进系统。在这种结构中,涡轮发动机为发电机和风扇提供动力。GT 发电机输出的变频交流电源在整流器中转换为直流电源。将直流电源送入逆变器,逆变器将直流电源转换为三相交流电源。电驱动涵道风扇的电动机采用三相交流电源输入。可选的直流储能部件(电池、电容器)是动力管理系统的一个组成部分,是所有混合动力电推进架构中固有的单元。

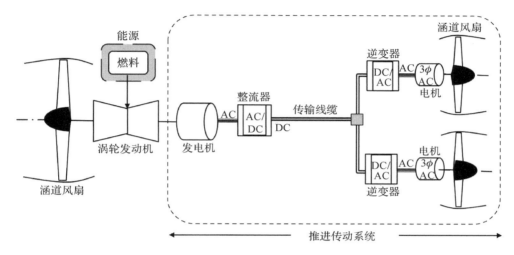

图 5.54　驱动分布式电风扇的部分涡轮电推进系统示意图

技术加速贯穿于混合动力电推进的所有方面。KPPs 是比能量、比功率和效率。这些进步来自 NASA 的各种项目实施,如先进航空运输技术(AATT)项目:

(1)电池:目前为 250W·h/kg,在电池实验室测试中,目前为 400 W·h/kg,预计到 2025 年将达到 500W·h/kg。

(2)发电机:到 2025 年达到 8 hp/lb,效率达到 96%。

(3)电动机:目前测试的比功率为 4~6 hp/lb,预计到 2025 年,效率将达到 96%~97%。

(4)控制器:目前测试比功率为 10~20 hp/lb,具有极高的转速精度。

(5)逆变器(DC/AC 转换器):预计到 2025 年,效率达到 98%,比功率为 10 hp/lb 的不是超导设备而是低温设备(根据 Kim 等人 2013 年的说法,这降低了逆变器的损耗)。输出为三相交流电源。

(6)整流器(AC/DC 转换器):每相电源需要两个整流器,一个用于正电压,另一个用于负电压,因此三相交流电源使用 6 个整流器。

全电推进完全由电池或等效能源提供动力,如图 5.55 所示。电推进的碳足迹/环境足迹主要取决于为电池充电时使用的充电系统类型。例如,使用燃煤(化石燃料)电网或太阳能或风能等可再生能源为电池充电会影响不同的碳足迹。此外,开采用于电池的矿物/金属对环境产生影响。镉或锂,需要在电推进的环境生命周期评估中考虑。

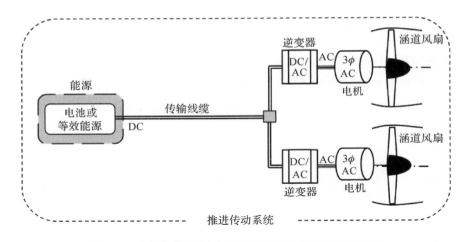

图 5.55　全电推进系统示意图(此处展示了两个涵道风扇)

使用高温超导(HTS)的传输线、电动机和发电机网络被封装在一个单独的低温恒温器中,用于混合动力和涡轮电推进系统中的高效、高压电力传输(见 Kim 等人,2013)。其简要介绍了超导技术中的 SOA,因为它在未来可持续航空中扮演着不可或缺的角色。

超导(SC)是某些材料(即导体)在接近绝对零度的极低(临界)温度(即 $T \leqslant 4.2$ K)下表现出来的一种特性,此时它们失去了对自由电子流动的阻力。1911 年,物理学家 Heike Kamerlingh Onnes 在实验室环境中发现了 SC,但直到 1957 年,3 位物理学家——John Bardeen,Leon Cooper 和 John Robert Schrieffer 发表了 SC 的第一个微观理论(称为 BCS 理论),后来他们因该理论获得了 1972 年的诺贝尔奖。

下一个飞跃发生在 1986 年的高温超导的发现,某些材料表现出零直流电阻。达到超导状态的临界温度被提高到 92 K,这使得它可以使用低温流体作为制冷剂进行实际应用(见 Wu 等人,1987)。高温超导现在产生在 133～138 K 的温度,并且不断上升。对电流的零电阻状态使电压降接近于零,因此产生了一个超级磁铁,其中电流持续而没有任何显著的电压降(见 Berlincourt,1987)。所有这些发现和新技术都面向高效发电和输电,促使混合动力或涡轮电推进变为可能。从 1900 年到 2015 年,超导技术快速发展,如图 5.56(见 Ray,2015)所示。可作为制冷剂的合适低温流体如图 5.56 的右侧所示。可以看出,低温学中的最低温度(即它们的沸点)是在液氦中实现的,其次是液氢、液氮和液态 CF_4。此外,注意临界温度(垂直)轴上 50 K 后的刻度断裂。轻型高温超导(HTS)技术的快速发展和投资使得混合动力和电推进成为目前飞机推进和动力系统技术的可行替代方案。

在图 5.57 中,将常规分流式涡扇发动机与高温超导电动机和涵道风扇进行了对比。风扇直径指定为 D_{fan}。通过减小设计点 FPR 以降低噪声和提高推进效率。较低的 FPR 导致风扇排气速度 V_9 降低,并且根据亚声速射流噪声强度的莱特希尔 8 次方定律,期望风扇射流噪声以指数级别降低。

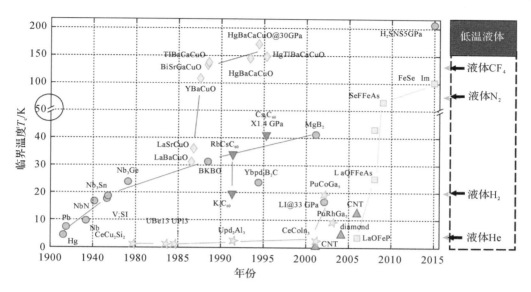

图 5.56　超导材料和一些低温液体及其沸点发现的时间线

资料来源：Ray，2015。

根据 Lighthill 的声学类比理论(1952，1954)，(亚声速)射流噪声强度 I 与 $(V_j/a_0)^8$ 成正比。因此，相对于参考射流速度，声压级变化量 ΔSPL(单位为 dB)可表示为两者比值的对数：

$$\Delta\mathrm{SPL} = 10\lg\frac{I}{I_{\mathrm{ref}}} = 80\lg\frac{V_j}{V_{j,\mathrm{ref}}} \tag{5.28}$$

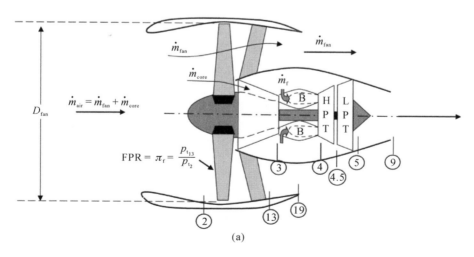

(a)

图 5.57　基于 GT 的 TF 发动机和高温超导(HTS)电动机驱动的电风扇示意图

(a)基于 GT 的传统涡扇发动机及其在核心机和风扇中的质量流量分配

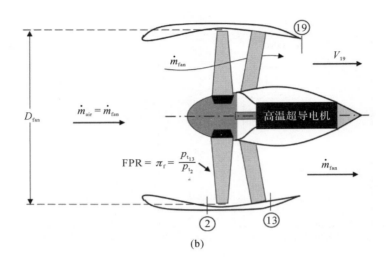

续图 5.57　基于 GT 的 TF 发动机和高温超导(HTS)电动机驱动的电风扇示意图

(b)高温超导(HTS)电动机和涵道风扇

风扇射流速度 V_{19} 是 FPR、风扇以及喷管效率的函数。为了估计风扇射流噪声对 FPR 的敏感性,忽略了风扇和喷管效率,即假设等熵压缩和膨胀。在起飞条件和完全膨胀喷管条件下,得到了 V_{19}/a_0,作为 FPR 的函数的简化表达式,以及风扇射流噪声级变化的表达式,根据

$$\pi_{\rm f} = \frac{p_{\rm t_{19}}}{p_0} \tag{5.29a}$$

$$\tau_{\rm f} = \pi_{\rm f}^{\frac{\gamma-1}{\gamma}} \tag{5.29b}$$

$$Ma_{19} = \sqrt{\frac{2}{\gamma-1}\left[\pi_{\rm f}^{\frac{\gamma-1}{\gamma}} - 1\right]} \tag{5.29c}$$

$$\frac{V_{19}}{a_0} = Ma_{19} = \sqrt{\left(\frac{2}{\gamma-1}\right)(\tau_{\rm f} - 1)} \tag{5.29d}$$

$$\Delta {\rm SPL} = 80 {\rm lg}\frac{V_{19}/a_0}{V_{19,{\rm ref}}/a_0} \tag{5.29e}$$

选取参考风扇压比(FPR)为 1.2(作为分布式推进中涵道风扇 FPR 的下限),计算 FPR 对风扇射流马赫数和降噪的影响。比热比 γ 取 1.4,结果如图 5.58 所示。例如,请注意,与 FPR =1.7～2.0 的现代高 BPR TF 发动机相比,用于涡轮电分布式推进(TeDP)概念飞机的设计 FPR 为 1.3,DP 中的风扇射流噪声分别降低了 13～18 dB。

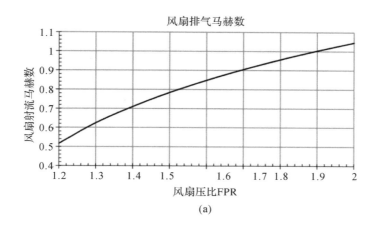

(a)

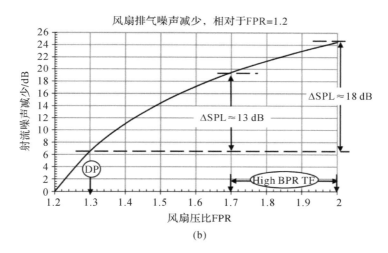

(b)

图 5.58 理想射流马赫数和风扇射流噪声的变化(以 SPL[dB]表示)

(a)FPR 对射流马赫数(对于喷口中的理想膨胀)的影响;(b)FPR 对风扇射流噪声的影响

驱动电风扇的 HTS 电动机如图 5.59(Rolls-Royce 提供)所示。由 Masson 和 Luongo (2007)给出了全电动飞机 HTS 技术的应用现状。正如 Kalsi 等人 2006 年在《美国超导体》杂志上的综述所指出的,该技术已达到可在船舶上应用的水平。海军感兴趣的推进功率范围是 40~50 MW,而飞机的功率范围是 1~5 MW。例如,STARC ABL 的尾锥 BLI 风扇的设计轴功率为 2.6 MW。船舶高温超导推进器的成熟度 TRL9(即运行水平)。然而,HTS 发动机的质量-体积比对于在飞机上的应用很关键,该技术的 MW 级应用预计在 2025 年达到 TRL4~6(详见 Kim 等人,2013)。

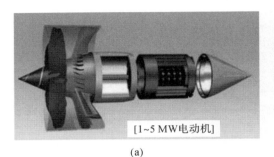

[1~5 MW电动机]

(a)

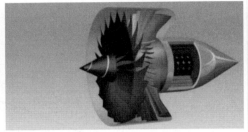

(b)

图 5.59 驱动电风扇的 HTS 电动机

(a)电风扇(分解图);(b)组装好的电风扇/电动机系统

资料来源:Rolls‐Royce。

NASA STARC ABL 的电气组件比功率、比质量及其相应的效率汇总于表 5.9(Welstead 等人,2017)。这些电气元件在 2025 年为 TRL 为 6,项目 EIS 假定为 2035 年。

表 5.9 NASA STARC ABL 电气部件假设(非超导)

组成成分	比功率	效率/(%)	功率/kW
发电机	13 kW·kg^{-1}	96	1400
整流器(AC/DC 电源转换/调节)	19 kW·kg^{-1}	99	1386
线缆	170A/(kgm^{-1})	99.6	1380
电路保护	200 kW·kg^{-1}	99.5	1373
逆变器(DC/AC 电源转换/调节)	19 kW·kg^{-1}	99	2719
电动机	13 kW·kg^{-1}	96	2610
热系统	0.68 kW·kg^{-1}		

表 5.10 比较了 NASA 的电推进目标和能源部(DOE)对电动汽车的目标。作为参考,2018 年电动汽车占全球汽车销量的 1%。功率规模表明电动飞机为兆瓦级,相对的电动汽车为千瓦级。飞机的比功率,即单位质量的功率,是汽车的 10 倍(即飞机为 16 kW/kg,电动汽车为 1.6 kW/kg)。两者的效率目标都是 98%,即功率输出与输入比为 98%。这种对比强调了比功率(有时称为功率密度),它是电推进中的重要关注点。

表 5.10 电动飞机和电动汽车的关键性参数

电推进目标	NASA(电动飞机)	DOE(电动汽车)
能量	MW 级	kW 级
比功率/(kW·kg^{-1})	16	1.6
效率/(%)	98	98

电力电子部件在电动飞机和电动汽车系统中的 KPPs 目标见表 5.11。在电力电子方面,飞机的比功率目标是 19 kW/kg,而电动汽车为 14.1 kW/kg。两个系统的运行效率都

达到了 99%。飞机工业设定的目标比 NASA 还要高,例如,波音公司正在开发的低温转换器的目标是 26 kW/kg 和 99.3% 的效率。Jankovsky 等人(2016)在广泛的项目概述中,介绍了 KPP 在 NASA 混合动力和涡轮电动飞机项目中的短期和长期目标。有关涡轮电动飞机推进系统的部件质量和效率的更多详细信息,可参考 Brown(2011)的论文。

表 5.11　电动飞机和电动汽车中电力电子设备的关键性能参数

电力电子目标	NASA(电动飞机)	DOE(电动汽车)
比功率/(kW·kg^{-1})	19	14.1
效率/(%)	99	99

图 5.60 显示了来自 NASA 的全超导电动机/发电机的内部组装(见 Felder 等人,2011)。

图 5.60　全超导电动机/发电机

资料来源:Felder 等人,2011。

Zunum Aero 12 座混合动力电动飞机如图 5.61 所示,其目标是短途区域通勤(700 n mile),并于 2022 年交付市场。这架飞机在机翼上使用了锂离子电池作为补充动力,尤其是在起飞时发挥作用。除了推进系统电池外,巡航动力还由燃气涡轮发动机提供,该发动机为发电机提供输入轴功率(见 Knapp 和 Said,2018 和 https://zunum.aero)。Zunum 开发了一种 1 MW 的动力系统,最初的 500 kW 系统于 2019 年在试飞飞机上飞行。赛峰直升机公司的新型涡轴发动机 Ardiden 3 具有 1 700～2 000 hp,在 2020 年早期为 Zunum 的发电机提供动力。

图 5.61　Zunum Aero 混合动力支线飞机(12 座)

资料来源:Zunum Aero,https://zunum.aero。

5.13　电推进(EP)小结

本节从 3 个方面回顾电推进的特点,包括收益、挑战和可能产生真正的游戏规则改变者的技术路径,EP 是一种航空领域的颠覆性技术(见 Moore,2016),它的收益和挑战是不言自明的,此处注明以供参考。

电推进的收益如下:

(1) 尺度独立性,即电推进中不存在尺度效应。

(2) 效率在 95%～97% 范围内,比先进的涡扇循环高出 20%。

(3) 6 倍电动机比功率。

(4) 部分负载时高效率,即在 30%～100% 之间功率调整。

(5) 较低的冷却阻力。

(6) 不会因海拔高度或炎热天气而掉功率。

(7) 高紧凑性。

(8) 高可靠性。

(9) 冗余安全性。

(10) 低环境噪声水平(有效感知噪声水平降低 >15 EPNLdB)。

(11) 减少由于推进器数量而导致的发动机停车尺寸损失。

(12) 有效飞/推一体化设计(PAI),用于更高的 $C_{L,\max}$(C_L/C_D)。

(13) 可实现零碳排放飞行,无须碳氢化合物能源用于推进。

(14) 安装在翼尖的螺旋桨和涡轮带来的气动收益减小了巡航中的诱导阻力,提高了升力,并改善了机翼(根弯矩)结构载荷(见 Patterson 和 Bartlett,1987 或 Miranda,1986)。

电推进的挑战如下:

(1) 电池能量密度见表 5.12(喷气燃料每单位质量的能量是锂离子电池的 55 倍。)

(2) 电池系统冷却。

(3) 电池充电系统,快速充电或电池更换与商业航空的兼容性。

(4) 高压输/配电。

(5) 低品质热量的热管理。

(6) 电源/故障管理。

(7) 安全/可靠性、鲁棒性高的电力电子系统。

(8) 综合控制。

(9) 成本的不确定性。

(10) 认证/安全问题。

表 5.12　电池与喷气燃料

电池	能量密度/(MJ·kg^{-1})
锌-空气电池	1.6
锂离子电池	0.8
喷气燃料	44

较早实践电推进的技术路径如下：

(1)飞机全电动二次动力系统(比如代替液压和气动系统的二次动力)。

(2)燃料电池 APU。

(3)较早实践的小型飞机 EP 研究。

(4)大电池重量占比飞行器(电池能量密度为 400 kW·h/kg)。

(5)通过提供 50% 巡航功率的短程增程器。

(6)鼓励低碳航空。

图 5.62 展示了空客 E-Fan-X 飞行验证机实现电推进(来源于空客公司)。Yerman (2015)讨论过早期小型电推进飞机(4 座级)。

图 5.62　Airbus E-Fan-X 验证机

资料来源:空客公司。

5.14　组合吸气式火箭发动机(SABRE)

超轻型预冷换热器使用闭式氦气循环在几分之一秒(实际 10 ms 内)内将空气从 1 000 ℃冷却到−150 ℃。这种创新的逆流预冷器/热交换器技术是新型吸气式火箭发动机的核心,其能够在火箭发动机中使用过冷空气进行水平起飞、爬升和加速至 5.5Ma 以上,然后在 26 km 高度以上过渡到纯火箭模式。进气系统采用平移式锥体,在纯火箭模式下完全关闭进气口。由于其多功能性,因此这种组合循环发动机被称为组合吸气式火箭发动机(SABRE),并由英国的 Reaction Engines Ltd. 开发(www.reactionengines.co.uk)。

SABRE 的突破在于组合循环中吸气阶段的空气热管理,其作用从起飞开始到工况为 $5.5Ma$ 以上和 $26\ kM$ 高度结束。闭式低温氦循环在超轻热交换器中将入口空气预冷至 $-150\ ℃$。液态氢作为共芯火箭推力室的燃料,在注入火箭燃烧室之前通过在氦循环中冷却氦气进行预热。纯火箭模式在 LO_x/LH_2 火箭推力室中使用机载液氧并推动飞行器到为 $25Ma$ 的轨道速度,到达 $300\ km$ 高的圆形轨道。图 5.63 展示了 SABRE 中的组件(由英国 Reaction Engines,Ltd. 提供,www. reactionengines. co. uk)。图 5.64 展示了 SABRE 中的闭式热交换器系统,其中包括用于进气系统的氦气和用于氦气循环热交换器并注入火箭推力室的氢气。图 5.65 展示了围绕 SABRE 技术设计的空天飞机 SKYLON,其具有可重复使用的单级入轨(SSTO)功能。Varvill 和 Bond(2003 年)对 SSTO 可重复使用发射器的推进系统概念进行了比较。

图 5.63　SABRE 发动机中的关键部件

资料来源:Reaction Engines Ltd 公司,www. reactionengines. co. uk。

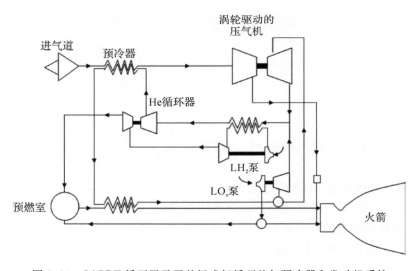

图 5.64　SABRE 循环展示了其闭式氦循环的气预冷器和发动机系统

图 5.65 空天飞机"SKYLON"

资料来源:英国 Reaction Engines Ltd 公司。

5.15 紧凑型聚变反应堆:清洁的无限能源路径

21 世纪,工程界最大挑战是设计、建造和运行用于飞机推进和动力的紧凑型聚变反应堆(CFR)。技术障碍在于将轻气体(通常是氘和氚)加热到 1×10^9 ℃,在强磁场中含有足够密度的热等离子体,并屏蔽中子辐射。CFR 中至少有 4 个实际存在的工程挑战:

(1)超导磁体的工作温度必须接近绝对零度,而等离子体的温度必须达到数百万开尔文。

(2)反应堆容器中有一个"厚覆盖层"部件,它的功能是捕获中子,使它们与锂原子碰撞,产生为反应堆提供燃料的氚。据估计,"厚覆盖层"的厚度为 80~150 cm,重达 300~1 000 t。通过厚层的加注燃料也是一个问题。

(3)等离子体密度是保持聚变反应稳定的关键。

(4)辐射和寿命性能值得关注。中子辐射屏蔽,使用低温技术,估计需要约 1 m 厚的低温保护层与 15 t 的磁铁。估计质量约为 200 t。

CFR 的军事应用将创造一个可以永远停留在空中的平台,或者说,它将拥有无限的航程。CFR 的民用应用将完全消除碳排放,并为航空业提供可持续性。能够即将实现的是 Palmdale 的 LM Skunkworks 正在研究的核聚变反应堆,其原型机正在开发中,将应用于船舶和飞机。Lockheed Martin 公司的 CFR 设计将产生 100 MN 的电力,将需要小于 20 kg/年的 D-T 燃料 (www.lockheedmartin.com)。从这些数字推测,采用该技术的空客 A380 的最大起飞总质量(MTOGW)将是 617 t。

LM 公司预测在 10 年内,它的 100MW 的 CFR 可以安装在一辆卡车(7 in×10 in)的后部,这显然代表了工程和材料科学的重大挑战。

关于核(裂变)推进的早期发展工作和原理,见 Thornton 在 1963 年发表的工作。图 5.66展示了将燃烧室替换为核反应堆的涡喷发动机示意图。图 5.67 展示了 LM 的 CFR 研究装置中的超导磁体。

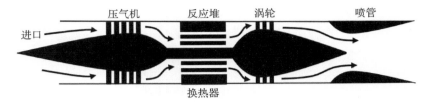

图 5.66　用核反应堆代替燃烧室的涡轮喷气发动机示意图

图 5.67　LM 聚变研究装置中用于限制等离子体的超导磁体(高 β 聚变反应堆)
资料来源:Lockheed Martin 公司,www. lockheedmartin. com。

5.16　使用先进推进系统的飞机结构

本节只列举 4 种结构,分别是:① Rolls - Royce 的涡轮电分布式推进概念飞机;②NASA的 N - 3X 涡轮电动飞机;③Airbus 的 E - Fan X;④NASA 的 X - 57。在整本书中,已经看到了其他具有先进推进系统的新型飞机。

图 5.68 展示了空客公司创新设计的分布式涡轮电推进系统。该技术使用以下技术:

(1)动力产生和推进功能的解耦。

(2)耦合推进和飞机气动功能。

(3)可选择替换的储能功能。

图 5.68　分布式涡轮电推进概念飞机
资料来源:Airbus。

图 5.69 和图 5.70 展示了机身后部的基于燃气涡轮的超导发电机,其通过 SC 输电线路网络提供电力。

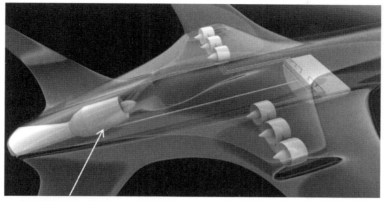

涡轮超导发电机　　　　　　　　　涡轮电分布式推进

图 5.69　涡轮电力分布式推进概念

资料来源:Airbus,2017。

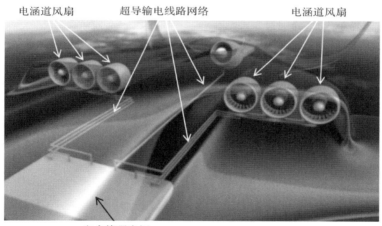

电涵道风扇　　　超导输电线路网络　　　　　电涵道风扇

电力管理中枢
[储能和管理]

图 5.70　超导电力网络和电力管理

资料来源:Airbus,2017。

涡轮电 BLI-DP 的一个例子是 NASA 的 N3-X 计划。由于超导技术的广泛应用,N3-X 使用 LH₂ 对 HTS 网络、SC 电动机、SC 发电机进行直接冷却。在冷却循环之后,氢气被压缩并用作涡轮发电机的燃料。因此燃料的分配是 10% 的氢气和 90% 的喷气燃料。

项目目标为:

(1)约 63% 的耗能减少。

(2)约 90% 的 NO_x 减少。

(3)32～64 EPNdB 的累积降噪量。

这些参数是与基准型的 B777-200 飞机相比的。N3-X 的一些具有挑战的设计——

驱动特征包括：

(1)方向稳定性和通过推力差控制飞行(用于偏航调整和主动稳定性增强)。

(2)驱动因素——安全性和可靠性。

(3)最小质量损失和体积要求。

(4)能接受的系统复杂度。

(5)电气系统故障导致推力损失。

图 5.71 展示了 N3-X 飞机(NASA 提供)。表 5.13 和表 5.14 总结了 N3-X 的设计点及其任务规划。表中使用的数据及与 N3-X 相关的数字来自 Armstrong (2015),Kim 等人(2013)和 Felder(2014)。

虽然超导涡轮电 N3-X 的性能是由 MgB_2 超导体生产的,但其他超导材料和冷却系统的选择仍然是一个研究课题,这可以改进系统的质量和性能。

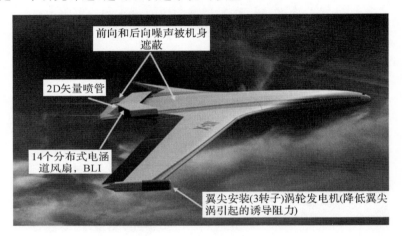

图 5.71 分布式涡轮电推进

资料来源:NASA。

表 5.13 N3-X 设计点

空气动力学设计点 ADP	Ma	海拔/ft
爬升顶点 TOC	0.84	34 000

表 5.14 N3-X 任务参数

参数	N3-X/MgB_2/LH_2(液氢冷却)
航程范围/n mile	7 500
有效载荷/lbm	118 100
空载质量/lbm	420 000
轮挡燃油/lbm	76 171
风扇压比 FPR	1.3

参数	N3 - X/MgB$_2$/LH$_2$（液氢冷却）
净推力/lbf（安装状态）	85 846（RTO）和 33 405（TOC）
TSFC/(lbm · h^{-1} · lbf^{-1})（安装状态）	0.217 4（RTO）和 0.312 5（TOC）
TSEC/(BTU · s^{-1} · lbf^{-1})（安装状态）	1.193 7（RTO）和 1.727（TOC）
有效 BPR，eBPR	36.1（RTO）和 30.1（TOC）
空气质量流量/(lbm · s^{-1})	7823（RTO）和 3696（TOC）
总压比（涡轴发动机）OPR（涡轴发动机）	57.3（RTO）和 84.3（TOC）

N3 - X 超导技术的一些关键参数和设计参数，见表 5.15。

表 5.15　N3 - X SC 技术的一些关键参数和定义

关键参数	定义
MgB$_2$	一种中温超导体
MgB$_2$	二硼化镁用作超导材料（其临界温度为 39 K，工作温度为 28 K，因此 LH$_2$ 在该应用时为低温液体）
RTO	连续起飞（海平面，0.24Ma，ISA＋24 °R）
TOC	爬升顶点（海拔 34 000 ft，0.84Ma，ISA）
TME	任务总耗能

表 5.16 展示了 N3 - X 相对于基准型（B777 - 200LR）飞机的性能。表 5.17 列出了电气系统的功率参数及其效率。

表 5.16　相对于基准飞机的 N3 - X 性能

超导材料/冷却方法	总质量/lbm	任务燃料消耗/lbm	任务能耗 BTU	任务能量相比于 777 - 200LR 的减少量
777 - 200LR 级飞行器	768 000	279 800	5.2×10^9	
MgB$_2$	496 174	76 171	1.47×10^9	72%

注：基准型 B777 - 2000LR（安装 GE90 - 110B）。

表 5.17　N3 - X/MgB$_2$/LH$_2$ 的电气系统效率

电气组件	功率参数	效率（基准型设计值）（%）
发动机	4 400 r · min^{-1} 时 4 064 hp	99.97[①]
发电机	8 000 r · min^{-1} 时 28 505 hp	99.98[①]
逆变器	4 064 hp	99.93[①]

注：①到 2025 年，基于 TRL4 - 6 的最佳值假设。

Siemens,Airbus 和 Rolls-Royce 开发了一种单通道商用飞机,由串联 HEPS 驱动。飞行验证机被称为 E-Fan X,于 2020 年飞行(见图 5.72,由 Airbus 提供)。2 MW 电动机和其电力电子控制单元,包括逆变器 DC/DC 变换器和 Siemens 公司开发的配电系统。Rolls-Royce 公司负责涡轴发动机开发,2 MW 发电机和电力电子设备,Airbus 公司负责整个系统的集成。测试飞机是短途支线客机 BAe 146。

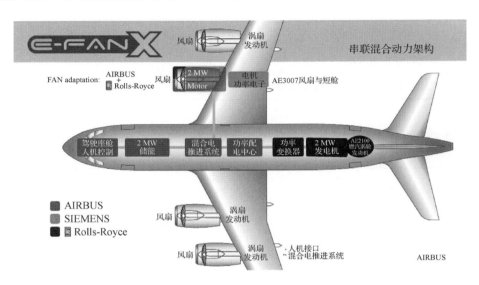

图 5.72　改装后的 BAe 146 飞机用作电动飞行验证机

资料来源:Airbus,2017。

NASA X-57 飞机被称为"Maxwell",是一种全电动分布式推进飞行验证机,目标是实现 80% 的能耗降低。12 个机翼前缘安装的高升力电动机为 12 个折叠螺旋桨提供动力,还有两个更大的翼尖电动巡航电动机,如图 5.73 所示(由 NASA 提供)。

图 5.73　NASA X-57,全电动分布式推进飞行验证机

资料来源:NASA。

在爬升顶部阶段,高升力电动机停止工作,它们的 5 个折叠螺旋桨折叠到短舱内,以减轻巡航期间的阻力增加。X-57 是由标准的意大利 Tecnam P2006T 飞机改进而来。该项目于 2014 年由 NASA 的 SCEPTOR(Scalcble Convergent Electric Propulsion Technology and Operations Research)工程启动。X-57 的最终版本(即项目中的改进型 4)将采用高展弦比机翼和集成式高升力电动机。Maxwell 飞机上的电动机使用可充电锂离子电池,其质量为 860 bl,提供 69.1 kW·h 时的能量,其中 47 kW·h 是可用的。巡航电动机为 60 kW,12 个高升力电动机为 10.5 kW,电动机采用空气冷却。有关 X-57 的更多详细信息,请参考 Gibbs(2018)或 Warwick 和 Norris(2018)。

电推进提供了新的飞机设计空间,这在传统的燃气涡轮发动机动力或往复式活塞动力飞机中是不可能实现的(见 Moore 和 Fredericks,2014;Gohardani,2013;和 Moore 等人,2014)。Cirrus SR22 与领先的异步前端螺旋桨技术(LEAPTech)飞机的比较如图 5.74 和表5.18所示。LEAPTech 飞机的展弦比比 SR22 高 72%,机翼载荷为 131%,巡航升力系数比 SR22 高 157%。LEAPTech 机翼的湿面积比 SR22 飞机机翼小 62%。

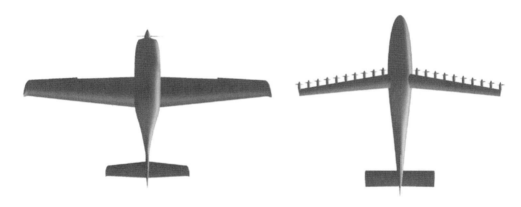

图 5.74　Cirrus SR22 与 LEAPTech 的对比

表 5.18　Cirrus SR22 与 LEAPTech 飞机的对比

	Cirrus SR22	LEAPTech
座位容量/座	4	4
总质量/lbf	3 400	4 000
机翼面积/ft²	145	55.1
翼展/ft	38.3	31.0
展弦比	10.1	17.4
机翼载荷/(lbf·ft^{-2})	23.5	54.4
巡航速度/mph	211	200
巡航升力 C_L/(12 000 ft)	0.30	0.77

5.17 本 章 小 结

推进系统架构中有前景的先进技术正在工业界、美国宇航局、欧盟 ACARE 和参与的大学中积极进行研发。为了实现可持续航空的目标，需要重新设计高 L/D 比和低阻力的机身。管状机身和机翼在空气动力学上是低效的。BWB 或 HWB 飞机在空气动力学上更为高效，有助于 BLI 集成和分布式推进。此外，未来飞机的噪声受到严格的限制，需要全力以赴，实现安静的飞行（类似于麻省理工学院的静声飞机项目）。噪声降低需要通过发动机设计、遮挡策略和湍流边界层/分离流动控制来解决。除了先进的分布式推进 BWB 飞机设计，还需要 FAA NextGen 在空中交通管理（ATM）和运营方面的进步，以实现可持续航空目标。

有前景的推进技术包括先进核心机 UHF 涡扇发动机、多燃烧室、多燃料推进系统（使用煤油和低温燃料）、波转子顶循环、中冷和回热涡扇发动机、爆震燃烧发动机（PDE），即利用不稳定性来收集能量。面向电动飞机的战略让人们首先经历了混合动力架构。本书讨论了推进器的数量，并将其与发动机故障的概率联系起来。讨论了利用电池和燃料电池的电推进，例如 X-57。提出了一种被称为 SABRE 的有前途的吸气式火箭发动机被提出作为单级入轨火箭（SSTO）旅行的技术。最后，由于密集的研发和核聚变的前景，因此本书仅展示了紧凑式核聚变反应堆（CFR）技术，这是 Lockheed Martin 和 MIT 所追求的有前途的核动力飞行技术。

参 考 文 献

[1] AKBARI P, NALIM M R, MÜL L ER N. A review of wave rotor technology and recent developments. Journal of Engineering for Gas Turbines and Power, 2006, 128(4): 715 - 735.

[2] AKBARI P, SZPYNDA E, NALIM M R. Recent developments in wave rotor combustion technology and future perspectives: a progress review. Cincinnati: 43rd AIAA/ASME/SAE/ASEE, Joint Propulsion Conference and Exhibit, 2007.

[3] ANDERS S G, SELLERS W L, WASHBURN A E. Active flow control activities at NASA Langley. Portland: 2nd AIAA Flow Control Conference, 2004.

[4] ANDERSON J D JR. Modern compressible flow: with historical perspective. New York: McGraw-Hill, 2003.

[5] ARMSTRONG M. Superconducting turboelectric distributed aircraft propulsion. Dayton: Cryogenic Engineering Conference, 2015.

[6] BARDEEN J, COOPER L N, SCHRIEFFER J R. Theory of superconductivity. Physical Review, 1957, 108(5): 1175 - 1205.

[7] BERLINCOURT TG. Emergence of Nb-Ti as supermagnet material. Cryogenics, 1987, 27(6): 283 - 289.

[8] BLAZOWSKI W S. Fundamentals of combustion. AIAA, 1985, 12(1): 1-43.

[9] BLUMENTHAL B T, ELMILIGUI A A, GEISELHART K A, et al. Computational investigation of a boundary-layer ingestion propulsion system. Journal of Air-craft, 2018, 55 (3): 1141-1153.

[10] BOCK S, HORN W, SIEBER J. Active core: a key technology for more environmentally friendly aero engines being investigated under the NEWAC Program. International Congress of the Aeronautical Sciences, 2008, 12(3): 686-696.

[11] BRATKOVICH T E, AARNIO M J, WILLIAMSJ T T, et al. An introduction to pulse detonation rocket engines(PDREs). AIAA, 1997, 12(7): 27-42.

[12] BROWN G V. Weights and efficiencies of electric components of a turboelectric aircraft propulsion system. AIAA, 2011, 12(4): 225-243.

[13] CHAN N Y S. Scaling considerations for small aircraft engines. Cambridge: MIT International Center for Air Transportation, 2008.

[14] CLARKE D R, OECHSNER M, PADTURE N P. Thermal-barrier coatings for more efficient turbine engines. Materials Research Society Bulletin, 2012, 37(10): 891-899.

[15] DEL ROSARIO R, FOLLEN G, WAHLS R, et al. Subsonic fixed-wing project overview and technical challenges for energy efficient environmentally compatible subsonic transport aircraft. Nashville: 50th AIAA Aerospace Science Meeting, 2012.

[16] DIPPOLD V, HOSDER S, SCHETZ J A. Analysis of jet-wing distributed propulsion from thick wing trailing edges. AIAA, 2004, 12(1): 205-218.

[17] EPSTEIN A H. Aeropropulsion for commercial aviation in the twenty-first century and research directions needed. AIAA, 2014, 52(5): 901-911.

[18] FAROKHI S, SHEU W L, WU C. On the design of optimum-length transition ducts with offset: a computational study.//Carlomagno G M, Brebbia C A. Computers and Experiments in Fluid Flow. Berlin: Springer Verlag, 1989.

[19] FELDER J L. NASA N3-Xwith turboelectric distributed propulsion. London: Institution of Mechanical Engineers, 2014.

[20] FELDER J L, BROWN G V, KIM H D, et al. Turboelectric distributed pro- pulsion in a hybrid wing body aircraft. Gothenbur: 20th International Society for Airbreathing Engines, 2011.

[21] FRAAS A P. Summary of research and development effort on air and water cooling of gas turbine blades: ORNL/TM-6254. Oak Ridge National Lab(ORNL), Oak Ridge: [s. n.], 1980.

[22] GOHARDANI A S. A synergistic glance at the prospects of distributed propulsion technology and the electric aircraft concept for future unmanned air vehicles and commercial/military aviation. Aerospace Sciences, 2013, 57: 25-70.

［23］　GREITZER E M,TANC S, GRAF M B. Internal flow: concepts and applications. Cambridge: Cambridge University Press, 2007.

［24］　GREWE V, LINKE F. Eco-efficiency in aviation. Meteorologische Zeitschrift, 2017, 26(6): 689 – 696.

［25］　GREWE V, BOCK L, BURKHARDT U,et al. Assessing the climate impact of the AHEAD multifuel blended wing body. Meteorologische Zeitschrift, 2016, 26(6): 711 – 725.

［26］　HALL D. Boundary layer ingestion propulsion: benefit, challenges and opportunities. Toronto: 5th UTIAS International Workshop on Aviation and Climate Change, 2016.

［27］　HALL C A, CRICHTON D. Engine and installation configurations for a silent aircraft: ISABE – 2005 – 1164. International Symposium on Air Breathing Engines, Munich: [s. n.], 2005.

［28］　HALL C A, CRICHTON D. Engine design studies for a silent aircraft. Journal of Turbomachinery, 2007, 129(7): 479 – 487.

［29］　HALL D K, HUANG A C, URANGA A, et al. Boundary layer ingestion propulsion benefit for transport aircraft. Journal of Propulsion and Power, 2017, 33(5): 1118 – 1129.

［30］　HARDIN L,TILLMAN G,SHARMA O,et al. Aircraft system study of boundary layer ingesting propulsion. Atlanta: AIAA/ASME/SAE/ASEE Joint Propulsion Conference &. Exhibit, 2012.

［31］　HAWTHORNE W R. Reflections on United Kingdom aircraft gas turbine history. Journal of Engineering for Gas Turbines and Power, 1994, 116(3): 495 – 510.

［32］　HEISER W H, PRATT D T. Thermodynamic cycle analysis of pulse detonation engines. Journal of Propulsion and Power, 2002, 18(1): 68 – 76.

［33］　JANKOVSKY A, BOWMAN C, JANSEN R. Building blocks for transport -class hybrid and turboelectric vehicles. ［S. l.]: Electric &. Hybrid Aerospace Technology Symposium, 2016.

［34］　JANSEN R, BOWMAN C, JANKOVSKY A. Sizing power components of an electrically driven tail cone thruster and a range extender.//16th AIAA Aviation Technology. Washington, D.C. : Integration, and Operations Conference, 2016.

［35］　JONES S M,WELCH G E. Performance benefits for wave rotor-topped gas turbine engines. Proceedings of the ASME 1996 International Gas Turbine and Aeroengine Congress and Exhibition,vol 1: Turbomachinery. Birmingham:[s. n.], 1996.

［36］　KAEMMING T. Integrated vehicle comparison of turbo-ramjet engine and pulsed detonation engine. Transactions of ASME. Journal of Engineering for Gas Turbines and Power, 2003, 125(1): 257 – 262.

［37］　KALSI S S, GAMBLE B B, SNITCHLER G,et al. The status of HTS ship propulsion motor developments. Montreal: Proceedings of the IEEE PES Meeting, 2006.

［38］　KENTFIELD J A C. Nonsteady, one-dimensional, internal, compressible flows-

Theory and applications. Oxford: Oxford University Press, 1993.

[39] KENTFIELDJ A C. On the feasibility of gas-turbine pressure-gain combustors. International Journal of Turbo and Jet Engines, 1995, 12(1): 29 – 36.

[40] KERREBROCK J L. Aircraft engines and gas turbines. Cambridge: MIT Press, 1992.

[41] KIM H D, BROWN G V, FELDER J L. Distributed turboelectric propulsion for hybrid wing body aircraft. //London: 2008 International Power Lift Conference, 2008.

[42] KIM H D, FELDER J L, TONG M T, et al. Revolutionary aeropropulsion concept for sustainable aviation: turboelectric distributed propulsion. Busan: ISABE Conference, 2013.

[43] KNAPP M, SAID W. Zunum aero's hybrid-electric airplane aims to rejuvenate regional travel. [S. l.]: IEEE Spectrum, 2018.

[44] KO A, SCHETZ J A, MASON W H. Assessment of the potential advantages of distributed-propulsion for aircraft. XVI International symposium on air breathing engines (ISABE), 2003 (16): 71 – 72.

[45] KOFF B L. Spanning the globe with jet propulsion. Arlington: 21st Annual Meeting and Exhibit, 1991.

[46] KYPRIANIDIS K G. Future aero engine designs: an evolving vision. London: Intech Open, 2011.

[47] LEIFSSON L T, KO A, MASON W H, et al. Multidisciplinary design optimization for a blended wing body transport aircraft with distributed Propulsion. Aerospace Science and Technology, 2005, 25(1): 16 – 28.

[48] LIEBECK R H. Design of the blended wing body subsonic transport. Journal of Aircraft, 2004, 41(1): 10 – 25.

[49] LIEPMANN H W, ROSHKO A. Elements of gas dynamics. New York: Wiley, 1957.

[50] LIEW K H, URIP E, YANG S L, et al. Performance cycle analysis of a two-spool, separate-exhaust turbofan with interstage turbine burner. Fort Lauderdale: 40th AIAA/ASME/ SAE/ASEE Joint Propulsion Conference and Exhibit, 2005.

[51] LIGHTHILL M J. On sound generated aerodynamically, I: general theory. Proceedings of the Royal Society of London, Series A. Mathematical and Physical Sciences, 1952, 211 (1107): 564 – 587.

[52] LIGHTHILL M J. On sound generated aerodynamically, II: turbulence as a source of sound. Proceedings of the Royal Society of London, Series A. Mathematical and Physical Sciences, 1954, 222(1148): 1 – 32.

[53] LIU F, SIRIGNANO W A. Turbojet and turbofan engine performance increases through turbine burners. Journal of Propulsion and Power, 2001, 17 (3): 695 – 705.

[54] LORD W K, SUCIU G L, HASELK L, et al. Engine architecture for high efficiency at small core size. Mechanical Engineering, 2015, 138(3): 52 - 53.

[55] MASSON P J, LUONGO C. HTS machines for applications in all-electric aircraft. Tampa: IEEE Power Engineering Society General Meeting, 2007.

[56] MAWID M A, PARK T W, SEKAR B, et al. Application of pulse detonation combustion to turbofan engines. Journal of Engineering for Gas Turbines and Power, 2003, 25: 270 - 283.

[57] MAYNARD G. Air travel-greener by design: 2014—2015 Annual Report. London: Royal Aeronautical Society, 2015.

[58] MERCHANT A, KERREBROCK J L, ADAMCZYK J J, et al. Experimental investigation of a high pressure ratio aspirated fan stage. Journal of turbomachinery, 2005, 127(1): 43 - 51.

[59] MIRANDA L R. Aerodynamic effects of wingtip mounted propellers and turbines. San Diego: 4th Applied Aerodynamics Conference, , 1986.

[60] MOORE M D. Distributed electric propulsion (DEP) aircraft. Naples: 5th Symposium on Collaboration in Aircraft Design, 2016.

[61] MOORE M D, FREDERICKS W J. Misconceptions of electric propulsion aircraft and their emergent aviation markets. National Harbor: 52nd Aerospace Sciences Meeting, 2014.

[62] MOORE M D, FREDERICKS W J, BORERN K, et al. Drag reduction through distributed electric propulsion. Atlanta: 14th AIAA aviation technology, integration, and operations conference, 2014.

[63] MOUSTAPHA H, ZELESKY M F, BAINES N C, JAPIKSE D. Axial and Radial Turbines. Morrisville: Concept ETI, Inc. , 2003.

[64] NALIM M R. Thermodynamic limits of work and pressure gain in combustion and evaporation processes. Journal of Propulsion and Power, 2002, 18 (6): 1176 - 1182.

[65] Numerical Propulsion System Simulation (NPSS). San Antonio: Southwest Research Institute, 2016.

[66] OATES G C. Aerothermodynamics of gas turbine and rocket propulsion. Washington, D.C. : AIAA, 1988.

[67] BRYANT A. 10 ways to fix air travel. Newsweek, 2001, 137(17): 38 - 47.

[68] POVINELLI L A. Impact of dissociation and sensible heat release on pulse detonation and gas turbine engine performance. Bangalore: 15th International Symposium on Airbreathing Engines, 2001.

[69] POVINELLIL A. Pulse detonation engines for high speed flight. Orleans: 11th International American Inst of Aeronautics and Astronautics and Association Aeronautiqueet Astronautique de France Conference, 2002.

[70]　PRATT D T, HUMPHREYJ W, GLENN D E. Morphology of standing oblique detonation waves. Journal of Propulsion and Power, 1991, 7(5): 837 – 845.

[71]　Royal Aeronautic Society. Pulse detonation spaceplane. Aerospace, 2018, 45(7): 4 – 5.

[72]　RAO A G, YIN F, VAN BUIJTENEN J P. A hybrid engine concept for multi-fuel blended wing body. Aircraft Engineering and Aerospace Technology 2014, 86(6): 483 – 493.

[73]　RAY P J. Structural investigation of La(2 − x)Sr(x)CuO(4 + y) − Following staging as a function of temperature. Copenhagen: Niels Bohr Institute, 2015.

[74]　ROLT A M, BAKERN J. Intercooled turbofan engine design and technology research in the EU Framework 6NEWAC Programme. Montreal: XIX international symposium on air breathing engines 2009, 2009.

[75]　ROY G D, FROLOV S M, BORISOV A A, et al. Pulse detonation propulsion: challenges, current status and future perspectives. Progress in Energy and Combustion Science, 2004, 30: 545 – 672.

[76]　SEHRA A K, SHIN J. Revolutionary propulsion systems for 21st century aviation. Tokyo: International Gas Turbine Congress, 2003.

[77]　SHAPIRO A. The dynamics and thermodynamics of compressible fluid flow. New York: Ronald Press, 1953.

[78]　SIRIGNANO W A, LIU F. Performance increases for gas turbine engines through combustion inside the turbine. Journal of Propulsion and Power, 1999, 15(1): 111 – 118.

[79]　SMITH L H JR. Wake ingestion propulsion benefit. Journal of Propulsion and Power, 1993, 9(1): 74 – 82.

[80]　SMITH A M O, ROBERTS H E. The jet airplane utilizing boundary layer air for propulsion. Journal of Aeronautical Sciences, 1947, 14(2): 97 – 109.

[81]　VARVILL R, BOND A. A comparison of propulsion concepts for SSTO reusable launchers. Journal of the British Interplanetary Society, 2003, 56: 108 – 117.

[82]　WARWICK G, NORRIS G. NASA shares hard lessons as all-electric X – 57 moves forward. [S. l.]: Aviation Week &. Space Technology, 2018.

[83]　WELCH G E. Macroscopic balance model for wave rotors. Journal of Propulsion and Power, 1997, 13(4): 508 – 516.

[84]　WELCH G E, JONES S M, PAXSON D E. Wave rotor-enhanced gas turbine engines. Journal of Engineering for Gas Turbines and Power, 1995, 119(2): 469 – 477.

[85]　WELSTEAD J R, FELDERJ L. Conceptual design of a single-aisle turbo- electric commercial transport with fuselage boundary layer ingestion. San Diego: 54th AIAA aerospace sciences meeting, 2016.

[86]　WILFERT G，SIEBER J，ROLT A，et al. New environmental friendly aero engine core concepts. [S. l.]：International Society for Airbreathing Engines，2007.

[87]　WU M K，ASHBURN J R，TORNG C J，et al. Superconductivity at 93 K in a new mixed-phase Y-Ba-Cu-O compound system at ambient pressure. Physical Review Letters，1987，58(9)：908 - 910.

[88]　XU L，KYPRIANIDISK G，GRONSTEDT T U J. Optimization study of an intercooled recuperated aerengine. Journal of Propulsion and Power，2013，29(2)：424 - 432.

[89]　YORK M A，HOBURG W W，DRELA M. Turbofan engine sizing and tradeoff analysis via signomial programming. Journal of Aircraft，2017，55(3)：1 - 16.

[90]　YUTKO B，HANSMAN J. Approaches to representing aircraft fuel efficiency performance for the purpose of a commercial aircraft certification standard. Cambridge：MIT International Center for Air Transportation，2011.

[91]　ZELDOVICH Y B，RAIZER Y P. Physics of shock waves and high-temperature hydrodynamic phenomena. //Hayes W D，Probstein R F. New York：Dover Publications，2002.

第6章　可持续航空之路

6.1　引　　言

可持续航空的前景是光明的。航空工业中的每一个部门,从机身和动力推进公司到航空(导航、导航和控制)电子设备和空中交通管理(ATM)和运营部门,都积极参与并投资于绿色航空领域中有前景的研究。除此之外,美国和欧洲的政府机构,如美国国家航空航天局(NASA)、欧洲航空研究咨询委员会(ACARE)等,以及在环境友好型交通领域开展开创性研究的学术界,也在努力开展工作。该领域的具体技术,从替代喷气燃料到超导电动机/发电机,混合动力飞机和全电推进飞机中的低温冷却热管理系统,已经达到不同的技术成熟度(TRL),因此是认证面临的新的候选挑战技术。本章简要介绍在关键技术方面实现可持续航空的具体途径,包括法规和认证、公众信心和社会接受度方面的挑战。

6.2　适航认证路线

正如在本书第3~5章中所讨论的,绿色航空不仅仅是采用电推进。然而,随着无人机在21世纪的兴起[2017年美国有940 000名注册无人机(UAV)操作者],一个转型的商业航空市场诞生了,称为城市空中运输(UAM)。这一新兴领域的市场包括机场班车、短程飞机、共享乘坐和救护飞机。由于其航程短、利用率高,这一新领域最适合电推进的应用。图6.1展示了优步(Uber)和空客(Airbus)针对UAM市场开发的电动垂直起降(eVTOL)飞行器概念。图6.1(a)所示为Uber Elevate的共享飞行器概念,它由5个电动机驱动4个升力风扇和一个推进器。该项目正快速达到全尺寸飞行测试成熟度,即TRL9。空中客车Skyways是一种自主包裹快递无人机。空客eVTOL飞机Vahana项目如图6.1(b)所示。这种自主飞行器在倾斜(前后)机翼设计中使用了8个旋翼。自动驾驶Vahana飞机的首次飞行测试于2018年1月进行。德国初创公司E-Volo和一家由谷歌联合创始人拉里·佩奇资助的初创公司Zee. Aero是在UAM和eVTOL市场中的众多公司之一。

由于适航、认证(联邦航空管理局,FAA)、安全性和无人机交通管理,绿色航空面临的挑战将首先在UAM领域进行探索和解决。UAM作为绿色航空技术的早期采用者,预计将为更广泛的可持续航空应用产生标准和路径。例如,决定飞行器行驶里程的电池寿命、影响操作方面的电池充电时间或更换问题,以及地面相关支持操作和程序将首先在商用UAM领域得到解决和合理化。UAM商用航空的高利用率(预计每年收入26亿美元)将成为21世纪绿色航空技术的加速器。社会对无人机和自主飞行的接受度及对其安全记录的信心,对可持续航空的未来至关重要。UAM、电推进和绿色航空中具有军民两用先进技术的本质,也将成为21世纪航空创新革命的重要加速器。

(a)

(b)

图 6.1　作为城市空中交通市场的两个 eVTOL 飞机案例

(a)Uber Elevate UAM 项目;(b)空中客车 Vahana 项目

资料来源:Uber;Airbus。

6.3　可持续航空能源路线

可再生喷气发动机燃料和电池等卓有前景的能源继续将会成为可持续航空的基石。图 6.2 总结了生产具有与传统喷气燃料相似特性的替代燃料的多种途径(详见 Brown,FAA, 2012)。原料可用性、商业化生产和全球分销是可再生航空燃料行业面临的三大挑战。

喷气燃料替代品的挑战在于批量生产和全球分销。预计成本将与时间竞争,尤其政府激励计划。低温燃料,特别是氢气,在燃料电池应用中非常有吸引力,可以取代基于燃气涡轮发动机(GT)的辅助动力单元(APU)的技术。氢燃料电池成为小型 GT 及 APU 的零排放替代品。基于氢燃料电池的电推进系统是 APU 技术研发的自然产物。

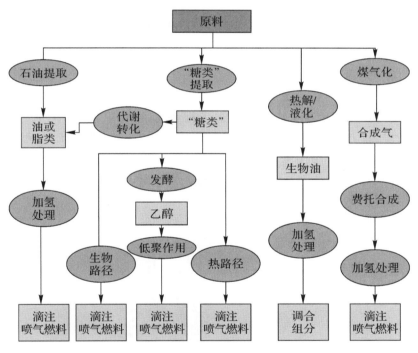

图 6.2　产生喷气替代燃料下降的途径(不含氧气)

资料来源:Brown,2012。

根据 Moore 和 Fredericks 2014 年所建议,电推进飞机的认证挑战最好由 UAM 和通用航空(GA)这类的小型飞机来应对,然后将成熟经验迁移到远程商用飞机。图 6.3 展示了早期采用电推进方案从通用航空市场发展到支线飞机和大型飞机的过程。Moore 和 Fredericks(2014)在图 6.3 中给出了空气动力学效率(升阻比)、乘坐品质(机翼载荷)和排放量(每名乘客每加仑总英里效率)的指标,以确定市场进入的技术。

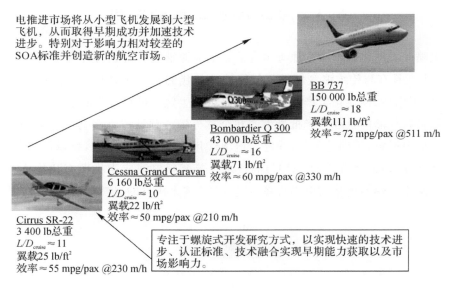

电推进市场将从小型飞机发展到大型飞机，从而取得早期成功并加速技术进步。特别对于影响力相对较差的 SOA 标准并创造新的航空市场。

BB 737
150 000 lb总重
$L/D_{cruise} \approx 18$
翼载111 lb/ft^2
效率 $\approx$ 72 mpg/pax @511 m/h

Bombardier Q 300
43 000 lb总重
$L/D_{cruise} \approx 16$
翼载71 lb/ft^2
效率 $\approx$ 60 mpg/pax @330 m/h

Cessna Grand Caravan
6 160 lb总重
$L/D_{cruise} \approx 10$
翼载22 lb/ft^2
效率 $\approx$ 50 mpg/pax @210 m/h

Cirrus SR-22
3 400 lb总重
$L/D_{cruise} \approx 11$
翼载25 lb/ft^2
效率 $\approx$ 55 mpg/pax @230 m/h

专注于螺旋式开发研究方式，以实现快速的技术进步、认证标准、技术融合实现早期能力获取以及市场影响力。

图 6.3　电推进的市场进入途径

资料来源：Moore 和 Fredericks，2014。

　　为了获得早期认证、运行信心和电推进飞行经验，混合电推进（HEP）为支线和中程商用航空提供了第一步。为了实现这一目标，空中客车公司、罗尔斯·罗伊斯公司和西门子公司开发了先进飞行验证机 E－Fan X，如图 6.4 所示（见空中客车 2017 报道）。这架 1/4 支线航程飞机将单个涡轮风扇发动机替换为 2 MW 电动机。

燃气涡轮空气进气道，驱动2 MW发电机

2 MW电动机

图 6.4　E－Fan X 飞行验证机是一架改装 BAe 146 飞机，显示一台发动机被替换为电动机驱动涵道风扇

资料来源：Airbus。

　　边界层吸入（BLI）和分布式推进（DP）是飞机减阻的有力手段，因此减少了燃油消耗。

后置 DP 飞机定义了全新的设计空间,它以推进系统-机身集成为技术基础。BLI 应用的第一步是在机身,大西洋两岸科研机构都开展了相关研究。美国 NASA 开发了一种被称为"单通道尾部涡轮电推进飞机"(STARC – ABL),欧洲与之对应的是鲍豪析(Bauhaus)航空提出的"推进机身概念"(见 www. Bauhaus – Luftfahrt. net/en/topthema/ Propulsive – fuselage;Welstead et al.)。图 6.5 展示了两种 BLI 推进机身的概念。Moore 等人(2014)、Bock 等人(2008)、Bradley 和 Droney(2011)、Armstrong(2015)、Dyson(2017)和 Kim 等人(2013)研究了混合电推进(HEP)概念。Epstein(2014)提出了燃气涡轮发动机的未来研究方向。

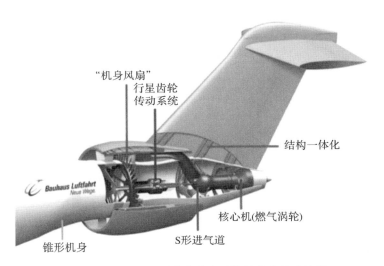

图 6.5 飞机减阻和系统集成中可持续航空技术途径

(a)NASA STARC – ABL,尾部推进器;(b)Bauhaus 的推进式机身

　　未来亚声速运输的更高空气动力学效率将通过翼身融合（BWB）或翼身混合（HWB）布局结构实现。在超声速巡航下,声爆的控制决定着当前和未来发展。Aerion Supersonic（www. aerionsupersonic. com）,Boom Supersonics（https://boomousonic. com）和 Spike Aerospace（www. spikeaerospace. com）等公司正在积极寻求低声爆技术。商务喷气飞机,如 X-59,将成为陆地超声速飞行中可持续航空技术的早期应用者。Boom Supersonic 公司正在追求高速商业航空领域的其他竞争空间,如该公司正在开发一款 55 座客机,用于 2.2Ma 的巡航,而 Spike Aerospace 公司的方案巡航速度为 1.6Ma。这些飞机使用混合电推进,燃气涡轮发动机为发电机提供动力。洛克希德·马丁公司则正在投资混合动力飞艇（www. lockheedmartin. com）。

6.4　燃气涡轮发动机的未来

　　商用航空燃气涡轮发动机的未来依然比较光明。该行业正朝着具有先进核心机、齿轮传动变桨距和更高的涵道比涡扇发动机方向发展。开式转子推进器则将为绿色航空带来新的机遇。此外,新的发动机结构包括中冷器、回热器和主动控制技术,有望带来更多燃油节省。远程宽体客机领域将仍然继续使用先进的燃气涡轮发动机作为动力。低排放燃烧室、低噪声发动机和低油耗是先进燃气涡轮发动机发展的主要驱动力,这些燃气涡轮发动机目前在可靠性和安全性方面已经达到了极高水平。包括燃气涡轮发电机在内的混合电推进将继续是分布式推进的可行解决方案,这将是绿色航空推进的全新构型。图 6.6 展示了 NASA 预测的实现可持续航空的途径和时间框架。

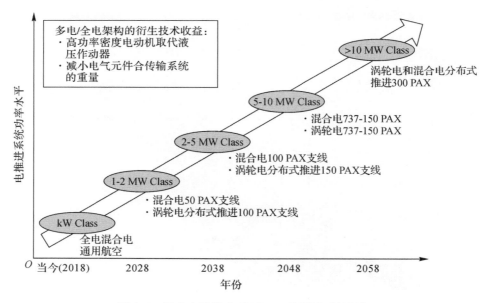

图 6.6　混合电推进达到 TRL 6 的预计时间框架

资料来源:Del Rosario,2014。

6.5　本　章　小　结

航空业的未来与碳中和增长(CNG)息息相关。可再生喷气燃料和电池是可持续航空的新型能源。UAM 新兴领域将有助于认证、法规和运营的发展。利用超导电动机/发电机和电力网络技术的电推进和混合电推进代表了未来 40～50 年推进系统的革新方向。具有高空气动力学效率的新布局结构飞机主要是 BWB 和 HWB 飞机,以及麻省理工学院的双气泡升力机身概念。在这个新架构中,具有分布式推进的边界层吸入是减少飞机阻力和降低燃料消耗的关键设计特征。具有先进核心机、使用生物燃料的超高涵道比(UHB)涡扇发动机将服务于商业远程运输市场。先进的航空运输管理(ATM)和运营,例如 FAA 的 NextGen 计划,将有助于最大限度地减少燃料消耗,同时促进高效的航空运输。

噪声污染将在源头上即风扇、喷流、核心机和机身层面得到缓解。在未来低噪声安静航空领域,将噪声遮蔽、边界层吸入(BLI)和嵌入式发动机概念进行系统集成是非常重要的。流动控制技术将最小化或者消除控制舵面,并减少相应燃料消耗,减少黏性和涡流噪声。伴随超声速飞行器的声爆超压将降低为低噪声,这将允许在陆地上空超声速巡航。

除了可再生喷气燃料和电池外,飞机推进系统的终极能源是核聚变。用于飞机推进的紧凑型聚变反应堆(CFR)将在 21 世纪成为现实。

参 考 文 献

[1] ARMSTRONG M. Superconducting turboelectric distributed aircraft propulsion. Dayton: Cryogenic Engineering Conference, 2015.

[2] BOCK S, HORN W, SIEBER J. Active core-a key technology for more environmentally friendly aero engines being investigated under the NEWAC Program. Alaska: 26th Congress of International Council of the Aeronautical Sciences, Anchorage, 2008.

[3] BROWN N. Alternative jet fuels-feedstock development, processing and conversion research & regional supply and refining infrastructure. [S. l.]: FAA Presentation for Center of Excellence for Alternative Jet Fuels and Environment, 2012.

[4] DEL ROSARIO R. A future with hybrid electric propulsion systems: a NASA perspective. Dayton: Turbine Engine Technology Symposium, Strategic Visions Workshop, 2014.

[5] DYSON R. NASA hybrid electric aircraft propulsion. Cleveland: NIEA Biomimicry Summit, 2017.

[6] EPSTEIN A H. Aeropropulsion for commercial aviation in the twenty-first century and research directions needed. AIAA Journal, 2014, 52(5): 901 - 911.

[7] KIM H D, FELDER J L, TONG M T, et al. Revolutionary aeropropulsion concept for sustainable aviation: turboelectric distributed propulsion. Busan: 2013 International Society for Air Breathing Engines, 2013.

[8] MOORE M D, FREDERICKS W J. Misconceptions of electric propulsion aircraft

and their emergent aviation markets. National Harbor：52nd Aerospace Sciences Meeting，2014.

[9] MOORE M D，FREDERICKS W J，BORER N K，et al. Drag reduction through distributed electric propulsion. Atlanta：14th AIAA Aviation Technology，Integration，and Operations Conference，2014.

致　　谢

　　笔者衷心感谢伊利诺伊大学厄巴纳-香槟分校和麻省理工学院航空航天系的教授们。他们的指导和启发教会了笔者热流体科学原理，激发了笔者突破认知边界的好奇心。笔者的学习欲望和信心都归功于笔者的老师，他们一直是笔者的榜样。在瑞士布朗博维里公司的燃气涡轮发动机部门工作的经历，让笔者懂得了对复杂系统的工程设计和制造的欣赏。笔者在工业界学习了硬件工程，对此笔者很感激。

　　自从1984年加入堪萨斯大学航空航天工程系，笔者得到了系内朋友和同事的持续支持，指导了50多名最专业的航空航天工程研究生的工作。笔者尤其要感谢笔者的博士生，他们多年来一直促进笔者更好地认识笔者的研究领域。来自政府和工业界的研究资助者与笔者有着共同的愿景和好奇心，并资助了笔者在堪萨斯大学的工作30多年。研究资助者是美国研究生教育的真正命脉。笔者对他们表示感激。

　　最后，笔者衷心感谢和感激笔者的妻子玛丽亚姆，她40多年来一直是笔者的坚定支持者。可爱的女儿们和孙子辈则是这项工作真正的灵感来源。

推　荐　语

《可持续航空中的未来推进系统和能源》是对可持续航空未来推进系统和能源背后的科学和工程的全面综述。

赛义德·法罗基（Saeed Farokhi）是美国堪萨斯大学（University of Kansas，USA）校长俱乐部杰出教学教授和航空航天工程系教授，主要研究领域为推进系统、流动控制、大气数据传感器、可再生能源（风力涡轮）和计算流体动力学。

《可持续航空中的未来推进系统和能源》是一本综合参考书，它回顾了支撑可持续航空运输中推进系统和能源概念的科学和工程原理。该书作者是该领域的专家，研究了航空运输对环境的影响，并回顾了可替代航空燃料、混合电推进和核动力推进。他还探索了跨声速、超声速和高超声速飞机的先进推进系统以及推进系统对飞机设计的影响。

气候变化是可持续航空运输新技术发展的主要驱动力。这本书包含了对燃气涡轮推进和飞机空气动力学的关键回顾和对航空业环境影响的深刻洞察。未来燃料和能源在单独的一章中展开介绍。最后分析了能为可持续航空开辟道路的推进系统和能源方面的有前景的技术。为了方便本书的使用，后面附有一个包含插图和方程文件的网站。本书的重要内容如下：

(1)全面综述可持续航空运输中推进和动力背后的科学和工程。

(2)调查了航空运输对环境的影响。

(3)涵盖了替代喷气燃料和混合电推进及动力。

(4)讨论了跨声速、超声速和高超声速飞机的先进推进系统。

(5)分析了推进系统集成对飞机设计的影响。

《可持续航空中的未来推进系统和能源》一书面向机械和航空航天工程专业的工程师、研究生和高年级本科生撰写，探索了航空的未来，并提供了可持续航空运输路径，其中包括替代喷气燃料技术、混合电推进技术、全电推进技术和核动力推进技术。